Ferdinand von Hochstetter

# Reise der österreichischen Fregatte Novara um die Erde

*Geologische Teil: Zweiter Band*

weitsuechtig

Ferdinand von Hochstetter

**Reise der österreichischen Fregatte Novara um die Erde**

Geologische Teil: Zweiter Band

ISBN/EAN: 9783956561238

Auflage: 1

Erscheinungsjahr: 2013

Erscheinungsort: Bremen, Deutschland

weitsuechtig

# REISE SEINER MAJESTÄT FREGATTE NOVARA

UM DIE ERDE.

# GEOLOGISCHER THEIL

II. BAND.

# REISE

## DER

# ÖSTERREICHISCHEN FREGATTE NOVARA

## UM DIE ERDE

### IN DEN JAHREN 1857, 1858, 1859

UNTER DEN BEFEHLEN DES COMMODORE

## B. VON WÜLLERSTORF-URBAIR.

---

# GEOLOGISCHER THEIL

## ZWEITER BAND:

**ERSTE ABTHEILUNG,** GEOLOGISCHE BEOBACHTUNGEN.

**ZWEITE ABTHEILUNG,** PALÄONTOLOGISCHE MITTHEILUNGEN.

---

Herausgegeben im Allerhöchsten Auftrage unter der Leitung der kaiserlichen Akademie der Wissenschaften.

---

## WIEN

AUS DER KAISERLICH-KÖNIGLICHEN HOF- UND STAATSDRUCKEREI.

1866.

IN COMMISSION BEI KARL GEROLD'S SOHN.

# VORWORT.

—

Den Inhalt dieses zweiten Bandes, mit welchem der geologische Theil des Novarawerkes seinen Abschluss findet, bilden Aufsätze, welche ursprünglich schon während der Reise in der Form von Berichten an die kaiserliche Akademie der Wissenschaften in Wien geschrieben waren, als solche im Manuscript aufbewahrt blieben und nun erst umgearbeitet und erweitert zur Veröffentlichung gelangen. Die Reihenfolge dieser Aufsätze findet, was die auf der Reise berührten Länder und Gebiete betrifft, so weit dieselben überhaupt Gelegenheit zu geologischen Beobachtungen boten, ihre Ergänzung in den bereits früher anderweitig erschienenen Berichten und Veröffentlichungen, welche ich mir hier zusammenzustellen erlaube:

Madeira, ein Vortrag, gehalten am k. k. polytechnischen Institute. Wien, W. Braumüller. 1861.

Nachrichten über die Wirksamkeit der Ingenieure für das Bergwesen in Niederländisch-Indien. Jahrbuch der k. k. geolog. Reichsanstalt. 1858, S. 277.

Schreiben von Alexander v. Humboldt. Sitzungsberichte der kaiserl. Akademie der Wissenschaften 1859, Bd. XXXVI, S. 121 (darin eine Zusammenstellung der thätigen und erloschenen Vulkane von Luzon mit Karte).

Notizen über fossile Thierreste und deren Lagerstätten in Neuholland. Sitzungsberichte der kaiserl. Akademie der Wissenschaften. 1859, Bd. XXXV, S. 349.

An diese Aufsätze allgemeineren Inhaltes schliessen sich einige Abhandlungen an, in welchen einzelne Gegenstände der von mir mitgebrachten Sammlungen besonders bearbeitet wurden:

Dunit, körniger Olivinfels vom Dun-Mountain bei Nelson, Neu-Seeland, in der Zeitschrift der deutschen geolog. Gesellschaft. 1864.

Über das Vorkommen und die verschiedenen Abarten von neuseeländischem Nephrit (Punamu der Maoris). Sitzungsberichte der kaiserl. Akademie der Wissenschaften. 1864, Bd. XLIX.

Krystallographische Untersuchung des Rothbleierzes von Luzon in H. Dauber's: Ermittelung krystallographischer Constanten, 22. Rothbleierz, Sitzungsberichte der kaiserl. Akademie der Wissenschaften. 1860, Bd. XLII.

Für die in der paläontologischen Abtheilung dieses Bandes enthaltene Bearbeitung javanischer und nikobarischer Fossilien spreche ich den Herrn Prof. Dr. A. E. Reuss und Dr. C. Schwager meinen verbindlichsten Dank aus und bedaure nur, dass aus den S. 148 angeführten Gründen nicht ebenso eine Bearbeitung der von mir mitgebrachten reichen Sammlung javanischer Tertiär-Conchylien dieser Abtheilung einverleibt werden konnte.

Zu erwähnen habe ich noch die Bestimmung, welche in Betreff der von mir während der Novarareise zusammengebrachten mineralogischen und geologischen Sammlungen vom hohen k. k. Staatsministerium auf meinen Wunsch dahin getroffen wurde, dass die Hauptsammlung mit sämmtlichen Originalien dem kaiserl. Hof-Mineraliencabinete einverleibt werde, und die Doubletten an andere wissenschaftliche Sammlungen des Kaiserstaates vertheilt werden.

Wien im November 1866.

Dr. Ferdinand von Hochstetter.

# ERSTE ABTHEILUNG:

## GEOLOGISCHE BEOBACHTUNGEN.

Kawa Ratu oder der Königskrater,

der östliche noch thätige Krater des Tangkuban Prahu auf Java.

D? F Hochstetter del Gez? Inhäge.

Druck v Hoffensteu & Rösch.

# GEOLOGISCHE BEOBACHTUNGEN

WÄHREND DER

# REISE DER ÖSTERREICHISCHEN FREGATTE NOVARA

UM DIE ERDE

IN DEN JAHREN 1857, 1858, 1859.

VON

## Dr. FERDINAND von HOCHSTETTER

RITTER DES KAIS. ÖSTERR. ORDENS DER EISERNEN KRONE III. CLASSE UND DES KÖN. WÜRTTEMB. KRONORDENS, PROFESSOR DER MINERALOGIE UND GEOLOGIE AM K. K. POLYTECHNISCHEN INSTITUTE ZU WIEN, MITGLIED DER KAIS. LEOPOLD.-CAROL.-DEUTSCHEN AKADEMIE DER NATURFORSCHER, CORRESPONDIRENDEM MIT-GLIEDE DER KAISERLICHEN AKADEMIE DER WISSENSCHAFTEN ZU WIEN, DER MATH.-PHYSIK. CLASSE DER KON. BAYER. AKADEMIE DER WISSENSCHAFTEN, DER BRITISH ASSOCIATION FOR THE ADVANCEMENT OF SCIENCE etc. etc.

———

MIT 5 TAFELN UND 33 HOLZSCHNITTEN.

Novara-Expedition. Geologischer Theil. II. Band, 1. Abtheilung.

B

# INHALT.

———

# ILLUSTRATIONEN.

## Tafeln.

## Holzschnitte im Text.

B**

# Geologische Skizze von Gibraltar. [1]

Gibraltar ist ein halbinselartiger Fels mit einer mittleren Kammhöhe von 1300 engl. Fuss, genau von Nord nach Süd gestellt, $2^1/_2$ engl. Meilen lang und $^3/_4$ breit, an drei Seiten vom Meere umgeben und nur an der Nordseite durch eine schmale sandige Landzunge mit dem Festlande von Spanien verbunden. Er besteht aus Kalkstein und trägt auch alle charakteristischen Eigenschaften einer Kalkstein-formation an sich: schroffe steile Wände, zerrissene nur mit spärlicher Vegetation bedeckte Gipfel, Grotten und Höhlen im Innern, an der Oberfläche tiefe Rinnen und runde Löcher. Diesen Charakter zeigt er vom Seespiegel, wo ihn die Brandung des Meeres untergräbt, aushöhlt und abspült, wo ihn Pholaden angebohrt haben, bis zum höchsten Gipfel, wo die Atmosphärilien an ihm nagen und der Regen, von dem scharfen Grat auf der gegen West abdachenden Fläche ablaufend und in Bächen herabrinnend, Furchen und Löcher ausgefressen. Die östliche Seite des Felsen ist ein senkrechter Absturz, den theilweise eine kolossale Schutthalde, an der unter dem Einflusse der heftigen Ostwinde feiner Meeressand nach und nach gegen 1000 Fuss hoch hinauf gerückt ist, verdeckt. Die Schutthalden an der Nordostseite des Felsens liefern das Material für eine Reihe von Kalköfen, welche hier stehen. An der Westseite gegen die Stadt Gibraltar dacht der Fels mehr allmählich ab, so dass er von dieser Seite besteigbar ist. Die Abdachung entspricht der Neigung der Schichten.

Die Schichtung des Kalkes ist zwar nicht überall deutlich, am wenigsten an der untern Partie des Felsen, sie tritt jedoch sehr klar am obern Kamme hervor, besonders da, wo die Kalkbänke mit dünnen Mergelbänken wechsellagern. Man überzeugt sich leicht, dass die Hauptstreichungsrichtung der Schichten von Nord nach Süd geht und das Verflächen eben so regelmässig ein westliches ist. Nur der

---

[1] Bericht an die kaiserliche Akademie der Wissenschaften vom 7. Juli 1857 mit einigen neueren Zusätzen.

Neigungswinkel der Schichten wechselt; am nördlichen Theile des Felsens ist er entschieden geringer als am südlichen. Die Felsgallerien an der Nordseite steigen gleichmässig mit den Schichten auf; es scheinen demnach die unteren und oberen Gallerien bis zu St. George's Hall in zwei über einander liegenden mächtigen Kalkbänken ausgesprengt und ausgehauen zu sein. Die Neigung dieser Bänke gegen Westen beträgt höchstens 18°; am Wege von der Signalstation zur St. Michaelsgrotte wechselt der Winkel dagegen zwischen 45° und 55° und an der südlichsten höchsten Spitze des Felsens, an dem 1403 engl. Fuss hohen O'Haras Tower ragen die Schichtenköpfe der einzelnen Bänke fast senkrecht mit 70° bis 80° in die Höhe. Der Fels stellt somit eine gegen Osten ihrer Länge nach, gegen Norden und Süden quer ihrer Breite nach steil abgebrochene, gegen Westen aber mit windschiefer Fläche verschieden geneigte Felsplatte dar. Südlich ist die Platte mit steilerem Winkel geneigt als nördlich. Die dislocirende Kraft muss also südlich stärker gewirkt haben als nördlich.

Der Kalkstein des Felsen ist vorherrschend dicht, hellgrau, mit muschligem Bruch. Stellenweise nimmt er ein feines krystallinisches Korn und eine milchweisse Farbe an. An der Nord- und Westseite ist der Fels von zahlreichen Kalkspathadern durchzogen, die zum Theile eine beträchtliche Dicke von mehreren Fussen erreichen, sich netzförmig durchkreuzen und an der verwitterten Oberfläche des Gesteines in erhabenen Leisten hervorstehen. Auf solchen Kalkspathadern kommen in Hohlräumen bisweilen schöne, wasserhelle und sehr flächenreiche Calcitkrystalle von $\frac{1}{2}$ Zoll Dicke und 1 Zoll Länge vor (z. B. an der Westseite, wenige Fuss über der Meeresoberfläche), auch sehr niedliche Quarzkrystalle, welche wegen ihrer Durchsichtigkeit unter dem Namen „Felsdiamanten" bekannt sind.

Versteinerungen sind ausserordentlich selten: das Einzige, was ich fand. waren an der Nordostseite die spiegelnden Querbrüche von Stielgliedern von Crinoideen und in den Felsen bei der Catalanbay an der Ostseite undeutliche Gasteropodenreste. Herr Frembly, Kanzler des österreichischen Generalconsulates. der sich seit mehreren Jahren eifrig und erfolgreich mit der Geologie von Gibraltar beschäftigt und die Güte hatte mir zahlreiche Notizen darüber schriftlich zu übergeben, hatte auch sorgfältig Alles gesammelt, was in den letzten vier Jahren bei den Sprengarbeiten an der Nordostseite des Felsens gefunden worden war. Es waren vorherrschend Steinkerne von *Terebratula*, *Rhynchonella*, *Spirifer*, *Avicula* und einige Gasteropoden, die durchaus jurassischen Charakter an sich tragen. Vor Jahren soll auch einmal ein Ammonit gefunden worden sein. Herr Frembly hat seine Sammlung dem bekannten englischen Geologen Prof. D. T. Ansted, der 1857 zum Zwecke geologischer Untersuchungen sich in der Umgegend von Malaga aufhielt, zur Bearbeitung und Bestimmung zugesendet. In dem seither

von Prof. Ansted über die Geologie der Umgegend von Malaga und des südlichen Andalusiens (Quart. Journ. Geol. Soc. XV. 1859, p. 594) publicirten Aufsatz
wird bemerkt, dass die Untersuchung dieser Fossilien durch MM. de Verneuil
und Deshayes zu keinen wesentlich neuen Resultaten geführt, sondern nur die
Ansicht von dem jurassischen Alter des Kalksteins bestätigt habe. Dagegen erwähnt
Dr. Ferd. Römer in seinen anziehenden geologischen Reisenotizen aus Spanien
(Neues Jahrb. für Mineralogie, Geologie und Paläontologie 1864, p. 788), dass
er bei E. de Verneuil deutliche Exemplare von *Spirifer tumidus* und *Rhynchonella
tetraedra* aus dem Fels von Gibraltar gesehen habe, die auf ein liassisches Alter des
Kalkes schliessen lassen.

Interessant ist der Fels von Gibraltar durch eine Reihe geologischer Erscheinungen, welche beweisen, dass die Säule des Hercules seit der ersten Bildung
ihres Materials auf tiefem Meeresgrund in ihrer geologischen Geschichte nicht
weniger mannigfachen Wechselfällen unterworfen war, als seit der Besitzergreifung
des Menschen in ihrer merkwürdigen politischen Geschichte.

Der Fels von Gibraltar muss als der Rest einer weit ausgedehnten Kalkstein-
formation betrachtet werden, die einst vor der Bildung des mittelländischen Meeresbeckens, welche in die Tertiärzeit fällt, einen ansehnlichen Gebirgszug bildete,
der Afrika mit Europa verband. Südlich an der Küste von Marokko ist in der
zweiten Säule des Hercules, dem Abyla der Alten, jetzt Monte Simia (Affenberg)
genannt, die Fortsetzung der Formation zu erkennen. Nördlich aber auf dem
spanischen Festland darf man wohl den hohen spitzen Kegel, wahrscheinlich zur
Sierra del Nieve südlich von Ronda gehörig, welcher genau in der Streichungslinie von Gibraltar gelegen ist, als Fortsetzung nehmen [1]. Er zeigt von Gibraltar
aus gesehen genau dasselbe Profil, wie Gibraltar selbst von Süden. Bei den gewaltigen Einstürzen, durch welche das mittelländische Meeresbecken gebildet
wurde, blieb Gibraltar als isolirte Felsklippe rings vom Meere umspült stehen.
Gibraltar ist nicht durch vulcanische Kräfte gehoben, wie ich oftmals aussprechen hörte; viel wahrscheinlicher verdankt die steil aufgerichtete Stellung
der Kalkbänke ihren Ursprung Senkungen, welche beim Einbruch des mittelländischen Meeresbeckens stattgefunden haben. Seine jetzige Verbindung mit dem
spanischen Festlande durch die nur wenige Fuss über der Meeresfläche liegende
Sandebene des neutralen Grundes ist von ganz jungem Datum.

Der gewaltsamen Katastrophe, welche Europa von Afrika durch das mittelländische Meer getrennt hat, scheint jedoch eine Periode langsamer Hebung
gefolgt zu sein, an welcher Gibraltar eben so Theil nahm, wie andere Küstenstriche

---

[1] In dieser Gegend ist auch auf der Carte géologique de l'Espagne et du Portugal par MM. E. de Verneuil et E. Collomb, Paris 1864, jurassischer Kalk verzeichnet.

des mittelländischen Meeres, von welchen dies längst nachgewiesen ist. Zu dieser Annahme nöthigt schon die ausgezeichnete Terrassenbildung, welche der Fels an seinem südlichen Ende zeigt.

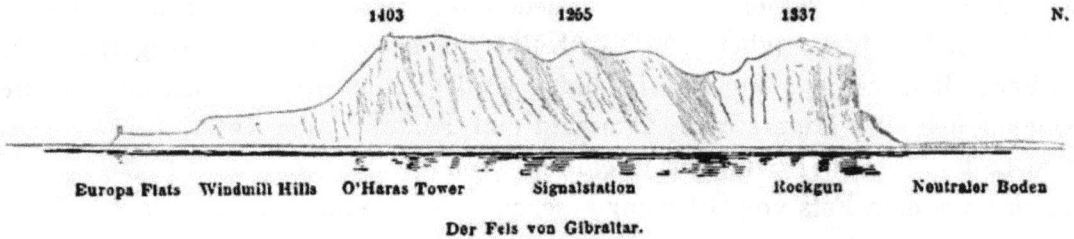

Der Fels von Gibraltar.

Der Fels, welcher nördlich senkrecht abfällt, läuft südlich gegen Europa Point in zwei Terrassen aus. Über der untern, etwa 150 Fuss hohen Terrasse, den Europa Flats mit dem Leuchtthurme, erhebt sich ungefähr 500 Fuss hoch eine zweite Terrasse, das Plateau der Windmill Hills. Über dieser zweiten Terrasse erst steigt der Fels mit einem steilen Böschungswinkel von 45° schnell zu seiner höchsten Spitze, dem O'Haras Tower, an. Diese Terrassen führen zu dem Schlusse, dass zwischen den successiven Perioden der Hebung längere Perioden der Ruhe eintraten, während welcher durch das wogende und brandende Meer die Felsklippen so abgeschliffen wurden, dass sie jetzt weit geebnete Plateau's darstellen[1]. Diese Ansicht wird unterstützt durch das Vorkommen von zahlreichen Bohrlöchern von Pholaden an den Terrassenwänden, so wie durch Reste von pleistocenen Meeresablagerungen, welche weit über dem jetzigen Meeresspiegel gefunden werden, oder durch gehobene Strandbildungen („raised beaches").

Die eine dieser Bildungen ist, wie mir Herr Frembly mittheilte, eine Muschelbank an dem Nordende bei Forbes lookout, ungefähr 150 Fuss über dem Meeresspiegel. Die Muscheln dieses Lagers, hauptsächlich Mytilusschalen, haben wenig verloren von ihrem ursprünglichen Ansehen und sind in eine rauhe, körnige Kalkmasse eingebettet. Eine zweite ähnliche Ablagerung findet sich an der Südostseite, ungefähr 200 Fuss über dem Meere. Sie besteht aus Massen zusammengebackener Muschelscherben von ganz recenten Ansehen. Eben so findet man nördlich von der Martinshöhle an der Ostseite eine feste kalkige Sandbank mit Schalen von *Natica* und *Turritella*.

Als jüngste, verhältnissmässig am wenigsten gehobene Meeresablagerung muss aber eine grosse Masse von Quarzsand an der Westseite des Felsens, zwischen der Promenade („Alameda") und dem Officiersfriedhof, betrachtet werden. Diese

---

[1] Charakteristisch sind in dieser Beziehung die tief ausgefurchten und von kleinen Grotten ausgehöhlten Felsmassen zwischen der Windmill-Caserne und dem Naval-Hospital. Nur die brandende See kann diese zerrissenen Formen erzeugt haben.

Sandablagerung hat von ihrer eisenschüssigen rothen Färbung den Namen „Red-
sands". Ich fand ähnlichen eisenschüssigen Sand mit einzelnen grösseren Quarz-
geschieben, aber ohne Spur von eingebetteten Muscheln, wieder auf spanischem
Boden am Weg nach St. Roque hinter dem Dorfe Campamento an der Nordseite
der Bucht von Algeciras und zum dritten Male an der Westseite der Bucht bei
Algeciras selbst, südlich von der Stadt. Diese Sandablagerung zieht sich somit
ringsum die Bucht von Algeciras und dürfte der jüngste gehobene Meeresboden sein.

Die Sandfläche des Neutralgrundes, welche Gibraltar mit Spanien verbindet,
ist eine moderne Dünenbildung über seichtem felsigem Meeresgrund. In dem
Sande findet man die Gehäuse der jetzt noch im mittelländischen Meere lebenden
Mollusken. Die heftigen Ostwinde haben den Meeressand auf dem seichten wenig
bewegten Meeresarm, der früher Gibraltar von Spanien trennte, allmählich so
hoch angehäuft, dass eine bleibende Verbindung mit dem Festlande hergestellt
wurde. Während die Sandebene westlich sich ganz allmählich in die Bai von Algeciras verliert, zeigt sie südöstlich an der Blackstrapbay ihre 12—20 Fuss hohe,
gegen den Wind gerichtete Steilseite. Es ist eine Flugsandbildung, eben so wie die
merkwürdige Sandablagerung, welche an der Ostseite des Felsens bei der Catalanbay bis 1000 Fuss hoch hinaufgerückt erscheint.

Grosses Interesse erregt noch die Knochenbreccie von Gibraltar. Die
zahlreichen Spalten und Risse des Kalksteines sind von einer Breccie erfüllt, in
welcher scharfkantige Kalksteinbrocken und Knochenreste theils durch stalak-
titische Massen reinen Kalksinters, theils durch ein eisenschüssiges, kalkig-thoniges
Cement verbunden sind. Die Hauptlocalität für diese Breccie ist die Rosiabay an
der Westseite. Man begegnet aber ähnlichen Spaltenausfüllungen auch an anderen
Theilen des Felsens, z. B. bei der Windmill-Caserne in der Richtung nach dem
Naval-Hospital. Die Knochenüberreste und Zähne in dieser Breccie gehören theils
Pflanzenfressern, theils Fleischfressern an. Die Garnisonsbibliothek zu Gibraltar
enthält einen wohlerhaltenen Schädel von Canis vulpes aus der Breccie der Rosiabay, und in einem Stück, welches ich mitbrachte, findet sich die Zahnreihe eines
oberen rechten Kiefers, die ganz mit Bos taurus stimmt. Herr Frembly theilte mir
mit, dass unlängst in einer ähnlichen Breccie nahe am maurischen Castell Knochen
gefunden worden seien, welche einige Ärzte für menschliche Überreste erklärt haben,
eine bei anderen ähnlichen Fällen oftmals ausgesprochene Vermuthung, welche
sich jedoch bei genauer Untersuchung stets als unbegründet erwiesen habe [1].

---

[1] Über einen unzweifelhaften Fund von menschlichen Überresten in einer bei dem Ausgraben einer
Cisterne auf der Terrasse der Windmill-Hills entdeckten Höhle berichtete jedoch kürzlich das Ausland (1863,
p. 622). Man fand die Höhle voll Knochenerde, und in dieser neben Säugethierknochen, auch Menschenschädel,
Steinwerkzeuge und Scherben von roh gearbeiteten Töpfen, ein Fund von grosser Bedeutung, der es wahr-

Die feinfaserigen Kalksintermassen, Karlsbader Sprudelstein in Structur und Färbung nicht unähnlich, die als sogenaunter „Felsachat" zu allerlei Kunstgegenständen verschliffen werden, sind mit jener Breccie gleichzeitige Gangausfüllungen.

Es bleibt nun noch über die Höhlen im Fels von Gibraltar einiges zu bemerken übrig. Die bedeutendste Höhle ist die St. Michaelsgrotte, deren Eingang an der Westseite in 800 Fuss Höhe liegt. Sie zeichnet sich durch schöne Tropfsteinbildungen aus und scheint eine grosse Ausdehnung, namentlich in die Tiefe zu besitzen, konnte aber bis jetzt, da nur ein kleiner Theil zugänglich ist, nicht näher untersucht werden. Sie ist von einer grossen Anzahl von Fledermäusen bewohnt. Die Martinshöhle an der Südostseite, ungefähr 800 Fuss über dem Meere, ist kleiner, ihre Tropfsteine aber sind von reinerem Weiss. Eine dritte Höhle wurde vor wenigen Jahren an der Ostseite des Felsens in der Nähe von Governors Cottage entdeckt, 80 Fuss über den Meeresspiegel. Ihr unterer Theil besteht aus Sandablagerungen mit recenten Muscheln. Auch Knochen und Zähne von Pflanzenfressern sollen darin aufgefunden worden sein. Eine alte Sage lässt durch diese Höhlen eine directe unterseeische Verbindung zwischen den beiden Säulen des Hercules bestehen, durch die der Magot *(Macacus inuus)*, der Affe, der am Fels von Gibraltar heute noch lebt, der einzige seines Geschlechtes in Europa, den Weg von Afrika nach Europa gefunden habe.

Damit habe ich eine kurze Übersicht der geologischen Erscheinungen, welche der Fels von Gibraltar bietet, gegeben. Einige Ausflüge auf spanisches Gebiet liessen mich noch Beobachtungen in der Umgegend von St. Roque an der Nordseite der Bucht von Gibraltar und von Algeciras an der Westseite sammeln und so eine Übersicht gewinnen über die geologische Zusammensetzung des Terrains, welches rings die Bucht von Gibraltar oder von Algeciras umschliesst.

Drei verschiedene Bildungen sind es, welche in diesem Gebiet auftreten. Zunächst eine mächtige, aber ganz petrefactenleere Sandsteinformation, aus einem feinkörnig-weissen, bisweilen auch eisenschüssig-gelbrothen Quarzsandstein bestehend, welcher in grossen Quadern bricht. Dieser Sandstein bildet nördlich von Gibraltar den langgestreckten felsigen Rücken des Stuhles der Königin von Spanien oder die Carboneraberge. Seine Schichten zeigen eine Streichungsrichtung von Süd nach Nord mit steilem westlichem Verflächen, ganz entsprechend der Stellung der Kalkbänke am Fels von Gibraltar. Die hervorragenden Schichtenköpfe sind jedoch stellenweise übergekippt, so dass sie mit 80° gegen Ost einfallen. In der flachen Einsenkung zwischen den beiden parallelen Sandsteinrücken der Carbo-

scheinlich macht, dass Gibraltar noch manches Geheimniss birgt. Ob man nicht am Ende auf Gibraltar auch noch die Reste des merkwürdigen Zwergelephanten von Malta *(Elephas Melitensis)* entdecken wird?

neraberge sieht man ein schmales Band von rothen und graugrünen Thonmergeln mit dünnen, nur wenige Zoll mächtigen Kalkschichten durchziehen. Stellt man sich hier so auf, dass man den Fels von Gibraltar gerade südlich vor sich hat, so erkennt man, dass die südliche Fortsetzung der Streichungslinie der Sandsteinbänke in das Hangende von Gibraltar fällt, und ich stimme Herrn Frembly vollkommen bei, dass der Carbonera-Sandstein einer jüngeren Formation angehört, als der Fels von Gibraltar.[1]

Dieselbe Sandsteinformation setzt an der Westseite der Bucht die durch ihre üppigen Korkeichenwaldungen berühmten Bergketten westlich von Algeciras zusammen. Das Flussthal des Rio de la miel stellt bis über die Donnermühle (Molino del Trueno) hinauf eine tief in dieses Sandsteingebirge eingerissene Felsschlucht dar. Bei der Donnermühle liegen so kolossale Felsblöcke zerstreut, dass man nicht weiter vordringen kann. Hier sollen einst Kupferbergwerke bestanden haben; jedoch war von Erzen keine Spur zu finden. Dem ganzen Thal entlang sieht man die mächtigen Sandsteinbänke wechsellagern mit dünnen Bändern von bunten (grau, blau, roth, grün) bald mehr thonigen, bald mehr kalkigen Mergeln, deren Lagerung sehr deutlich den oftmaligen Wechsel in der Stellung der Schichten erkennen lässt. Erst auf der Durchfahrt durch die Strasse von Gibraltar überzeugte ich mich an den Profilen, welche die Berge zwischen Pt. Carnero und Tarifa zeigen, dass in diesem Sandstein- und Mergelgebirge westlich von der Bucht von Gibraltar das vorherrschende Verflächen der Schichten ein östliches ist. Darnach würden diese Bergketten den einen westlichen, und die Carboneraberge bei Gibraltar den anderen östlichen Flügel einer Mulde darstellen, deren synklinale Axe mit der nordsüdlichen Mittellinie der Gibraltar-Bai zusammenfällt, so dass diese Bucht auch geologisch ein Becken darstellt.[2]

Im engsten Zusammenhange mit der beschriebenen Sandsteinformation, und wahrscheinlich nur das oberste Glied derselben bildend, stehen bunte Thonmergel oder Schieferthone in häufiger Wechsellagerung mit sandigen Schie-

---

[1] Ferd. Römer (a. a. O. p. 791) glaubt, dass zwischen Gibraltar und den Carbonerabergen die Annahme einer grossartigen Verwerfung geboten sei, weil nordwärts von Gibraltar auf viele Meilen nirgendwo ein ähnlicher Kalkstein zu Tage trete.

[2] Diese Auffassung ist direct entgegen der Ansicht von Prof. Ansted, der a. a. Orte p. 599 in der Richtung der längeren Axe der Bai von Gibraltar eine antiklinale Hebungslinie verlaufen lässt, und die beschriebene Sandstein- und Mergelformation als das Liegende der Kalke von Gibraltar zu betrachten scheint. Die Bucht hat zwischen Gibraltar und Algeciras eine grösste Tiefe von 165 Faden. Der sandige Meeresboden steigt von dieser Tiefe ringsum gleichmässig und allmählich an, was eben diese Bucht zu einem so vortrefflichen Hafen macht. In der Mitte zwischen dem Europa Point und Point Carnero auf der Linie, welche die Bucht südlich gegen die Strasse von Gibraltar abgrenzt, wächst die Tiefe von Nord nach Süd schnell von 200 Faden auf 400.

fern, in welchen ich keine andere Spur von Versteinerungen entdecken konnte, als
undeutliche Fukoidenreste. Bei St. Roque bilden sie den stumpf-kegelförmigen
Hügel, auf welchem das Städtchen liegt, und bei Algeciras stehen sie der Küste
entlang in steil aufgerichteten, gegen Südost und Süd verflächenden Schichten an.

Bei dem Mangel an Petrefacten bleibt das Alter der beschriebenen Bildungen
zweifelhaft und ich beschränke mich hier darauf, zu erwähnen, dass dieselben auf
der Karte von Verneuil und Collomb als unteres Tertiärgebirge zu den Num-
mulitenbildungen gerechnet sind.

Es bleibt nun noch eine dritte, und zwar die interessanteste Bildung in der
Umgegend von Gibraltar zur Betrachtung übrig; jungtertiäre Schichten nämlich, welche bei St. Roque mit horizontaler Lagerung die gehobenen älteren Schichten bedecken und sich von da nördlich bis zu den Long stables (dem Wald von
Almorinia) hinziehen. Frembly bezeichnete sie als Coralline crag, da sie mit dem
pliocenen englischen Suffolk crag Ähnlichkeit haben.

Gut aufgeschlossen sieht man diese Schichten in dem Steinbruche an der Terrasse hinter St. Roque, auf welcher der Promenadeplatz und das Amphitheater liegen, so wie in den Brüchen am Wege von Campamento nach St. Roque. An ersterer
Localität beobachtet man zu unterst feinen losen Quarzsand, der aber überaus reich
an Bryozoen und Foraminiferen ist und eine ähnliche Foraminiferenfauna enthält,
wie die pliocenen Ablagerungen bei Malaga[1]). Darüber liegen erhärtete, tuffartige
Kalkbänke, die aus nichts anderem als mehr oder weniger fest zusammengebackenen Muschelscherben bestehen und gleichfalls Foraminiferen enthalten. Die Brüche
zwischen San Roque und Campamento sind besonders merkwürdig, weil hier der
Muschelsand (Crag) neben Bryozoen, Echiniden, Pectens, Ostreen und Haifisch-
zähnen sehr zahlreiche Brachiopodenreste enthält. Aus meiner Sammlung liessen
sich folgende Arten bestimmen:

1. *Terebratula sinuosa* Brocchi,  ⎫  beide ausserordentlich häufig und ganze Bänke
2.      „      *complanata* Defr., ⎰                erfüllend;
3. *Terebratulina caput serpentis* Gmel., sehr häufig;
4. *Megerlea truncata* Linn.,      ⎫
5. *Argiope decollata* Chemn.,     ⎬  seltener.
6. *Morissia anomioides* Seacc.    ⎭

Da 3, 4, 5, 6, noch heute im Mittelmeere lebende Arten sind, die bis zu den
miocenen Ablagerungen Italiens hinabreichen, so lässt sich an dem jungen miocenen oder pliocenen Alter dieser Muschelbänke nicht zweifeln.

Diese Gesellschaft von Brachiopoden ist übrigens beinahe dieselbe, welche
Th. Davidson kürzlich aus den miocenen Schichten von Malta beschrieben

---

[1] Quart. Journ. Geol. Soc. XV, 1859, p. 600.

hat[1], welche den Hempstead Beds in England äquivalent sein sollen. Vier von jenen sechs Arten von St. Roque (1., 3., 4., 5.) sind nämlich auch unter den von Davidson beschriebenen sieben Arten von Malta enthalten, die drei bei St. Roque noch fehlenden Arten von Malta sind: *Terebr. minor* Phil., *Thecidium Adamsi* Macd. und *Rhynchonella bipartita* Brocci. Vielleicht kommen sie bei einer gründlicheren Ausbeutung der Localität, als es mir möglich war, aber auch noch zum Vorschein und die Parallele wird dann vollständig.

Herr F. Karrer war so gütig die Foraminiferen der oben angeführten Schichten des Steinbruches an der Terrasse hinter St. Roque einer näheren Untersuchung zu unterziehen und mir über seine Resultate folgende Mittheilung zu machen.

„Nach den in den tiefern Sand- und in den höheren Kalkbänken vorkommenden Foraminiferen scheinen beide Zonen Uferbildungen zu sein, ähnlich wie wir sie in den Randbildungen des miocenen Beckens von Wien als Leithakalke auftreten sehen.

Betrachten wir zuerst das aus der tieferen Zone stammende Materiale.

Es ist ein sehr loser Sand von gelber Farbe, in welchem in Menge prachtvolle Bryozoen vorkommen. Nebstbei finden sich darin Cidaritenstacheln, Cypridinen sehr schön, Trümmer von Muscheln (Pecten-Arten) und Schnecken *(Scalaria lammelosa)*, ein Brachiopode *(Thecidium mediterraneum* Risso) und zahlreiche sehr schön erhaltene Foraminiferen, welche mit der lebenden Fauna des mittelländischen und adriatischen Meeres ganz übereinstimmen. Es sind auch fast durchwegs Formen, die im Wiener Becken. welches die Mittelmeerfauna besitzt, vorkommen, jedoch fehlen dieser Zone ganz die Amphisteginen und jede Spur der Miliolideen *(Biloculina, Triloculina* etc.), wie sie doch häufig z. B. in den Ablagerungen von Rhodus auftreten.

In folgendem Verzeichnisse sind die bei einer ziemlich genauen Durchsicht des Materiales aufgefundenen vorzüglichsten Arten enthalten und auch die Fundorte anderer Gegenden angegeben, so wie ihr Vorkommen im Mittelmeer:

*Nodosaria spinicosta* d'Orb. ss Baden.
    „    *hispida* d'Orb. ss Baden viv. Rimini.
*Dentalina Adolphina* d'Orb. s Baden, Coroncina.
       *pauperata* d'Orb. s Baden.
       *semicostata* d'Orb. ss Baden.
       *inornata* d'Orb. ss Baden.

---

[1] Outline of the Geology of the Maltese Islands by Dr. Leith Adams and Descriptions of the Brachiopoda by Th. Davidson in Ann. Magazine of Nat. History 1864. 6. S. 1.

*Dentalina acicula* Lam. ss Coroncina, Malaga, Palermo viv. Mediterr.

     „     *acuta* d'Orb. ss Baden.

*Marginulina raphanus* Linn. s Baden, Coroneina, Malaga viv. Mediterr.

     „       *pedum* d'Orb. s Baden.

*Cristellaria cultrata* d'Orb. ns Baden, Coroneina, Malaga viv. Mediterr.

         *calcar* d'Orb. s Baden, Coroncina, Malaga viv. Mediterr.

         *arcuata* d'Orb. ss Baden.

         *simplex* d'Orb. ns Baden.

         *inornata* d'Orb. s Baden.

     „     *costata* Ficht. u. Moll. ss viv. Maroeco, Küste Afrika's.

*Uvigerina pygmaea* d'Orb. ss Baden, Nussdorf, Coroncina, St. Quirico, Malaga viv. Mediterr.

*Bulimina pyrula* d'Orb. h Baden, Nussdorf, Coroncina, Malaga viv. Mediterr.

       *pupoides* d'Orb. s Baden, Nussdorf, Coroncina, St. Quirico, Malaga, Turin, Palermo viv. Mediterr.

*Polymorphina problema* d'Orb. ss Baden, Nussdorf.

*Pullenia bulloides* d'Orb. s Baden, Nussdorf viv. Mediterr.

*Sphaeroidina bulloides* d'Orb. s Baden, Coroncina, Malaga viv. Mediterr.

*Orbulina universa* d'Orb. hh Baden, Nussdorf, Coroncina, Malaga, Turin, Palermo viv. Mediterr.

*Globigerina triloba* Reuss. h Baden, Nussdorf.

       *bulloides* d'Orb. h Baden, Nussdorf, Coroncina, Castell' Arquato, Malaga, Turin, Palermo viv. Mediterr.

     „     *sp?* h

*Rotalia Schreibersii* d'Orb. ns Baden, Nussdorf, Coroncina, Palermo, Malaga, Turin viv. Mediterr.

     *Partschiana* d'Orb. s Baden, Nussdorf.

     *Beccarii* d'Orb. s Baden, Nussdorf, Coroncina, Malaga, Turin, Palermo viv. Mediterr.

     *Akneriana* d'Orb. s Nussdorf.

     *Boueana* d'Orb. s Nussdorf, Baden.

     *Ungeriana* d'Orb. ns Baden, Coroncina, Malaga, Turin, Palermo viv. Mediterr.

     *Dutemplei* d'Orb. s Baden, Nussdorf.

*Truncatulina lobatula* d'Orb. h Baden, Nussdorf, Coroncina, Malaga, Palermo, Turin viv. Mediterr.

*Asterigerina planorbis* d'Orb. ss Nussdorf.

*Polystomella crispa* d'Orb. ns Baden, Nussdorf, Coroncina, Malaga, Turin, Palermo viv. Mediterr.

     *Fichtelliana* d'Orb. ss Nussdorf, Castell' Arquato.

Das Materiale der höheren Schichte besteht aus einem schwer aufzulösenden Gesteine, das aus weissen Quarzkörnern, Muscheltrümmern, Bryozoen und Foraminiferen zusammengebacken ist; es ist von gelber Farbe. Die Erhaltung der darin vorkommenden Versteinerungen ist eine sehr schlechte. Die Foraminiferen sind fast ganz calcinirt, so dass bei vielen kaum das Genus sicher bestimmt werden kann, nur einige sind mit Sicherheit erkennbar. Ihr Vorkommen ist sehr zahlreich, doch sind weit weniger Arten als in dem unteren losen Sande enthalten und gewisse Formen wie die Truncatulinen, Rotalien, Polystomellen lassen durch ihr vorwiegend häufiges Auftreten schon ein höheres Niveau erkennen, dazu treten noch, wenngleich nur vereinzelt, auch die Amphisteginen auf. Gänzlich fehlen die typischen Formen der Nodosarien, Cristellarien etc., wie sie die Tegel von Baden charakterisiren und die wir im Material der tieferen Zone wirklich angetroffen haben.

Miliolideen sind auch hier nicht vertreten. Eine sehr schöne *Frondicularia*, die ich für neu halte und dafür den Namen *F. Isabella* n. sp. allenfalls vorschlage, ist bemerkenswerth. Sie ist 6½ Mill. lang, von lanzettlich-eliptischer Form, hat zahlreiche spitz zusammenlaufende Kammern, ganz kleinen Nucleus, keine Sculptur.

Von anderen Foraminiferen fand sich:

| | |
|---|---|
| *Orbulina universa* d'Orb. hh | *Polystomella Fichtelliana* d'Orb. |
| *Globigerina biloba* d'Orb. h | „ *obtusa* d'Orb. |
| „ *triloba* Reuss. h | *Cristellaria* sp. |
| *bulloides* d'Orb. h | *Rotalia* sp. |
| „ sp. wie unten. | *Amphistegina* sp. |
| *Truncatulina lobatula* d'Orb. h | *Anomalina* sp. |
| *Uvigerina pygmaea* d'Orb. s | *Textilaria* sp. |
| *Pullenia bulloides* d'Orb. s | *Globulina* sp. |
| *Polystomella crispa* d'Orb. | |

Die Bryozoen weitaus nicht so schön und zahlreich wie in den tieferen Schichten; Cidaritenstacheln, Cypridinen selten; ein Haifischzähnchen."

---

Die Strasse von Gibraltar ist 35 Seemeilen lang, zwischen Gibraltar und Ceuta 12 Seemeilen breit, zwischen Tarifa und Alcazar Point nur 9¼ Meilen, zwischen C. Trafalgar und C. Spartel aber 22 Meilen. Die Linie zwischen Tarifa und Alcazar Point bildet die Grenze zwischen Mittelmeer und Atlantik. Auf dieser Linie beträgt die grösste Tiefe 180—200 Faden (1 Faden = 6 Fuss engl.); westlich und östlich nimmt diese rasch zu, so dass man zwischen Ceuta und Gibraltar schon 1000 Faden und nur wenig weiter östlich mit 1000 Faden keinen Grund mehr hat.

Bekanntlich ist das Mittelmeer salziger als der Ocean, nach Bouillon la Grange, in dem Verhältniss von 41 : 38. Da nun überdies Wollaston bei der Untersuchung von Proben von Mittelmeerwasser aus verschiedener Tiefe folgendes überraschende Resultat fand:

| Wasser von | | Aus einer Tiefe | Spec.[1] | Salzgehalt |
|---|---|---|---|---|
| lat. | long. | von | Gewicht | in Perc. |
| 38° 30' | 4° 30' O | 45 Faden | 1·0294 | 4·05 |
| 36° 0' | 4° 40' W | 670 | 1·1288 | 17·30 |

---

[1] Die mittlere specifische Schwere des Mittelmeerwassers wird neuerdings zu 1·0289 angegeben.

so glaubte Lyell zu dem Schlusse berechtigt zu sein, dass bei der Gestaltung des Meeresbodens in der Strasse von Gibraltar die dichten salzigen Wässer der Tiefe nicht in den Ocean hinausströmen können, dass vielmehr in Folge der submarinen Barrière bei Tarifa und bei dem mit der Tiefe zunehmenden Salzgehalte des Wassers innerhalb der Strasse im mittelländischen Meere grosse Quantitäten von Salz sich ablagern müssen. Admiral W. H. Smyth hält jedoch diese geistreiche Theorie nicht für wahrscheinlich, da die Anwendungen der Sonden von der Strasse bis jetzt nur Schlamm, Sand und Muscheln zu Tage gebracht haben, aber kein Salz, und glaubt eher, dass das Wasser, welches Wollaston untersucht hat, zufällig aus einer Salzquelle am Boden des Meeres geschöpft gewesen sei.

# Bemerkungen

## über den Gneiss der Umgegend von Rio de Janeiro[1] und dessen Zersetzung.

Meine Ausflüge während des Aufenthaltes Sr. Majestät Fregatte Novara in der Bai von Rio blieben auf die nähere Umgegend der Stadt beschränkt. Ich habe zweimal den Gipfel des Corcovado[2] bestiegen, besuchte die Wasserfälle in der Tejuca und machte einen Ausflug über die Bai von Rio nach der Serra da Estrella und nach der deutschen Colonie Petropolis auf der Höhe der Serra. Ausserdem gaben die ausserordentlich zuvorkommenden Anordnungen der brasilianischen Regierung, welche am 19. August der Expedition den Dampfer Santa Cruz zu einer Fahrt durch die Bai zur Disposition stellte und denselben von mehreren der ausgezeichnetsten Gelehrten Brasiliens begleiten liess, Gelegenheit, auf der Fahrt durch die Bai an mehreren Inseln zu landen. So war es möglich, wenigstens in der nächsten Umgebung von Rio de Janeiro einige Beobachtungen zu sammeln, und ich nehme, so viel auch über die geologischen Verhältnisse bei Rio schon geschrieben wurde, keinen Anstand, kurz von dem zu berichten, was mir zur Anschauung kam.

Das herrschende Gestein in der Umgegend von Rio de Janeiro ist Gneiss in zwei Hauptvarietäten:

1. Die erste Varietät ist ein sehr feldspathreicher grauer Gneiss mit vielen kleinen Granaten und schwarzem Glimmer, welcher eine ausgezeichnete Parallelstructur des Gesteines bedingt. Dieser Gneiss bildet die Hauptmasse des Corcovado-Gebirges. Er wird in zahlreichen Steinbrüchen in den Thälern von Catumby grande und Larangeiras, die zum Corcovado hinaufführen, gebrochen, da er einen guten Baustein liefert und sich vortrefflich zu grossen Quadern und Platten behauen lässt. Der grossartige Aqueducto da Carioca, der vom Corcovado herab Rio mit

---

[1] Aus einem Berichte an die kais. Akademie der Wissenschaften vom 11. September 1857.

[2] Meine barometrische Messung ergab 2267 engl. Fuss (2186 Wiener Fuss) über dem Meere.

vortrefflichem Trinkwasser versieht, ist daraus gebaut. In den Steinbrüchen bei den
Bassins des Carioca-Aqueductes in halber Höhe des Corcovado sieht man häufig
Bänke eines grobkörnigen Granites von granititähnlicher Zusammensetzung,[1] bestehend aus röthlichem Orthoklas mit adularähnlichem Lichtschein, grünlich-gelbem
Oligoklas und braunschwarzem Glimmer in schuppigen Partien oder bandförmigen
Lamellen, mit dem Gneiss wechsellagern. Auch diese granitischen Bänke führen
Granaten bis zu Wallnussgrösse, entsprechend dem Korn des Granites selbst.
Neben diesen Lagergraniten treten häufig auch Ganggranite auf, in Gängen von verschiedener Mächtigkeit, jedoch selten mächtiger als 2 Fuss. In der Serra da Estrella,
am Wege nach Petropolis, sieht man den schwarzglimmerigen Gneiss, der jedoch
hier nur sehr sparsam Granaten führt, von unzähligen grobkörnigen Granitadern
netzförmig durchschwärmt. Diese Ganggranite sind stets reine Orthoklasgranite, mit
röthlichem Orthoklas und theils braunem, theils weissem Glimmer. Bei der Papiermühle des Dr. G. Schüch de Capanema begegnet man Granitblöcken, in welchen
der braune Glimmer durch Oktaëder von Magnetit ersetzt ist. Dagegen habe ich
nirgends Schörl als Übergemengtheil dieser pegmatitartigen Ganggranite gefunden.

Höchst merkwürdig ist die Umwandlung, welche der schwarzglimmerige
Gneiss durch Verwitterung und Zersetzung im Laufe der Zeiten erlitten hat. Die
Hügel in und um Rio, mehrere Inseln der Bai und wieder viele Hügel am Fusse
der Serra fallen durch ihre fast regelmässig halbkugelförmige oder ellipsoidische
Gestalt auf. An der Oberfläche zeigen diese Hügel rothen sandigen Lehm, und
man könnte auf den ersten Anblick glauben, eine junge Flötzformation vor sich zu
haben. Burmeister scheint es auch wirklich so aufgefasst zu haben, wenn er
sagt:[2] „Der Boden Brasiliens besteht überall aus einem stark eisenhaltigen und
desshalb so roth gefärbten, stellenweise sandigen, tertiären Lehm, der zumal
die Abhänge der granitischen Bergketten bedeckt und in den Thälern sich gesammelt hat". Das mag in der That auch an vielen Punkten der Fall sein. Viele jener
Hügel sind jedoch durch Lehmgruben tief hinein geöffnet und da erkennt man noch
deutlich die ursprüngliche Gneissstructur. Auch sieht man in der lehmig zersetzten
Masse festere granitische Partien als runde Kugeln mit concentrisch-schaliger
Absonderung liegen, und beobachtet Pegmatitgänge, bald mehr bald weniger zu
Kaolin zersetzt, oder feste Quarzgänge, welche die weiche Masse durchziehen; hier
hat man also entschieden eine Bildung der lehmigen Massen in situ. Hügel von
mehr als 100 Fuss Höhe sind durch und durch bis auf den innersten Kern zersetzt.
Aber nicht blos die niedrigeren Hügel an der Bai zeigen diese tiefgehende

---

[1] Echter Granitit, vollkommen ähnlich dem bekannten Granitit von Assuan bei Syene in Ägypten (dem
rothen orientalischen Granit), tritt auf der Insel Paquetá in der Bai von Rio auf.

[2] Reise nach Brasilien, S. 130

Zersetzung, sondern eben so die höheren Gebirgsgegenden überall, wo die Verwitterungsproducte, der Gebirgsdetritus, nicht durch strömendes Wasser weggeführt werden können. Auf dem gegen 300 Fuss hohen Gebirgspass, der über den Kamm der Serra da Etsrella nach Petropolis führt, kann man bei regnerischem Wetter in dem rothen Lehm fast versinken, und in den Strassendurchschnitten steht er 30 bis 40 Fuss mächtig an; eben so am Corcovado, an der Tejuca auf allen Einsattelungen, an allen vor strömendem Wasser geschützten Gehängen.

Offenbar ist es das feuchte, nasswarme tropische Klima, welches diese tiefgehende vollständige Zersetzung des Gneissgebirges vorzugsweise begünstigt. Nirgends ist mir im deutschen Gneiss- und Granitgebirge etwas Ähnliches bekannt. Ist das Gestein auch ganz dasselbe, bei uns im kälteren Norden wird es durch den Frost in einzelne Blöcke zersprengt, die nach und nach abwittern, hier aber sieht man einzelne Gesteinsblöcke fast gar nicht, wohl aber — ich möchte sagen — ganze bis in das innerste Mark verfaulte Berge.

Unter tropischem Himmel, wo kein Frost die Felsmassen zersprengt und in einzelne Blöcke zerfallen macht, sondern wo eine fortwährend mit Wasserdämpfen geschwängerte warme Luft eine rasche Zersetzung von aussen nach innen bewirkt, wo starke Platzregen die zersetzten Massen immer wieder wegschwemmen, da schmelzen die Felsmassen gewissermassen allmählich ab, ohne in Schutt und Trümmer zu zerfallen. Daher das eigenthümliche Relief der Gebirge um Rio, das so durchaus verschieden ist von den Oberflächenformen, welche nordische Gneissgebirge zeigen.

Der Brasilianer nennt das eisenschüssige Zersetzungsproduct der gneissischen und granitischen Gesteine Barra Vermelho.

Dieser Barra Vermelho ist aber nichts anderes, als was die englischen Geologen in Indien und auf Ceylon „Laterite" (von dem lateinischen *later*, Ziegelstein) nennen[1]. In der That wiederholt sich in dem feuchten tropischen Klima Indiens und Ceylons die Erscheinung der tief eindringenden Zersetzung des Gneissgebirges in demselben grossartigen Maassstabe, wie bei Rio de Janeiro. Auf dem Weg von Galle nach Colombo auf Ceylon, namentlich in den tieferen Strasseneinschnitten, hatte ich vielfach Gelegenheit, die Lateritbildung zu beobachten. Es ist auch hier vorherrschend ein granatführender Gneiss, aus welchem die eisenreichen Laterite sich bilden, welche die Singhalesen Kabuk nennen. Bei Bentote erscheint der Laterit als ein zelliger, cavernöser Thoneisenstein von rothgelber oder violetter

---

[1] Sir Ch. Lyell (Elements of Geology 6. Ed. 1865, p. 598) meint freilich, man gebrauche den Ausdruck Laterite in Indien in zu vagem Sinne und scheint ihn ausschliesslich auf eisenreiche Zersetzungsproducte vulcanischer Gesteine beschränken zu wollen, namentlich auf die rothgebrannten, ziegelsteinartigen Tuffe, welche so häufig zwischen Lavaströmen sich finden.

Farbe, in welchem mitunter reinere Brauneisensteine ausgeschieden sind; an anderen Punkten ist der Laterit mehr sandig oder mehr thonig und kaolinhaltig. Wo er festere Bänke, oft von 30—40 Fuss Mächtigkeit, bildet, wird er in Steinbrüchen ausgebeutet. Die Singhalesen hauen das Material in längliche eckige Stücke, welche sie statt Ziegeln zum Bau ihrer Häuser benützen. Auch auf den Strassen wird Laterit als Beschotterungsmaterial neben festem Gneissschotter benützt; er gibt das Bindemittel für letzteren ab und färbt die Strassen intensiv roth. Die Hügel von Ouvah und Newera Ellia zeigen, dass ganze Berge in Laterit umgewandelt sind. Es lässt sich darin noch die ursprüngliche Schichtung des Gneisses erkennen, und man bemerkt noch die ursprünglich eingebetteten Granaten.

Andererseits soll im Norden von Ceylon bei Jaffna der Laterit über dem Kalk liegen und in Süd-Indien bei Travancore hat Cap. Newbold im Laterit Lignit gefunden. Dies deutet entschieden auf eine sedimentäre Bildung hin. Es kommen demnach zweierlei Laterite vor: Laterit gebildet in loco durch blosse Zersetzung, und Laterit auf secundärer Lagerstätte, gebildet aus dem abgeschwemmten und an einem anderen Orte wieder abgelagerten Detritus gneissischer, granitischer und syenitischer Gebirgsarten[1]. Eine sehr ausgedehnte sedimentäre Lateritbildung habe ich bei Madras in der Ebene zu beiden Seiten des Schienenweges nach Vellore beobachtet, während auf Singapore der Laterit in situ, und auch hier sehr häufig in der Form von zelligem Thoneisenstein, die Hauptrolle spielt. In Brasilien und auf Ceylon ist der Lateritboden der fruchtbare Boden der Kaffehplantagen, auf Singapore aber gedeihen an den Laterithügeln die Muscatnüsse ganz besonders gut.

Die in den Gneiss- und Granitgebirgen Mittel-Europa's so gewöhnliche Erscheinung grosser abgerundeter, zu den mannigfaltigsten Felsgruppen über einander gethürmter Blöcke fehlt indess in der Umgegend von Rio de Janeiro nicht ganz. Man findet die Blockbildung wieder an den dem Wellenschlage ausgesetzten kleinen nackten Felsinseln der Bai. Oft ist es nur ein einzelner grosser runder Granitblock, der aus dem lichtgrünen Wasser hervorragt und, von Schaaren von Seevögeln besetzt, einen höchst eigenthümlichen Anblick gewährt. Oft liegen die Blöcke in grösseren Gruppen beisammen, wie zu einer Mauer über einander

---

[1] E. F. Kelaart (Notes on the Geology of Ceylon, Journal of the Ceylon Branch of the R. Asiatic Society 1850. V. p. 87) unterscheidet auf Ceylon: 1. quarzigen Laterit, erhärteten rothen und braunen Thon mit mehr oder weniger Quarz; 2. steinmarkartigen Laterit, eine weichere weniger consistente Varietät, die sich mit dem Messer schneiden lässt, aber an der Luft erhärtet. Diese Varietät liegt häufig unter dem harten Laterit oder wechsellagert mit diesem; 3. sedimentären Laterit, gebildet aus Detritus und bestehend aus Quarzgeröllen, die in eisenschüssigen Thon eingebettet sind.

geworfen. Hier ist es der fortwährende Anprall des auf- und abwogenden Wassers, der die versteckten Gesteinsklüfte ausspült, erweitert und abrundet, bis die früher zusammenhängende Felsklippe in Stücke getrennt nur loses Blockwerk bildet.

Zum zweiten Male sah ich Blockbildungen in der Thalschlucht oberhalb des grossen Wasserfalls der Tejuca. Der grosse Wasserfall stürzt über horizontale Bänke von grauem Gneiss, welche mit grobkörnigen granitischen Lagen wechseln. Die mit den kolossalsten abgerundeten Felsblöcken erfüllte Thalschlucht oberhalb des Wasserfalles aber bietet eine Scenerie, welche an die berühmte Luisenburg bei Wunsiedel im Fichtelgebirge oder an das Felsmeer beim Fürstenlager im Odenwald erinnert. Das Gestein ist der von Delesse aus den Vogesen beschriebene Kersantit oder Glimmerdiorit, bestehend aus schwarzem Glimmer, Oligoklas und Hornblende. Die Blöcke scheinen von einer mächtigen, vielfach zerklüfteten Gangmasse durch das Gneissgebirge herzurühren, welche in der Bachschlucht entblösst ist. Die Scenerie ist um so reizender, als das Wasser des Baches schäumend den Weg unter und über den Blöcken sucht und allenthalben zwischen den Blöcken die üppigste Vegetation aufschiesst.

2. Die zweite Gneissvarietät bei Rio ist ein sehr grobkörniger, porphyrartiger Gneiss (Alex. v. Humboldt's Gneissgranit) mit handgrossen Orthoklaszwillingen nach dem Karlsbader Gesetz, mit schwarzem Glimmer, wenig Quarz und sparsamen Granaten, die jedoch nirgends ganz fehlen. Charakteristisch ist, dass neben Orthoklas in diesem Gneiss auch Oligoklas auftritt. Ob der porphyrartige Gneiss nur als eine locale Abänderung des herrschenden grauen Gneisses betrachtet werden darf, darüber bin ich sehr im Zweifel. Mir scheint eine etwas jüngere eruptive — oder wenigstens intrusive — Bildung wahrscheinlicher. Darwin fand bei Botafogo ein deutliches Bruchstück von granatführendem grauem Gneiss als Einschluss im porphyrartigen Gneiss, und sehr bemerkenswerth ist, dass die auffallenden, für die Umgegend von Rio so charakteristischen, entweder zuckerhutförmigen oder einseitig schiefen Felskegel, so weit ich Gelegenheit hatte solche zu untersuchen, immer aus dieser zweiten Varietät bestehen, z. B. der Gipfel des Corcovado und der Zuckerhut. Der porphyrartige Gneiss oder Gneissgranit muss also der Verwitterung mehr Widerstand leisten und im grauen Gneiss mächtige Adern oder unregelmässige Gangmassen bilden, die in Folge der fortschreitenden Denudation der Oberfläche blossgelegt werden und zu Kegeln oder Zuckerhutformen abwittern[1]).

Von der Ferne erscheinen jene Felskegel wie geschwärzt, und der Länge nach von oben nach unten ganz regelmässig heller und dunkler gestreift. Bei näherer Untersuchung findet man eine grossartige concentrisch-schalige Absonderung

---

[1] Ähnlich wie im böhmischen Mittelgebirge die mächtigen Gangmassen von Phonolith durch Auswitterung als Kegelberge oder steile senkrechte Felsmassen hervorragen.

des compacten Gesteines als Folge der von aussen nach innen fortschreitenden
Verwitterung; die schwarze Färbung der äussersten Schichte aber ist organischen
Ursprungs, sie rührt von einem Überzug von Steinflechten her, während die helleren
Streifen als Regenfurchen erscheinen, in welchen das Gestein mehr oder weniger
blossgelegt ist. Der Gipfel des Corcovado ist durch eine Kluft in zwei Felspyra-
miden gespalten, welche durch eine gewölbte Brücke künstlich verbunden sind.

Der Zuckerhut an der Einfahrt in den Hafen von Rio de Janeiro.

An der rückwärtigen Seite, auf welcher der Weg hinaufführt, ist an der Grenze
von grauem und porphyrartigem Gneiss auch der Unterschied der rothen lehmigen
Zersetzung des ersteren und der gelben grusigen Verwitterung des letzteren sehr
in die Augen fallend. Die Höhe des Gipfels aber bietet eine Aussicht über eine
tropische Landschaft, deren Reize unvergleichlich und unvergesslich sind.

# Beiträge zur Geologie des Caplandes.

(Mit einer geologischen Karte.)

Die Cap-Halbinsel hat mich lebhaft an Gibraltar erinnert, durch die Analogien der äusseren Gestaltung und der geographischen Lage und nicht weniger durch die Analogie der Geschichte. Hier wie dort sind es nackte Steinmassen, die sich schroff aus dem Meere erheben und hinter sich eine niedere Sandfläche haben, welche die Verbindung mit dem Continente herstellt. Die Cap'sche Fläche entspricht dem neutralen Boden von Gibraltar, und wie dieses früher wohl eine Insel war, rings von brandendem Meere umschlossen, so auch die Cap-Halbinsel. Hinter den kahlen Steinmassen der Säulen des Hercules lag der Weg offen nach der neuen Welt und hinter der nackten Felsklippe, dem „Cabo tormentoso", wie es Bartolomeo Diaz nannte, als er im Jahre 1487 diese Barrière zwischen atlantischem und indischem Ocean zuerst umschiffte, lag die Strasse zu Indiens Schätzen und Herrlichkeiten. Das Vorgebirge der Stürme wurde zum Vorgebirge der guten Hoffnung. Blutige Kämpfe wurden gekämpft um diese dürren Bergplätze zwischen Völkern verschiedener Race und zwischen Völkern derselben Race, bis es dem Überlegenen gelang, dort eine unbezwingliche Feste zu errichten der civilisirten Welt gegenüber, hier zu dem rohen Wilden christliche Religion zu bringen und Alles, was Kunst und Wissenschaft und Staatsleben erfunden haben als Probe menschlicher Cultur.

Die geologischen Verhältnisse Südafrika's und namentlich der Cap-Halbinsel sind bereits vielfach beschrieben worden, theils in Reisewerken, theils in einer umfangreichen speciell geologischen Literatur über Südafrika und das Cap. Barrow, Basil Hall, Carmichael, Dr. Smith, W. B. Clarke, C. Darwin, Krauss, Dr. G. Atherstone, A. G. Bain, A. Wyley,[1] Dr. R. N. Rubidge[2]

---

[1] A. Wyley war 1857 Regierungsgeologe der Cap-Colonie, und hat mir viele Freundschaftsdienste erwiesen, für welche ich ihm zu grossem Danke verpflichtet bin.

[2] Herrn Dr. Rubidge verdanken wir eine schöne Sammlung von paläozoischen und mesozoischen Fossilien aus Südafrika.

sind die Namen derjenigen Männer, welche durch selbstständige Beobachtungen
an Ort und Stelle sich um die Geologie von Süd-Afrika verdient gemacht haben,
während wir Hausmann, Krauss, Murchison, Owen, Dr. F. Sandberger,
Morris, D. Sharpe, Salter, Dr. Hooker, Grey Egerton die wichtigsten
paläontologischen Arbeiten über die Vorkommnisse der Cap-Colonie verdanken.

Meine geologischen Ausflüge während eines dreiwöchentlichen Aufenthaltes
am Cap, vom 2.—26. October 1857, beschränkten sich zunächst auf die Cap-Halbinsel selbst. Ich habe den Tafelberg bestiegen und bin von Simonsbai aus zur
südlichen Spitze der Cap-Halbinsel, zum eigentlichen Cap der guten Hoffnung
gewandert. Eine Tour von acht Tagen führte mich ferner nach Stellenbosch,
Paarl, Wellington, durch Bainskloof nach Worcester, dann zu den heissen Quellen
im Brandvalley, nach Gnadenthal und zu den Stahlthermen von Caledon, endlich
über den Sir Lowrypass durch Hottentottenholland und die Cap'sche Fläche zurück nach Cape Town. So sehr mich auf dieser kleinen Reise die grossartige
wilde Gebirgswelt, die mir entgegen trat, entzückte, so sehr mich die freundlichen Dörfer und Städtchen in den fruchtbaren Thalebenen zwischen den steilen
4—6000 Fuss hohen Gebirgsmauern mit ihren zuvorkommenden Einwohnern,
die uns Fremde überall mit der grössten Gastfreundschaft aufnahmen, überraschten,
und so viel Interessantes mir sonst begegnete, so bot die Natur selbst doch
im Ganzen wenig, was nicht schon die Cap-Halbinsel zur Anschauung gebracht
hätte.

Die Cap-Halbinsel ist in der That, was Vegetation, Thierwelt und geologische Structur anbelangt, gleichsam ein Auszug aus der natürlichen Beschaffenheit
eines grossen Theiles von Südafrika. Wer an den zerrissenen, zerbrochenen, von
den Atmosphärilien angenagten, ausgehöhlten und abgewaschenen Felsmassen
des Tafelberges, in seinen tiefen wilden Schluchten, in den Wäldern der graugrünen *Protea argentea* an seinem Fusse, auf seinem weit ausgedehnten, wahre
Karrenfelder tragenden Felsplateau voll stagnirender Wasserpfützen herumgeklettert ist, wer von da weiter durch die gepriesenen Weinberge von Constantia
auf flachen vegetationsreichen Hügeln, weiterhin über sandige Plateau's, über
nackte Felskämme, über Bäche mit dunkel kaffeebraunem Wasser, über Sanddünen und Moorgründe bis zu der äussersten Südspitze der Halbinsel, zu dem
800 Fuss hohen Sandsteinfelsen, der schroff abfallend in die sturmbewegte See
das eigentliche Cap der guten Hoffnung bildet, gewandert ist, der mag ziemlich
eine Vorstellung davon haben, wie es im südlichen Afrika auf 100 englische
Meilen landeinwärts und von der St. Helena-Bai bis zum Gamtoos-River westlich
von der Algoa-Bai, auf einem Küstenstrich von 400 engl. Meilen Länge aussieht;
denn über diesen ganzen Theil von Südafrika sind dieselben Formationen verbreitet, die auf der Cap-Halbinsel selbst auftreten. Bain's geologische Karte und

Durchschnitte von Südafrika [1] geben, wenn auch die Deutung der einzelnen Formationen nicht immer die richtige ist, doch im Allgemeinen ein gutes Bild von der Zusammensetzung des Landes. Diese Karte liegt auch der hier beigegebenen Kartenskizze mit wenigen Abänderungen zu Grunde.

Granit, Thonschiefer und Sandstein (Quarzit) sind die herrschenden Gesteine. Der Thonschiefer bildet das Grundgebirge, er ist von Granit durchbrochen und in den Contactzonen theilweise zu einem krystallinischen, gneissähnlichen Gesteine umgewandelt. Die Sandstein- und Quarzitformation ruht entweder auf granitischer Basis oder in discordanter Lagerung auf dem Thonschiefer - Grundgebirge. Die gegenseitigen Verbandsverhältnisse dieser drei Formationen zeigt beistehender Durchschnitt durch die Cap-Halbinsel und die nordöstlich daran grenzenden Districte.

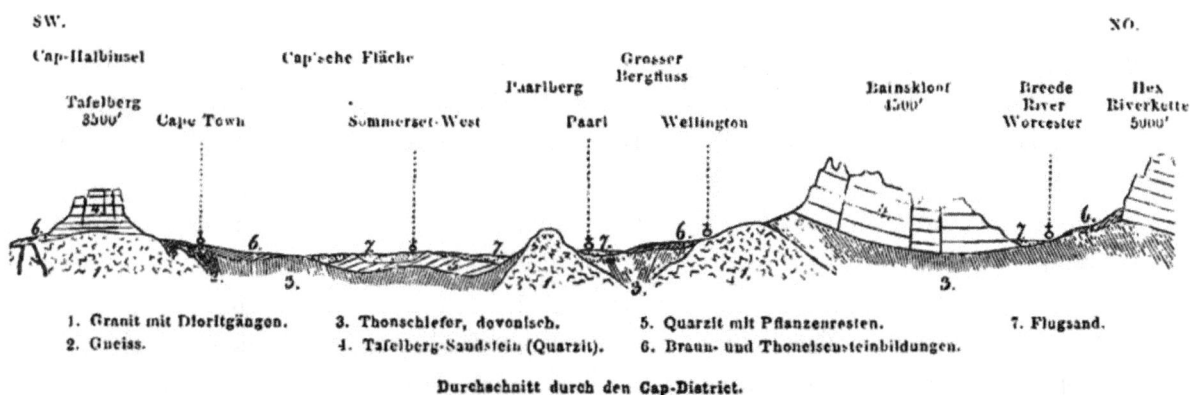

| 1. Granit mit Dioritgängen. | 3. Thonschiefer, devonisch. | 5. Quarzit mit Pflanzenresten. | 7. Flugsand. |
| 2. Gneiss. | 4. Tafelberg-Sandstein (Quarzit). | 6. Braun- und Thoneisensteinbildungen. | |

Durchschnitt durch den Cap-District.

Wiewohl ich, was Vorkommnisse anbelangt, nichts wesentlich Neues beschreiben kann, so haben mich doch meine Beobachtungen theils zu einer von Bain's Auffassung abweichenden Ansicht über die Thonschiefer- und Sandsteinformationen in dem bezeichneten Gebiete, theils zu einigen Folgerungen über die geotektonischen Verhältnisse der Cap'schen Formationen geführt, welche ich kurz entwickeln will.

1. Granit. Die Platte Klip am Fusse des Tafelberges im Weg von Cape Town auf seine Höhe, und das Bett des aus der Tafelbergschlucht kommenden kleinen Baches wenig ab- und aufwärts von der Platte Klip zeigt den Thonschiefer und Granit in unmittelbarer Berührung mit einander. Der Granit ist hier porphyrartig durch grosse Karlsbader Zwillinge, er enthält Gneisseinschlüsse und verzweigt sich in zahlreichen Apophysen in die Schichten des zu einem schwarzglimmerigen, sehr feinkörnigen, gneissartigen Gesteine veränderten Thonschiefers,

---

A. G. Bain, On the Geology of Southern Africa. Trans. Geol. Society of London. 2. Series. Vol. VII. Part. IV.

der nach Stunde 9—10 streicht und mit 80° gegen Westen einfällt. Eine ähnliche Contactstelle bei Green Point haben Clarke und Darwin[1] beschrieben.

Die granitische Basis der Cap-Halbinsel ist auf deren Ostseite unter dem Sand der Cap'schen Fläche versteckt, sie tritt erst wieder zu Tage längs der Meeresküste an der False Bai vom Muysenberg angefangen über Calk Bai in Simons Bai bis zum Smith's Winkle. Bei Millerspoint sieht man den Granit noch in einer Höhe von 800 bis 1000 Fuss über dem Spiegel des Meeres unter den darüber liegenden Sandsteinfelsen anstehen. Vom Smith's Winkle bis Cap Point tritt der Granit nirgends mehr zu Tage. Die Sandsteinbänke senken sich bis zum Spiegel der See und bilden am Cap selbst weit in's Meer hineinragende, von furchtbarer Brandung gepeitschte Klippen, deren Schichten ostwestlich streichen und mit 5—10° gegen Nord geneigt sind. Auf der bezeichneten Küstenstrecke ist der Granit durchaus porphyrartig und bildet vom brandenden Meere rund abgewaschene und abgewitterte kolossale Blöcke, die, so weit die Fluth reicht, über und über bedeckt sind mit Patellen und wo sie unzugänglich in der Brandung des Meeres liegen, die Brutplätze der Cormorans bilden. Die sogenannte Arche Noäh bei Simons Bai ist ein solcher Granitblock, der einzeln aus dem Meere hervorragt, und wahrscheinlich sind die gefährlichen unterseeischen Riffe der False Bai ebenfalls Granitklippen.

Längst bekannt und oft erwähnt ist der Dioritdurchbruch auf der Einsattelung zwischen dem Tafelberge und Löwenkopf. Nirgends jedoch fand ich eine Stelle beschrieben, die zwischen Simons Bai und Millerpoint in der Nähe von Rocklandspoint liegt, wo man einen gewaltigen, in der Brandung liegenden Granitblock durchsetzt sieht von schmalen Aphanitgängen. Mehrere parallel neben einander laufende Spalten des Granites von zwei bis sechs Zoll Dicke sind wie ausgegossen von dem dichten schwarzen Gestein, das man, wäre man in einer basaltischen Gegend, unbedingt für Basalt erklären müsste, zumal da es, freilich ganz im Kleinen, auch eine ausgezeichnete säulenförmige Absonderung senkrecht auf die Gangwände zeigt. Ich halte das Gestein für einen dioritischen Aphanit. Die schwarze Masse schneidet vollkommen scharf am Granit ab.

Ausserhalb der Cap-Halbinsel habe ich Granit bei Stellenbosch, Paarl und Wellington beobachtet. Letzterer Ort liegt auf Granit, der jedoch nirgends in Felsen ansteht, sondern nur durch grusige Verwitterung sich zu erkennen gibt. Bei Paarl bildet der Granit den 1500 Fuss hohen Paarlberg, der als Granitkuppe schon aus weiter Ferne kenntlich ist durch die nackten, abgerundeten Felsmassen seiner Gehänge und die grossen Blöcke an seinem Fusse. Am Weg nach Stellenbosch, links von der Strasse, und bei Stellenbosch selbst zeigt der Granit nicht

Clarke W. B. Proceed. Geol. Soc. III, p. 419. Darwin, Geol. Observations. London 1851, p. 147.

den gewöhnlichen porphyrartigen Charakter, seine Grundmasse wird vielmehr feinkörnig, oft fast kryptokrystallinisch, der schwarze Glimmer erscheint in schuppigen Partien, der Feldspath in einzelnen kleineren Krystallen, die löcherig auswittern, der Quarz in weingelben Dihexaëdern, kurz der Granit wird Granit-
porphyr und nimmt ganz den Habitus derjenigen Granitvarietät an, welche ich
fast um einen Erdquadranten nördlicher bei Karlsbad in ähnlicher Gesellschaft
mit porphyrartigem Granit gefunden und „Karlsbader Granit"[1] genannt habe.

Wo der Granit zwischen der Cap-Halbinsel und der ersten hohen Sandsteinkette zu Tage tritt, bildet er gewöhnlich abgerundete Kuppen und Hügel.

2. Thonschiefer, bald halbkrystallinisch und petrefactenleer, unserem
deutschen Urthonschiefer ähnlich, bald von echt sedimentärem Charakter und dann
mit Spuren von Fossilien ist auf der Cap-Halbinsel und im Capdistrict weit verbreitet und bildet das eigentliche Grundgebirge der Gegend. Er wechsellagert stellenweise mit untergeordneten Bänken von versteinerungsführendem, grauwackenarti-
gem Sandstein (bei Worcester, Gnadenthal u. s. w.). Nirgends erreicht der Thonschiefer bedeutende Höhen, er bildet vielmehr das flache wellige Hügelland am Fusse
der grossen Sandsteingebirge und tritt zwischen den Sandsteinketten überall in den
Niederungen der Hauptthäler wieder zu Tage. Seine Schichten sind steil aufgerichtet und zeigen eine allgemeine Streichungsrichtung von Südost nach Nordwest.

Höchst auffallend ist die tiefgehende Zersetzung des Thonschiefergebirges,
welche schon Bain und Darwin[2] erwähnen. Sie ist das vollständige Analogon
der tiefen Zersetzung des Gneissgebirges bei Rio de Janeiro.[3] Der Fahrweg von
Stellenbosch nach Paarl, gleich ausserhalb des Städtchens Stellenbosch, so wie der
Tunnel bei Bainskloof, welchen Bain erwähnt, sind die hauptsächlichsten Punkte,
wo ich diese Zersetzung selbst beobachten konnte. Bei Stellenbosch ist der Thonschiefer zu einer weichen, durch Eisen gelb und roth gefärbten, lehmigen Masse
geworden, in der die schiefrige Structur sehr deutlich in den abwechselnd gelben
und rothen Lagen hervortritt. Charakteristisch ist, dass allenthalben der Thon-
schieferboden von einem eisenschüssigen, gelben, sandigen Lehm voll kleiner
Brauneisensteinknollen, echten Bohnerzen, bedeckt ist; oder wo der Lehm fehlt,
da fehlen wenigstens die Bohnerze nicht. Ich weiss keine andere Erklärung für
diese weitverbreitete Erscheinung an der Oberfläche des Thonschieferterrains, als
dass die Bohnerze durch Umwandlung des im Thonschiefer ursprünglich enthaltenen Schwefelkieses in Brauneisenstein entstanden sind. Diese Bohnerze gehören
in gleicher Weise dem petrefactenleeren Thonschiefer der Küstenregion, wie den

Hochstetter, Karlsbad, seine geognostischen Verhältnisse etc. 1856, p. 12.
[2] Bain a. a. O. p. 180. C. Darwin a. a. O., p. 149.
[3] Vgl. p. 15.

petrefactenführenden Thonschiefern weiter landeinwärts zu. Die Termiten wählen vorzugsweise diesen eisenschüssigen lehmigen Boden, um auf ihm ihre 2—3 Fuss hohen kegelförmigen Haufen aufzubauen, welche in der Physiognomik der süd- afrikanischen Landschaft eine so grosse Rolle spielen. Die flachen Gehänge der Thonschieferrücken, auf welchen der Regen die lehmigen Theile weggeflösst, das schwerere Bohnerz aber liegen gelassen hat, bilden natürliche Strassen, welche mit Bohnerz beschottert sind. Der einzige Fehler dieser sonst ganz vortrefflichen Naturstrassen ist der, dass sie nicht horizontal, sondern immer nach einer Seite geneigt sind. Man muss immer auf einer schiefen Ebene fahren.

Mehrmals habe ich auf solchen schiefen Ebenen eine reihenförmige Anord- nung der Bohnerze bemerkt, als wären dieselben in lange parallele Riefen gestreut. Die Erscheinung ist so auffallend, dass man von der Ferne geackerte Furchen zu sehen glaubt. Eine analoge Erscheinung bieten auch häufig die Sanddünen am Meere, und die Flugsandablagerungen in den Flussthälern und an Berggehängen, wo die im Sande wachsenden Pflanzen wie in künstlich angelegte Furchen gesetzt erscheinen. Im Sande ist die Erscheinung die Folge der vom Winde erzeugten Sandwellen, die Wellenberge bedecken das nur eine geringe Höhe erreichende *Mesembryanthemum*, welches überall die Hauptsandpflanze ist, und nur in den Wellenthälern ragen die Pflanzen hervor. Bei den Bohnerzen muss die reihen- förmige Anordnung eine Wasserwirkung sein, das Regenwasser fliesst in stär- kerem und schwächerem wellenförmigen Strom über die schiefe Ebene und schwemmt die Bohnerze auf diese Weise in langen Reihen zusammen.

3. Sandstein. Die kolossale Entwicklung petrefactenleerer Sandsteine, Con- glomerate und Quarzite[1], welche gewaltige, durch breit und tief ausgefurchte Längenthäler getrennte Gebirgsketten bilden, ist der am meisten charakteristische Zug in der Geologie von Südafrika.

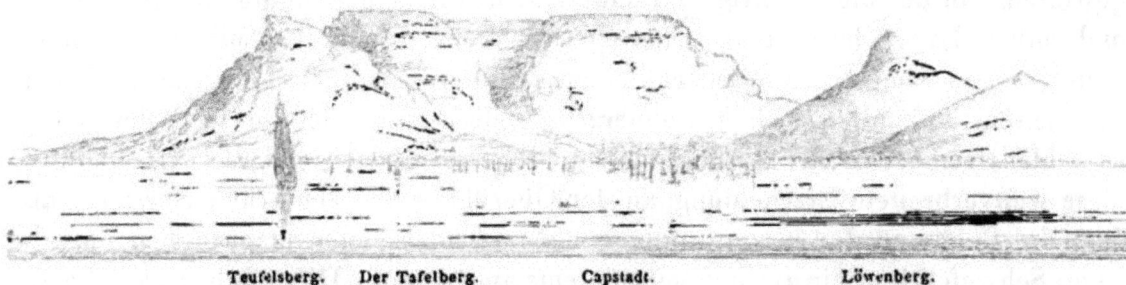

Teufelsberg.    Der Tafelberg.              Capstadt.                    Löwenberg.

Der Anblick der aus völlig horizontalen Sandsteinbänken mit einer Gesammt- mächtigkeit von 2000 Fuss auf granitischer Basis ruhenden und bis zu 3500 Fuss

---

[1] Eine Mächtigkeit von 10—12.000 Fuss, wie sie Bain (a. a. O. S. 181) annimmt, ist doch wohl etwas zu hoch geschätzt.

über dem Meeresspiegel aufgebauten senkrechten Felsmauer des Tafelberges mit den beiden „Schilderhäusern" dem Löwenberg und Teufelsberg zur Seite, ist nicht weni_ ger grossartig und eigenthümlich, als der Anblick der jenseits der Cap'schen Fläche sich steil erhebenden, nordsüdlich streichenden Gebirgsmauer des Hottentot's Holland oder der blauen Berge, welche mit ihren zackigen, wild zerrissenen Formen an die Kalksteingebirge unserer Alpen erinnern. Die höchsten Gipfel dieser Gebirge erglänzten, als ich sie Anfangs October zuerst sah, noch von weissen Schneefeldern.

Hat man über Bains Kloof die erste Gebirgskette überstiegen, so erblickt man jenseits des Thales des Breede River eine zweite noch höhere Parallelkette, die Hexriverkette. Über den Michells Pass gelangt man bei Ceres in ein zweites Längenthal, Warme Bokkeveld genannt, und erst der Übergang über eine dritte Parallelkette führt bei Karoo Poort auf das südafrikanische Hochland, in die sogenannte grosse Karoo. Eine doppelte und dreifache Riesenmauer, nur von den tiefen Querspalten der Flussläufe durchbrochen, ist es also, welche das Innere von Afrika nach Süden und Westen von dem Gebiet der Oceane absperrt. Und alle diese Gebirge sind Sandsteinketten, welche vorherrschend aus demselben Sandstein und Quarzit bestehen, wie der Tafelberg, und den wir desshalb vorderhand als Tafelberg-Sandstein bezeichnen wollen. Er lagert ungleichförmig über dem Thonschiefergrundgebirge, theils horizontal über steil aufgerichteten, vielfach gefalteten Thonschiefern, welche die Basis der Sandsteinketten bilden, theils in gestörten Lagerungsverhältnissen. Die aufgerichteten Bänke bilden zackige Berggipfel, die horizontal gelagerten Bänke aber Tafelberge.

Ich übergebe die oft geschilderten petrographischen Verhältnisse des Tafelberg-Sandsteins[1] und erwähne nur die höchst bizarren Erosionsformen, welche die Quarzite, die die Hauptmasse des Sandsteingebirges ausmachen, zeigen. Das Tafelbergplateau ist ein wahres Karrenfeld. Man sieht an den einzelnen hervorragenden Felsplatten die wunderlichsten Formen; hier sind lange Rinnen, dort halbkugelförmige Löcher ausgefressen. Manche Felsplatte steht wie ein Tisch auf einem dünnen abgewitterten Fusse, andere ragen als spitze Nadeln empor, wieder andere als Menschen- und Thiergestalten, oder mit was die Phantasie dieselben immer vergleichen mag. Die einzelnen Bänke erreichen eine bedeutende Mächtigkeit und sind kubisch zerklüftet. Die Hauptrichtung der Zerklüftung geht auf dem Tafelbergplateau genau von Nord nach Süd und hat jene regelmässigen Furchen veranlasst, in welchen gelb-braunes Wasser stagnirt, und die der Oberfläche des Tafelberges das Ansehen geben, als hätte man versteinerte Meereswellen vor sich.

---

[1] Darwin a. a. O. p. 151. Dr. Abel, Narrative of a Journey in the Interior of China etc. London, 1819. p. 295. Clarke, Proceed. Geol. Soc. III. p. 418.

Für die Tektonik und den landschaftlichen Charakter der Gebirge des Cap-landes ist keine andere Formation von solcher Bedeutung, wie die Formation des Tafelberg-Sandsteines. In mächtigen, deutlich geschichteten Bänken lagert diese Formation auf der Unterlage gefalteter und gepresster Schiefer und spielt hier die-selbe Rolle, wie in unseren Alpen der Kalkstein, der in zahlreich über einander geschichteten Bänken auf den bunten „Werfener Schiefern", welche der unteren Trias angehören, ruht. Wie die Kalkmassen der alpinen Kalksteinzone durch die grossen geologischen Ereignisse bei der Erhebung der Alpen in einzelne Schollen zerbrochen und in Längsketten zerrissen wurden, deren steile Felswände die Gross-artigkeit des Landschaftsbildes der Kalkzone bedingen, so verhält es sich auch mit dem Tafelberg-Sandstein. Die ursprünglich in horizontalen Lagen gebildeten Schichten von Sandstein und Quarzit finden sich keineswegs überall horizontal. Sie sind vielfach steil aufgerichtet. Schon auf der Cap-Halbinsel selbst kann man da und dort Störungen beobachten, welche die Schichten bis zu 15° und 20° Nei-gung aufgerichtet haben. Am eigentlichen Cap der guten Hoffnung senken sich die Bänke flach ins Meer. Jenseits der Cap'schen Fläche aber sieht man im Sir Lowrypass auf der Höhe der Hottentots-Hollandberge die Schichten fast senk-recht aufgestellt und dann gegen Ost allmählich mit immer geringerem Neigungs-winkel sich senken. Die Sandsteinmassen sind ausserdem von langen Bruchlinien durchzogen, welche zu breiten Längsthälern ausgewaschen sind, in welchen die Unterlage der Sandsteinformation, der Thonschiefer, zu Tage tritt, und diese Län-genthäler sind durch Querspalten mit einander verbunden, welche in Süd-Afrika den bezeichnenden Namen „Kloof", d. h. Kluft, führen. So sind parallel ziehende Kettengebirge gebildet, deren schroffe Felsmassen in den bizarrsten Formen in die Höhe starren, oder wo die Sandsteindecke nur in einzelne mächtige Schollen zerbrochen ist, Tafelberge mit öden, zerklüfteten, von Karren durchfurchten Pla-teaus. Ich will im folgenden nur auf einige der wichtigsten Bruchlinien und Quer-spalten hinweisen, welche sich auf der Karte leicht verfolgen lassen.

Vom Gamtoos River östlich bis zum Hex River in der Gegend von Worcester westlich, zieht sich das Sandsteingebirge durch tiefe Längenthäler in drei, stel-lenweise in vier und sogar in fünf Parallelketten getrennt, von Ost nach West parallel der Meeresküste. In demselben nahezu rechten Winkel aber, in welchem beim Cap der guten Hoffnung die Meeresküste nach Norden umbiegt, brechen auch jene Parallelketten auf einer das Cap und Worcester verbindenden diago-nalen Linie, welche jenen rechten Winkel halbirt, plötzlich ab und streichen von da an nordwärts bis zu dem über 6000' hohen Sneeuwkop. Die in der diago-nalen Richtung von Nordost nach Südwest laufende tiefe Querspalte des Hex-riverthales bei Worcester trennt die beiden Gebirgsschenkel genau im Scheitel des Winkels.

Wie das ostwestliche Randgebirge aus mehreren durch tiefe Längenthäler getrennten Parallelketten besteht, eben so auch der von Süd nach Nord streichende Theil des Gebirges. Vom Frensh Hoek Pass im Süden zieht sich in den Cardowe- und Oliphantsbergen eine Kette von 3—4000 Fuss, in einzelnen Kuppen sogar von 6000 Fuss Meereshöhe, bis zur Donkinsbai; die Längsthäler des Breede River und des Oliphants-River sind tief und breit ausgewaschene Aufbruchsthäler, in welchen der Thonschiefer wieder zu Tage tritt. Das südliche Ende dieser Sandsteinkette hat einen sehr charakteristischen Steilrand, der von Brandvalley an aus Nordost an Villiersdorf vorbei zum Frensh Hoek Pass gegen Südwest streicht und genau in die Fortsetzung der diagonalen Hexriverspalte fällt. Diesem Steilrand entspricht ohne Zweifel eine Dislocationsspalte, die sich beim Frensh Hoek Pass fortsetzt und eine merkliche, gegenseitige Verschiebung der nördlichen und südlichen Gebirgsketten bedingt. Denn die ganze Kette der Hottentots-Hollandberge südlich von Frensh Hoek bis zum Cap Hanglip erscheint gegen die nördliche Gebirgskette etwas gegen West verschoben. Vielleicht ist in dieser Verschiebung zugleich der Grund der fast senkrechten Schichtenstellung zu suchen, die man auf der Höhe des Sir Lowry Passes, der über die Hottentots-Hollandberge führt, beobachtet. Bei der Tour durch Bainskloof, den Pass, der über die nördliche Gebirgskette führt, habe ich diese steile Schichtenstellung nirgends gesehen. Daher auch die unter einem fast rechten Winkel gegen West vorspringende Sandsteinmasse des Helderberges bei Stellenbosch. Im Hintergrunde dieses Winkels entspringen auf jener Dislocationsspalte die Quellen des grossen Bergflusses. Von Paarl aus hat man eine recht deutliche Ansicht dieser Verhältnisse.

In jener Dislocationsspalte haben wir aber auch den einfachen Erklärungsgrund für die heissen Quellen von Brand-Valley, welche mit 61° C. gerade am Fusse des Sandsteingebirges hervorbrechen. Diese Quellen liegen auf der grossen Querspalte, welche zwischen den Quellen des Hexrivers und den Quellen des Zonder End Rivers die südafrikanischen Küstengebirge durchbricht, und von den Quellen des Zonder End Rivers an in der Spalte des Frensh Hoek Passes sich südwestlich fortsetzt. Die heissen Quellen liegen an derjenigen Stelle dieser Spalte, wo sie deutlich nicht als einfache Aufbruchsspalte, sondern zugleich als verticale Verwerfungsspalte auftritt. Dadurch sind alle nothwendigen Bedingungen zur Bildung heisser Quellen, wie diejenigen von Brand-Valley, gegeben und umgekehrt ist die Existenz dieser Quellen ein weiterer Beweis für die Existenz jener Spalte. Alle Reisebeschreiber, welche diese Quellen schildern, drücken zugleich ihre Verwunderung aus, dass solche Quellen in einem Lande existiren, wo weit und breit keine Spur vulcanischer Thätigkeit zu entdecken sei. Das heisse Wasser von Brand-Valley ist reines Wasser ohne irgendwelche mineralische Bestandtheile, ähnlich den Thermen von Pfeffers und Gastein. Würden sie vulcanischen Ursprungs sein, so wäre dieses Fehlen aller Bestandtheile unerklärlich. So aber dringt das atmosphärische Wasser fast nur durch zerklüftete Quarzite, in welchen es keine löslichen Stoffe vorfindet, in die Tiefe bis auf das wasserdichte Thonschiefer-Grundgebirge und kommt auf der Dislocationsspalte durch hydrostatischen Druck wieder zu Tage. Da die umliegenden Sandsteingebirge eine Meereshöhe von 4—5000 Fuss erreichen, so bedarf es nur eines einseitigen Einsinkens einer mächtigen Sandsteinscholle um circa 1000 Fuss, um jene Temperatur von 61° zu erklären.

Ich erwähne noch, dass ähnliche Störungen, wie ich sie auf der Linie von Worcester zum Frensh Hoek Pass nachgewiesen zu haben glaube, auch an der nördlichen und südlichen Grenze des auf Bain's Karte als obersilurisch bezeichneten dreieckigen Thonschiefer-Gebietes zwischen Worcester, Swellendam und Caledon vorhanden sein müssen, da auch diese beiden Seiten des Dreiecks aufsteigende warme Quellen haben, nördlich die heisse Quelle in der Kokmanns Kloof, südöstlich die warmen Quellen von Caledon. Aber auch die niedersteigenden kalten Quellen treten ausschliesslich auf den Bruchlinien und in den Kloof's zu Tage, während die Gebirge völlig wasserarm sind. Die atmosphärischen Wässer dringen durch das zerklüftete Sandsteingebirge in die Tiefe bis auf die wasserdichte Unterlage, welche der Thonschiefer bildet, und die Quellen entspringen überall auf der Grenze beider Formationen, da wo durch Bruchlinien die unterirdische Wasserführung des Gebirges abgeschnitten wird[1].

Man hat die Ereignisse, durch welche der Tafelberg-Sandstein in einzelne Gebirgsketten und Tafelberge zerrissen wurde, häufig, aber ganz mit Unrecht, in Verbindung gebracht mit den Granitdurchbrüchen am Cap; denn diese sind jedenfalls viel älter, und gehören einer Periode lange vor der Ablagerung der Sandsteinformation an. Dagegen beweist der parallele Verlauf jener Gebirgsketten mit der Küstenlinie einerseits und mit der Grenzlinie der Karoobildungen anderseits, dass die longitudinalen Aufbrüche der Sandsteinformation abhängig sind von der Gestalt und Bildung der ganzen südafrikanischen Continentalmasse. Der Tafelberg-Sandstein bildet gewissermassen den Rand der grossen Continentalplatte, welche aus den zonenförmig oder beckenförmig über einander gelagerten Formationen der grossen Karoo besteht; dieser Rand ist in vielfach parallelen Bruchlinien niedergebrochen, und die Küstenlinie selbst bezeichnet wohl nur die am tiefsten gehende Bruchlinie.

Bevor ich zur Frage nach dem geologischen Alter des Cap'schen Thonschiefers und des Tafelberg-Sandsteines komme, muss ich noch einen sehr wesentlichen Punkt berühren, in welchem meine Auffassung von der Bain's abweicht.

---

Vergl. auch Dr. F. Krauss, Über die Quellen des südlichen Afrika's. Leonhard und Bronn, Neues Jahrbuch der Mineralogie 1843, p. 151.

Bain unterscheidet auf seiner Karte von Südafrika zwei Thonschiefer- und zwei Sandsteinformationen: 1. den petrefactenleeren Thonschiefer des Capdistrictes (Nr. 2 auf Bain's Karte) und discordant darüber lagernd den Tafelberg-Sandstein (Nr. 3), 2. die petrefactenführenden Thonschiefer, die jenseits des Michell's-Passes im warmen und kalten Bokkeveld auftreten und gleichfalls von einer petrefactenleeren, sehr mächtigen Sandsteinformation überlagert sind, welche nach Bain's eigenem Ausdruck dem älteren Tafelberg-Sandstein äusserst ähnlich ist, und die in einzelnen Punkten 6840 Fuss Meereshöhe erreichenden Sandsteinketten des Cedar-Berges, des Swarte-Berges und des kalten Bokkeveld bildet. Über dieser zweiten Sandsteinformation sollen dann noch einmal petrefactenführende Schiefer folgen, in ihren Fossilien identisch mit den unter dem Sandstein liegenden Schiefern; die obersten Thonschiefer erstrecken sich bis in die Karoogegenden und verschwinden unter der Zone von Thonsteinporphyr, mit welcher die eigentliche Karooformation beginnt. Auf Bain's Karte ist diese zweite Thonschiefer- und Sandsteinformation mit gleicher Farbe gemalt und mit Nr. 4 als obersilurisch (?) bezeichnet.

Ich sehe vorderhand davon ab, dass von den Paläontologen die versteinerungsführenden Schiefer für devonisch erklärt wurden, und bemerke auch alsogleich, dass ich jene Gegenden jenseits des Michell's-Passes nicht kenne: allein auf Bain's Karte ist auch ein unregelmässig dreieckiges Gebiet zwischen Worcester, Swellendam, Gnadenthal und Caledon mit der Farbe 4 als oberer Thonschiefer und Sandstein bezeichnet, das ich aus eigener Anschauung kenne. Bei der grossen Regelmässigkeit, mit der sich in Südafrika die geologisch höher liegenden Formationsglieder in parallel laufenden Zonen an einander anschliessen, wie Bain's Karte sehr schön zeigt, ist dieses dreieckige Stück zwischen Worcester, Swellendam, Gnadenthal und Caledon, das ausserhalb der eigentlichen Zone der oberen Thonschiefer- und Sandsteinformation liegt, höchst auffallend. Bain muss seine Gründe gehabt haben, warum er die in dieser Gegend auftretende Thonschiefer- und Sandsteinformation zur obern Abtheilung rechnet und vom Cap'schen Thonschiefer und vom Tafelberg-Sandstein trennt; in den die Karten begleitenden Erläuterungen sind diese Gründe leider nicht angeführt. Ohne Zweifel beruht diese Auffassung aber darauf, dass die Thonschiefer des bezeichneten Gebietes petrefactenführend sind. Davon habe ich mich wenigstens an einem Punkte, der in jenes Dreieck fällt, überzeugen können. Ich fand nämlich in den Thonschiefern bei Villiersdorf auf der letzten niederen Einsattelung, die man von Brand-Valley her überschreiten muss, ehe man zu der Farm des Herrn Pretorius und in die Ebene von Villiersdorf gelangt, Spuren von Petrefacten. Wenn das, was ich bei anfangender Dämmerung in aller Eile, da wir vor völlig einbrechender Nacht noch jene Farm erreichen mussten, sammeln konnte, auch nicht so gut erhalten ist, dass sich die Arten bestimmen lassen, so sind es doch entschiedene Fossilreste und

zwar Crinoiden- und Brachiopodenreste, letztere undeutliche Abdrücke wahrscheinlich von *Orthis palmata* in einem weichen gelb verwitterten Thonschiefer. An demselben Hügel zeigt der Thonschiefer, dessen Schichtenköpfe überall hervorstehen,
stellenweise eine den nassauischen Sericitschiefern ähnliche Beschaffenheit. Die
Schiefer sind gelblich-weiss, seidenglänzend und fühlen sich fettig an, fast wie
Talkschiefer. Am ganzen Hügel streichen die Schichten von Südwest nach Nordost und fallen mit 80° gegen Nordwest. Gerade gegen Nordwest liegt aber in einer
Distanz von kaum einer halben englischen Meile der von Nordost gegen Südwest
streichende, oben besprochene Steilrand der hohen Sandsteinkette, die sich von
French Hoek aus nördlich zieht.

Die Schiefer fallen also unter dieses Sandsteingebirge ein, welches entschieden
aus Tafelberg-Sandstein besteht. Die petrefactenführenden Thonschiefer, obgleich
sie örtlich um circa 3000 Fuss tiefer liegen, als die obersten Sandsteinbänke der
Gebirgskette, könnten aber immerhin geologisch einem höheren Horizont angehören, da ja am Fusse jener Sandsteinkette, wie ich oben auseinandergesetzt habe,
eine Dislocationsspalte verläuft. Allein auch die Zonderend-Bergkette besteht
aus Tafelberg-Sandstein und ich konnte mich durchaus nicht überzeugen, dass die
Sandsteine und Quarzite dieses Gebirgszuges, welche petrographisch vollkommen
identisch sind mit den Sandsteinen und Quarziten Nr. 3 bei Bain, den versteinerungsführenden Thonschiefern eingelagert seien, wie es nach Bain's Auffassung,
der auch diese Bergkette zu seinem Nr. 4 rechnet, sein müsste.

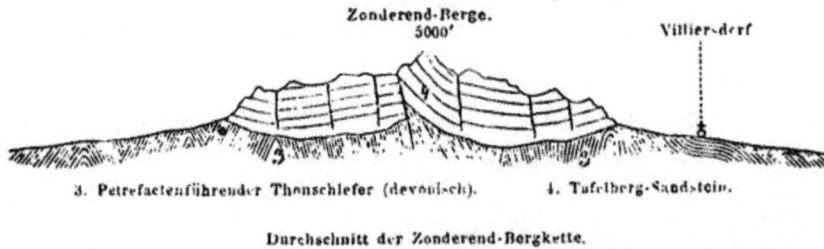

3. Petrefactenführender Thonschiefer (devonisch).      4. Tafelberg-Sandstein.

Durchschnitt der Zonderend-Bergkette.

Die Darstellung der Lagerungsverhältnisse, wie ich sie auf dem beigefügten
Durchschnitte gebe, ist das Resultat von Beobachtungen, welche ich beim Übergang von Villiersdorf in das Thal des Zonderend Rivers über den Dunkershoek
Pass am westlichen Ende der Gebirgskette gemacht habe. Ich fand am nördlichen
Fusse der Gebirgskette die Thonschieferschichten nach Nordost streichend, mit
einem bald steileren, bald flächeren Einfallen gegen Nordwest, hierauf feinkörnigen
weissen und eisenschüssigen gelben Sandstein mit thonigem Bindemittel, der
gleichfalls nach Nordost streicht, aber mit 15° gegen Südost fällt, dann Quarzite
mit demselben Streichen und einer Neigung von 40—45° gegen Nordwest, endlich
auf den höchsten Punkt des Passes steil aufgerichtete Quarzite mit ostwestlichem
Streichen und mit 80° gegen Süden fallend. Was ich sah, führte mich zu der Über-

zeugung, dass die Sandsteine und Quarzite des Dunkershoekberges discordant über den versteinerungsführenden Thonschiefern liegen, wie es allenthalben beim Tafelberg-Sandstein der Fall ist.

Der petrefactenführende Thonschiefer des Zonderend-Districtes verhält sich also zu den Sandsteingebirgen dieser Gegend genau eben so, wie die petrefacten-leeren Thonschiefer des Capdistrictes zum Tafelberg-Sandstein. Dieser Schluss würde mich jedoch keineswegs berechtigen, auch an der Richtigkeit der Auffassung Bain's, so weit sie die Bokkeveld-Districte betrifft, zu zweifeln, wenn nicht Dr. R. N. Rubidge seither über die Verhältnisse bei Michell's-Pass Bemerkungen publicirt hätte,[1] welche überhaupt daran zweifeln lassen, dass am Cap zwei verschiedene Sandsteinformationen unterschieden werden können.

Auf dem in den Geolog. Transact. (2 Ser., Vol. VII, pl. 21, Fig. 1) von Bain gegebenen Durchschnitt bildet Michells-Pass die Grenze beider Formationen. Bain lässt hier die Tafelberg-Sandsteine plötzlich steil einfallen unter die petrefacten-führenden Thonschiefer des Bokkeveld bei Ceres, und versetzt demgemäss die weiter nördlich liegenden Sandsteinketten der Zwarteberge und Cedarberge, welche über den fossilienreichen Schiefern liegen, in einen höheren Horizont. Rubidge, der verdienstvolle Nachfolger Bain's in der Erforschung der Geologie von Süd-Afrika, will dagegen gefunden haben, dass die nördlich einfallenden Quarzite bei Ceres nur silificirte Schiefer seien, welche allerdings conform zwischen den unveränderten Schiefern liegen, aber gleich diesen von den Quarziten der Bokke-veldberge überlagert seien, die er dem Tafelberg-Sandstein zurechnet. Die Quarzite seien durchaus von jüngerem Alter als die Schiefer, und diese selbst lassen sich nicht wohl in petrefactenführende und petrefactenleere trennen, zumal da man neuerdings devonische Trilobiten und Spiriferen auch in den Schiefern der süd-lichen Districte bei Cap St. Francis, Klein-Winterhoek und bei Jeffery's-Bai gefunden habe.

Wenn diese Ansicht, wie ich glaube, die richtige ist, so hat man es am Cap statt mit zwei Thonschiefer- und zwei Sandsteinformationen nur mit je einer zu thun, einer grossen Thonschieferformation mit untergeordneten glimmerigen Sand-stein- und Quarzitzügen, welche das Grundgebirge bildet, und einer discordant darüberliegenden, sehr mächtigen Conglomerat-Sandstein- und Quarzitformation, dem Tafelberg-Sandstein, der eine ausserordentliche Verbreitung besitzt, ausschliess-lich die höheren Gebirgsketten bildet und von Rubidge sogar im Namaqualande nachgewiesen wurde, wo er Spuren von Fucoiden und anderen Pflanzenresten führt.[2]

---

Dr. R. N. Rubidge, on some Points in the Geology of South Africa. Quart. Journ. Geol. Society 1859. Vol. XV, p. 195.

Quart. Journ. Vol. XII, p. 239 und Vol. XIII, p. 235.

Was nun das Alter der Thonschiefer betrifft. so kamen Dr. F. Sandberger und Dr. Sharpe[1], welche die bis jetzt aufgefundenen Petrefacten untersucht und beschrieben haben, zu dem übereinstimmenden Resultate, dass die Fauna der Schieferformation einen devonischen Charakter an sich trage. Sharpe gibt (a. a. O. S. 204—206) eine Liste von 35 verschiedenen Species von Trilobiten, Crinoideen, Brachiopoden und Lamellibranchiaten, nebst einem Tentaculiten, *Bellerophon* und einer *Theca*. Diese Fossilien stammen von folgenden Localitäten: Cold Bokkeveld, warm Bokkeveld, Cedarberg, Hottentots Kloof, Kokmanns Kloof, Gydow Pass, Leo Hoek. Sharpe bemerkt ausdrücklich, dass unter diesen Fossilien keine einzige echt silurische Art, ja nicht einmal ein rein silurisches Geschlecht vorkomme, und das Zusammenvorkommen von *Homalonotus*, *Phacops*, *Tentaculites* und breitflügeligen Speriferen mit *Cucullella*, *Bellerophon*, *Conularia*, *Chonetes* und *Strophomena* durchaus für devonische Formation spreche. Dr. Sandberger hat einige Species sogar mit europäischen Arten aus dem Devonischen identificirt. Dagegen spricht sich aber Sharpe aus: „wir können, sagt Sharpe (S. 206), Dr. Sandberger nicht beistimmen, wenn er gewisse Brachiopoden etc. mit europäischen Arten devonischer Fossilien identificirt. Die einzige Localität, wo vorläufig einige dieser südafrikanischen Species gefunden wurden, sind die Falklands-Inseln, und es ist sehr bemerkenswerth, dass von den neun Species, welche Mr. Darwin von diesen Inseln mitgebracht hat (2 vol. of Quarterly Journal pl. 10—11), fünf in Mr. Bain's Sammlung vom Cap enthalten sind.[2] Diese interessante Thatsache beweist uns, dass die devonische Formation eine sehr weite Verbreitung in der südlichen Hemisphäre hatte; aber, so weit unsere Kenntniss jetzt geht, war sie von Arten bevölkert, verschieden von denen, welche zu derselben Periode in den nördlichen Regionen lebten, wenn auch sehr nahe verwandt mit ihnen. Dies ist in Übereinstimmung mit Allem, was wir von der Vertheilung der Fossilien in der paläozoischen Zeit wissen".[3]

Weiteren Untersuchungen muss es überlassen bleiben, zu entscheiden, ob aller Cap'sche Thonschiefer devonischen Alters ist, oder ob nicht doch ein Theil

---

[1] Dr. F. Sandberger, Über einige paläozoische Versteinerungen des Caplandes in Leonhard's und Bronn's Jahrbuch 1852, p. 581. — D. Sharpe and J. W. Salter: Description of Palaeozoic Fossils from South Africa. Transact. of the Geol. Soc. 2 Ser. Vol. VII. 1856, p. 203.

[2] Diese Arten sind *Orthis palmata* Morris & Sharpe, *Strophomena Sulirani* Sharpe, *Spirifer antarcticus* Morris & Sharpe, *Spirifer Orbignii* Morris & Sharpe, *Orbicula Bainii* Sharpe.

[3] Eben so bemerkt Sharpe (S. 202) von den secundären Fossilresten des Zwartkops- und Sunday-Rivers: „Keine einzige Species kann identificirt werden mit irgend einer europäischen, aber die Formen, denen sie am nächsten stehen, sind die des mittleren und unteren Ooliths." Diese Resultate sind von höchstem Interesse. Sie beweisen eine Trennung des organischen Lebens durch eine äquatoriale Zone schon in den ältesten Perioden der Erde, ganz so wie sie noch heute existirt.

und namentlich der petrefactenleere Schiefer der südlichen Districte älter ist. Nur das sollte hier nachgewiesen werden, dass auch die petrefactenführenden devonischen Schiefer unter dem Tafelberg-Sandsteine liegen.

Über das geologische Alter des petrefactenleeren Tafelberg-Sandsteines und aller ihm äquivalenten Sandsteine und Quarzite in Süd-Afrika herrschen noch vielfache Zweifel. Man hat diese Sandsteinformation bereits allen Formationen vom Silurischen bis zum bunten Sandstein zugezählt. [1] Nach den bisherigen Auseinandersetzungen haben wir nun aber wenigstens nach unten eine bestimmte Grenze. Die discordante Lagerung des Tafelberg-Sandsteines gegen die devonischen Schiefer und der gänzlich verschiedene petrographische Charakter der beiden Ablagerungen bilden eine so scharfe Formationsgrenze, wie sie nur überhaupt vorkommen kann. Mit der Ablagerung des Tafelberg-Sandsteines in nachdevonischer Zeit begann eine völlig neue Periode der geologischen Entwickelungsgeschichte Süd-Afrika's. Und wenn aus Bain's Beobachtungen unzweifelhaft hervorgeht, dass auf diese Sandsteinformation weiter nördlich die Karoobildungen in concordanter Lagerung folgen, so dass der Tafelberg-Sandstein die Basis oder wenigstens den Rand des ausgedehnten Karoobeckens bildet, so wird es am naturgemässesten sein, den Tafelberg-Sandstein und die ganze Reihe der Karoobildungen als Ablagerungen einer zusammenhängenden Zeitperiode zu betrachten.

Nach Bain's Untersuchungen war die grosse Karoowüste einst ein grosses Binnenmeer oder ein Binnensee. Ihre Bildungen sind vorherrschend Süsswasserbildungen, durchbrochen von Porphyren und Melaphyren (Trapp). Die grosse Karoo ist die ausgedehnte Fundstätte von Süsswasserconchylien, von eigenthümlichen Pflanzenresten, worunter namentlich Cycadeen, von verkieselten Hölzern, von heterocerken Fischen (Palaeoniscus-Arten) und von jenen höchst merkwürdigen, von Owen beschriebenen, Dicynodon-Resten, den Resten eines Reptils mit säugethierartigem Oberkiefer, schildkrötenartigem Unterkiefer, krokodilartigem Hinterhaupte und eidechsenartigem Schädel. [2] Das geologische Alter dieser eine Gesammtmächtigkeit von gegen 10.000 Fuss erreichenden und über ungeheure Länderstrecken, bis weit über den Orange River, ausgedehnten Bildungen ist noch im Zweifel. Englische Geologen halten sie für ein Äquivalent des englischen New Red Sandstone, der permische und triassische Glieder umfasst. Die Analogie der Grundlage von Thonsteinporphyr und die durchsetzenden Trappgänge, wahr-

[1] Dr. F. Krauss beschrieb den Tafelberg-Sandstein als bunten Sandstein; Bain rechnete ihn früher zur Steinkohlenformation, später beschreibt er ihn als untersilurisch, und wenn Bain's Auffassung richtig wäre, dass er am Michells Pass zwischen petrefactenführenden Thonschiefern liegt, so müsste er devonisch sein, da diese Thonschiefer devonisch sind.

[2] Transact. geol. Soc. 2. Ser. 1856. Vol. VII, p. 225. Einige interessante Dicynodon-Reste verdanke ich der Güte des Herrn Mc Lachlan in Stellenbosch.

scheinlich Melaphyre [1], mit den Verhältnissen des Rothliegenden in Mittel-Europa
würden für Lower New-Red sprechen, während die Pflanzenreste, namentlich die
Cycadeen, besser mit einem jüngeren triassischen oder jurassischen Alter stimmen.
Halten wir daran fest, dass die Karoobildungen, wenn nicht ganz so doch wenigstens
in ihren tieferen Gliedern dem Rothliegenden entsprechen, so fällt die Bildung des
Tafelberg-Sandsteines zwischen die devonische und permische Periode, also in die
Steinkohlenzeit. Ein weiterer Beleg für diese Deutung ist auch die Thatsache, dass
man, wie Wyley erwähnt, [2] bei Swellendam und Riversdale in Schichten, welche
zum Tafelberg-Sandstein gehören, *Lepidodendron* gefunden hat, und dass nach Bain
und Atherstone in den östlichen Theilen der Colonie im District von Uitenhagen
die Steinkohlenformation in der That mit schwachen Kohlenflötzen auftritt, im
Übrigen aber petrographisch sich nicht wesentlich vom Tafelberg-Sandstein unterscheidet. Mit dieser Auffassung kehre ich also zu der ursprünglichen Deutung
Bain's zurück, welcher in seinen ersten Arbeiten den Tafelberg-Sandstein zur Steinkohlenformation gerechnet hatte.

Ist der Tafelberg-Sandstein ein flötzleerer Kohlensandstein, so hat er sein vollständiges nicht blos petrographisches, sondern auch stratigraphisches Analogon
in der mächtigen und weit ausgedehnten Sandsteinformation Ost-Australiens, in
dem sogenannten Sydney-Sandstein (Dana) oder Hawkesbury-Sandstein (W. C.
Clarke), welcher die kohlenführenden Schichten von New-South-Wales überlagert, [3] und entweder noch zur Kohlenformation selbst oder zur permischen
Formation zu rechnen ist.

4. Jüngere Bildungen. Dahin rechnen die Cap-Geologen zunächst eigenthümliche Sandsteinbildungen, die da und dort unter dem mächtigen Flugsande
der Dünen, welche die Cap'sche Fläche bedecken, hervorragen. Bain [4] erwähnt
die durch das Vorkommen von Pflanzenresten interessante Stelle nahe beim Tiger-
berg zwischen dem 10. und 11. Meilenstein von Cape Town aus. Es ist ein nur
20—30 Fuss hoher Hügelzug, der sich unmittelbar rechts an der Strasse nach
Somerset West aus dem Sand der Fläche erhebt. Zu unterst sieht man in den
Gruben an der Strasse eisenschüssig-gelben Lehm, wahrscheinlich ein Zersetzungsproduct des Thonschiefers. Der Lehm ist bei trockener Witterung von Salzkrusten
weiss überzogen, darüber liegen den Hügel überdeckend feinkörnige Quarzite,

---

[1] Die Geschiebe vom Orange River mit Achatgeoden, welche man so häufig in den Sammlungen sieht,
sind entschieden Melaphyrmandelsteine.

[2] A. Wyley, Geolog. Report upon the Coal of the Stromberg and adjoining Districts. Cape Town
1856, p. 7.

[3] Hochstetter, Notizen über fossile Thierreste in Neuholland. Sitzungsb. d. k. Akad. d. Wiss. 1859.

[4] A. a. O. p. 192.

die früher eine zusammenhängende Decke gebildet zu haben scheinen, jetzt aber in einzelne grosse Schollen zerbrochen sind. Dieser Quarzit, wahrscheinlich eine Süsswasserbildung, ist voll von Pflanzenresten. Es sind theils kantige, theils mehr runde und geriefte Stengel. welche equisetumartigen Sumpfpflanzen anzugehören scheinen. Ganz ähnliche Reste aus einem Brauneisenstein vom Jostenberg habe ich durch die Güte des Herrn Med. Dr. Versfeld in Stellenbosch erhalten. Auch bei Weinberg soll ein weisser Sandstein mit ähnlichen Pflanzenresten vorkommen, eben so bei Swellendam. Die calamiten- oder equisetumartige Natur dieser Pflanzenreste, die zum Theile an *Calamites arenaceus* und *Equisetum columnare* des Keupers erinnern, lassen mich an dem jungen Alter dieser Sandsteinbildungen zweifeln.

Eine zweite Sandsteinablagerung, welche ich nirgends angeführt finde, beobachtete ich an einem Hügel am rechten Ufer des Erste Rivers, nahe seinem Ausflusse in die False Bay. Ein heiliger Platz der Muhamedaner, ein sog. Krammat, liegt auf diesem mit Dünensand bedeckten Hügel, den man am besten von Mr. Cloete's Farm in Zandvliet aus besucht. Die Gegend führt den Namen Macasardowns. Die Hügel sind ungefähr 100—150 Fuss hoch über dem Bette des Erste Rivers und haben ihre felsige Steilseite gegen Nord am rechten Ufer des Flusses. Die Treppe, die zu dem Krammat führt, ist zum Theile in diesen Sandstein gehauen. Es ist ein lockerer Sandstein mit kalkigem Bindemittel, der aus Quarzkörnern und Muscheltrümmern besteht. Er ist sehr deutlich geschichtet, die Schichten streichen von Nord nach Süd und fallen sehr regelmässig mit 15—20° gegen Westen. Ich konnte leider nichts Ganzes und Erkennbares an Muschelresten finden. Die Land- und Seemuscheln, welche an der Oberfläche liegen, stammen alle aus dem Dünensande, den der Südostwind über den Hügeln aufhäuft.

Thoneisenstein- und Brauneisensteinbildungen. (Vergleiche Bain S. 191, Darwin S. 143.) Alle niederen Theile der Capgegend, und hauptsächlich die Abhänge der Gebirge auf der Grenze des Sandsteins und Thonschiefers sieht man überzogen von einer Decke von jungen eisenschüssigen Bildungen, die sich den Unebenheiten der Oberfläche anschliessen, und bisweilen eine Mächtigkeit von 10 bis 12 und mehr Fuss erreichen mögen. Die unteren flachen Gehänge des Tafelberges, des Löwenkopfes, der Berge bei Simonsbai, grosse Theile der Capflats, auch im Lande fast alle Berggehänge unterhalb der Sandsteingrenze sind überzogen mit diesen eisenschüssigen Krusten. Bald ist es ein eisenschüssiger gelber Lehm mit Bohnerzknollen, bald Quarzsand durch Eisenoxydhydrat gebunden, bald grobe Conglomerate mit demselben Bindemittel, bald reiner Brauneisenstein.[1]

---

Nach W. K. Clarke besteht der Boden der gepriesenen Weinberge von Constantia aus zersetztem Granit, überlagert von einer harten oft 100 Fuss dicken Schichte, die aus Quarzgeröllen und einem eisenschüssigen Cement besteht.

Sehr charakteristisch ist für die sandigen Bildungen dieser Art eine zellige Structur. Das dem sandigen Detritus infiltrirte Eisenoxydhydrat verbindet einzelne Theile zu festem einschüssigem Sandstein, welcher andere Theile losen Sandes rings umschliesst. Die sogenannten „Adlersteine" sind bei diesem Structur-Verhältniss eine sehr häufige Erscheinung, und wo in Schottergruben diese Ablagerung aufgeschlossen ist, da sieht man, indem der lose Sand an den Wänden der Grube herausfällt, die Masse löcherig und zellig anstehen, vulcanischer Schlacke ähnlich, für die sie von Laien oftmals gehalten wird.

Diese Eisensteinbildungen haben eine sehr allgemeine Verbreitung im ganzen Küstengebiet von Süd-Afrika und sind ein Analogon der brasilianischen, ceylonesischen und indischen Lateritbildung.[1] Sie sind in der That nichts anderes als eine Lateritbildung aus dem Detritus der Tafelberg-Sandsteinformation und des Cap'schen Thonschiefers. Beide Gesteine sind eisenhaltig, der Thonschiefer enthält vitriolescirenden Eisenkies, der Sandstein Eisenoxydul und Eisenoxyd, durch das er zum Theil intensiv roth gefärbt ist. Namentlich ist es der Eisengehalt des Sandsteines, welcher durch das durchsickernde, allerlei Moderstoffe enthaltende Tagwasser fortwährend ausgelaugt wird und am Fusse der Gebirge, auf der Grenze des Sandsteines und Schiefers, auf der alle Quellen entspringen, als Eisenoxydhydrat sich absetzt und die hier aufgehäuften Detritusmassen cementirt oder stellenweise auch reines Brauneisenerz, Wiesenerz und Sumpferz, bildet. In der Umgegend der Capstadt und überall auch landeinwärts bilden diese eisenschüssigen Massen das Beschotterungsmaterial. Daher der hässliche rothe Staub, der, überall auf den Strassen vom Südostwind aufgewirbelt, in der Capstadt die Vegetation, die Häuser und Alles rothgelb übertüncht.

Eine grossartige Entwicklung dieser Eisensteinkruste beobachtete ich bei den warmen Quellen von Caledon. Die Eisensteinkruste bildet hier am südlichen Abhang des Zwarteberges eine sehr deutliche und charakteristische Terrasse. Sie reicht bis unmittelbar an die steil sich erhebenden Sandsteinfelsen, und bildet selbst kleine Felsen. Ihre Dicke mag an einzelnen Stellen bis 20 Fuss betragen. Wo das Erz frisch ansteht, hat es mitunter Glaskopfstructur und bildet eine feste, mehr oder weniger poröse, psilomelanartige Masse mit metallisch glänzenden Bruch von eisenschwarzer Farbe, an verwitterten Stellen ist die Kruste schwarzbraun und gelbbraun und verhält sich wie Brauneisenerz.[2] Die plattige oder schiefrige Structur, die man beobachtet, spricht für allmählichen periodischen Absatz. An der Oberfläche ist die Kruste erdig verwittert und bildet einen intensiv schwarzen Boden, in

[1] Vergl. S. 15.

[2] Sir George Grey, 1857 Gouverneur der Capcolonie, zeigte mir ein Stück gediegen Gold im Gewichte von 4 Pfund Sterling, welches bei Swellendam in einer ähnlichen Eisensteinkruste wie die von Caledon gefunden worden sein soll.

welchem eine üppige Vegetation gedeiht. (Vergl. Krauss a. a. O. S. 158.) Percival in seiner Beschreibung des Vorgebirges der guten Hoffnung hat diese Eisenkruste für Lava gehalten und darin die Ursache der heissen Quellen von Caledon entdeckt?!

Kalksteinbildungen. Analog den eben beschriebenen Eisensteinbildungen sind die jüngeren Kalksteinbildungen der Küstengegend. Wie im Lande Eisen das Bindemittel abgibt für sandigen und thonigen Detritus, so ist an der Küste Kalk das Bindemittel für den Meeressand, der von der Brandung und vom Winde aufgehäuft wird. Bei Cape Town selbst, über die Amsterdambatterie hinaus in der Richtung gegen Robbeneiland, ist das Thonschiefergrundgebirge überlagert von Meeressand, der die 20—30 Fuss, in einzelnen Hügeln bis 50 Fuss über den mittleren Meeresspiegel aufsteigende Strandfläche bildet. Der Thonschiefer tritt nur in der Brandung selbst in nackten Klippen zu Tage. Dieser Meeressand ist theils loser Flugsand, wie ihn das brandende Meer ausgeworfen, theils erhärtet durch ein kalkiges Bindemittel. Die festeren Partien bilden im losen Sand die mannigfaltigsten Formen, die man mit Ästen und Zweigen u. dgl. vergleichen mag. An andern Punkten bilden sich auf ähnliche Weise auch feste Kalkbänke und Kalktuffe. Auf Robbeneiland soll eine solche feste Kalkablagerung vorkommen voll von Resten recenter Meeresmuscheln. An der Buffalos-Bai nahe dem eigentlichen Cap der guten Hoffnung und an mehreren anderen Punkten der Cap-Halbinsel kommen in einem ähnlichen Kalkstein, der aber keine Muschelreste einschliesst, 250 Fuss über dem gewöhnlichen Spiegel der See Höhlen vor, deren Boden voll von Meeressand und Meeresmuscheln ist und in welchen man auch Menschenknochen, namentlich Hottentottenschädel, gefunden haben will. Ich konnte den Punkt leider nicht besuchen. Darwin (a. a. O. S. 144) erwähnt bei Besprechung ähnlicher Kalkbildungen an der Südküste von Australien auch diejenigen an der Südküste von Afrika, und berührt die verschiedenen Fragen, zu welchen diese an den Küsten der südlichen Continente so weit verbreiteten Bildungen Veranlassung geben. Ihre junge Bildung ist unzweifelhaft, ihre hohe Lage spricht für eine Hebung der Küstengebiete, an denen sie vorkommen. W. B. Clarke findet Beweise einer jüngsten Erhebung des Landes am Cap der guten Hoffnung bis zu 400 Fuss, und Mr. Layard theilte mir mit, dass sich an der ganzen südafrikanischen Meeresküste vom Cap bis Port Elisabeth 20—25 Fuss, an einzelnen Stellen selbst 100 Fuss hoch über dem Meere eine Muschelbank hinziehe, an einzelnen Punkten mit festeren Bänken von 6 Fuss Mächtigkeit, und dass in diesen Muschelbänken neben lebenden Species auch eine Pecten-Art gefunden werde, die bis jetzt lebend noch nicht entdeckt wurde. Eine anderes Bewandtniss hat es aber jedenfalls mit jenen zahlreichen Muschelhügeln, welche hauptsächlich aus lose aufgehäuften, verkalkten Schalen von Patellen und *Haliotis* bestehen, und längs der Küste, z. B. zwischen Simons Bai und Millerspoint oft in Höhen von 100 Fuss über dem jetzigen

Meeresspiegel angetroffen werden. Es ist die allgemeine und auch wohlbegründete Ansicht, dass diese Muschelhügel von den Hottentotten herrühren, welche die Muscheln gefischt, die Thiere gegessen und die Schalen am Ufer zusammengeworfen haben. Dasselbe gilt in der Umgebung von Rio de Janeiro von Haufen von Austernschalen. die am Ufer hoch über dem jetzigen Meeresspiegel gefunden werden und die Reste der Mahlzeiten der Indianer sind. Dasselbe erwähnt Darwin von Van Diemensland und von Neuseeland. Es sind die Küchenreste der wilden Völker der südlichen Hemisphäre.

Heisse Quellen. Von den heissen Quellen des Capdistrictes, über deren Bildung ich schon oben gesprochen, kenne ich die von Brandvalley und Caledon aus eigener Anschauung. Sie sind schon von Krauss[1] gut beschrieben worden. Die Quelle von Brandvalley liegt zwischen Worcester und Villiersdorf am Rande eines ausgedehnten Kesselthales dicht unter einem Sandsteinhügel, hinter welchem sich das Sandsteingebirge bis zu 4000 Fuss Meereshöhe erhebt. Sie bildet ein grosses dampfendes Bassin von 40—50 Fuss Durchmesser und 3—4 Fuss Tiefe. Das Wasser ist krystallklar. geschmack- und geruchlos; es sprudelt in der Mitte des Beckens, wo aus dem Boden zahlreiche Blasen von Kohlensäure aufsteigen. lebhaft auf. Am Rande des Beckens zeigte das Wasser eine Temperatur von $62°7$ C. (Lichtenstein gibt jedenfalls viel zu hoch $82°3$ C. an, Burchell aber übereinstimmend mit meiner Messung $62°3$ C., eben so Maclear $62°2$ C.). Es ist die heisseste Quelle Süd-Afrika's. Von den Granitblöcken, welche Lichtenstein[2] bei Brandvalley gesehen haben will, fand ich keine Spur. Wahrscheinlich hielt Lichtenstein den grobkörnigen Sandstein mit thonigem Bindemittel, der das Hauptgestein der Gegend ist, für Granit. Der Boden des Quellenbassins ist theils sandig, theils thonig. Die thonigen Stellen erscheinen als schneeweisse Flecken. Nur 300 Fuss von der heissen Quelle entfernt entspringen zwei kältere Quellen mit einer Temperatur von $25°5$ C. und $22°$ C.

Die Quellen von Caledon, welche bei diesem Städtchen am südlichen Abhange des Zwarteberges entspringen, sind sogenannte Stahlthermen, die beim Abflusse grosse Mengen von Eisenoxydhydrat absetzen und dadurch am Bergabhange eine mächtige Eisenkruste gebildet haben (vgl. S. 36). Die Temperatur der Quellen fand ich übereinstimmend mit den Angaben von Krauss für die obere Quelle $= 47°8$ C., für die untere $= 46°2$ C.

---

[1] A.  O. p. 156—157.

[2] Lichtenstein, Travels in Southern Africa. London 1812.

Geologische Karte
des
CAP-DISTRICTES
nach
(Andrew Geddes Bain)

# Geologische Beschreibung

# der Insel St. Paul im indischen Ocean.

(Mit einer geologischen Karte.)

St. Paul im indischen Ocean ist eine vulcanische Insel. Ihre äussere Gestalt und Form ist so charakteristisch, dass jede auch noch so unvollkommene Karten-skizze, wie sie der holländische Seefahrer William de Vlaming [1]), der die Insel im Jahre 1696 besucht hat, und später 1793 Mr. Parish auf der chinesi-schen Gesandtschaftsreise des Earl of Macartney gegeben hat, die vulcanische Natur anschaulich macht. Es ist, wie Alexander v. Humboldt, dessen dringen-dem Anrathen wir den Besuch der Insel verdanken, in seinen physikalischen und geognostischen Erinnerungen sagt, „die Gestaltung, welche den Geognosten an Santorin, Barren Island und Deception-Insel aus der Gruppe der Süd-Shet-lands Inseln lebhaft erinnert". Auch Sir Charles Lyell erwähnt diese Analogie der äusseren Form und kommt bei der Discussion der Frage über die Bildung der berühmten Caldera auf der Insel Palma auf St. Paul zu sprechen, von welchem er bei dieser Gelegenheit die von Capt. Blackwood im Jahre 1842 entwor-fene und von der englischen Admiralität 1849 publicirte Karte nebst den dazu gehörigen Ansichten mittheilt. Er erwähnt St. Paul als charakteristisches Bei-spiel einer Classe von vulcanischen Inseln, in deren Krater dem Ocean ein Weg zum Eintritt gebahnt ist. Zu Capt. Blackwood's Karte ist keine detaillirtere Beschreibung gegeben. Aber eine durch ihre Einfachheit und Wahrheit ausge-zeichnete Beschreibung ist in dem von Sir George Staunton herausgegebenen [3] Reisewerke über des Earl of Macartney's Gesandtschaftsexpedition nach China

Vlaming's St. Paul vergl. in Hist. gén. des Voyages. T. 16, p. 80.

[2] Principles of Geology 9. Aufl. 1853, p. 416. Elements of Geology 6. Aufl. 1865, p. 635—636.

[3] An authentic account of an Embassy from the king of Great Britain to the Emperor of China by Sir George Staunton. London, 1797. Vol. I, p. 203—227.

enthalten und in dieser Reisebeschreibung finden wir die von dem Schiffsarzte jener Gesandtschaftsexpedition (Dr. Gillan) herrührenden, für den damaligen Standpunkt der Wissenschaft ganz vortrefflichen geologischen Bemerkungen über St. Paul, die ich bis in die Einzelheiten wahr fand. Aus dieser Beschreibung ging unzweifelhaft hervor, dass die Insel noch Spuren von vulcanischer Thätigkeit zeigt, und demgemäss ist sie auf Darwin's Karte der Vulcane[1] als thätiger Vulcan bezeichnet.

Die neuesten und besten Karten der Insel sind:

1. Die von der englischen Admiralität am 8. Mai 1860 herausgegebene Karte Nr. 1691, aufgenommen von Lieut. Hutchison und J. W. Smith, Mast. H. M. S. Herald, Capt. Denham 1853, im Maassstab $\frac{1}{12.000}$;[2] die dazu gehörige Beschreibung der Insel ist im Naut. Magaz. 1854, p. 68—75 enthalten.

2. Die von der österreichischen Admiralität 1862 herausgegebene Karte: Insel St. Paul von Commodore B. v. Wüllerstorf-Urbair, Befehlshaber Sr. Maj. Fregatte Novara 1857, im Maassstab $\frac{1}{10.000}$ der Natur, mit 2 Ansichten.

Die k. k. Fregatte Novara kam am 18. November 1857 Abends in Sicht der Insel, und ankerte am 19. November Morgens an der nordöstlichen Seite vor dem Eingang in das Kraterbassin. Nach einer vorläufigen Recognoscirung der Insel am 19. November wurden am 20. die nöthigen Instrumente und die für astronomische und magnetische Beobachtungen vorgerichteten Hütten ausgeschifft, und letztere auf der Anhöhe hinter den Fischerhütten aufgestellt. Jeder von uns ging an seine Aufgabe. Zu diesen Aufgaben gehörte auch eine möglichst genaue Detailkarte der Insel. Während mehrere der Herren Officiere[3] beschäftigt waren, mittelst eines Theodoliten von einer gemessenen Basis aus Hauptpunkte des unteren und oberen Kraterrandes trigonometrisch zu bestimmen, und mittelst des Messtisches von diesen Punkten aus die äusseren Contouren der Insel aufzunehmen, machte ich mir neben den speciell geologischen Beobachtungen die Terrainzeichnung der Insel zur Aufgabe. Zu diesem Zwecke musste ich mir, da die Arbeiten gleichzeitig waren, und die trigonometrischen Resultate oder das Netz des Messtisches nicht schon fertig zur Terraineinzeichnung vorlagen, selbst-

---

[1] Ch. Darwin, Geological Observations. London 1851.

[2] In der Angabe des Maassstabes auf der englischen Karte ist seltsamer Weise ein Irrthum untergelaufen, indem der Maassstab der Karte um die Hälfte zu klein, nämlich 1  24.278 angegeben ist, und die Länge, welche als eine Seemeile bezeichnet ist, nur einer halben Seemeile gleichkommt. Derselbe Irrthum findet sich in James Horsburgh's India Directory, London 1855, Vol. 1, wo die Länge von St. Paul von NW. nach SO. zu 8—10 Meilen, die Breite zu 5 Meilen angegeben wird, während diese Dimensionen in Wirklichkeit kaum die Hälfte betragen.

[3] An den geodätischen Arbeiten auf St. Paul haben sich die Herren Fregatten-Fähnrich Eugen Kronowetter, Fregatten-Fähnrich Gustav Battlogg und Marine-Cadet Mich. v. Mariassi betheiligt.

ständig mittelst der Boussole und mit Hilfe eines Stampfer'schen Taschen-
Nivellirinstrumentes, das mir die Hauptdistanzen gab, eine Karte der Insel ent-
werfen. Zu meiner grossen Befriedigung ergab sich nach Vollendung der Arbeiten eine fast vollkommen genaue Übereinstimmung meiner Karte mit den
durch Theodolit und Messtisch gewonnenen Resultaten, so dass meine Terrainzeichnung vollständig in das ausgeführte geometrische Netz passte. Von dem
Maler der Expedition, Herrn Selleny, wurden nach den durch den Messtisch
bestimmten Punkten und Richtungen die äusseren Contouren der Insel auf's ge-
naueste skizzirt, und so hatte die Zusammenstellung und Zeichnung einer vollständigen Karte der Insel keine weitere Schwierigkeit mehr. Sie wurde von Herrn
Selleny im Massstabe von 132 W. Kl. = 1 W. Zoll oder der Natur $\frac{1}{9504}$ ausgeführt. So liegt die Karte jetzt als Product gemeinschaftlicher Arbeit vor.

Da aber die Form der Insel so überaus charakteristisch ist, so schien es auch
von Werth, dieselbe wirklich körperlich im Relief, im Modell, darzustellen.
Dieser mühsamen Arbeit unterzog sich nach unserer Rückkehr der k. k. Artillerie-
Hauptmann (jetzt Major) Herr J. Cybulz und führte sie meisterhaft durch. Die
Karte, verschiedene Profile und Durchschnitte, welche ich schon an Ort und Stelle
zu diesem Zwecke gezeichnet und gemessen hatte, waren so viele Hilfsmittel, dass
ich sagen zu dürfen glaube: das Modell ist völlig naturgetreu bis in's kleinste
Detail und bringt besser, als es jede Beschreibung vermag, die ganze Insel, wie
sie erscheint, zur Anschauung. Das Original-Relief wurde in der k. k. Staatsdruckerei zu Wien auf galvanoplastischem Wege vervielfältigt, und die so gewonnenen galvanoplastischen Abdrücke wurden durch die Liberalität des früheren k. k.
Marine-Obercommando's an verschiedene wissenschaftliche Institute des In- und
Auslandes vertheilt.

St. Paul bildet von West gesehen einen mit 10° ansteigenden flachen, oben
abgestumpften Kegel, der am Uferrande mit mehreren kleinen Schlackenkegeln
besetzt ist. Die Ostseite zeigt einen hohen, steilen Felsabsturz, welcher sich in
der Mitte öffnet und den Einblick gewährt in einen im Vergleich zur Höhe
und Flächenausdehnung der Insel immensen Krater, in welchen das Meer aus-
und einfluthet. Diese Öffnung des Kraterbeckens verdankt ihren Ursprung ohne
Zweifel einem Bergsturz, durch welchen ein grosser Theil der Insel in's Meer
versank und die ursprünglich geschlossene und regelmässig elliptische Form der
Insel wesentlich verändert wurde. Die Insel hat jetzt eine unregelmässig viereckige Gestalt. Ihre grösste Länge von NW. nach SO. beträgt nahezu 3 Seemeilen (= ¾ geogr. Meilen), ihre grösste Breite von SW. nach NO. mit Einschluss des Kraterbassins etwa 2 Seemeilen (= ½ geogr. Meile), ihre Oberfläche

umfasst circa 1,600.000 Quadratklafter oder ¹/₃ österr. Quadratmeile. Das Kraterbassin hat einen mittleren Durchmesser von 3800 W. Fuss und eine Tiefe von
30—34 Faden (150—170 W. Fuss). Der mittlere Durchmesser des oberen Kraterrandes dagegen misst 4600 W. Fuss und seine höchsten Spitzen erheben sich 840
W. Fuss über den Meeresspiegel. Die ganze Tiefe des Kraters beträgt daher circa
1000 Fuss und seine Wände fallen steil mit durchschnittlich 52° in die Tiefe,
während die äussere Oberfläche der Insel, ein kleines Plateau an der Nordseite
ausgenommen, das oben nur mit 3—5° dann an seinem Rande mit 20—25°
verflächt, ringsum vom Kraterrande sehr allmählich mit einem Böschungswinkel
von durchschnittlich 13° gegen die Meeresküste abdacht und am Uferrande mit
senkrechten 100 bis 200 Fuss hohen Felswänden in die See abstürzt. An ihrem Uferrande ist die Insel besetzt mit mehreren kleinen Schlackenkegeln, die gleichsam
parasitisch an dem Hauptkörper sitzen. Ein steilerer Böschungswinkel von 25—35°
und kraterähnliche Einsenkungen auf der Spitze von 1—300 Fuss Durchmesser
und 30 bis 60 Fuss Tiefe sind für diese Schlackenkegel charakteristisch. Sie gehören
mit den Lavaströmen, welche aufbauend jenes Plateau gebildet haben und mehr
vereinzelt an den übrigen Seiten vom Kraterrande über die Insel geflossen sind,
einer letzten jüngsten Periode vulcanischer Thätigkeit an. Die vor diesen jüngsten
Eruptionen gebildeten Theile der Insel verdanken ihren Ursprung zum Theil su b-
marinen Ausbrüchen, vielleicht von einem ganz andern Centrum aus, als das der
letzten Thätigkeit war. Der immense Krater ist durch theilweisen Einsturz und
dadurch Erweiterung der letzten centralen Ausbruchsstelle gebildet und gibt der
ganzen Insel die höchst charakteristische Form und interessante Physiognomie.
Es war mir immer gleich überraschend, so oft ich auch den Anblick schon gehabt
hatte, wenn ich von der Meeresküste über die rauhen Felsen zerklüfteter Lavaströme und durch dichte Grasbüsche an dem flachen Gehänge mühsam aufwärts
steigend plötzlich an die scharfe Felskante des oberen Kraterrandes vortrat, und
von schwindelnder Höhe in den tiefen trichterförmigen Abgrund hinab sah, der
ein ruhiges Wasserbecken umschliesst, das durch ein enges Thor den Blick hin-
ausleitet auf das stürmisch bewegte Weltmeer.

St. Paul, mitten in einem ungeheuren Weltmeere, mehr als 2000 Seemeilen
entfernt von den den regelmässigen Gang der Witterung störenden Einflüssen der
Länder und Gebirge, hat ausserdem für die physikalische Geographie noch eine
besondere Bedeutung als eine meteorologische Beobachtungsstation, wie man sie
sich kaum vollkommener denken kann, um die Drehungsgesetze des Windes auf
der südlichen Hemisphäre und alle damit im Zusammenhange stehenden meteorologischen Erscheinungen zu studiren. Wir hatten sechs vollständige Winddrehun-
gen während der 18 Tage unseres Aufenthaltes auf und bei der Insel vom
19. November bis 7. December 1857, also gewissermassen sechs Wettertage,

deren Verlauf vollkommen analog und gesetzmässig war, so dass wir, nachdem wir die Gesetzmässigkeit erkannt hatten, in den letzten Tagen unseres Aufenthaltes auf der Insel mit voller Sicherheit das Wetter vorhersahen.

Der Wettertag auf St. Paul beginnt nämlich bei wolkenlosem Himmel mit vollkommener Windstille oder mit schwachem Luftzug aus Osten. Das Barometer steht hoch, das Thermometer nieder. Langsam fängt ersteres an zu fallen, die Temperatur steigt, der Himmel umwölkt sich zuerst mit Schäfchen-, dann mit Haufenwolken; der Wind wird stärker, kommt jetzt aus Nordost, nimmt aber wieder ab, je mehr er sich gegen Nord dreht. Das Barometer fällt fort, während das Thermometer steigt; aus den Haufenwolken sind jetzt Regenwolken geworden und Guss kommt nun über Guss. Die Atmosphäre ist dunstig, oft schwül, und St. Paul hängt tief herab voll Nebel. Regen und Nebel dauern fort, während der Wind heftig aus Nordwest zu blasen anfängt und sich bis zum Sturme steigert, das Barometer erreicht seinen tiefsten Stand. Der Wind nimmt wieder ab. geht über in Westwind, dann in Südwestwind, das Barometer steigt, der Himmel heitert sich allmählich auf, die Luft wird rein und kühl; aus dem Südwestwinde wird unter fortwährendem Steigen des Barometers immer entschiedener Südwind und die Sonne steht klar am wolkenlosen Himmel, der so rein lacht, als wäre nie ein Wölkchen an ihm gewesen. Das herrliche Wetter dauert fort, während der Wind gegen Südost dreht und endlich in vollkommene Windstille übergeht. Das Barometer steht am höchsten, das Thermometer am niedrigsten. Ein Wettertag, d. i. eine vollständige Winddrehung von Ost bis wieder zu Ost ist vorüber, 72 Stunden sind verflossen. Charakteristisch ist, dass die Winddrehung von Ost über Nord bis West stets viel langsamer vor sich ging, in 48 Stunden nämlich, während die andere Hälfte der Windrose von West über Süd nach Ost nur 24 Stunden brauchte. Daraus folgt, dass wir während jeder vollständigen Winddrehung zwei Tage trübes regnerisches Wetter hatten und nur einen Tag schönen heiteren Himmel. Liessen wir uns am ersten Tage durch den halbheiteren Himmel bei Nordostwind verleiten hinauszugehen auf die luftigen Höhen der Insel, so kamen wir sicherlich tropfnass zurück. Am zweiten Tage fuhr ein solcher Sturmwind durch den Krater, der bis tief herab in Nebel gehüllt war, und der Regen strömte der Art, dass wir uns nicht versucht fühlten, das schützende Strohdach zu verlassen. Aber am dritten Tage lockte der helle Sonnenschein schon am frühesten Morgen hinaus auf die Höhen zur Arbeit. Die im meteorologischen Theile des Novarawerkes publicirten stündlichen Beobachtungen geben die Zahlenwerthe zu dieser allgemeinen Schilderung des Wetters auf St. Paul.

## Einige Grössen- und Höhenverhältnisse der Insel.

| | |
|---|---|
| **Äusserer Umfang** | = 7 Seemeilen oder 1¾ österr. Meilen. |
|     Nordostseite | = 3 Seemeilen. |
|     Westseite }  Länge | = 2 |
|     Südseite | = 2 |
| **Flächeninhalt** . | = 2·136 Quadrat-Seemeilen oder nahe ⅛ österr. Quadratmeile. |

**Krater, oberer Kraterrand:**

| | |
|---|---|
|     grösster Durchmesser | = 5490 W. F. (nahezu 1 Seemeile). |
|     kleinster     „ | = 4590 |
|     höchster Punkt, Wüllerstorf's-Höhe an der Nordwestseite . | = 841 |
|     tiefster Punkt an der Südseite | = 669 |
|     mittlere Höhe | = 755 |

    Am Spiegel des Meeres:

| | | |
|---|---|---|
| grösster Durchmesser des Kraterbassins | = 3984 | |
| kleinster     „ | = 3444 | |
| grösste Tiefe des Bassins, ziemlich in der Mitte | = 170 | = 34 Faden. |
| Gesammttiefe vom oberen Kraterrande (mittlere Höhe) bis zum Boden des Kraters | = 925 | |

**Einfahrt in das Kraterbassin:**

| | |
|---|---|
|     Breite der Einfahrt zwischen beiden Barren | = 306 |
|     geringste Tiefe der Einfahrt bei Tiefwasser | = 3 |
|      „    „    „    Hochwasser . | = 8 |
|     Länge der nördlichen Barre | = 620 |
|      „    „ südlichen | = 1002 |
|     Distanz des Durchbruches am oberen Krater- rande | = 4440 |

| | |
|---|---|
| **Mittlere Neigung der inneren Kraterwand zum Hori- zont** (der Winkel variirt zwischen 48° und 58°) | = 52° |
| **Mittlere Abdachung der Insel** | = 13° |

**Höhen über dem mittleren Wasserspiegel ¹ in Wiener Fuss:**

|  | $\lambda$ | $b$ |
|---|---|---|
| Terrasse des Fischerwohnhauses | — | 28·0 |
| Novara-Observatorium auf der Müller's Höhe hinter den Fischerhütten | 138·9 | — |
| Brutplatz der Pinguine am Wege von den Fischerhütten auf das Plateau | — | 355·0 |
| Nin Pin Rock, 255 engl. Fuss auf der engl. Admiralitätskarte | — | — |
| Punkte am oberen Kraterrande: | | |
| VI. *A.* Battlog's Höhe, die erste Höhe am nördlichen Kraterrande (auf der englischen Karte 845 engl. Fuss) | 785·4 | 803·7 |
| VII. Einschnitt am Kraterrande | 688·8 | — |
| *B.* Zweite Höhe am Kraterrande, wenig höher als *A* | — | 808·6 |
| VIII. *C.* Mariassi's Höhe, zweithöchster Punkt der Insel | 840·5 | 844·9 |
| IX. Einschnitt am Kraterrande . | 808·3 | — |
| X. *D.* Wüllerstorf's Höhe, höchster Punkt am östlichen Kraterrande (auf der englischen Karte 860 Fuss) | 841·0 | 875·3 |
| XI. Höhe am östlichen Kraterrande . | 779 5 | — |
| XII. *E.* Novara-Höhe (auf der englischen Karte 862 Fuss, der Punkt ist jedoch entschieden niedriger als X.) | 770 2 | 737·0 |
| XIII. Einsenkung des Kraterrandes an der Südseite . | 678·0 | 659·1 |
| XIV. *F.* Höhenpunkt am südlichen Kraterrande . | 712·8 | 705·7 |
| XV. Niederster Punkt am südlichen Kraterrande | 661·8 | 656·6 |
| XVI. *G.* Kronowetter's Höhe | 714·9 | 711·6 |
| Vierhügel am West-Point: der südwestlichste Schlackenkegel | — | 280·0 |

Specifisches Gewicht des Seewassers im Kraterbassin bei 14°C.                    1·0245.

---

VI—XVI ist die ursprüngliche Bezeichnung der von Herrn Fregatten-Fähnrich Battlog trigonometrisch gemessenen ($\lambda$) Punkte, *A — G* die ursprüngliche Bezeichnung der von mir barometrisch (*b*) gemessenen Punkte. Meine Beobachtungen habe ich mittelst der correspondirenden Beobachtungen auf dem Novara-Observatorium berechnet.

Die Betrachtungen über die petrographische Natur der Laven von St. Paul so wie über das verschiedene Alter der verschiedenartigen Laven, ferner die Schlüsse, welche sich daraus auf die geognostische Bildungsgeschichte der Insel ziehen lassen, lassen sich am besten anknüpfen an die Beschreibung eines Durchschnittes, welchen die nordöstliche Steilseite der Insel von der nördlichen Barre angefangen längs der Pinguin-Bai in höchst ausgezeichneter Weise darbietet. Es ist dies der einzige zugängliche Theil der äusseren Steilseite der Insel, und bei weitem die instructivste Stelle der ganzen Insel.

Dieses Profil, welches auf dem beistehenden Holzschnitte möglichst naturgetreu wiedergegeben ist, zeigt uns ein System regelmässig über einander liegen-

Südost.                                                                    Nordwest.

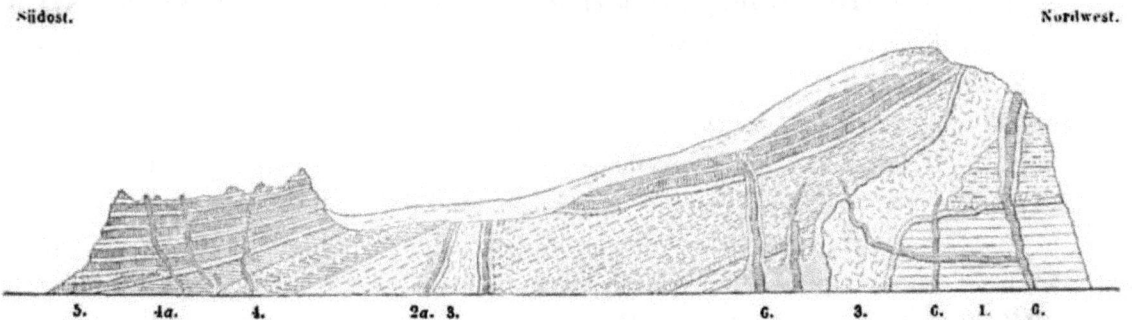

3.      4a.      4.          2a. 3.                  6.      3.      6.  1.    6.

Durchschnitt an der Pinguin-Bai. (Nordostküste der Insel.)

Eruptionsproducte

der

| ersten Periode. | zweiten Periode. | dritten Periode. |
|---|---|---|
| 1. Rhyolith. | 3. Dolerit. | 5. Abwechselnde Schichten von basaltischen |
| 2. Rhyolithische Tuffe und Breccien mit Perlit, | 4. Thonig-sandige Tuffe. | Laven und Schlacken. |
| Obsidian und Bimsstein. | 4a. Laterit. | 6. Basaltische Gangmassen. |
| 2a. Veränderter Rhyolithtuff. | | |

der Lava-, Tuff- und Schlackenschichten, von mächtigen Eruptivmassen durchbrochen und von schmalen Gängen und Adern durchzogen. Die Schichten fallen mit circa 30° gegen SO. ein. Die tiefsten und ältesten Glieder müssen daher an der nördlichen Ecke auftreten. Hier sieht man zu unterst, gleichsam als die Grundlage oder als das Grundgebirge der ganzen Insel, mächtige Felsmassen eines vielfach zerklüfteten, an der Oberfläche röthlich erscheinenden Gesteines (1). Die Felsen, die sich senkrecht aus dem brandenden Meere erheben und leider auch bei Ebbe gänzlich unzugänglich sind, lassen aus der Entfernung etwas wie eine horizontale Schichtung wahrnehmen. Zahlreiche grosse Gerölle, welche am Strande der Pinguin-Bai liegen und sich nur an dieser Stelle der Insel finden, und eben so Fragmente in den höher liegenden Tuffschichten gehören unzweifelhaft diesem ältesten Gesteine von St. Paul an. Dasselbe hat, wenn frisch, eine graublaue Farbe, bei beginnender Zersetzung aber eine röthliche Farbe, und ist von dichtem kryptokrystallinischem Gefüge. Höchst auffallend ist die lamellare gebänderte Structur, die auf den ersten Anblick an ein äusserst dünngeschichtetes Sedimentgestein erinnert, das aus abwechselnd dunkler und lichter gefärbten Lagen besteht. Die einzelnen Lagen entsprechen ihrer Natur nach am meisten der Grundmasse eines Felsitporphyrs, und einzelne mikroskopisch kleine Krystalle lassen sich als glasiger Feldspath, ohne Zweifel Sanidin, erkennen, so dass ich keinen Anstand nehme das Gestein für **felsitischen Rhyolith mit lamellarer Structur** zu erklären. Damit stimmt auch der hohe Kieselsäuregehalt und das niedere specifische Gewicht. Die chemische Analyse ergab nämlich einen Kieselsäuregehalt von 72·61 Percent, während das specifische Gewicht 2·409 beträgt. Neben den Stücken mit felsitischer Grundmasse finden sich unter dem Strandgerölle auch mehr glasige, d. h. lithoidische Varietäten dieses Rhyoliths, welche dem lamellaren Lithoidit vom Taupo-See auf Seeland (vgl. I. Bd., S. 113) vollkommen ähnlich sind. Da das Gestein etwas magnetisch ist, so muss es in seiner Grundmasse auch mikroskopisch kleine Magneteisenkörner enthalten.

Nirgends sonst auf der ganzen Insel habe ich dieses rhyolithische Gestein wiedergefunden. Dasselbe scheint von der Ecke der Pinguin-Bai angefangen nördlich unter dem höchsten Theile der Insel noch eine Strecke weit die tiefste über dem Meere sichtbare Basis der Insel zu bilden, so viel sich wenigstens von der See aus nach der Färbung der Felsen schliessen lässt.

Jüngere basaltische Gänge durchsetzen diese rhyolithische Basis der Insel und darüber folgen mächtig entwickelt **rhyolithische Tuffe und Breccien** (2), mannigfach durchsetzt und verändert (2a) von den jüngeren Eruptivmassen. Die Gesammtmächtigkeit der Tuffe und Breccien mag bei 150 Fuss betragen. Sie bilden die senkrechte Felswand der Pinguin-Bai, die wir so genannt haben, weil in dieser kleinen Bucht beim Ninpinrock die Pinguine (*Catarractes chyrysocome* Forster) ihren Landungsplatz haben und zu Hunderten das Ufer besetzt halten, ehe sie ihre beschwerliche Wanderung zu dem 355 Fuss über dem Meeresspiegel auf einer Anhöhe über der Fischercolonie gelegenen Brutplatz antreten. Ein kleiner Bergrutsch an der Bai hat dem Terrain einen stufenförmigen Abfall gegeben, welcher es den am Lande so unbehilflichen Vögeln möglich macht den hochgelegenen Brutplatz zu erreichen. Dieser Punkt ist in der That die einzige Stelle am äusseren Inselrande, wo man vom Meere aus auf die Fläche der Insel hinaufklimmen kann. Jene Tuffe und Breccien bestehen vorherrschend aus einem lockeren sandigen Agglomerat von schaumig aufgeblähtem Rhyolith (Bimsstein), von Perlit, Obsidian und eckigen Fragmenten felsitischer und lithoidischer Ryolithe. Sie zeigen sehr deutliche Schichten, die sich theils durch verschiedene Grösse der eingebetteten Bruchstücke, theils durch verschiedene Färbung der Masse — schmutzig gelbgrün, röthlich und dunkelbraun sind die Hauptfarben, — von einander unterscheiden, theils durch die in einzelnen Schichten häufiger als in anderen vorkommenden Fragmente. In den tieferen Schichten sind die Bimssteinstücke entschieden grösser als in den höheren; dort kopfgross, hier höchstens wallnussgross. Sie lassen sich jedoch aus der Tuffmasse nicht auslösen, sondern zerfallen leicht zu Staub und Sand. Die Farbe des Bimssteins ist gelbgrün, grau und braun, und man darf, wenn ich von Bimsstein spreche, keineswegs an die feinfaserigen, seidenglänzenden Bimssteine von Lipari denken. Sehr charakteristisch sind die in diesen Bimssteintuffen eingebettet liegenden Gesteinsfragmente. Es sind eckige Bruchstücke ausschliesslich von den oben beschriebenen rhyolithischen Gesteinen, gemengt mit perlitischen und obsidianartigen Massen. Dagegen findet sich keine Spur von den doleritischen und basaltischen Gebirgsarten, die ich später noch zu beschreiben habe.

Diese Erscheinung spricht deutlich genug für den Zusammenhang dieser wahrscheinlich submarin gebildeten Tuffe mit dem ältesten Eruptivgestein der Insel, mit dem Rhyolith. In den tieferen Schichten ist auf dem Profil durch punktirte Zeichnung eine etwa 4 Fuss mächtige Bank besonders angedeutet, die fast aus nichts anderem besteht als aus Fragmenten des Grundgebirges und durch jüngere Gänge verworfen ist. In den höheren Schichten werden diese Fragmente immer seltener; die tiefsten Schichten enthalten also die grössten und die meisten Bruchstücke. An der Oberfläche zeigen die Stücke immer eine röthliche Verwitterungsfarbe, wenn sie auch inwendig noch ganz frisch graublau sind.

Auch die Obsidianstücke werden wie die Bimssteine von den liegenden nach den hangenden Schichten immer kleiner und haben in den grösseren oft kopfgrossen Stücken der liegenden Schichten durch grau-grünliche Farbe und durch rundkörnige Structur mit splittrig-schaliger Absonderung mehr Perlitcharakter. Der Kieselsäuregehalt dieser perlitischen Massen beträgt 70·53 Percent, ihr specifisches Gewicht ist 2·355. In den hangenden Schichten dagegen lassen sich aus kleineren perlitischen Partien mit splittrig-schaliger Absonderung sehr niedliche haselnussgrosse bis wallnussgrosse sammtschwarze polyedrische Kugeln auslösen, welche die volle Sprödigkeit und den ausgezeichneten muschligen Bruch echten Obsidianes haben und an das Vorkommen der Marekanitkugeln oder an die Obsidiankerne in den concentrisch-schalig zusammengesetzten Perliten der ungarischen Rhyolithgebiete erinnern. Das specifische Gewicht dieser Obsidiankugeln beträgt 2·441. Manche dieser Kugeln zeigen auch die bei Obsidianen häufig vorkommende dunklere und lichtere Farbenstreifung, sie sind aber stets undurchsichtig und unterscheiden sich dadurch vom Marekanit.

Die Tuffe, die in den tieferen Schichten ein mehr massiges Ansehen mit undeutlicher Schichtung haben, werden in den obersten Bänken mehr und mehr dünngeschichtet und bekommen durch die kleinen Bimssteinstücke und durch die Obsidiankugeln ein sehr hübsches buntscheckiges Ansehen; der Fallwinkel der Schichten nimmt ebenfalls von unten nach oben ab, indem er von 45° allmählich bis auf 20° gegen SO. sinkt.

Die Pinguin-Bai an der Nordostseite von St. Paul ist die einzige Stelle der Insel, wo kieselsäurereiche Gemenge der Rhyolithgruppe in hyalinen und felsitischen Varietäten auftreten. Wir haben in diesen sauren rhyolithischen Gesteinen jedenfalls die ältesten Bildungen der Insel vor uns, Massen, mit deren Eruption die vulcanische Thätigkeit, welche das Eiland bildete, begonnen hat. Die ausgezeichnete Schichtung der Tuffe spricht für submarine Vorgänge bei diesen ersten Bildungen.

Auf diese erste Periode vulcanischer Thätigkeit folgt eine zweite Periode mit gänzlich verschiedenen, und zwar basischen Producten. Ein zweites massiges Eruptivgestein und damit im Zusammenhange stehende Tuffe, welche die Bruchstücke desselben einschliessen, bezeichnen in ähnlicher Weise diese zweite Periode, wie der felsitische Rhyolith und die Bimssteintuffe die erste.

Die Rhyolithtuffe sieht man an zwei Punkten des Profils der Pinguin-Bai durchbrochen von sehr mächtigen Gangmassen eines graubraunen deutlich krystallinischen Gesteins (3), welches als ein Gemenge von glasigem Labradorit und Magneteisen nebst Augit und Olivin zu den Doleriten zu stellen ist. Die nördliche Gangmasse ist die mächtigere, an einzelnen Stellen ist sie wohl mehr als 100 Fuss mächtig. Sie tritt auf der Grenze zwischen dem Rhyolith-Grundgebirge und den Bimssteintuffen zu Tage, und durchbricht dann die letzteren. Die Gangmasse links, die südlichere, hat eine Mächtigkeit von 5 bis 6 Klaftern. Beide Gangmassen bilden compacte Felsmassen, die nur in der Nähe des Saalbandes einzelne Hohlräume zeigen. Das Gestein ist ausgezeichnet krystallinisch, hat bei ganz frischem Bruch eine dunkel bläulich-graue Farbe, wird aber an der Luft gelblichgrau und ist an der verwitterten zersetzten Oberfläche schmutzig graubraun. Die überwiegende Hauptmasse des Gesteins bildet ein trikliner glasiger Feldspath (Mikrotin Tschermak), dessen kleine, nur 2 bis 3 Linien langen dünntafelförmigen Krystalle mit stark glänzendem Blätterbruch deutlich erkennbar sind und die charakteristische Zwillingsstreifung zeigen. Ich halte die Krystalle für glasigen Labradorit. Die übrigen Bestandtheile treten nicht eben so deutlich hervor. Die zweite Rolle der Menge nach spielt jedenfalls Magneteisen, das sich aus dem Pulver in grosser Menge mit dem Magnet ausziehen lässt und die stark magnetischen Eigenschaften des Gesteines bedingt. Einzelne kleine, nicht magnetische schwarze Körner mit muschligem Bruch halte ich für Augit, und ein vierter in manchen Handstücken deutlich genug erkennbarer Gemengtheil ist endlich Olivin, aus dessen Beimengung sich auch die Änderung der Farbe des frischen Bruches erklärt. Das specifische Gewicht ist 2·812 und der Kieselsäuregehalt beträgt 52·83 Percent. Wir haben also ein entschieden basisches Gestein der Basaltgruppe, einen sehr feldspath- und magneteisenreichen Dolerit. Ich hatte diesen Dolerit im Verdacht, nephelinhaltig zu sein; jedoch liess sich Nephelin weder mineralogisch noch chemisch nachweisen.

Derselbe Dolerit, gleichfalls mit ausgezeichnet krystallinischer Structur, findet sich wieder an der nördlichen Kraterwand der Insel theils in losen Blöcken, theils in anstehenden Felsmassen, welche die unterste Partie an der Kraterwand unmittelbar über dem Wasserspiegel des Kraterbassins von der Fischercolonie angefangen bis ungefähr gegenüber dem Eingange in das Bassin bilden. Am Wege nach der warmen Badequelle sieht man rechts einen der grössten Doleritblöcke durchsetzt von einer etwa 1 Fuss mächtigen grobkörnigeren Gangmasse, die mineralogisch aus denselben Gemengtheilen besteht und zahlreiche kleine Hohlräume umschliesst. Übrigens ist die Beobachtung an der inneren Kraterwand sehr erschwert theils durch die Unzugänglichkeit der meisten Punkte, theils durch die dichte Grasbedeckung.

Bei den Dolerit-Gangmassen der Pinguin-Bai sind noch einige besondere Erscheinungen zu erwähnen. Die kleinere südliche Gangmasse zeigt an ihren Grenzflächen ausgezeichnete Sahlbänder. Das krystallinische Gestein ist nämlich zu beiden Seiten begrenzt zunächst von einer 1 Fuss breiten rothbraunen schlackigen Masse mit grossen unregelmässigen Hohlräumen, und dann wieder 1 Fuss breit von einem dichten stahlharten basaltartigen Gestein von grauschwarzer Farbe mit muschligem Bruch. Ausserdem sind die durchbrochenen Rhyolithtuffe an den Contactflächen sehr merklich verändert und zwar in eine schwarze schwammige Obsidian ähnliche Masse umgeschmolzen. Bei der mächtigen Hauptgangmasse erstreckt sich diese Einwirkung auf mehrere Klafter Entfernung, so dass das veränderte Gestein (2a) ein wahres Obsidianconglomerat darstellt. Bei der kleineren südlichen Gangmasse ist die Einwirkung nur auf eine Entfernung von wenigen Fussen sichtbar.

Auch die Doleritdurchbrüche scheinen von Tuffbildungen begleitet gewesen zu sein. Diese Tuffe der zweiten Periode (4) überlagern an der Pinguin-Bai in einer Mächtigkeit von 60—80 Fuss gleichförmig die Bimssteintuffe der ersten Periode. Sie zeigen eine ähnliche Färbung wie die Bimssteintuffe, sind zu unterst röthlich, dann grünlich-gelb, dann wieder gelbgrün gefärbt und endlich zu oberst ziegelroth gebrannt (4a) durch die darüber liegenden Lavaschichten der dritten Periode. Die grünliche und lichtröthliche Färbung geht flammig in einander über. Sie bestehen aus einer thonig-sandigen Masse, die, wenn sie feucht ist, sich fettig anfühlt, und wo sie durch darüber geflossene Lavaströme gebrannt wurde, zu einem ziegelsteinartigen intensiv rothen Gestein, zu sogenanntem Laterit[1], erhärtet ist. Diese thonigen Tuffe schliessen, wiewohl selten, noch einzelne Fragmente des rhyolithischen Grundgebirges ein, dagegen enthalten sie keine Spur von Obsidian oder Bimsstein. Charakteristisch dagegen sind die Bruchstücke von Dolerit, welche sie eingebettet enthalten. Die Klüfte durch den Tuff sind von Calcit erfüllt; und die Tuffe selbst enthalten neben erbsengrossen Calcitmandeln sehr zahlreich rundum ausgebildete glasige Labradoritkrystalle von weingelber Farbe eingebettet, die mitunter einen halben Zoll lang und dick werden. Von Augit dagegen keine Spur. Auch diese Tuffe zeigen eine deutliche Schichtung und dürften eine unterseeische Bildung sein. In ihnen findet sich noch keine Spur von den jüngsten basaltischen Laven anders, als gangförmig; denn erst über ihnen sind diejenigen Laven- und Schlackenschichten (5) ausgebreitet, welche in zahlreicher Wechsellagerung die Hauptmasse der Insel bilden, und einer dritten Periode vulcanischer Thätigkeit angehören.

Erst dieser dritten Periode vulcanischer Thätigkeit verdankt St. Paul als Insel seine supramarine Existenz und seine eigenthümliche Form. Wo immer unter dem Weltmeer der Centralpunkt der vulcanischen Thätigkeit für die früheren Perioden gelegen sein mag, die grosse centrale Ausbruchsstelle der jüngsten Periode ist bezeichnet durch den tiefen fast kreisrunden trichterförmigen Kessel, in den jetzt von einer Seite durch einen schmalen Eingang das Meer eintritt und mitten im stürmischen Ocean ein stilles ruhiges Wasserbecken bildet. Aus diesem gewaltigen Krater sind bei wiederholten Ausbrüchen die Massen geschmolzener Lava ausgeflossen, welche allmählich die Insel aufgebaut haben. Der äussere steile Uferrand der Insel zeigt in oftmaliger Wechsellagerung über einander schwarzgraue Lavabänke und rothbraune Schlackenschichten. Am nordöstlichen, gegen 600 Fuss hohen Absturz der Insel, welcher einen Querschnitt der Insel blosslegt, zumal an der südlichen Hälfte desselben, kann man wenigstens 50 gleichförmig über einander liegende Schichten zählen — steinige Lavabänke abwechselnd mit Schlackenbänken und gelben oder rothen erdigen Schichten —, welche alle von der steil niedergebrochenen inneren Kraterwand gegen den äusseren Inselrand verflächen, durchschnittlich mit 8 bis 10°, die höher liegenden Schichten etwas steiler als die tiefer liegenden. Dasselbe Verhältniss, darf man annehmen, gilt ringsum für die ganze Insel. Am westlichen und südlichen Umfang der Insel erscheinen daher die Schichten horizontal, eben so wie an der inneren

---

[1] Sir Ch. Lyell (Elements of Geology 6. Ed. p. 598) nennt solche rothe Tuffe „Laterit" (von Later, Ziegelstein). Man darf jedoch diese vulcanischen Laterite nicht verwechseln mit den Lateritbildungen, wie sie in tropischen Gneiss- und Granitgegenden als Zersetzungsproducte dieser Gesteine vorkommen. (Vgl. S. 15.)

Kraterwand, wo freilich die üppige Grasvegetation das meiste verdeckt. Eine Ansicht der Insel vom Ankerplatz der Schiffe an der Nordostseite lässt sehr deutlich diesen regelmässigen Bau erkennen.

St. Paul von der Ostseite gesehen, 1 Seemeile Distanz.

Das Profil an der Pinguin-Bai zeigt sehr charakteristisch die Lava- und Schlackenschichten der dritten Periode (5) in ungleichförmiger Lagerung über den älteren Tuffbildungen; denn die Rhyolithtuffe der ersten Periode haben vor der Ablagerung der Eruptionsproducte der dritten Periode offenbar eine Denudation ihrer Oberfläche erfahren.

Die tiefste Schichte, welche die jüngeren Bildungen von den älteren trennt, ist eine nur wenige Fuss mächtige gelbe sandige Tuffschichte, welche schwarze, sehr poröse Schlackenstücke enthält. Darüber liegen dann steinige Lavabänke in fortwährender Wechsellagerung mit Schlacken-Agglomeraten. Die schlackigen Schichten sind immer von einer geringeren Mächtigkeit (1—2 Fuss), als die festen Lavabänke. Sie zeigen bald eine mehr röthliche, bald eine mehr violette, bald eine schwärzliche Färbung, ihre Blasenräume sind häufig blau angelaufen und die Kluftflächen überzogen mit weissen Chalcedonkrusten und mit Hyalith. Schöne Exemplare dieser Mineralien habe ich jedoch nirgends gefunden. Die Lavabänke erreichen eine Mächtigkeit von durchschnittlich 4—6 Fuss, nur an wenigen Punkten von 8 und 10 Fuss. Das Gestein ist eine Basaltlava mit dichter grauer oder blau-schwarzer Grundmasse, die ziemlich stark magnetisch ist, und mehr oder weniger reichlich unregelmässig ausgebildete, bis erbsengrosse mehr rundliche als tafelförmige Körner von einem triklinen glasigen Feldspath porphyrartig eingeschlossen enthält, daneben nicht selten auch Augit- und Olivinkörner. Übrigens bekommen diese Laven ein sehr verschiedenartiges Ansehen, je nachdem sie mehr oder weniger porös, mehr oder weniger reich an Feldspathkrystallen, und mehr oder weniger zersetzt sind. Namentlich poröse, schlackige Laven sind überaus häufig. Säulenförmige Absonderung tritt nirgends deutlich hervor. Dagegen zeigen einige Felsmassen im Hintergrunde des Kraterbassins eine ausgezeichnete plattige Absonderung.

Der zuckerhutförmige Inselfels nördlich von der Einfahrt in den Krater, welcher auf der englischen Karte von Blackwood als Ninpinrock bezeichnet ist, besteht in seiner unteren Hälfte, so viel sich aus der Entfernung entnehmen lässt, — der Fels ist nicht zugänglich — aus einem von Tuffbänken überlagerten mas-

sigen Gestein, in seiner oberen Hälfte aber aus ausgezeichneten, fast horizontalen Lava- und Schlackenschichten. Ich habe 19 Schichten schwarzgrauer Lava
von 3—4 Fuss Mächtigkeit,
abwechselnd mit eben so
vielen weniger mächtigen
Schlackenschichten, gezählt
und nebenstehende Figur
gibt ein Bild des Ninpin-
rocks, wie dieser sich von
der Uferseite bei der Pinguin-Bai repräsentirt. Die
Durchsehnitte am äusseren
Inselrande, wo die Lava-
und Schlackenschichten im
Querschnitt zu Tage treten,

Ninpinrock

zeigen, wie die einzelnen Lavabänke sich neben und über einander auskeilen, da
jede einzelne Bank einem Lavastrom entspricht, der nicht die ganze Inselfläche
mantelförmig überdeckte, sondern
in einem bald breiteren, bald
schmäleren Strom erstarrte.

Sämmtliche Eruptionen, welche die vielfach neben und über
einander liegenden Ströme basal-

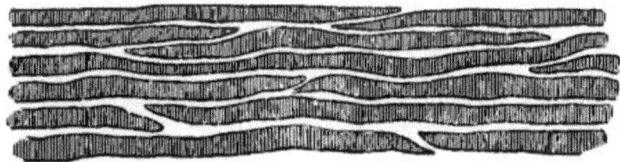

Basaltische Lavabänke.

tischer Lava lieferten, welche die Hauptmasse der Insel bilden, waren übermeerisch.
Eigentliche sedimentäre Tuffschichten treten daher zwischen den Lavabänken der
dritten Periode nicht auf. Einzelne schmale, theils roth, theils gelb gefärbte
erdige Bänke zwischen den steinigen Lavabänken darf man wohl als alte Schichten von Dammerde ansehen, welche wieder von jüngeren Laven überströmt und
zu förmlich ziegelsteinartiger Masse, zu Laterit, gebrannt wurden.

Die jüngsten Lavaergüsse, mit welchen die eruptive Thätigkeit der Insel
erlosch, bilden die jetzige Oberfläche der Insel. Trotz der starken Verwitterung,
welche selbst die jüngsten Ströme zeigen, lassen sich doch einzelne Ströme deutlich
vom oberen Kraterrande herab gegen den äusseren Inselsaum verfolgen. Nur
gegen Westen, wo die ganze Breite der Insel vom oberen Kraterrande bis zum
Meere nicht mehr als 560 Klafter beträgt, reichen diese jüngsten Ströme bis an den
steilen Uferrand; an der Nordseite des Kraterrandes haben sie hoch aufbauend
den plateauförmigen Buckel gebildet, dem die höchsten Punkte der Insel angehören; an der Südostseite aber fehlen Lavaströme von jüngstem Datum ganz.
Hier sind es dünngeschichtete sandige Aschenbänke, welche die Oberfläche der

Insel bilden. Sie erreichen eine Gesammtmächtigkeit von 2 bis 3 Klafter und verflächen mit 10° gegen Südost. Diese Aschenschichten sind eben so durch einen
senkrechten kahlen Absturz an der Kraterwand entblöset, wie sie sich an der östlichen Bruchseite der Insel regelmässig verflächend weit herab verfolgen lassen.
Gerade der niederste Theil des oberen Kraterrandes ist von ihnen gebildet.

Die jüngsten Lavaströme unterscheiden sich von den älteren nur durch eine
mehr poröse schlackige Structur, enthalten aber wie jene glasigen Labradorit eingesprengt. Auf dem nur mit 3—5° abdachenden Plateau bilden sie breite zusammenhängende Schichten von 3 bis 5 Fuss Dicke, von dem Plateaurand angefangen, wo das Terrain mit 20—25° abdacht, erscheinen sie nur als schmale
(1 bis 3 Klafter breite) und wenig mächtige (1—2 Fuss hohe) Felsriegel, die an
ihrer Oberfläche zum Theil noch ausgezeichnet wellige Flussfiguren zeigen. Oft
sind diese Lavaströme aber auch zu grossen schlackigen Schollen auseinander-
gerissen, zu kleinen Felskegeln aufgestaut und von weit klaffenden Spalten durchzogen, so dass sie ein nur äusserst schwierig zugängliches Terrain bilden.

Gangmassen, welche der dritten Periode angehören, sind weit seltener zu
beobachten, als man erwarten sollte. An der inneren Kraterwand entzieht an zugänglichen Stellen die Grasbedeckung dem Auge alles Gestein, und so sehen wir
uns wieder auf den Durchschnitt an der Pinguin-Bai verwiesen, wo neben den
älteren Gangmassen auch jüngere Gänge (6) sehr charakteristisch auftreten. Auf

Südost.        Nordwest.

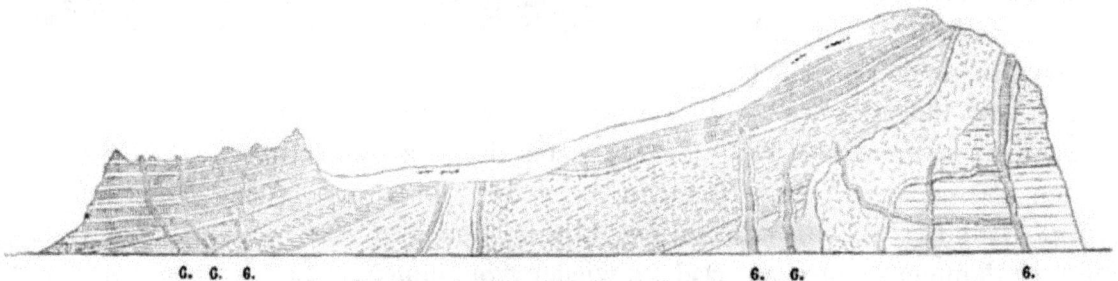

Durchschnitt an der Pinguin-Bai (Nordostküste der Insel).
6. jüngste basaltische Gangmassen.

der nördlichen Hälfte des Durchschnittes haben wir drei solcher Gänge, wovon
der nördlichste sich mehrfach verzweigt. Diese Gänge bestehen aus einem dichten
basaltartigen Gestein mit Labradoritkrystallen, sie durchsetzen das rhyolithische
Grundgebirge, die Bimssteintuffe, den Dolerit und zum Theil sogar noch die Lavaschichten der dritten Periode, stehen also jedenfalls mit den jüngsten Eruptionen
im Zusammenhang. Ihre Mächtigkeit beträgt 2—5 Fuss; auf die Bimssteintuffe
haben sie in ganz ähnlicher Weise umwandelnd eingewirkt, wie der Durchbruch
des Dolerites. Ausserdem haben aber alle diese Gänge, wo sie durch die Bimssteintuffe gehen, ein sehr charakteristisches Tachylyt-Sahlband. Der schwarze
obsidianähnliche Tachylyt bildet 2—3 Linien, stellenweise ½ Zoll starke Platten,

deren stark glänzende Masse mit muschligem Bruch ganz allmählich in die matte Grundmasse des Ganggesteines mit splittrigem Bruch übergeht. Der Tachylyt erscheint hier auf's bestimmteste als eine in glasartigem Zustande erstarrte Basaltlava. Die Gänge auf der südlichen Hälfte des Durchschnittes, welche die roth gebrannten Tuffe und die darüber liegenden Schlacken- und Lavaschichten durchsetzen, zeigen kein Tachylyt-Sahlband. Diese Gänge sind nur 1 bis 2 Fuss mächtig und bestehen aus einer basaltartigen Lava ohne eingesprengte Krystalle, die in der Mitte etwas porös, gegen die Contactfläche hin aber immer dichter wird. In den Hohlräumen und Klüften finden sich bisweilen Hyalithüberzüge. Diese Gänge zeigen auch keinerlei Einwirkung auf das Nebengestein.

Eine weitere Gangmasse habe ich noch an der steilen Felswand bei der südlichen Barre beobachtet. Mit 2 Fuss Mächtigkeit durchsetzt sie vielfach zerklüftete und sehr poröse schlackige Lavabänke, wie der beigegebene Holzschnitt anschaulich macht. Das Gestein der Gangmasse ist fein porös und parallel zu den Gangwänden in 2—3 Zoll dicke Platten abgesondert. Nach aussen geht die Gangmasse wieder allmählich in eine dünne Tachylytkruste über. In die Klüfte des Nebengesteins sind ausserdem von der Gangmasse

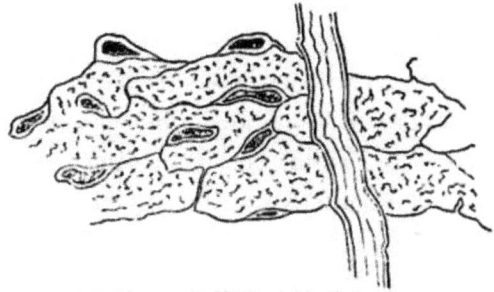

Gangmasse bei der südlichen Barre.

aus grosse Schlackenblasen eingetrieben von 2 Fuss Länge und 1—1½ Fuss Höhe, die in langgezogenen Spitzen enden. Inwendig sind diese Schlackenblasen hohl, ihre 1—2 Zoll starke Hülle besteht aus rothbrauner poröser Schlackenmasse, die nach aussen in schwarzen Tachylyt übergeht, der die ganze Blase umhüllt. Dünne Tachylytadern ziehen sich von einer Blase zur andern.

Schlackenblase mit Tachylytkruste.

Noch bleiben, gleichfalls als ein Product der jüngsten Ausbruchsperiode, kleine Schlackenkegel zur Betrachtung übrig, mit welchen die Insel an ihrem Uferrand besetzt ist. Die meisten dieser Schlackenkegel sind von der Brandung unterspült, und ihre Ruinen bilden die Ecken der Insel. Am vollkommensten erhalten sind am West-Point die Vierhügel; auf der der geologischen Karte beigegebenen Ansicht rechts treten sie deutlich hervor. Vier kleine Kegel stehen hier fast in einer geraden Linie von SW. gegen NO. hinter einander. Der grösste derselben erhebt sich am äussersten Inselrand und bildet die weit vorspringende westliche Ecke derselben, den West-Point. Er erhebt sich etwa 300 Fuss über den Meeresspiegel, 150 Fuss über die Oberfläche der Insel und stellt einen sehr regelmässigen Kegel dar mit einem Böschungswinkel von 25° auf der Südseite, von 35° auf der Nordseite. Die Spitze hat einen Durchmesser von 300 Fuss und trägt eine schüsselförmige Krater-Einsenkung von 50 Fuss Tiefe. Die Südwestseite ist von der Brandung abgespült und in der steilen Schlucht, die hier in's Meer abfällt, sieht man die horizontalen Lavabänke scharf absetzen an den Schlackenmassen.

Der zunächst liegende etwas niederere Kegel ist vollständig erhalten. Sein oberer Durchmesser beträgt 280 Fuss, sein Krater ist 40 Fuss tief. Von dem westlichen Fusse gehen zwei kleine Lavaströme dem Meere zu, eine Erscheinung, welche der vierte Kegel noch ausgezeichneter zeigt.

Der dritte noch niederere Kegel ist ausgezeichnet durch die vollkommen kreisrunde Form seines Gipfels und die gleiche Höhe seines Kraterrandes, der Krater misst 200 Fuss im Durchmesser und 30 Fuss in der Tiefe.

Die drei beschriebenen Kegel erheben sich aus der fast horizontalen Inselfläche längs dem Meeresufer. Der vierte Kegel in dieser Reihe erhebt sich schon auf dem unteren Abhange des mehr und mehr ansteigenden Terrains. Er ist weniger regelmässig gestaltet als die drei anderen, da sein Kraterrand gegen SW. durchbrochen ist und zwei kleine Lavaströme entsendet, die, auf einer kaum mit 2° sich senkenden Fläche ausgeflossen, zwei parallele nur wenige Fuss hohe Felsplatten mit einer Breite von 6 Klafter und einer Länge von 50 Klafter bilden. Hinter diesem vierten Kegel erhebt sich die Insel steiler mit einem Neigungswinkel von 12—15° und ihre Oberfläche ist bedeckt von jungen Lavaströmen.

Dass die Vierhügel einer der jüngsten Eruptionen ihren Ursprung verdanken, geht schon aus ihrem Erhaltungszustande hervor, noch entschiedener aber aus der Thatsache, dass diese Schlackenkegel 1793 bei dem Besuch, welchen die Gesandtschaftsexpedition des Earl of Macartney auf den Schiffen „Lion" und „Hindostan" der Insel gemacht hat, noch heiss gefunden wurden. Der Berichterstatter Dr. Gillan bemerkt wörtlich: „An der West- und Südwestseite sind vier kleine regelmässig geformte Kegel mit Kratern in ihren Centren, in welchen die Lava und andere vulcanische Substanzen jeden Anschein neuerer Bildung haben. Die Hitze ist noch immer so gross und es strömt fortwährend eine solche Masse von Dämpfen aus zahllosen Spalten, dass es keinem Zweifel unterliegt, dass sich dieselben noch kürzlich in einem Zustande der Eruption befanden. In einem auf die Oberfläche gestellten Thermometer stieg das Quecksilber auf 180° F., und wenn es unter die Asche versenkt wurde, auf 212°. Es würde noch viel höher gestiegen sein, wäre die Scala nicht blos bis zum Siedepunkt eingetheilt gewesen. Der Boden zitterte unter den Füssen, ein mit Gewalt auf denselben geworfener Stein gab einen hohlen Ton zurück und die Hitze war dermassen intensiv um den Krater, dass der Fuss nicht für 1/4 Minute in derselben Stellung gehalten werden konnte, ohne Gefahr zu laufen, zu versengen." — „Die Oberfläche dieser vier erst in neuester Zeit aufgethürmten Kegelberge ist nur mit Asche bedeckt, nicht die geringste Spur von Vegetation findet sich."

Da diese Beschreibung keinen Zweifel übrig lässt über die Erhitzung der Vierhügel noch zu Ende des vorigen Jahrhunderts, bei unserem Besuche jedoch keine Spur mehr davon wahrzunehmen war, während das Plateau der Insel, das ich später beschreiben werde, noch dieselbe Erhitzung zeigte, wie zu Macartney's Zeiten, so muss man annehmen, dass diese Hügel in der That sehr jungen Alters sind, und dass die Abkühlung in den locker angehäuften Schlackenmassen nur rascher vor sich ging als in den compacteren Lavaströmen, aus welchen jenes Plateau gebildet ist.

Nördlich von den Vierhügeln liegen zwei weitere kleine Schlackenkegel, der eine dicht am Uferrand und durch den Andrang der Wogen ebenfalls schon theilweise zerstört, so dass sein Krater gegen die Seeseite geöffnet ist; der andere liegt weiter zurück auf der Inselfläche, ist daher noch ganz erhalten, aber so nieder, dass er zwischen den mächtigen Lavaströmen, die ihn umgeben, kaum hervortritt.

Das instructivste Bild gibt der kleine Schlackenkegel, welcher die nördlichste Spitze der Insel (Nord- oder Smith-Point) bildet. Er ist nur noch halb erhalten, die andere Hälfte hat das Meer verschlungen. Dadurch ist an dem gegen 150 Fuss hohen Steilrand der Insel ein Durchschnitt des Kegels blossgelegt, den der beistehende Holzschnitt wiedergibt.

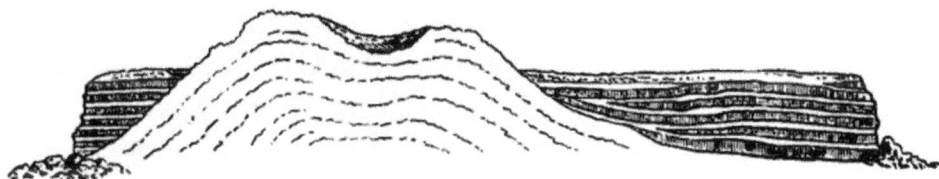

Schlackenkegel beim Nord-Point.

Der Kegel erhebt sich nur etwa 50 Fuss über die Oberfläche der Insel. Der Gipfel zeigt eine flache Kratereinsenkung. Die Masse des Hügels besteht aus einem Agglomerat von schwarzen und rothbraunen Schlacken, in welchem zwar keine eigentliche Schichtung, aber doch eine Abgrenzung einzelner Lagen parallel zur äusseren Hügelcontour zu erkennen ist. Zu beiden Seiten des Schlackenkegels sind jüngere Lavabänke der ursprünglichen Böschung der Agglomeratmasse angelagert, so dass dadurch die untere Hälfte des Kegels bedeckt erscheint. An der Ostseite habe ich gegen 20 steinige Lavabänke gezählt, an der Westseite gegen 12.

Unweit von diesem halb begrabenen Schlackenkegel sieht man am nordöstlichen Steilrand der Insel dem Nord Islet gegenüber den Durchschnitt eines von jüngeren Lavaströmen ganz

Begrabener Schlackenkegel.

überdeckten Schlackenkegels, der sich auf der Oberfläche der Insel nur durch eine plateauförmige Terrasse zu erkennen gibt.

Wenden wir uns jetzt zur Südseite der Insel, so ist der Süd-Point selbst durch die Ruine eines Schlackenkegels gebildet, von dem jedoch nur etwa noch ein Viertel erhalten ist. Eben so bildet die südöstliche Ecke der Insel ein niederer, von NW. nach SO. sich ziehender Schlackenhügel, der in der angegebenen Richtung hinter einander fünf kraterähnliche Einsenkungen zeigt. Hier scheint der Schlackenausbruch durch eine längere Spalte stattgefunden zu haben. Ein weiterer Eruptionspunkt liegt zwischen den beiden letztgenannten Schlackenausbruchsstellen. In einer unbedeutenden Erhebung des Uferrandes sieht man hier noch den letzten Rest eines vom Meere schon gänzlich weggespülten Schlackenkegels, und eben so erkennt man an dem Absturz südlich vom Kratereingang noch die Reste eines kleinen Schlackenausbruchs.

Im Ganzen haben wir also 12 seitliche Ausbruchspunkte, die alle dem äusseren Inselrande angehören, jedoch viel zu unbedeutend sind, als dass man ihnen als Eruptions-Centren einen wesentlichen Theil an dem Aufbau der Insel zuschreiben dürfte. Der grosse centrale Hauptkrater der Insel bezeichnet den Canal, durch welchen diejenigen Massen zum Ausbruch gelangten, welche den Hauptkörper der Insel bilden. Diese selbst ist nur mehr die Ruine eines vollständigen vulcanischen Gerüstes. Theile eines submarinen Tuffkegels und die grössere Hälfte des Lavakegels sind noch erhalten, von einem centralen Schlacken- und Aschenkegel aber, dessen Massen einst den Krater erfüllt haben, und der sich über dem jetzigen Kraterrand vielleicht mehr als zur doppelten Höhe der jetzigen Insel erhoben haben mag, sind kaum mehr Spuren zu entdecken. Diese Massen sanken, nachdem die vulcanische Thätigkeit erloschen, in den Ausbruchscanal zurück, ein Theil der steilen Felswände des Lavakegels brach nach, und so wurde durch Einbruch oder durch Einsturz das immense Kraterbecken gebildet, in welches bei einem späteren Ereigniss, durch einen gewaltigen Bergsturz an der Nordostseite der Insel, das Meer einen Einlass fand[1]. Ich habe mir viele Mühe gegeben, an dem wegen seiner Steilheit sehr schwer zugänglichen inneren Kraterrand noch Spuren des versunkenen Schlackenkegels zu finden und nur eine einzige Stelle entdeckt, die aber unzweifelhaft für die oben auseinandergesetzte Bildungsweise des Kraters spricht. Der obere Kraterrand zeigt nämlich ringsum eine scharfe Kante, von der ab einerseits die Insel nach aussen allmählich abdacht, nach innen steil in das Kraterbassin abfällt. Nur eine einzige Stelle beim höchsten Punkt der

---

[1] Ich kann der Ansicht meines Freundes Dr. Roth (Zeitschr. d. deutsch. geol. Ges. XV. Bd., 3. Hft. p. 456) durchaus nicht beistimmen, dass die Form der Insel darauf hinzuweisen scheine „dass aus vier kleineren rhombisch angeordneten Kratern durch Aufsprengung endlich der eine jetzige grosse Krater entstand."

Insel macht davon eine Ausnahme. Schon vom Bassin aus wird man auf diese Stelle aufmerksam, da sie eine braunrothe Färbung zeigt, die man sonst nirgends an der inneren Kraterwand bemerkt. Es ist eine mächtige Schlackenscholle, welche hier an der inneren Kraterwand hängen geblieben und nicht mit in die Tiefe versunken ist, wiewohl dies jeden Augenblick droht, da man oben bemerkt, wie diese Scholle bereits durch eine breite Spalte von den fest über einander liegenden Schichten des Lavakegels losgetrennt ist. Diese Scholle ist das einzige Überbleibsel der versunkenen Massen, welche den Krater früher erfüllt haben.

Nachwirkungen der vulcanischen Thätigkeit zeigen sich hauptsächlich auf der nördlichen Hälfte der Insel, wo die Producte der jüngsten Eruptionsepoche besonders mächtig angehäuft sind. Diese Nachwirkungen bestehen in heissen Wasserdämpfen, in Kohlensäureexhalationen und warmen Quellen, die sich an der unteren Kraterwand von der nördlichen Barre angefangen längs der nördlichen Seite des Kraterbassins beobachten lassen. An der südlichen Seite des Kraterbassins fehlen diese Erscheinungen gänzlich; übrigens lassen sie sich meist nur bei Ebbe beobachten, da die betreffenden Punkte bei Hochwasser überfluthet sind.

So sieht man gleich an der Barre rechts, und zwar an ihrer inneren Seite gegen das Kraterbassin zu, neben dem künstlich aufgeführten Molo bei Tiefwasser aus den sandigen Stellen zwischen dem grossen Gerölle, durch das die Barre gebildet ist, heisses Wasser unter Entwicklung von Gasblasen aufsteigen; und wie wenn man neben einem Dampfkessel stünde, hört man zischend und dumpf rauschend die Wasserdämpfe durch das Blockwerk, aus dem der Molo aufgeführt ist, fahren. Bei kühlem Wetter, z. B. wenn die Lufttemperatur nicht mehr als 16° C. beträgt, dampft es aus allen Fugen und Klüften zwischen dem locker aufgehäuften Gerölle und der Boden ist durch die durchströmenden siedend heissen Wasserdämpfe so sehr erwärmt, dass man den Fuss nicht lange auf einer und derselben Stelle halten kann. Will man ein Heisswasserbassin haben, so braucht man blos einige Steine wegzuräumen und im Sande sich ein Loch auszugraben; dieses füllt sich nach wenigen Secunden mit heissem Wasser, und sprudelnd unter Gasentwicklung quillt immer neues nach. Das Thermometer stieg in solchen Gruben auf 96° C. Man würde es ohne Zweifel bis zum Siedepunkt bringen, wenn man ein grösseres und tieferes Loch ausgraben und dasselbe vor der Vermischung mit Seewasser schützen würde. Blaues Lackmuspapier wurde von dem Wasser roth gefärbt durch die in demselben enthaltene Kohlensäure; an der Luft setzt das Wasser Eisenocher ab. Wir haben also einen Eisensäuerling mit stark mineralischem Geschmack, jedoch wird der reine Geschmack durch die Vermischung mit Seewasser gestört. Das Wasser war an der beschriebenen Stelle heiss genug, um einen Versuch der Begleiter Macartney's zu unserem Spasse wiederholen zu können. Auf dem Molo stehend, angelten wir aus dem fischreichen Kraterbassin Fische und fingen Krebse, und ohne uns von der Stelle bewegen zu müssen, konnten wir diese in ein kleines Heisswasserbassin fallen lassen, wo sie nach wenigen Minuten zu unserem Frühstück heiss abgesotten waren. Jedoch nur bei besonders niederer Ebbe zur Zeit des Voll- oder Neumondes wird diese heisse Stelle hinreichend blossgelegt. Bei Fluth zeigt das Seewassar hier am Ufer oft 20° C., während es in der Mitte des Bassins nur 14—15° C. hat.

Etwa 170 Klafter von dieser Stelle liegt am Fusse der Kraterwand die „warme Badequelle" (Punkt *e* der Karte). Die Fischer von St. Paul haben hier der Natur etwas nachgeholfen; sie haben die Steine weggeräumt und ein zwei Klafter langes und 1½ Klafter breites Bassin gebildet, aus dessen Grund unter Entwicklung von Kohlensäureblasen heisses Wasser aufsprudelt. Zur Fluthzeit ist das ganze Becken überschwemmt, zur Ebbzeit aber sinkt der Wasserspiegel des Kraterbassins so tief, dass der Boden des künstlichen Bassins etwa noch einen Fuss unter dem Wasserspiegel liegt. Dann füllt sich das Bassin bis zu 3 Fuss Höhe mit warmem Quellwasser und bildet mit dem zurückgebliebenen Meerwasser eine Mischung von 30—35° C., die ganz vortrefflich zum Baden geeignet ist. Bei sehr niederer Ebbe stieg die Temperatur im Bassin auch bis auf 44° C. Auch diese Quelle entwickelt Kohlensäure und setzt ziemlich viel Eisenocher ab. Sie ist die wasserreichste der Insel, allein untrinkbar, weil ihr Wasser stets mit Seewasser vermengt ist.

Hundert Klafter von ihr entfernt liegt aber eine heisse Trinkquelle. Ein rundes kleines Bassin, 5 Fuss lang und 4 Fuss breit, ist in dem mürben zersetzten Fels, aus dem die Quelle hervorbricht, ausgearbeitet. Bei Hochwasser ist dasselbe ebenfalls überspült, aber bei Tiefwasser liegt sein Grund ungefähr 1½ Fuss über dem Meeresspiegel und das kleine Bassin ist dann etwa 1 Fuss tief mit Wasser gefüllt. Da es einen guten Abfluss hat, so ist das Wasser gegen Ende der Ebbzeit ganz rein von Seewasser. Zu dieser Zeit untersuchte ich die Quelle mehrmals. Dieselbe zeigt keine Spur von Gasentwickelung. Die Zuflusscanäle, der Boden des Bassins und der Abflusscanal sind weiss incrustirt von einer dünnen Schichte kohlensauren Kalkes. Das Wasser ist krystallhell und hat einen stark mineralischen Geschmack, rothes Lackmuspapier wird schnell blau gefärbt, also eine entschieden alkalische Reaction. Diese Quelle unterscheidet sich daher wesentlich von den beschriebenen Eisensäuerlingen. Das Wasser ist so heiss, dass man die Hand nicht darin halten kann. Die Temperatur beträgt 55—56° C.

Da St. Paul ausser dieser warmen Quelle kein trinkbares Wasser hat, so müssen die Fischer, welche auf der Insel leben, wenn ihnen das Regenwasser, das sie sich von den Dächern der Hütten mittelst Rinnenleitungen in grosse Bottiche sammeln, ausgeht, zu diesem Wasser ihre Zuflucht nehmen. Es ist abgekühlt vollkommen trinkbar, freilich mit den Wirkungen einer starken alkalischen Mineral-quelle.[1]

Untersucht man von der letztbeschriebenen Quelle an weiterhin das Ufer, so entdeckt man heisse Stellen erst wieder im Hintergrunde des Kraterbassins, wo bei Tiefwasser auf einer Strecke von vielleicht 250 Klaftern ein flacher Sandstrand trocken liegt. Wie am Molo, so strömt auch hier durch den Sand überall siedend heisser Wasserdampf hervor. Ich grub das Thermometer 1 Fuss tief ein und sah es an verschiedenen Stellen auf 92° C., 74° C., 91° C., 94° C., 85° C. steigen.

Aufsteigende Dampfwolken machten mich aufmerksam, hier auch die steile Kraterwand selbst zu untersuchen, so weit ich hinaufklimmen konnte, und zu meinem Erstaunen sah ich an vielen Punkten etwa 100 Fuss über dem Niveau des Kraterbassins heisse Wasserdämpfe mit grosser Gewalt hervorbrechen. Die Kra-terwand ist bedeckt von einer dichten Gras- und Binsenvegetation auf einer locke-ren von Wurzelfasern filzig verwebten Erde. Wo die Dämpfe hervorströmen, da sicht man nun Löcher durch die Erde gerissen, die Vegetation zerstört und Tau-sende von Asselleichen[2] liegen rings um das Loch. Ein Beweis, dass die Wasser-dämpfe oft plötzlich hervorbrechen, da und dort, wie sie durch die Felsspalten im Innern gerade den Weg finden. Solche Löcher, denen heisser Dampf ent-strömte, fanden sich sehr viele an dieser Stelle, einige 4 Fuss weit, andere nur wenige Zoll weit. Von anderen Gasarten ausser Wasserdampf und Kohlensäure konnte ich jedoch keine Spur entdecken.

Noch höher hinauf an der Kraterwand, beinahe am obersten Rande, bezeich-nete ein grosser schwefelgelber Fleck — versengte Moosvegetation — das Aus-strömen von heissen Dämpfen auch an dieser Stelle. An der südlichen Wand des Kraters dagegen konnte ich nichts von heissen Dämpfen wahrnehmen, was mir um so auffallender war, als auf der in Staunton's Werk gegebenen Abbildung der Insel gerade an der Südseite der Insel hochaufwirbelnde Dampfwolken gezeich-net sind[3].

---

[1] Im Quart. Journ. Geolog. Soc. V, II, p. 112—113 gibt Dr. Bostok die Analyse eines heissen Wassers von St. Paul, das 212° F. zeigte.

100 Gran des Wassers enthielten:

| | |
|---|---|
| Chlornatrium | 2·3 Gran. |
| Schwefelsaures Natron | 0·053 |
| Chlorcalcium | 0·340 |
| Chlormagnesium | 0·059 |
| Verlust | 0·038 |
| | 2·790 feste Bestandtheile. |

[2] Kellerasseln leben auf St. Paul in unglaublicher Menge in dem filzigen Gewebe der Graswurzeln.

[3] Eben so wenig konnten wir irgendwelche Feuererscheinungen beobachten, wie sie Macartney's Reise-begleiter beschreiben: „Das Eiland erscheint in der That in einem solchen Zustande vulcanischer Entzündung,

Dagegen fand ich die heisse Fläche auf dem Plateau der Insel noch ganz so, wie sie Dr. Gillan beschreibt.

Diese heisse Fläche findet sich auch auf dem schon früher erwähnten Plateau an der Nordseite des Kraters. Dieses Plateau zerfällt nämlich sehr charakteristisch in zwei Partien. Die östliche zeigt keine Spur von Erhitzung mehr; sie ist sehr felsig; überall ragen nackte Steinklippen von poröser Lava und von Schlacken aus dem dichten hohen Graswuchs hervor; ein flaches Gerinne, das sich gegen den die nördlichste Spitze der Insel bildenden Schlackenkegel herabzieht, trennt diesen Theil des Plateaus von einem schmäleren westlichen, der noch fast seiner ganzen Ausdehnung nach erhitzt ist, als wären die Lavaströme, die ihn bilden, noch nicht völlig erkaltet. Am intensivsten erhitzt erscheint dieser Theil an seinem westlichen Rand, da wo das Plateau mit 20—25° abfällt. Die heissesten Stellen geben sich schon aus der Entfernung durch eine andere Vegetation zu erkennen, indem auf den warmen und durch Wasserdämpfe fortwährend feucht gehaltenen Flächen an die Stelle der Grasvegetation eine üppige Moos- und Lycopodium-Vegetation (*Lycopodium cernuum*) von saftig grüner Farbe tritt. Die schwefelgelben Flecken in den saftig grünen Moosflächen geben sich bei näherer Untersuchung als durch allzugrosse Hitze versengte kranke Moosflächen zu erkennen. Diese Moosflächen sind stets mit Wassertropfen behangen, wie von starkem Thau, da der heissen Fläche eine Menge Wasserdampf entströmt. Wo die Entwickelung von Wasserdampf heftiger ist, da bemerkt man runde röhrenförmige Löcher, oder auch lange schmale Spalten, die theils parallel mit dem Kraterrand, theils quer gegen denselben verlaufen. Man sieht in solchen Löchern und Spalten den Boden zu einer rothen oder gelben schlammigen Masse zersetzt und muss sich sehr hüten, hineinzutreten, da man mehrere Fuss tief versinken und sich bedeutend beschädigen würde. Das Thermometer zeigte schon 1 Fuss tief eingegraben Siedhitze und die ausströmenden Dämpfe färbten blaues Lackmuspapier roth. Die Gesammtausdehnung der heissen Fläche mag 200 Klafter von S. nach N., und 80 Klafter in der Breite betragen. Schnee bleibt auf dieser Fläche natürlich nie liegen.

Die Oberfläche der Insel zeigt nur an verhältnissmässig wenigen Punkten das nackte ursprüngliche Gestein. Theils durch den zersetzenden Einfluss der Atmosphärilien, theils durch die dem Boden entströmenden kohlensäurehaltigen heissen Wasserdämpfe sind die porösen Laven und Schlacken oberflächlich stark zersetzt zu einer eisenschüssig gelben oder rothen Lehmmasse. An einzelnen kah-

---

dass von dem Verdeck der Schiffe des Nachts auf der Höhe der Insel mehrere Feuer bemerkt werden konnten, welche zwar hauptsächlich aus den Ritzen der Erde hervorkamen, aber in anderer Beziehung an die nächtlichen Flammen von Pietra Mala in den Gebirgen zwischen Florenz und Bologna erinnerten. Während des Tages konnte man nur Rauch sehen "

len Stellen sieht man die erdigen Schichten überzogen von Krusten von nieren-
förmigen Brauneisenstein, der sich besonders ausgezeichnet auf der heissen Plateaufläche findet.

Die zersetzte Lava hat aber im Allgemeinen einen vortrefflichen Boden geliefert für das lange Gras, das sich beinahe über alle Theile der Insel ausgebreitet
hat. Die fasrigen Wurzeln dieses Grases, welche in allen Richtungen durch die
zersetzte Lava und die vulcanische Asche dringen, haben eine Humusschichte, oft
von mehreren Fuss Tiefe gebildet. Diese Humusschichte ist von leichter schwam-
miger Beschaffenheit und an vielen Orten durchfurcht von den Sommerregen und
den Strömen des schmelzenden Schnees, der im Winter 3—4 Fuss hoch liegen
soll an solchen Stellen, wo die vulcanische Hitze nicht hinreichend ist seine Anhäufung zu verhindern. Da der Boden, wo nicht nackter Fels zu Tage tritt, sehr
weich und schwammig ist und voll von Löchern, welche die Seevögel zur Aufnahme ihrer Nester graben, so ist es sehr beschwerlich, darauf zu gehen. Der
Fuss bricht durch und sinkt bei jedem Schritte tief in den Grund ein, ein Umstand,
der eine Wanderung über die Insel trotz der geringen Ausdehnung derselben sehr
ermüdend macht.

Die Erosion durch das Meer, die zerstörende Wirkung der Wellen, offen-
bart sich in grossartiger Weise schon in den äusseren Umrissen der Insel. Der
senkrecht abfallende Uferrand hat nirgends eine geringere Höhe als 100 Fuss.
Der furchtbare Wellenschlag der tosenden Brandung untergräbt unaufhörlich die
Lavabänke und fortwährend brechen die ihrer Unterlage beraubten Felsmassen
nach. Die Schlackenkegel, welche auf der Uferterrasse sich erheben, sind dadurch
schon zum Theile ganz zusammengebrochen und in den Wogen des Meeres verschwunden, theils stehen sie nur noch halb oder zu einem Viertel. Abrutschungen
und Felsstürzen begegnet man überall am Uferrande. An der westlichen Seite der
Insel zwischen den vier Hügeln und den beiden nördlich davon gelegenen Schlackenkegeln ist durch einen solchen Felssturz an der steilen Uferseite eine Terrasse
gebildet, welche die Pinguine erreichen können und zu einem ihrer Brutplätze
gewählt haben. Dies ist der zweite Pinguinplatz auf der Insel, der von einer noch
weit grösseren Anzahl dieser Seevögel besetzt gehalten ist, als jener an der Ostseite der Insel nördlich von der Einfahrt. Ein Blick auf die Karte zeigt am nordöstlichen Uferrand der Insel einen noch viel bedeutenderen bogenförmigen Ausbruch und eine Abrutschung der losgebrochenen Masse um wenigstens 200 Fuss
in die Tiefe.

Im grössten Maasstabe hat jedoch der Bergsturz gewirkt, der das ganze östliche Viertel der Insel unter den Spiegel des Oceans versenkte und diesem den
Eintritt in den Krater eröffnete. Nur einem solchen Ereigniss kann ich die Bildung
des Kratereinganges zuschreiben.

Sir Charles Lyell (im „Manual of Elementary Geology" V. Ausg. p. 513) knüpft an die Betrachtung der Karte und der Ansicht der Insel folgende Bemerkungen an: „Jeder Krater, sagt Lyell, muss an einer Seite um vieles niedriger sein, als an allen anderen, nämlich an der Seite, gegen welche die vorherrschenden Winde nicht blasen, und nach welcher also bei Eruptionen die ausgeworfene Asche und die Schlacken selten geführt werden können. Es wird ferner an dieser Windseite oder niedrigsten Seite ein Punkt der allerniedrigste sein, so dass in dem Falle einer partiellen Senkung des Landes die See hier in den Krater eindringen kann, so oft die Fluth steigt, oder so oft der Wind von dieser Seite bläst. Aus demselben Grunde, aus dem die See fortwährend einen Eingang in die Lagune eines ringförmigen Korallenriffs offen erhält, kann diese Passage in den Krater nicht ausgefüllt werden, sondern die See wird dieselbe bei Tiefwasser, oder so oft der Wind wechselt, ausputzen."

Gegen diese im Allgemeinen gewiss sehr wahre Betrachtung erlaube ich mir, was ihre Anwendung auf St. Paul betrifft, wenige Bemerkungen. Die Communication zwischen dem Ocean und dem Kraterbassin ist an der Ostseite der Insel geöffnet. Diese Seite ist mit Rücksicht auf die vorherrschenden Winde bei St. Paul keineswegs die Windseite. Unsere eigenen Beobachtungen während eines dreiwochentlichen Aufenthaltes auf St. Paul stimmen vollkommen überein mit den auf den Windkarten von Admiral Fitzroy enthaltenen Angaben, nach denen zu allen Jahreszeiten die Westwinde die vorherrschenden sind. Westliche Winde zwischen NW. und SW. sind aber nicht blos die vorherrschenden, sondern auch die stärksten Winde, während Ostwinde so selten sind, dass gerade diese Ostseite der Insel den einzig sicheren Ankerplatz für Schiffe bietet, da sie zu allen Jahreszeiten die Seite unter dem Winde ist. Damit stimmt auch recht gut überein, dass die durch die Luft ausgeworfenen Schlacken und Aschen hauptsächlich an der südöstlichen Seite der Insel sich in mächtigen Schichten aufgehäuft finden. Andererseits sind aber gerade diese Theile nicht die höchsten des oberen Kraterrandes, sondern relativ die niedrigsten, wenngleich sie nur um 100 Fuss niedriger sind als die höchsten Gipfel des Kraterrandes. Denkt man sich das durch den Durchbruch der See fehlende Stück des Kraterrandes ergänzt, so würde dieses Stück, da es die südliche relativ niedrigste Seite des obern Kraterrandes mit der nördlichen relativ höchsten verbindet, gerade eine mittlere Höhe haben. Die trichterförmige, nach unten sich verengende Gestalt des Kraters hat zur Folge, dass ein senkrechter Riss durch eine Seite, eine Dislocationsspalte, am oberen Kraterrand ein verhältnissmässig grösseres Stück abschneidet als an der Basis. An der dem Eintritt des Meeres geöffneten Seite der Insel misst daher die Entfernung von einer Seite des Durchbruchs zur anderen am obern Kraterrand 740 Klafter, am Spiegel des Meeres aber nur 270 Klafter,

Und diese letztere ursprüngliche Breite des Einganges ist jetzt noch weiter verengt durch zwei aus mächtigem Gerölle durch die Gewalt der Wogen aufgehäufte
Barren, die nur eine Einfahrt von 51 Klafter Breite bei mittlerem Wasserstand
in das Kraterbassin offen lassen.

Alle diese Verhältnisse führen nothwendig zu dem Schlusse, dass der Eingang in das Kraterbassin nicht durch den Andrang der Wogen an der ursprünglich niedersten Seite des Kraterrandes sich gebildet hat, sondern einer Dislocation,
dem Versinken eines grossen Inseltheiles in die Tiefe, seinen Ursprung verdankt.
Die von NW. nach SO. streichende Dislocationsspalte, nach welcher der Bruch
stattfand, entstand erst nach dem Erlöschen der vulcanischen Thätigkeit. Das
Meer hat nichts zur Erweiterung des durch dieses Ereigniss geöffneten Kratereinganges beigetragen, sondern vielmehr, indem die Brandung mächtiges Gerölle zu
natürlichen Dämmen aufwarf, den Eingang verengt. Ja, Vlaming fand 1696 den
Eingang sogar ganz gesperrt durch einen solchen Damm, so dass das Boot mit
Anstrengung darüber hingezogen werden musste. Möglich ist es immerhin, dass
gewaltige Ost- oder Nordoststürme, wie solche bisweilen vorkommen, die Barren
dergestalt verändern, dass der Eingang zeitweilig ganz abgesperrt wird.

Diese Barren am Kratereingang bilden eine vollständige Sammlung der
Gesteinsarten der Insel, freilich in kolossalem Massstabe, da die von der Brandung
abgerollten Blöcke durchschnittlich 20—30 Kubikfuss Inhalt haben, zum Theil
sogar die gewaltige Grösse von 1 Kubikklafter erreichen. Diesem Kubikinhalt
entspricht ein Gewicht von nicht weniger als 300 Centnern. Und solche Massen
bewegt die Brandung noch hin und her. Bei mittlerem Wasserstand beträgt die
Breite dieser Barren durchschnittlich 25 Klafter, ihre mittlere Höhe über dem
Meeresspiegel 8—10 Fuss. Bei starken Ost- und Nordostwinden soll es aber nach
der Erzählung der Fischer keine Seltenheit sein, dass die Wogen über die Barren
hinweg bis in das Kraterbassin schlagen. Der Grund der Einfahrt besteht nicht aus
Felsen, sondern ebenfalls aus grobem Gerölle, jedoch sinkt der Boden sowohl
nach dem Bassin, als auch nach der Seeseite hin ziemlich schnell in die Tiefe.

Sehr charakteristisch ist die Stellung der Barren; die nördliche Barre hat
eine Richtung von NNO. nach SSW., die südliche von WNW. nach OSO. Beide
machen daher in ihrer Richtung nahezu einen rechten Winkel mit einander, dessen Spitze nach dem Kraterbassin hin liegt und dessen Schenkel sich gegen das
Meer öffnen. So haben sie von Natur genau die Lage, die man künstlichen Dämmen
geben müsste, sollten diese das Kraterbassin vor dem Andrang der Wogen am
besten schützen, und denselben zugleich die grösste Widerstandsfähigkeit entge-
gensetzen.

Einen directen Beweis für die Ansicht, dass ein Theil der Insel versunken,
liefert das untermeerische Plateau an der Ostseite, das die Form der Insel ziem-

lich vollständig zu einer abgeschlossenen Ellipse ergänzt. Das Meer hat über diesem Plateau eine mittlere Tiefe von 20—30 Klaftern, dieselbe Tiefe, welche das Kraterbassin zeigt. Auf der Karte ist die Ausdehnung des Plateaus eingezeichnet und sind die Lothungen in Wiener Fuss eingetragen. Nach aussen fällt das untermeerische Plateau steil ab, das Meer erreicht plötzlich grosse Tiefen, gegen die Insel steigt es allmählich an und ist mit demselben schiesspulverförmigem schwarzem Sand bedeckt, der auch an der Pinguin-Bai zwischen dem groben Gerölle den Strand bildet und zum allergrössten Theile ($\frac{5}{6}$) aus Magneteisen besteht. Der nicht magnetische Theil des Sandes enthält hauptsächlich Quarz-, Olivin- und Obsidiankörner.

Nachträglich erhalte ich von Herrn Bergrath Karl Ritter v. Hauer, Vorstand des chemischen Laboratoriums der k. k. geologischen Reichsanstalt, noch folgende quantitative Analysen von Gesteinen von St. Paul mitgetheilt.

*A*. **Kieselerdereiche Eruptionsproducte der ersten Periode:**

   1. **Felsitischer Rhyolith** mit lamellarer Structur. Spec. Gew. 2·409. S. 46—47 beschrieben.

   2. **Perlit** aus den Rhyolithtuffen der Pinguin-Bai. Spec. Gew. 2·355. Vergl. Beschreibung S. 48.

      Das Mineral gibt ein lichtgraues Pulver, welches auch nach starkem Glühen unverändert bleibt; gibt beim Erhitzen viel Wasser ab. Wird von Säuren auch für sich angegriffen, aber doch nur theilweise zerlegt.

   3. **Marekanitartige Obsidiankugeln** aus den Rhyolithtuffen der Pinguin-Bai. Spec. Gew. 2·441. S. 48.

      Schwarz, glasig. Das Mineral gibt zerrieben ein lichtgraues Pulver, schmilzt leicht und bildet dann eine graue blasige Schlacke.

100 Theile enthielten:

|  | 1. | 2. | 3. |
|---|---|---|---|
| Glühverlust | 1·65 | 7·82 | 0·34 |
| Kieselsäure | 71·81 | 67·53 | 72·30 |
| Thonerde . | 14·69 | 12·50 | 11·58 |
| Eisenoxydul . | 3·97 | 4·98 | 6·02 |
| Manganoxydul | — | 0·19 | — |
| Kalkerde . | 1·57 | 2·15 | 1·96 |
| Magnesia | Spur | 0·12 | — |
| Kali . | 2·27 | 2·98 | 2·49 |
| Natron | 2·70 . | 1·18 . | 5·63 |
|  | 98·66 | 99·45 | 100·32. |

*B*. **Basische Eruptionsproducte der zweiten und dritten Periode:**

   4. **Labradoritreicher körniger Dolerit.** Spec. Gew. 2·812. Vergl. Beschreibung S. 49—50.

   5. **Dichte labradoritführende Basaltlava.** Spec. Gew. 2·785. Beschreibung S. 52.

Von beiden Gesteinen wurden Pauschanalysen gemacht, welche die mittlere Zusammensetzung der Gesammtmasse repräsentiren. Die chemische Zusammensetzung erwies sich fast völlig gleich, wie die folgende Zusammenstellung zeigt.

|  | 4. | 5. |
|---|---|---|
| Glühverlust | 0·78 | 0·23 |
| Kieselsäure | 51·09 | 51·69 |
| Thonerde | 18·48 | 16·26 |
| Eisenoxydul | 13·49 | 15·26 |
| Manganoxydul | 0·05 | 0·06 |
| Kalkerde | 8·72 | 7·76 |
| Magnesia | 4·12 | 4·37 |
| Kali | 1·78 | 1·90 |
| Natron | 1·99 | 2·00 |
|  | 100·50 | 99·53 |

Bezüglich der Methode der Analysen ist nur in Kürze zu erwähnen, dass für die Bestimmung der Alkalien mit Ätzkali aufgeschlossen wurde. Die Bestimmung der Glühverluste geschah bei hoher Temperatur. Die Bestimmung der Eisenmengen neben Thonerde wurde durch Titrirung mit einer sehr verdünnten Lösung von übermangansaurem Kali ausgeführt.

## Die Insel Amsterdam.

Amsterdam liegt 42 Seemeilen nördlich (NzW.) von St. Paul entfernt und ist bei klarem Wetter von den Höhen auf St. Paul recht gut sichtbar. Die Insel zeigt von St. Paul aus gesehen beistehendes Profil.

Amsterdam von St. Paul aus gegen NzW. in 42 Meilen Entfernung.

Am 7. December 1857 Morgens, nachdem wir den Abend zuvor St. Paul verlassen hatten, lag Amsterdam in 5 Meilen Entfernung gegen Nord vor uns, so dass nun die einzelnen Züge seiner Form und Gestalt sichtbar waren.

2553 Fuss        2784 Fuss

Westecke.        Südwestseite von Amsterdam, aus 5 Meilen Entfernung.        Südecke.

9 *

Das Eine war jetzt schon deutlich, dass die Insel vulcanisch sei wie St. Paul. Dieselben Schlackenkegel mit kraterähnlichen Vertiefungen zeigten sich am unteren Abhang, wie auf St. Paul, nur zahlreicher und grösser in demselben Verhältnisse, als diese Insel überhaupt an Grösse, Umfang und Höhe St. Paul übertrifft.

Die höchste Spitze war in Wolken gehüllt. An der Westseite zeigt die Insel senkrechte Felsabstürze, gegen 2000 Fuss hoch, und steile Gehänge von tief eingerissenen Schluchten durchfurcht, gegen Süd- und Südost dacht sie allmählich ab, mit ungefähr 30° Die Südspitze präsentirte sich als ein niederes vorspringendes Cap, hinter welchem wir an der Südostseite eine zugängliche Landungsstelle hofften.

Es wurden daher Boote ausgesetzt, in welchen wir an die Insel heranfuhren. Als wir näher kamen, konnten wir in mehreren Wasserrinnen, die vom höchsten in Wolken gehüllten Pick über den flachen Abhang sich herabzogen, deutlich Wasser sehen, das wie ein Silberfaden durch die Furchen zog und am Steilrand des Ufers, der an der Südwestseite gegen 200 Fuss hoch ist, als kleiner Bach über die horizontalen Lavabänke ins Meer stürzte. Wenn diese Bäche durch Regen angeschwellt sind, mögen sie jene Cascaden bilden, welche frühere Seefahrer erwähnen. Zwei kleine Flecke hoch oben am Abhange, weiss wie Schnee, konnten wir uns nicht erklären. Das Grün, das die ganze Insel bedeckt, schien einer ähnlichen Grasvegetation wie auf St. Paul anzugehören.

Als wir dem Ufer auf einige Kabeln nahe waren, trafen wir grosse Fucusbänke von demselben antarktischen Riesentang (*Marcocystis pyrifera*), der auch bei St. Paul die Fucusflächen an der Ostküste der Insel bildet. Nur mit aller Anstrengung der Ruderer kamen wir durch diese schwimmenden Wiesen, die überaus fischreich sind, vorwärts.

Jetzt waren wir so nahe am Ufer, dass man das Gras, die Farnkräuter, die aus den Felsspalten hervorwachsen, sehen konnte. Aber, obgleich die See draussen glatt war, wie ein Spiegel, verursachte doch das langsame Auf- und Abwogen des Oceans eine so starke Brandung, dass an ein Anlegen nicht zu denken war. Wir fuhren in nordöstlicher Richtung an der Küste hin. Die Südspitze war nur eine vorspringende Felsecke, hinter der sich die Küste in nordöstlicher Richtung mit schroffem Steilabfall von 150—200 Fuss Höhe weiter zog. Endlich, nachdem wir 7 Seemeilen weit von der Fregatte gerudert waren, trafen wir an der Südostküste zwischen zwei Felsriffen, die dammartig ins Meer hinausstehen, eine ruhigere Stelle. Ein kleiner Anker wurde ausgeworfen, und wiewohl mit einiger Schwierigkeit kamen wir doch alle glücklich auf festen Boden. Aber da waren nur ungeheure Lavablöcke, theils von der Brandung abgerollt und von feuchten Algen schlüpfrig überzogen, so dass man nur mit grösster Vorsicht darauf gehen konnte, theils eckig, als wären sie eben erst aus ihrem Lager losgebrochen. Hinter dem Blockwerk, welches den Strand bildet, erhob sich eine 200 Fuss hohe senkrechte

Felsmauer. Sie bestand aus horizontal über einander liegenden steinigen Lavabänken, wechselnd mit rothen und braunen Schlacken und gelben Tuffen. In den
Löchern und Höhlen der Felswand, den leeren Räumen von losgebrochenen
Gesteinsblöcken oder von Blasenräumen in den Lavaschichten, haben zahllose See-
schwalben ihre Nester. Ein Erklettern dieser Felswand war unmöglich; allein ich
gab mich gerne zufrieden, denn mein geologischer Hammer hatte Material genug
zur Bearbeitung.

Die steinigen Lavabänke an der Südostseite von Amsterdam bestehen aus
einer porösen Labradoritlava. Eine schwarzgraue basaltische Grundmasse, die
ziemlich porös ist, hat sehr zahlreiche unregelmässig ausgebildete Körner und
Krystalle von Mikrotin (ohne Zweifel glasiger Labradorit) eingesprengt. Daneben
tritt in einigen Lavabänken als zweiter Gemengtheil und gleichfalls sehr reichlich
eingemengt Olivin auf. Wir haben also auf Amsterdam Laven von ganz analoger
Zusammensetzung, wie die jüngsten Laven auf St. Paul.

Nach kurzer Rast brachen wir wieder auf, um doch vielleicht noch einen
Punkt zu finden, wo es möglich wäre auf die Fläche der Insel zu gelangen. Wir
ruderten an der nordöstlich streichenden Küste weiter. Der Charakter der Küste
blieb derselbe. Der Steilabfall nahm an Höhe wohl etwas ab, betrug aber immer
noch wenigstens 100 Fuss. An mehreren Stellen sieht man schwarze Basaltgänge
und rothbraune Schlackenkegel, wie auf St. Paul. Erst nachdem wir 3 Seemeilen
weiter gerudert waren, trafen wir an der südöstlichen Ecke der Insel wieder einen
Punkt, wo eine Landung versucht werden konnte. Wir konnten uns mit einiger
Geschicklichkeit vom Boot aus auf einen Felsblock hinaufschwingen und waren
damit wieder am Lande. Der Uferrand war hier weniger steil, ein mit Gras und
Binsen bewachsener Grat zog sich von oben nach unten; hier konnten wir ver-
suchen zur Höhe zu gelangen. Nach einer halben Stunde mühsamen und zum
Theil gefährlichen Kletterns standen wir oben, 120 Fuss über der Brandung.
Dichtes binsenartiges Gras von Manneshöhe, halb verdorrt, halb grün, hier vom
Sturm und Regen geknickt, dort gerade aufstehend, bedeckte die Fläche der Insel

| Südecke. | Südost-Ansicht von Amsterdam. | Ostecke. |

und stellte einem weiteren Vordringen eben so grosse Hindernisse entgegen, wie
wenn es der dichteste Urwald gewesen wäre. Nur mit grösster Anstrengung
konnten wir einen kleinen kahlen Schlackenkegel erstiegen, der 20 Schritte von
der Steile lag, wo wir die Plattform der Insel erreicht hatten. Eine Viertelstunde

entfernt an dem flachansteigenden Gehänge lagen in der Grasheide grüne Busch-inseln, die unser höchstes Interesse erregten; allein der Abend war gekommen, es hätte Stunden gebraucht, um dorthin zu gelangen, und wir mussten an die Rückkehr zur Fregatte denken.

Am 8. December Morgens war Amsterdam schon unseren Blicken ent-schwunden. Unsere Resultate blieben so leider nur kleinstes Stückwerk. Nur die Südwest- und Südostseite der Insel kam uns zur Anschauung, die Nord- und Nordostseite blieb uns unbekannt.

Der günstigste Landungsplatz liegt wahrscheinlich an der Nordostküste. Die Gesammtoberfläche der Insel mag achtmal so gross sein als die von St. Paul, also etwa eine deutsche Quadratmeile betragen. Der höchste centrale Gipfel erreicht nach unserer Messung eine Meereshöhe von 2784 W. Fuss, der westliche Gipfel von 2553 Fuss.

---

St. Paul und Amsterdam sind so völlig isolirt von der ganzen ihnen ver-wandten Welt vulcanischer Inseln, dass man in Betrachtungen über ihre Lage in Bezug auf andere vulcanische Eruptionslinien einen ungeheuren Spielraum hat. Die nächsten und verwandtesten Inseln sind Kerguelen-Eiland 600 Seemeilen ent-fernt, die Crozet-Inseln 1100, die Prinz Edward-Inseln 1800 und Tristan d'Acunha im atlantischen Ocean gegen 4000 Seemeilen entfernt. Jedoch alle diese Inseln liegen dem 40. Grade südlicher Breite verhältnissmässig nahe, und hält man diese ostwestliche Richtung fest, die an der Südspitze von Afrika als geotek-tonische Linie eine grosse Rolle spielt, so folgen auf der dazu senkrechten Linie gegen Norden von Tristan d'Acunha aus, — derselben Richtung, welche die zweite geotektonische Hauptlinie in Südafrika ist und zugleich die Richtung des Ein-sturzbeckens des atlantischen Oceans bezeichnet — nahe 0° von Ferro die vulca-nischen Inseln St. Helena, Ascension, die Cap Verds, die Canaren, Azoren und endlich Island. In derselben Richtung von St. Paul aus aber liegen nach Norden auf einer Linie nahe 90° von Ferro oder 75—80° östlich von Greenwich die Koral-len-Inselgruppen der Chagos, Maldiven und Lakediven, südlich aber Kerguelen-Eiland und die erst neu entdeckten Macdonald-Inseln. Mit ähnlicher Bedeutung wie auf dem südafrikanischen Continente tritt diese Nord-Süd-Richtung auch in Asien als die Mittellinie von Vorderindien und als die westliche Küstenrichtung von Ceylon charakteristisch hervor.

---

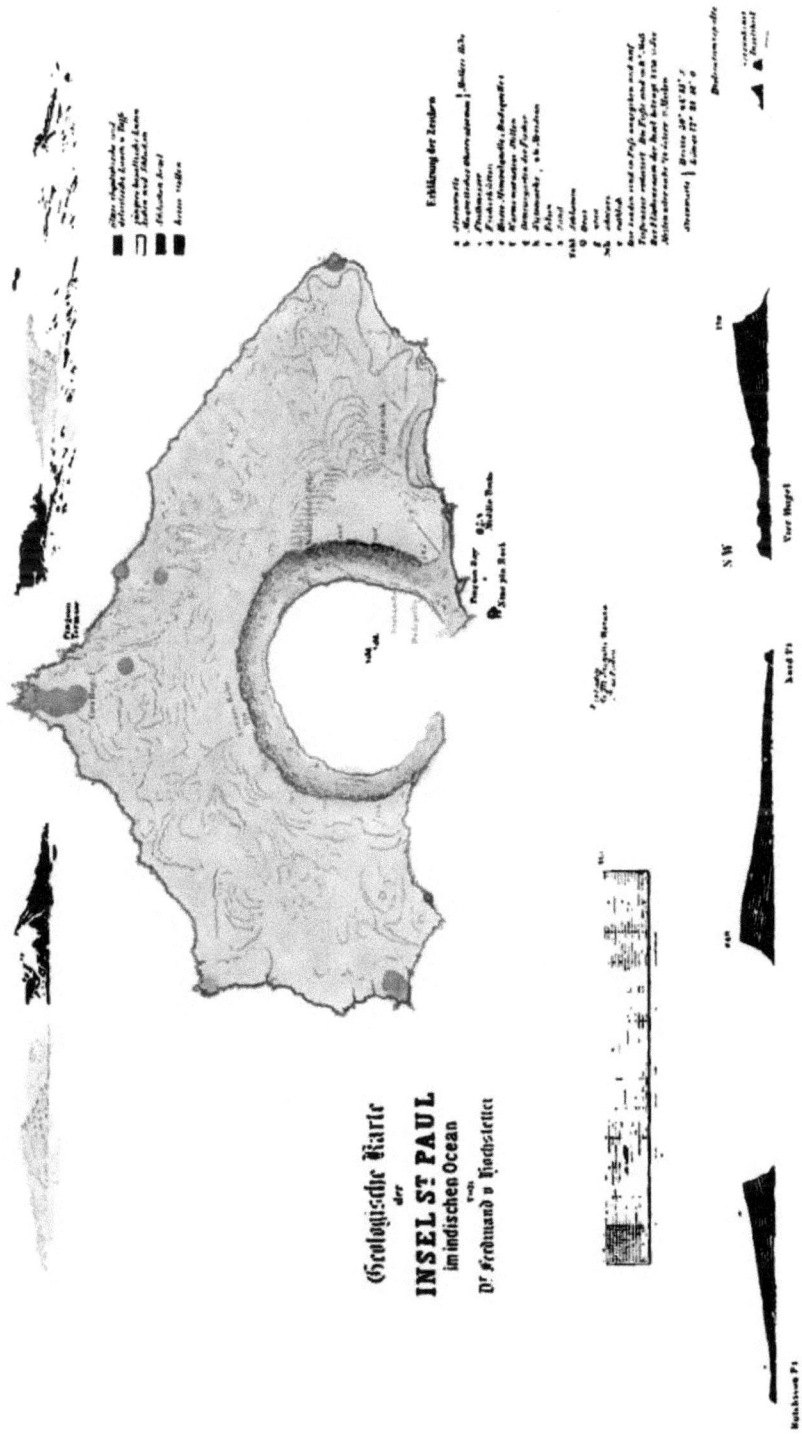

Geologische Karte
der
**INSEL ST PAUL**
im indischen Ocean
von
Dr Ferdinand v Hochstetter

# ANHANG.

## Die mikroskopischen Lebensformen auf der Insel St. Paul.

### Von C. G. Ehrenberg.

Oasen in grossen Wüsten und schwer zugängliche Inselländer in von der Heimat fernem Ocean erfüllen den Naturforscher oft mit Sehnsucht nach Kenntniss der daselbst vorhandenen Lebensformen. Es scheint etwas Jungfräuliches, von Menschen nicht entweihtes Ursprüngliches daselbst möglicherweise erhalten zu sein, dessen Kenntniss einen tieferen Blick in die ursprünglichen Lebensbildungen unseres Planeten gestattet. Andererseits wird wenigstens die Erwartung rege, an abgeschiedenen Orten gewisse naturgemässe Variationen eines einfacheren Lebenstypus beisammen und im Zusammenhange übersichtlich zu finden, welche sonst durch zahllose Vermischungsgelegenheit bis zum Unkenntlichen der Urformen verändert sind. Mit Hingebung und Aufopferung, mit klopfendem Herzen pflegt der jugendliche, aber auch der ältere Naturforscher sich solchen dem Verkehr verschlossenen Punkten, wie einem Heiligthum zu nähern. Erfahrung und ruhigeres Alter kühlen manche warme Hoffnung ab, aber immer von Neuem erwacht der Gedanke, dass auf irgend einer fernen, grossen oder kleinen Insel irgend ein Schatz dieser Art, wie ja Neuholland seine Beutelthiere, Neuseeland und Madagascar ihre Riesenvögel, dort lebend, hier kaum todt, bewahrt haben, zu heben sein werde.

Die ziemlich gleichweit, etwa 3000 Seemeilen, vom Vorgebirge der guten Hoffnung und Adelaide in Neuholland mitten im Südocean gelegene kleine Insel St. Paul, welche seit 1633 durch Antonio van Diemen als die südlichere der Doppel-Insel Amsterdam und St. Paul zuerst bekannt und benannt worden, ist neuerlich von der Kaiserlich-Österreichischen Weltumseglungs-Expedition der Fregatte Novara auf Alexander von Humboldt's speciellen Wunsch in den nautischen und naturwissenschaftlichen Beziehungen mit aufopferndem Eifer und Gründlichkeit untersucht worden. Die grosse Entfernung dieser Insel vom regeren Weltverkehr und die in dem beschreibenden Theile der Reise nun schon vorliegende Übersichtlichkeit rücksichtlich des grösseren dem blossen Auge zugänglichen Lebens auf derselben hat mich angeregt, die mir von Herrn Prof. Hochstetter, dem Geologen der Expedition, übersandten Schlacken, Sand- und Erdproben einer genauen Prüfung in Betreff des mikroskopischen Lebens zu unterwerfen, und ich versuche hiermit die Resultate derselben den so unermüdlichen und verdienstvollen Bemühungen jener Forscher als Dank anzuschliessen.

---

[1] Ich bin dem berühmten Verfasser zu grossem Danke verpflichtet, dass er die Güte hatte, die von mir zum Zwecke mikroskopischer Untersuchung gesammelten Proben einer so eingehenden Untersuchung zu unterziehen, welche zu diesen interessanten Resultaten geführt hat.

## Übersicht und Charakteristik der Materialien.

### a) Von der Küste und Basis des Kraters.

1. **Sand von den heissen Stellen dicht am Ufer des Kraterbeckens.** Die Stelle wird zur Fluthzeit vom Meere bedeckt. Das Thermometer stieg in ½ bis 1 Fuss Tiefe auf 74°, 85°, 91°, 92°, 94° C. (=59—75° R.). Für die blossen Füsse war die Stelle oberflächlich unleidlich, bis zum Verbrennen beim flachen Einsinken. Die Probe selbst ist trocken, ein mittelfeiner dunkelgrauer, sich scharf anfühlender Sand mit vielen schwarzen, gelblichen und weissen Körnern, meist etwas gröber als gewöhnlicher Streusand. Säure bewirkt kein merkliches Brausen. Beim Glühen werden viele der dunklen Theilchen blasser und die braunen gelblicher. Aus zehn Analysen der mit destillirtem Wasser abgeschlämmten feinsten Theile ergab sich nur eine geringe Mischung von organischen Theilchen in einer weit überwiegend aus vielfach doppeltlichtbrechenden Schlackenfragmenten verschiedener Färbung bestehenden Sandmasse. Namentlich verzeichnen liessen sich nur 2 Polygastern, 3 Phytolitharien, sämmtlich ganz vereinzelt. Wegen der geringfügigen Beimischung der letzteren hat dieser Sand offenbar keinen Zusammenhang mit dem Humus der Insel, und wenn auch die beiden Polygastern einen Zusammenhang mit dem dortigen Meere ausser Zweifel stellen, so fehlen doch alle beigemischten Kalktheilchen des Meeressandes. Der Sand besteht sonach aus feinen Schlackentheilen und aus einigen zufällig eingemischten und angeschwemmten feinsten Land- und Meeresorganismen.

Jede der hier angezeigten Analysen bezieht sich, wie sonst, auf etwa ¼ Kubiklinie (Nadelkopfgrösse) auf Glimmer dünn mit Wasser ausgebreiteter, getrockneter und mit Canadabalsam überzogener Masse, welche in allen ihren kleinsten Theilchen bei 300 Diameter Vergrösserung geprüft ist.

2. **Stein aus der heissen Trinkquelle mit Kalksinter und Oscillarien überzogen.** Es sind mir zwei fast zweizöllige breccienartige, nicht poröse, aber grobkörnige Steinproben zugekommen, die in einer schwarzen festen Grundmasse weisse unförmliche, oft 1 Linie grosse, zuweilen auslösbare Körner führen, welche an ihrem Rande glasartig, in der Mitte meist undurchsichtig weiss sind. Die Quelle hat 55°0 C. Wärme, reagirt etwas alkalisch und hat einen stark mineralischen Geschmack. Zur Fluthzeit bedeckt sie das Meerwasser. Die Proben haben die Wände einer natürlichen Zuflussröhre gebildet. Einen Theil des Sinterüberzugs löst Salzsäure unter Brausen auf, ein wesentlicher Theil bleibt unverändert. Von diesem wieder ist ein Theil filzig, aus sehr feinen organischen Elementen erbaut, ein anderer erdig. Die filzigen Massen sind zum Theil grünfärbig (waren lebend), zum Theil farblos, weiss (todt?). Die grünen sind sämmtlich Oscillarienfilze, deren eine sehr feine der *Osc. labyrinthiformis* sehr gleicht, die andere etwas stärkere lebhafter grün ist. Die blassen gelblichen und weissen Filze sind aus denselben verblassten Formen, oft aber auch aus dichten Colonien von bisher unbekannten Formen *Thalarina Wüllerstorfii, Cymboplea Novarae, Collosigma Scherzeri* und *Collorhaphis Sellenyi* gebildet, zwischen welchen verschiedene andere Formen vereinzelt liegen. Im Ganzen liessen sich daraus mit 20 Analysen, ausser den Oscillarien, 14 Polygastern, 4 Phytolitharien (worunter 3 Spongolithen) und 1 Schmetterlingsschüppchen verzeichnen. Die neuen Genera sind meist formlose Gallerten, in denen ohne Ordnung zerstreute und dicht gehäufte Naviculaceen liegen.

3. **Schlacke von der Küste mit Serpula bedeckt.** Das etwas mehr als 2zöllige Schlackenstück ist sehr porös, von dunkelbrauner Grundmasse, gleicht einem fest cementirten

dunkelbraunen Saude und hat ähnliche weisse am Rande glasartige, von Säure nicht angegriffene Einschlusskörner, wie Nr. 2. Die *Serpulae* sind meist mit einem grünen dünnen Algenanflug überzogen. Das vorher stark allseitig durch Abblasen von allem fremden Staub befreite Stück wurde in destillirtem Wasser in einem passenden Glase wiederholt stark geschüttelt, wodurch eine feine Trübung des Wassers entstand. Im Bodensatz fanden sich, bei 20 Analysen, 42 organische Formen: 12 Polygastern, 12 Phytolitharien, 14 Polythalamien, 2 Polycystinen, 1 Bryozoon, 1 Zoolitharie.

4. **Schwarzer grober Sand von der Küste.** Der Sand gleicht grobem Schiesspulver und enthält nur wenig weissliche kieselerdige Theilchen. Viele der schwarzen Körner folgen dem Magnet und erscheinen als Magneteisensand. Organische Formen fanden sich nicht.

## b) Von der oberen Vulcanfläche.

5. **Raseneisenstein vom oberen Kraterrande.** Die Probe besteht aus einigen zollgrossen Bruchstücken einer schlackenartigen oder Raseneisenstein ähnlichen Gebirgsart, welche grobkörnig und löchrig, von Farbe braunroth ist. Die verwitterte Oberfläche ist weisslich, die frischen Bruchflächen zeigen viele mehrere Linien grosse Nester von hochrother ocherartiger mürber Erde. Hie und da sind festere glasartig glänzende Streifen in der Masse. Säure wird ohne Brausen eingesogen, Glühen ändert die rothe Farbe nicht. Nach starkem Abblasen der Oberfläche wurden die hochrothen mürben inneren Theile in destillirtem Wasser zerdrückt und nach Entfernen des abgeklärten Wassers mit Salzsäure gekocht. Die Flüssigkeit wurde grünlich und eine vom Eisen befreite weissliche Kieselerde blieb zurück. In zehn Analysen dieser Masse fanden sich 16 auffallende organische Formen: 6 Polygastern, 6 Phytolitharien, 3 Polycystinen,[1] 1 Geolith. Sehr deutliche entschiedene Meeresformen waren gemischt mit sehr deutlichen auffallenden Süsswasserformen anderer Art als in den übrigen Verhältnissen.

6. **Hochrothe Erde von den höchsten Punkten der Insel unter dem Rasen.** Der ganze obere Kraterrand zeigt solche rothe Erde, anscheinend als die oberen zu Eisenocher oder Brauneisenstein zersetzten Lava- und Schlackenschichten. Die Probe ist eine lebhaft rostrothe feine Erde, welche mit Säure nicht braust und beim Glühen erst schwärzlich, dann nur sehr wenig dunkler roth wird, ja zuletzt die erste Farbe wieder annimmt. Beim Schlämmen suspendirt sich das Meiste im Wasser und nur geringe Sandkörnchen bleiben zurück, welche auch, während die Masse unfühlbar fein ist, zwischen den Fingern rauhe Theilchen bilden. Kochen der rothen Erde mit Salzsäure zieht Eisen aus und lässt eine weisse im Volum kaum verkleinerte Erde zurück.

Diese Erde ist bei mikroskopischer Prüfung überaus merkwürdig. Sie besteht, mit Ausschluss weniger quarzigen, selten glasigen Sandkörnchen, ganz und gar aus wohl erhaltenen feinen und auch gröberen Kieseltheilchen von Gräsern, denen seltene Polygasterschalen beigemischt sind. Dass diese, einzeln mit dünnem im Mikroskop bei 300maliger Vergrösserung verschwindenden Eisenoxydüberzuge versehenen Theilchen durch Verwittern und Zerfallen von Lava- und Schlackenschichten entständen, wie es den Anschein hat, ist ihrer scharfen wohl erhaltenen Formen halber unmöglich, wohl aber ist umgekehrt ein Zusammenbacken und Versintern der zerfallenen Grasvegetation zu schlackenartigen Gesteinsschichten der Oberfläche und

---

[1] Über die in dieser Probe vorkommenden Polycystinen bemerkte Prof. Ehrenberg in einem Briefe, dass ihr Vorkommen höchst auffallend sei, da er dieselben bis jetzt nur aus Eocenschichten und aus grosser Meerestiefe kenne.

ein mit Eisenoxyd färbendes Spiel des Vulcans mit solchen Massen auch bei stärkeren Hitze-
graden denkbar und der Umstand, dass der Eisengehalt kein Hydrat, sondern wasserfreies
Oxyd, also ganz verschieden von dem so ähnlichen Eisenocher ist, begünstigt diese Ansicht. [1]
Bei zehn Analysen haben sich 25 Phytolitharien, darunter 1 Spongolith und überdies 1 Poly-
gaster als constituirende Elemente feststellen lassen. Der unorganische geringe Sand ist
nicht glasartig, sondern stark doppeltlichtbrechend und seinen weissen Theilchen gleich verhält
sich der als Labradorit bezeichnete weisse Mengungstheil der Schlacken. — Die Lithosphäridien
sind überwiegend und sind die kleinsten Formen. *Lithostylidium rude* ist gross und oft auch
sehr zahlreich. Obschon jene Lithosphäridien stets scharf und glatt in ihren Umrissen sind,
erscheinen die Lithostylidien meist schwammig und wie zerfressen. Einer ihrer chemischen
Bestandtheile scheint ihnen entzogen zu sein. Nicht selten finden sich die als *Lithosemata*
bezeichneten sternförmigen Formen.

7. **Dunkelbraune Erde unter dem Rasen der höchsten Oberfläche.** Die
stumpf dunkelbraune feine, nass schwarze Erde braust nicht mit Säure. Beim Glühen wird sie
erst schwärzlich, dann dunkler braun als vorher. In derselben finden sich viele dem blossen
Auge auffallende Wurzelfasern dortiger Pflanzen. Beim Abschlämmen bleibt ein feiner bunter
Sand, in welchem viele Phytolitharien eingebettet sind. Lithosphäridien sind selten, häufig aber
*Amphidiscus truncatus* und *Lithostylidium Clepsammidium* mit *L. rude*. Keine *Lithosemata*.
Im Ganzen fanden sich in zehn Analysen 4 Polygastern, 21 Phytolitharien als Kieseltheile von
Gräsern, kein Spongolith.

8. **Dunkelbraune Erde unter dem Rasen der höchsten Inselgegend.** Stumpf
dunkelbraune Erde, welche mit Säure nicht braust, beim Glühen erst schwarz, dann weiss wird.
Zwischen den Fingern beim Reiben unfühlbar. In zehn Analysen fanden sich 24 organische
Formen, sämmtlich Kieseltheile von Gräsern, darunter 1 Meeres-Spongolith, wahrscheinlich
vereinzelt eingeweht.

Diese Erde gleicht in Gestalt, Reichthum und Mischung der Formen vollständig der rothen
Erde Nr. 6. Es ist nur ein kleiner in der Masse verschwindender, aber doch die braune Farbe
gebender Theil verrotteten Zellgewebes der Pflanzen (wahrer Humus) beigemischt. Dagegen
fehlt der Eisengehalt gänzlich. Diese Thatsache ist in sofern wichtig, weil dadurch das Eisen in
Nr. 6 als denselben Grastheilen nicht zukommende, fremde Zumischung deutlich wird, sei es
durch vulcanische Einwirkung, sei es durch nichtvulcanische Wasserablagerung. Der scheinbare schwarze Humus der Insel, wo er von vulcanischem Staube ganz frei ist, ist nur durch
Phytolitharien mit geringen löslichen Zellstoffen gebildet und ohne Kalk.

9. **Rother Fumarolenthon auf dem Insel-Plateau am höchsten Krater-
rande.** Die Probe ist eine in Klumpen zusammengebackene rostbraune trocken mürbe, feucht
plastische thonartige Erde, welche beim Reiben zwischen den Fingern sich scharf sandig
anfühlt. Die Farbe ist etwas stumpfer roth als Nr. 4, mehr lehmartig. Beim Zuthun von Säure
erfolgt kein Brausen, keine Veränderung. Beim Glühen wird die Masse erst schwärzlich, dann
rothbraun, dunkler als vorher, nicht blutartig. Beim Kochen mit Salzsäure wird sie sehr blass,
weisslich. Bei Vergrösserung von 300 mal i. D. erscheint die Hauptmasse als ein sehr feiner
Thon. Bei zehn Analysen derselben fanden sich nur drei nennbare Formen als organische
Mischung. Beim Abschlämmen des massenhaften feinsten Thones fanden sich im scharfsandigen

---

[1] Diese Erden sind geglühter Grasboden. Sie verdanken ihren Ursprung ohne Zweifel Grasbränden der Oberfläche ohne Vulcanismus.                                                                            Dr. F. v. H.

Rückstand eines Uhrglases zahlreichere Lithostylidien, aber doch nur wenige wohl erhalten. Verschiedene halb zersetzte Stäbchen mochten ebendahin gehören. Am auffallendsten waren beigemischte viele durch Kochen in Salzsäure unveränderte, oft sehr kleine Kugeln, rund und oval, sehr glatt, im Inneren feinzellig. Da ich einmal vier zusammenhängend, deren mittlere kleiner, und auch unregelmässig gestaltete fand, so habe ich diese Gebilde als hyalithartige Morpholithe verzeichnet. Oft gleichen sie einem *Haliomma*, enthalten im Inneren Luft in vielen kleinen Zellen, in welche rings vom Rande aus allmählich Balsam dringt und werden bei polarisirtem Lichte oft, nicht immer, opalisirend. Letzterer Charakter schliesst sie vom Organischen besonders deutlich aus.

10. **Laubmoos-Rasen von feuchtem schwarzbraunem Humusboden.** Die Probe ist ein zollgrosser sammetartiger dichter Moosrasen ohne Fructification, vielleicht ein *Bryum*. Nach Aufweichen und Drücken eines Theiles in destillirtem Wasser fanden sich als Wassertrübung in zehn Analysen 8 Polygastern (6 Diatomeen), 16 Phytolitharien, darunter 2 Spongolithen, zusammen 24 organische Formen. Vorherrschend sind braune unregelmässige Theilchen, worunter viele kleine Phytolitharien-Fragmente. *Pinnularia borealis* und *Lithostylidium rude* sind sehr zahlreich, das Übrige vereinzelt.

11. **Lebhaft grünes Laubmoos auf schwarzem Humuslager.** Die Probe ist ein zollgrosser Moosrasen mit grossen lebhaft grünen einem *Hypnum* ähnlichen Stämmchen und anhängenden Flechten- (Cladonien-) Spuren. Dergleichen lebhaft grüne Moose zeigten sich am Abhange des Vulcankegels, nahe dem höchsten Kraterrande an den heissesten Stellen. In destillirtem Wasser zerrührt lieferte die Erde in zehn Analysen 8 Polygastern, 15 Phytolitharien, zusammen 23 Formenarten. Zwischen vielem braunen verrotteten Zellgewebe sind besonders Lithostylidien und *Arcella Globulus*, auch *Pinnularia borealis* zahlreich, aber *Eunotia amphioxys* nur selten.

12. **Lebhaft grüner Laubmoos-Rasen von einer heissen Stelle.** Zollgrosses Stück eines lockeren Moosrasens mit Flechtenanflug von Cladonien und verschiedenen Laubmoosen vom oberen Kraterrande. In zehn Analysen nadelkopfgrosser Mengen unter Wasser ausgebreiteter und mit canadischem Balsam überzogener feinster Theilchen wurden 6 Polygastern, 18 Phytolitharien, 1 Bärenthier-Ei, also 25 Formenarten beobachtet. Die grösste Masse des Humuslagers ist braun durchscheinendes verrottetes Zellgewebe. Lithostylidien und besonders *Pinnularia borealis* sind überaus zahlreich, sammt *Difflugia Seminulum*. *Eunotia amphioxys* ist nicht selten, das Übrige vereinzelt.

13. **Grüner Anflug an feuchten Abhängen auf Humuslager.** Die Probe besteht aus dünnen schwarzen Abschälungen der oberhalb grünlichen Humuslage. In destillirtem Wasser auf die von mir oft angezeigte Weise aufgeweicht und abgeschlämmt, zeigte der feine Bodensatz im Uhrglase in zehn nadelkopfgrossen Mengen 28 organische Gebilde: 11 Polygastern, 16 Phytolitharien, 1 Bärenthier und dazwischen fanden sich Zelltheile von Gras mit Spaltöffnungen. Die Mehrzahl der Polygastern sind Arcellinen und die beiden Haupt-Weltbürger *Pinnularia borealis* und *Eunotia amphioxys*. Die Phytolitharien sind nur Grastheile. Das Bärenthierchen ist von dem sehr verbreiteten *Macrobiotus Hufelandii* nicht zu unterscheiden und nicht selten.

14. **Laubmoos-Rasen eines Sphagnum ohne erdige Unterlage.** Die Probe besteht aus vier reinlichen Stämmchen von drei Zoll Länge ohne Fructification. In destillirtem Wasser aufgeweicht ergab die Hälfte derselben durch öfteren Druck eine feine Trübung des Wassers. In zehn Analysen des Bodensatzes im Uhrglase fanden sich: 6 Polygastern, 7 Phy-

tolitharien, 2 kleine Samen, zusammen 15 Formen. Difflugien sind sehr zahlreich, besonders *Seminulum* und *Frauenfeldii*; von ersterer zuweilen 4—6 in Einem Seefelde.

15. Grüner Lebermoos-Rasen auf feuchtem schwarzen Humus. Die etwa zwei Zoll breite Probe enthält hauptsächlich nur Jungermannien, dazwischen aber auch viele Farnkapseln und Samen. Aus zehn Analysen der feinsten Erdtheilchen liessen sich 31 Formen-arten entwickeln, 10 Polygastern, 14 Phytolitharien, 3 Räderthiere, 1 Anguillula, 2 kleine Samen und ein Gras-Epidermis ähnlicher Pflanzentheil. Überwiegend zwischen verrotteten Pflanzentheilchen sind die Arcellinen, besonders *Difflugia areolata*. Die Räderthiere sind nicht selten, doch niemals zahlreich beisammen. Die Difflugien scheinen sich mit diesen in den Blatt-winkeln der Moose aufzuhalten.

Die Übersicht der sämmtlichen Formen findet sich in der beigehenden Tabelle.

## Resultate.

Die sämmtlichen mikroskopischen Formen der Insel St. Paul, welche hiermit zur Kenntniss kommen, sind:

**Organische kieselerdige Formen:**

    35 Bacillarien (Polygastern),
    5 Polycystinen,
    67 Phytolitharien,
    2 Geolithien.

**Organische kalkerdige Formen:**

    14 Polythalamien,
    1 Bryozoon,
    1 Zoolitharie.

**Organische weiche Formen:**

    3 Räderthiere,
    2 Bärenthierchen,
    1 Anguillula,
    13 Arcellinen (Polygastern),
    1 Schmetterlingsschüppchen,
    7 Pflanzentheile,
    2 Oscillarien-Pflanzen.

**Unorganische Formen:**

    7 Arten.
    161.

Hierzu kommen einzeln beobachtete Mäusehaare und gefärbte blaue und rothe Wollhaare, die von Kleidern der Menschen oder von Löschpapier stammen. Von allen 161 Arten sind 76 selbstständige Lebensformen, die übrigen organischen sind charakteristische Theile grösse-rer Organismen, meist von Gräsern und Spongien. Von unorganischen Charakterformen sind 7 verzeichnet. Ausser diesen 154 organischen und 7 unorganischen Formenarten hat das Mikro-skop bei 300maliger und auch darüber hinausgehender Vergrösserung keine Spuren anderer Formverhältnisse erkennen lassen.

Die sämmtlichen verzeichneten Bildungen gehören den schon in der Mikrogeologie ange-zeigten weit auf der Erde verbreiteten sechs Classen und ihren bekannten Familien an. Unter ihnen sind aber doch sechs Formen, welche mit neuen generischen Namen zu bezeichnen waren, die daher besonders charakteristisch für die kleine Insel sein mögen. Es sind die Genera *Collorhaphis, Collosigma, Cymboplea, Phalarina* der Diatomeen, *Chaetotrochus* der Polythala-mien und *Lithosema* der Phytolitharien. Im Ganzen sind 29 Formen von den 154 niemals wo anders auf der Erde bisher von mir beobachtet worden, nämlich 15 Polygastern, 11 Phytoli-tharien, 1 Polythalamie vielleicht mehr, 2 Räderthiere. Selbstständige Organismen sind unter diesen 18.

Scheidet man diese Formen in Landformen und Meeresformen, so sind 48 von den 154 organischen dem Meere angehörig, die übrigen 106 sind Land- und Süsswassergebilde.

Da sich Bärentierchen und Räderthierchen in einigen der Proben erkennen liessen, so versuchte ich alsbald mit aller Sorgfalt, ob sie wohl im Wasser Lebenszeichen geben würden und sich zu voller Lebenstbätigkeit entwickeln liessen, was man gewöhnlich unrichtig als Wiedererweckung vom Tode bezeichnet hat. Die im December 1857 gesammelten, 1861 mir zugekommenen, also über drei Jahre alten trockenen Materialien liessen jedoch in keiner der dazu geeigneten Formen Lebenszeichen erkennen, obschon ich bei früheren Versuchen aus anderen Örtlichkeiten, selbst nach vier Jahren noch, erhaltenes Leben beobachten konnte. — Man erweckt keine todten Organismen, auch die kleinsten nicht!

Es unterliegt ferner keinem Zweifel, dass das selbstständige mikroskopische Leben der Insel mit diesen 76 selbstständigen Formen nicht abgeschlossen sein kann. Unter ruhigen Verhältnissen und darauf gerichteter Forschung mag das, wie sehr auch wenig in die Augen fallende stagnirende Schnee- und Regenwasser oder schlammige Erde noch zahlreiche, im Tode spurlos verschwindende Formen zu erkennen geben, wie ich sie vor nun 40 Jahren in den Wüsten Afrika's nachweisen konnte.

Unter den 76 selbstständigen kleinen Formen sind 8 schaalenlose (Pflanzen, Anguillulae, Räder- und Bärenthierchen), 13 häutig gepanzerte Arcellinen, 40 kieselschaalige (Diatomeen und Polycystinen) und 15 kalkschaalige (Polythalamien und Bryozoen).

Mehrere der selbstständigen kieselschaalenführenden Formen sind in ihren Örtlichkeiten sehr zahlreich, allein es gibt keine aus ihnen bestehenden Kieselguhre, Tripel oder Polirschiefer. Dagegen ist das sogenannte Humusland sehr vorherrschend aus den 57 Kieseltheilen von Gräsern, einiges auch mit von Naviculaceen, gebildet.

Da es nach den eifrigen Feststellungen der Botaniker der Expedition nur 11 phanerogamische ursprüngliche Pflanzen und nur 7 Gräser auf der Insel gab, so sind die sämmtlichen 57 Kieseltheile von Gräsern, welche die obere Dammerde unter dem Rasen bilden, unzweifelhaft von diesen 7 Gräsern abstammend. Die wenig zahlreichen vereinzelten Spongolithen gehören dem Meere an und tragen zur Masse nirgends wesentlich bei.

Der im oberen Theil der Insel kieselguhrartige, vorherrschend aus Phytolitharien bestehende Grasboden oder das Humusland ist im nassen Zustande schwarz, trocken braun, oft aber ist es in der Nähe von Fumarolen lebhaft ocherartig rostroth (Nr. 5, 6, 9). Durch Glühen werden jene schwarzen Erden nicht roth, sondern weiss. Der Eisengehalt ist demnach kein Bestandtheil der Phytolitharien, sondern ein hinzugeführter fremder Bestandtheil, unzweifelhaft durch die vulcanischen Fumarolen. Wenn die rostrothe Erde, welche, wie berichtet wird, hier und da als Verwitterungsproduct des Raseneisensteins und Brauneisensteins erscheint, sich überall so verhält, wie die Proben ergeben, so wird man genöthigt, ihrer Zusammensetzung aus Organischem halber, die Vorstellung umzukehren und die dortigen mit solcher Erde in Verbindung stehenden Gebirgsarten als aus derselben vielfach zusammengebacken, erhärtet und umgewandelt zu betrachten.

Wichtig erscheint hierbei die geringe Mischung des Phytolitharien-Humus mit unorganischem Sande und vulcanischen Aschen. Es lässt sich hiervon unzweifelhaft mancher Schluss auf die Thätigkeit des Vulcans ziehen. Lässt sich die ungefähre Jahresmasse der Humusbildung taxiren, so wird man aus der Mächtigkeit der Dammerde die letzte Zeit der Ruhe des Vulcans annähernd beurtheilen können. Aschenfälle müssten so reinen Phytolitharien-Humus sofort in seiner Mischung stark verändert haben. Die Proben betreffen aber auffällig gewesene tiefe Massenverhältnisse und nicht die dünnste Oberfläche.

Ferner erlauben die untersuchten Erden und Gebirgsarten die Ansicht auszusprechen, dass überall die lockeren Dammerde-Bedeckungen, schwarz oder roth, Süsswasserbildungen sind.

Mit Ausnahme von Nr. 5 sind alle verzeichneten Meeresformen von Küstenpunkten aus dem Bereiche der Fluth. Eine bedeutende Meereseinwirkung auf die durch die Grasvegetation bedingte Dammerde und die davon abhängigen obersten Gebirgsarten ist nirgends durch Mischung mit Meeresformen angezeigt, daher lässt aber auch die seit 1696 erfolgte Verbindung des Kratersees mit dem äusseren Meere nicht auf einen damals das Oberland berührenden Meeresaufruhr und Schwall schliessen.

Die Gebirgsart Nr. 5 vom oberen Kraterrande (840 Fuss) erscheint als ganz besonders interessant. Sie gleicht einem Raseneisenstein und ist mir so bezeichnet worden. Der organischen reichen marinen Mischung nach spricht mich dieselbe mitten unter den Süsswasserbildungen als jener alte Meeresboden an, welchen der Vulcan bei seiner Erhebung wenig verändert in die Höhe gedrängt und mit Eisenoxyd imprägnirt hat. [1] Vielleicht lassen sich aus anderen Materialien der Sammlungen der Novara noch ähnliche Belege, besonders auch für die Mächtigkeit der Masse entwickeln.

Schon vor acht Jahren habe ich aus der noch südlicher polwärts in jenem Ocean gelegenen Kerguelens-Insel 56 mikroskopische Formen verzeichnet, von denen auch 22 Arten abgebildet wurden. In der Mikrogeologie sind 1854 diese Untersuchungen publicirt worden. St. Paul und Kerguelens-Insel haben demnach 23 Formenarten gemein: 14 Polygastern, 8 Phytolitharien, 1 Anguillula. In Kerguelens-Land fand ich ein neues Genus *Disiphonia*, das neuerlich auf dem Montblanc (1859 Monatsber. 779) in gleicher Art und in Neuseeland (1861 Monatsber. 887) in einer besonderen Art wieder vorgekommen ist. In St. Paul sind fünf besondere Genera aufgefunden und es dürfte bemerkenswerth sein, dass die vom Monte Rosa und dem Himalaya von mir verzeichnete *Difflugia Seminulum* mit 9 bis 10 anderen zum Theil neuen Arten dieses Genus von dort sehr zahlreich mitgebracht worden ist.

Die Insel St. Paul gehört, den vorhandenen Anzeigen aus ihrer Substanz nach, so weit sie geprüft werden konnte, nicht zu den vor der letzten grossen Erdkatastrophe schon über dem Wasser vorhanden gewesenen Festländern, sie erscheint als eine vulcanische Hebung der neueren wenn auch vorgeschichtlichen Zeit. Alle neuen Genera mikroskopischer selbstständiger Wesen gehören dem Mineral- und Salzwasser, nicht dem Lande an. Die *Lithosemata* sind Kieseltheile aus Gräsern, deren eines als *Lithostylidium comtum* des Passatstaubes, ein anderes als *Lithostylidium ornatum*, früher von mir verzeichnet und abgebildet worden ist. Spuren ganz unbekannter eigenthümlicher Typen des organischen Lebens, wie sie Neuholland, Neuseeland und Madagascar zeigen, fehlen auch für das mikroskopische Leben in St. Paul.

Aus allen untersuchten Proben geht aber auch in St. Paul ein reiches erdbildendes, unsichtbar mächtiges organisches Leben hervor. Wer geneigt ist das Unsichtbare für unbedeutend zu halten, wird es unbeachtet lassen. Ich selbst habe diesen neu erschlossenen isolirten Herd des kräftig wirkenden kleinen Lebens nicht ohne tiefe Theilnahme betrachten können und wünsche sehr, dass viele Reisende angeregt sein möchten, nach Kräften die weitere Entwicklung des grossen unsichtbaren Erden und Felsen bildenden Naturlebens zu fördern. Vielleicht dient gegenwärtige Mittheilung dazu gewisse Gesichtspunkte in Übersicht zu bringen, welche mehrfaches Interesse zu erwecken im Stande sind.

---

[1] Die Meeresformen dürften doch wohl blos eingeweht sein.                    Dr. F. v. H.

## Verzeichniss der mikroskopischen Lebensformen auf der Insel St. Paul.

** bedeutet Neue Genera, * Neue Arten, 0 Festlandformen, × Meeresformen,
K auch in Kerguelens-Land beobachtete Arten.

Die Personennamen der neuen Localformen betreffen die See-Officiere und Naturforscher, welche sich um gründliche Kenntniss der Insel verdient gemacht haben.

| | | | 1 | 2 | 3 | 4 | 5 | 6 | 7 | 8 | 9 | 10 | 11 | 12 | 13 | 14 | 15 |
|---|---|---|---|---|---|---|---|---|---|---|---|---|---|---|---|---|---|
| | | | Weisser Küstensand | Heisse Trinkquelle | Strandschlacke mit Serpula | Schwarzer Sand | Raseneisen | Rothe Dammerde | Braune Dammerde A | Braune Dammerde B | Rother Fumarolenthon | Grünes Laubmoos, heiss A | Grünes Laubmoos, heiss B | Kaltes Laubmoos | Feuchter Humus-boden, kalt | Sphagnum | Lebermoos-Rasen |
| | | **Polygastern: 48.** | | | | | | | | | | | | | | | |
| K | × | *Achnanthes australis?* | − | + | | | | | | | | | | | | | |
| | × | „ *ventricosa* | − | + | + | | | | | | | | | | | | |
| • | × | *Anaulus? Jelinekii* | − | − | + | | | | | | | | | | | | |
| K | 0 | *Arcella constricta* | − | − | − | | | −− | − | − | − | − | − | − | + | | |
| K | 0 | „ *Enchelys* | − | − | − | | | −− | − | − | − | − | − | − | ++ | | |
| K | 0 | „ *Globulus* | − | − | − | | | −− | − | − | − | − | + | + | ++ | | |
| | × | *Biddulphia tridentata* | − | − | + | | | | | | | | | | | | |
| | 0 | *Cocconeïs Pediculus?* | + | + | | | | | | | | | | | | | |
| •• | × | *Cymboplea Novarae.* | − | + | + | | | | | | | | | | | | |
| •• | × | *Collorhaphis Sellenyi.* | − | + | + | | | | | | | | + | | | | |
| •• | × | *Collosigma Scherzerii.* | − | + | + | | | | | | | | | | | | |
| | × | *Coscinodiscus eccentricus?* | | | | | • | | | | | | | | | | |
| | × | „ *marginatus?* . . | | | | | | | | | | | | | | | |
| • | 0 | *Difflugia Roberti* (Müller) | − | − | − | | | − | − | − | − | − | − | − | + | − | + |
| K | 0 | „ *areolata* | − | − | − | | | − | − | − | − | − | − | − | + | | + |
| K | 0 | „ *ciliata* | − | − | − | | | − | − | − | − | − | − | − | + | | |
| | 0 | „ *lineata* | − | − | − | | | − | − | − | − | − | + | − | − | | |
| | 0 | „ *Liostomum* | − | − | − | | | − | − | − | − | − | − | − | − | | + |
| K | 0 | „ *Oligodon* | − | − | − | | | − | − | − | − | + | − | − | + | | + |
| • | 0 | „ *Schwartzii* | − | − | − | | | − | − | − | − | − | +? | + | + | + | + |
| • | 0 | „ *Battloggii* | − | − | + | | | − | − | − | − | − | − | − | − | | + |
| | 0 | „ *Seminulum* | − | − | − | | | − | − | − | − | − | + | + | + | | + |
| • | 0 | „ *Frauenfeldii* . | − | − | − | | | − | − | − | − | − | − | + | + | | |
| | × | *Diploneïs?* . | − | − | + | | | | | | | | | | | | |
| | 0 | *Eunotia amphioxys* | − | − | − | | | − | + | − | − | − | + | + | + | + | |
| | 0 | *Gallionella laevis* | − | − | − | | + | | | | | | | | | | |
| K | 0 | *Gomphonema gracile* . | − | − | − | | + | | | | | | | | | | |
| • | × | *Grammatophora excellens* | − | + | | | | | | | | | | | | | |
| | × | „ *oceanica* | − | + | | | | | | | | | | | | | |
| | × | „ *stricta* | − | − | + | | | | | | | | | | | | |
| | × | „ *nodosa?* | − | + | | | | | | | | | | | | | |
| K | 0 | *Navicula affinis?* | − | − | − | | | − | − | − | − | − | − | − | − | | + |
| • | 0 | „ *nana* | − | + | − | | − | − | − | − | − | − | + | | | | |
| K | 0 | „ *Semen* | − | − | − | | − | − | − | − | − | + | | | | | |
| • | 0 | „ *Zelebori* . . | − | − | − | | − | − | − | − | − | − | + | | | | + |
| •• | × | *Phalarina Wüllerstorfii* | + | + | + | | − | − | +? | | | | | | | | |
| K | 0 | *Pinnularia borealis* | − | − | − | | + | + | + | − | − | + | + | + | − | + | + |
| | 0 | „ *Dactylus* . | − | − | − | | + | | | | | | | | | | |
| | 0 | „ *leptogongyla* . | − | − | − | | + | | | | | | | | | | |

| | | | | 1 | 2 | 3 | 4 | 5 | 6 | 7 | 8 | 9 | 10 | 11 | 12 | 13 | 14 | 15 |
|---|---|---|---|---|---|---|---|---|---|---|---|---|---|---|---|---|---|---|
| | | | | Heisser Küstensand | Heisse Trinkquelle | Strandschlacke mit Serpula | Schwarzer Sand | Raseneisen | Rothe Dammerde | Braune Dammerde A | Braune Dammerde B | Rother Fumarolenthon | Grünes Laubmoos, heiss A | Grünes Laubmoos, heiss B | Kaltes Laubmoos | Feuchter Humusboden, kalt | Sphagnum | Lebermoos-Rasen |
| • | | 0 | *Pinnularia Paulina* | — | — | — | | — | — | — | — | — | + | | | | | |
| • | | 0 | „ *subconstricta* . | — | — | — | | — | — | — | — | — | +? | | | | | |
| | K | 0 | „ *viridis* | — | — | — | — | + | | | | | | | | | | |
| | | X | *Rhaphoneïs fasciata* | — | — | T | | | | | | | | | | | | |
| • | | X | „ *Kronowetterii* | — | — | + | | | | | | | | | | | | |
| | K | 0 | *Stauroneïs Semen* . | — | — | — | — | — | — | +? | — | — | + | | | | | |
| | | 0 | „ — ? | — | — | — | | — | — | — | — | — | — | — | — | — | + | ⊦? |
| | | 0 | *Synedra?* | — | + | | | | | | | | | | | | | |
| | K | 0 | *Trachelomonas laevis* | — | — | — | | — | — | — | — | | — | | + | | | |
| | | | | 2 | 14 | 12 | — | 6 | 1 | 4 | — | — | 7 | 8 | 6 | 11 | 6 | 10 |

**Phytolitharien: 67.**

| | | | | 1 | 2 | 3 | 4 | 5 | 6 | 7 | 8 | 9 | 10 | 11 | 12 | 13 | 14 | 15 |
|---|---|---|---|---|---|---|---|---|---|---|---|---|---|---|---|---|---|---|
| | | 0 | *Amphidiscus anceps* | — | — | + | | | | | | | | | | | | |
| | | 0 | „ *Alcis* | — | — | | | | | | | | T | | | | | |
| | | 0 | „ *truncatus* . | — | — | — | | | + | + | + | — | + | ⊦ | + | + | — | + |
| | | 0 | *Lithodontium furcatum* | — | — | — | | | — | — | — | — | — | — | — | + | | |
| | | 0 | „ *Platyodon* . | — | — | — | | | — | — | — | — | — | — | — | — | | + |
| | | 0 | „ *rostratum* . | — | — | — | | | — | — | + | — | — | — | — | ⊦ | + | |
| | | 0 | „ *Scorpius* | — | — | — | | | — | — | — | — | — | — | — | + | — | + |
| •• | | 0 | *Lithosema actinophoebe* . | — | — | — | | | — | — | + | | | | | | | |
| | | 0 | „ *comtum* . . | — | — | — | | | ⊦ | — | + | | | | | | | |
| • | | 0 | „ *dentatum* . | — | — | — | | | + | | | | | | | | | |
| • | | 0 | „ *Euodon* . | — | — | — | | | — | — | T | | | | | | | |
| • | | 0 | „ *Eupelecium* . | — | — | — | | | + | — | + | | | | | | | |
| • | | 0 | „ *syncephalum* | — | — | — | | | ⊦ | | | | | | | | | |
| ○ | | 0 | „ *ventricosum* | — | — | — | | | — | — | + | | | | | | | |
| | | X | *Lithosphaera osculata* | — | — | + | | | | | | | | | | | | |
| | | 0 | *Lithosphaeridium irregulare* . | — | — | — | | | ⊦ | + | ⊦ | — | + | + | — | + | | |
| • | | 0 | „ *margaritella* | — | — | — | | | ⊦ | T | + | | + | | — | + | | |
| • | | 0 | „ *Ovulum* . | — | — | — | | | + | + | + | | | | | | | |
| | | 0 | *Lithostylidium Amphiodon* | — | — | — | | + | + | + | — | | + | + | | | | |
| | | 0 | „ *angulatum* | — | — | — | | | + | — | — | | — | — | | — | — | + |
| | | 0 | „ *annulatum* | — | — | — | | — | — | + | | | | | | | | |
| | | 0 | „ *biconcavum* . | — | — | — | | — | + | ⊦ | + | — | — | + | + | + | ⊦ | |
| | | 0 | „ *Catena* . | — | — | — | | — | — | — | | | + | | | | | |
| | | 0 | „ *Cauda Draconis?* | — | — | + | | | | | | | | | | | | |
| | | 0 | „ *clavatum* . . | — | — | — | | — | — | + | — | + | — | + | + | | | |
| | | 0 | „ *Clepsammidium* | — | — | — | | | ⊦ | + | — | — | + | + | + | | | |
| | K | 0 | „ *crenulatum* | — | — | — | | | — | + | ⊦ | — | + | — | + | | | |
| | | 0 | „ *Crux* . | — | — | + | | | | | | | | | | | | |
| | K | 0 | „ *curvatum* . | — | — | — | | | — | T | | | | | | | | |
| | K | 0 | „ *denticulatum* | + | — | — | | — | + | + | + | — | + | + | + | — | — | + |
| | | 0 | „ *falcatum* | — | — | — | | | — | — | — | — | + | | | | | |
| | | 0 | „ *Formica* | — | — | — | | + | — | + | — | — | + | — | + | | ⊦ | |
| | | 0 | „ *fusiforme* . | — | — | — | | | — | + | T | — | — | T | T | — | — | + |
| | | 0 | „ *Hemidiscus* | — | — | — | | | + | + | + | — | — | — | + | | | |

| | | | 1 | 2 | 3 | 4 | 5 | 6 | 7 | 8 | 9 | 10 | 11 | 12 | 13 | 14 | 15 |
|---|---|---|---|---|---|---|---|---|---|---|---|---|---|---|---|---|---|
| | | | Heisser Küstensand | Helles Trinkquelle | Strandschlacke mit Serpula | Schwarzer Sand | Raseneisen | Rothe Dammerde | Krause Dammerde A | Braune Dammerde B | Rother Fumarolenthon | Grünes Laubmoos, heiss A | Grünes Laubmoos, heiss B | Kaltes Laubmoos | Feuchter Humusboden, kalt | Sphagnum | Lebermoos-Rasen |
| | 0 | *Lithostylidium Hirundo* | — | — | — | — | — | — | + | — | — | — | — | — | — | — | — |
| | 0 | *hispidum* | — | — | — | — | — | — | — | — | — | — | — | — | — | — | + |
| | 0 | *irregulare* . | — | — | — | — | — | — | — | — | — | — | — | + | — | + | — |
| | 0 | *laeve* . | + | + | — | — | + | + | + | + | + | + | + | + | + | — | — |
| | 0 | *Lancea* | — | — | — | — | — | — | + | — | — | — | — | — | — | — | — |
| | 0 | *Lima* . | — | — | — | — | — | — | — | — | — | — | — | — | — | — | + |
| | 0 | *obliquum* | — | — | — | — | — | + | + | — | — | — | — | — | — | — | — |
| | 0 | *oblongum* . | — | — | — | — | — | + | — | + | — | — | — | — | — | — | — |
| | 0 | *ovatum* . | — | — | — | — | — | + | — | + | — | — | — | — | — | — | — |
| | 0 | *Piscis* | — | — | — | — | — | — | — | — | — | — | — | + | — | — | — |
| | 0 | *quadratum* | — | . | + | — | + | + | — | + | — | + | — | + | — | + | + |
| | 0 | *Rojula* . | — | — | — | — | — | — | — | — | — | — | — | + | — | — | — |
| K | 0 | *rude* . | + | — | + | — | — | + | + | + | — | + | + | + | + | + | + |
| | 0 | *Securis* . | — | — | — | — | — | — | — | — | — | — | — | + | — | — | — |
| | 0 | *serpentinum* . | — | — | — | — | — | — | + | — | — | + | — | — | — | — | — |
| K | 0 | *Serra* | — | — | — | — | — | — | — | — | — | + | + | + | + | + | — |
| | 0 | *sinuosum* | — | — | — | — | — | — | — | + | — | — | — | — | — | — | + |
| K | 0 | *spiriferum* . | — | — | — | — | — | — | + | — | — | — | — | + | — | — | — |
| | 0 | *Subula* . | — | — | — | — | — | + | + | — | — | + | + | + | + | — | — |
| | 0 | *Terebra* . | — | — | — | — | — | — | — | + | — | — | — | — | — | — | — |
| | 0 | *tornatum* . | — | — | — | — | — | — | — | — | — | — | — | + | — | — | — |
| | 0 | *Trapeza* | — | — | — | — | — | + | — | — | — | — | — | — | — | — | — |
| K | 0 | *Trabecula* . | — | — | — | — | — | + | + | + | — | + | — | — | — | + | — |
| | 0 | *triquetrum* | — | — | — | — | + | — | — | — | — | — | — | — | — | — | — |
| K | 0 | *unidentatum* . | — | — | — | — | — | — | — | + | + | — | — | + | — | — | + |
| | 0 | *ventricosum* . | — | — | — | — | — | — | — | — | — | — | + | — | — | — | — |
| | ? | *Spongolithis acicularis* | — | + | + | — | +? | — | + | — | — | + | — | — | — | — | — |
| | × | *Acus* . | — | + | — | — | — | — | — | — | — | — | — | — | — | — | — |
| | ? | *aspera* | — | — | + | — | — | — | — | — | — | — | — | — | — | — | — |
| | × | *Caput serpentis* | — | — | + | — | — | — | — | — | — | — | — | — | — | — | — |
| | × | *clavus* | — | — | + | — | — | — | — | — | — | — | — | — | — | — | — |
| | × | *Fustis* | — | + | +? | — | — | + | — | +? | — | — | — | — | — | — | — |
| | × | *longiceps* . | — | — | + | — | — | — | — | — | — | — | — | — | — | — | — |
| | | | 4 | 3 | 12 | — | 6 | 26 | 21 | 26 | 2 | 16 | 15 | 18 | 16 | 7 | 14 |

| | | | 1 | 2 | 3 | 4 | 5 | 6 | 7 | 8 | 9 | 10 | 11 | 12 | 13 | 14 | 15 |
|---|---|---|---|---|---|---|---|---|---|---|---|---|---|---|---|---|---|
| | | **Polythalamien: 14.** | | | | | | | | | | | | | | | |
| | × | *Aristerospira* . | — | — | + | | | | | | | | | | | | |
| | × | n — ? | — | — | + | | | | | | | | | | | | |
| | × | *Cenchridium* | — | — | + | | | | | | | | | | | | |
| | × | *Chaetotrochus Hochstetteri* . | — | — | + | | | | | | | | | | | | |
| | × | *Globigerina ternata* | — | — | + | | | | | | | | | | | | |
| | × | *Grammostomum* . | — | — | + | | | | | | | | | | | | |
| | × | *Guttulina* | — | — | + | | | | | | | | | | | | |
| | × | *Planulina* . | — | — | + | | | | | | | | | | | | |
| | × | *Prorospira* . | — | — | + | | | | | | | | | | | | |
| | × | *Rotalia* | — | — | + | | | | | | | | | | | | |

| | | 1 | 2 | 3 | 4 | 5 | 6 | 7 | 8 | 9 | 10 | 11 | 12 | 13 | 14 | 15 |
|---|---|---|---|---|---|---|---|---|---|---|---|---|---|---|---|---|
| | | Heisser Küstensand | Weisse Trinkquelle | Straudschlacke mit Serpula | Schwarzer Sand | Raseneisen | Rothe Dammerde | Braune Dammerde A | Braune Dammerde B | Rother Fumarolenthon | Grünes Laubmoos, heiss A | Grünes Laubmoos, heiss B | Kaltes Laubmoos | Feuchter Humusboden, kalt | Sphagnum | Lebermoos-Rasen |
| × | *Rotalia?* | — | — | + | | | | | | | | | | | | |
| × | *Spiroloculina* | — | — | + | | | | | | | | | | | | |
| × | *Textilaria* | — | — | + | | | | | | | | | | | | |
| × | „ ? | — | — | + | | | | | | | | | | | | |
| | **Polycystinen: 5.** | | | | | | | | | | | | | | | |
| × | *Dictyospiris Clathrus* | — | — | — | — | + | | | | | | | | | | |
| × | *Haliomma?* | — | — | — | | + | | | | | | | | | | |
| × | „ *radiatum* | — | — | + | | + | | | | | | | | | | |
| × | *Lithopera?* | — | — | — | | + | | | | | | | | | | |
| × | *Spirillina imperforata* | — | — | + | | | | | | | | | | | | |
| | **Geolithien: 2.** | | | | | | | | | | | | | | | |
| × | *Dictyolithis megapora* | — | — | — | — | + | | | | | | | | | | |
| ? | „ *micropora?* | | — | — | — | — | — | — | — | — | +? | | | | | |
| | **Zoolitharien: 1.** | | | | | | | | | | | | | | | |
| × | *Coniactis Triceros* | — | — | + | | | | | | | | | | | | |
| | **Räderthiere: 3.** | | | | | | | | | | | | | | | |
| 0 | *Callidina hexaodon* | — | — | — | — | — | — | — | — | — | — | — | — | — | — | + |
| 0 | „ *Monodon* | — | — | — | — | — | — | — | — | — | — | — | — | — | — | + |
| 0 | „ *Sancti Pauli* | — | — | — | — | — | — | — | — | — | — | — | — | — | — | + |
| | **Bärenthiere: 2.** | | | | | | | | | | | | | | | |
| 0 | *Macrobiotus Hufelandii?* | — | — | — | — | — | — | — | — | — | — | — | — | + | | |
| 0 | *Ova hispida* | — | — | — | — | — | — | — | — | — | — | — | + | | | |
| | **Insecten: 1.** | | | | | | | | | | | | | | | |
| 0 | Schmetterlingspüppchen | — | + | | | | | | | | | | | | | |
| | **Moos-Korallen: 1.** | | | | | | | | | | | | | | | |
| K × | Bryozoon | — | — | + | | | | | | | | | | | | |
| | **Fadenwürmer: 1.** | | | | | | | | | | | | | | | |
| 0 | *Anguillula brevicauda* | — | — | — | — | — | — | — | — | — | — | — | — | — | — | + |
| | **Pflanzentheile: 9.** | | | | | | | | | | | | | | | |
| 0 | Gras-Stomatien | — | — | — | — | — | — | — | — | — | — | — | — | + | | |
| 0 | Gras-Epidermis | — | — | — | — | — | — | — | — | — | — | — | — | — | — | + |
| 0 | Poröse Zellen | — | — | — | — | — | — | — | — | + | | | | | | |
| 0 | Moossamen | — | — | — | — | — | — | — | — | — | — | — | — | — | + | |
| 0 | Nierenförmige Samen, glatt | — | — | — | — | — | — | — | — | — | — | — | — | — | | |
| 0 | „ „ rauh | — | — | — | — | — | — | — | — | — | — | — | — | — | — | + |
| 0 | Farnsamen | — | — | — | — | — | — | — | — | — | — | — | — | + | + | |
| 0 | *Oscillaria labyrinthiformis* | — | + | | | | | | | | | | | | | |
| 0 | „ „ al. sp. | — | + | | | | | | | | | | | | | |
| | **Summe des Organischen: 154** | 5 | 21 | 42 | — | 16 | 27 | 25 | 26 | 3 | 24 | 23 | 25 | 29 | 15 | 31 |
| | **Unorganisches: 7.** | | | | | | | | | | | | | | | |
| | Kugel-Morpholithe | — | — | — | — | — | — | — | — | + | | | | | | |
| | Ei-Morpholithe | — | — | — | — | — | — | — | — | + | | | | | | |
| | Ketten-Morpholithe | — | — | — | — | — | — | — | — | + | | | | | | |
| | Magneteisen-Sand | — | — | — | + | | | | | | | | | | | |
| | Kieselsand, doppelt lichtbrechend | + | + | + | + | + | + | + | + | + | + | + | + | + | + | + |
| | „ einfach lichtbrechend | + | + | + | — | + | + | + | + | + | + | — | + | + | — | + |
| | Eisenoxyd | — | — | — | — | + | + | — | — | + | | | | | | |
| | **Ganze Summe: 161** | 7 | 23 | 44 | 2 | 19 | 30 | 27 | 28 | 9 | 26 | 24 | 27 | 31 | 16 | 33 |

# Beiträge

zur

# Geologie und physikalischen Geographie der Nikobar-Inseln.

Die Nikobar-Inseln gehören einem Erhebungsfelde an, das sich aus dem Golf von Bengalen bis weit in die Südsee verfolgen lässt. Unter dem 18. Grad nördlicher Breite in der Gruppe der Cheduba- und Reguain-Insel an der Küste von Aracan beginnend, durch die Gruppe der Andamanen und Nikobaren, dann in Sumatra, Java und der Südwestgruppe der Sunda-Inseln fortsetzend, biegt sich diese Erhebungslinie in schiefliegender „S"-Form durch Neu-Guinea nördlich um den Continent von Australien und bildet in Neu-Irland, den Salomons-Inseln, Neuhebriden und Neuseeland einen gegen West concaven Bogen, als dessen äusserstes südliches Ende die kleine Gruppe der Maequarie-Insel unter 50° südlicher Breite betrachtet werden kann. Diese Linie, die aus der nördlichen Erdhälfte durch 70 Breitegrade in die südliche sich schlängelt, ist als Erhebungslinie oder Erhebungsfeld charakteristisch bezeichnet durch zwei ihrer Natur nach gänzlich verschiedene, nichts desto weniger gleich grossartige und in einer gewissen Beziehung zu einander stehende Erscheinungen, durch die Thätigkeit des Erdinnern, wie sie im Vulcanismus zur Erscheinung kommt, und durch die Thätigkeit der Korallenthierchen, wie sich im Bau von derjenigen Art von Korallenriffen äussert, welche Darwin als „Fransenriffe" oder Küstenriffe von den Damm- und Lagunenriffen unterschieden hat.

Beide Erscheinungen, der Vulcanismus mit seiner hebenden Kraft und die Bildung von Küstenriffen, stehen in einer bestimmten Beziehung zu einander, die Darwin's Beobachtungen ausser Zweifel gesetzt haben, ohne dass aber desswegen beide Erscheinungen auf allen Theilen jener Linie neben einander auftreten müssten. Wie in den südlichen aussertropischen Breiten, wo das Leben der Koral-

lenthiere aufhört, der Vulcanismus das allein bezeichnende ist, so muss in den
tropischen Breiten nördlich vom Äquator, wo dieser stellenweise ganz fehlt, die
eigenthümliche Art der Korallriffbildung hauptsächlich als Beweis dienen für die
fortgesetzte Linie der Erhebung. Das ist der Fall auf den nikobarischen Inseln.

Zwischen der Vulcanreihe von Sumatra und den die Andamanengruppe an
ihrer Ostseite begleitenden vulcanischen Inseln Barren-Eiland und Narcondam
bilden die nikobarischen Inseln eine vulcanlose Lücke.

Was auch das von völlig unzugänglich gebliebenen Urwäldern und Grasfluren
bedeckte Innere der nikobarischen Inseln noch bergen mag, am unwahrscheinlich-
sten ist das Auftreten jüngerer vulcanischer Gesteine. Ich habe zwar an der Nordseite von Kar Nikobar, der nördlichsten der Inseln, zwei Stücke eines porösen
basaltischen Gesteines gefunden, ein handgrosses Gerölle im Walde bei dem Dorfe
Mus, und ein grösseres eckiges Fragment im Korallensand am Strande bei dem
Dorfe Saui; jedoch es ist weit mehr Grund anzunehmen, dass diese Stücke im
Wurzelwerk angeschwemmter Baumstämme an die Küsten von Kar Nikobar transportirt worden sind [1] oder gar dass sie Überbleisel aus den Reisetaschen der dänischen Naturforscher auf der Corvette „Galathea" waren, die im Jahre 1846, kurz
bevor sie an der Nordseite von Kar Nikobar aus Land stiegen, das vulcanische
Barren-Eiland besucht hatten, als dass die Stücke aus dem Innern der Insel selbst
stammen. Ich habe vergeblich die Bach- und Flussgerölle von Kar Nikobar nach
ähnlichen Stücken durchsucht, und auf den übrigen Inseln, an denen wir landeten,
ist mir nirgends etwas ähnliches vorgekommen.

Dagegen sind die nikobarischen Inseln als ein Glied in einer Kette von
Erhebungen aus dem Ocean, die in früheren geologischen Perioden begonnen
haben und heute noch fortdauern, sehr bestimmt charakterisirt durch gehobene
Korallenbänke und durch den Fortbau der Küstenriffe, die langsam, aber im
Laufe von Jahrhunderten und Jahrtausenden merkbar das Territorium der Inseln
vergrössern.

Das in seiner ganzen Ausdehnung oben angedeutete austral-asiatische
Erhebungsfeld hat in den nikobarischen Inseln eine mittlere Richtung nach
N. 20° W. oder von SSO. nach NNW. bei einer Länge von 148 Seemeilen
(= 37 geographische Meilen) und einer mittleren Breite von 16 Seemeilen
(= 4 geographische Meilen). Diese Richtung ist zugleich auf allen Inseln die
Hauptstreichungslinie der Schichten, während das Verflächen bald gegen O., bald
gegen W. gerichtet ist. So fallen also auch die synklinalen und antiklinalen Linien

---

[1] Chamisso erwähnt den Transport von Steinen in den Wurzeln gestrandeter Baumstämme auf der
Radek-Gruppe, und Darwin führt ein ähnliches Beispiel von den Keelings-Inseln an. (Darwin's natur-
wissenschaftliche Reisen II. Theil, S. 242.)

im geognostischen Bau die Inseln mit der Richtung der grossen geognostischen Hebungslinie, welche die Nordspitze von Sumatra mit der Andamanengruppe verbindet, vollkommen zusammen.

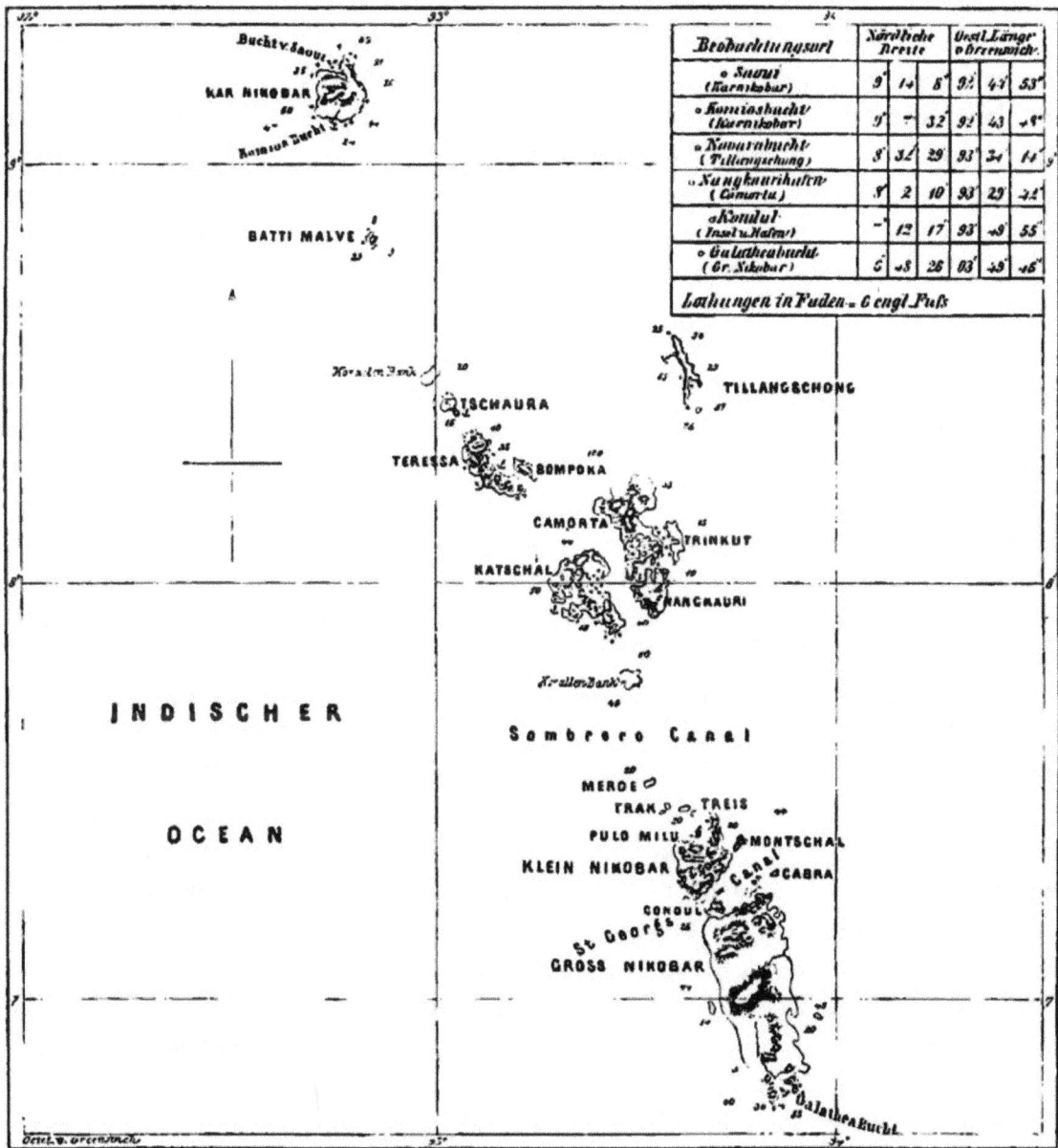

Der Archipel der Nikobaren.

Die Gesammtoberfläche sämmtlicher Inseln berechnet sich zu 33 bis 34 deutschen Quadratmeilen.

## 1. Die auf den Inseln auftretenden Gebirgs-Formationen.

Zur richtigen Beurtheilung der im Folgenden gegebenen Resultate seien mir einige Vorbemerkungen erlaubt.

Geognostischen Detailuntersuchungen stehen derzeit auf den nikobarischen Inseln die grössten Schwierigkeiten im Wege. Vorerst sieht man sich überall nur auf den Meeresstrand beschränkt, da undurchdringliche Wälder und Grasheiden das Innere der Inseln gänzlich unzugänglich machen und jede Gesteinsunterlage verbergen. Auf den nördlichen kleineren Inseln ist dieser Umstand weniger von Bedeutung, da man sich hier leicht überzeugt, dass die am steilen Meeresstrand auftretenden Gesteine, wenn man sie an einer entgegengesetzten Seite der Insel wieder in denselben Lagerungsverhältnissen antrifft, die ganze Insel durchziehen. Anders ist dies aber bei den grösseren südlichen Inseln. Namentlich zeigt die grösste der nikobarischen Inseln Sambelong oder Gross-Nikobar, das mit einer Oberfläche von 17½ geographischen Quadratmeilen grösser ist als alle übrigen Inseln zusammengenommen, in Bergketten, die bis nahe an 2000 Fuss Meereshöhe reichen, in Hügelreihen und tief eingeschnittenen Flussthälern eine solche Mannigfaltigkeit der Oberflächengestaltung, dass man keineswegs annehmen kann, das, was man an einem einzelnen Punkte des Strandes beobachtet, sei bezeichnend auch für die ganze Insel. Und leider hat man, da die Mündungen der Flüsse gewöhnlich von Mangrovensümpfen umschlossen sind, nicht einmal an Flussgeschieben einen Anhaltspunkt auf die Gesteinszusammensetzung des Innern der Insel zu schliessen. Aber auch am Meeresstrande noch stellen sich der geognostischen Untersuchung Schwierigkeiten in niederschlagender Weise entgegen. Wo das spähende Auge des Geologen vielversprechende Felsen sieht, da macht gewöhnlich die Brandung das Landen unmöglich, und wo man landen kann, da trifft man meist nur niederen flachen Sandstrand. So sieht man sich auch am Meeresstrande wieder auf die wenigen Punkte reducirt, wo es bei Ebbe möglich ist vom sandigen Strand einen felsigen Vorsprung zu umgehen; und bei alledem war ich stets noch auf denjenigen Theil der Küste beschränkt, der dem jeweiligen Ankerplatz der Fregatte nahe lag, da keinerlei Versprechungen und Anerbietungen es möglich machten, die Eingebornen zu bewegen, mit ihren Canoe's weitere Fahrten zu unternehmen, und eben so wenig von Seite der Fregatte ein Boot mir zur Disposition gestellt werden konnte. Mögen andere Geologen, die nach mir die Inseln besuchen, in dieser Beziehung glücklicher sein.

Meine Beobachtungen blieben daher auf folgende Punkte beschränkt:

1. Nordwestliche Küste von Kar Nikobar: eine niedere Steilküste, die ihrer ganzen Längenausdehnung nach zugänglich ist. Mächtige Thonbänke mit einzelnen, Fucoiden führenden, festeren Sandsteinbänken sind an dieser Küste

überlagert von gehobenen Korallenbänken (Korallen-Conglomerat und Korallen-Sandstein), die an einzelnen Punkten noch in unmittelbarer Verbindung mit lebenden fortbauenden Küstenriffen stehen.

2. Südliche Bucht von Kar Nikobar: flaches Korallenland mit Fransenriffbildung und jungen Sandsteinbänken in der Brandung.

3. Die Novara-Bucht an der Westküste von Tillangschong: steil ansteigende Serpentin- und Gabbrofelsen, Conglomeratbildung in der Brandung, Küstenriffe.

4. Der Canal zwischen Kamorta und Nangkauri oder der Nangkauri-Hafen: eine tiefe Querspalte durch gelbe magnesiahaltige Thonmergel, die mit Serpentin- und Gabbro-Tuffen wechsellagern, durchbrochen von Serpentin und Gabbro. Ausgedehnte Korallriffbildung im Canal, aber sehr beschränktes Korallenland.

5. Die kleinen Inseln Treis und Trak nördlich von Klein-Nikobar: steil aufgerichtete thonige Sandsteinschichten mit eingebetteten Braunkohlengeröllen, Korallen-Conglomeratbänke und Fransenriffe.

6. Pulo Milu, eine kleine Insel an der Nordseite von Klein-Nikobar: aus steil aufgerichteten Sandsteinschichten bestehend, mit flachem Korallenland, Süsswasseralluvium und Fransenriffen um die ganze Insel.

7. Insel Kondul an der Nordseite von Gross-Nikobar: abwechselnde Sandstein-, Sandsteinschiefer- und Thonmergel-Schichten. Flaches, sehr beschränktes Korallenland, Süsswasseralluvium, Fransenriffe.

8. Eine kleine Bucht an der Nordküste von Gross-Nikobar: Sandsteinhügel, Salz- und Brackwassersümpfe.

9. Ostseite der Südbucht (Galathea-Bucht) von Gross-Nikobar, in welche der Galatheafluss mündet: Sandsteinberge, flaches Korallenland, Korallen-Conglomeratbildung in der Brandung, Fransenriffe, Braunkohlenstücke am Strande.

Diese Punkte sind mit Ausnahme von Kar Nikobar dieselben, welche schon der bewährte dänische Geologe Dr. Rink, welcher die Expedition der königl. dänischen Corvette „Galathea" begleitete, im Jahre 1846 gesehen und nebst vielen andern Theilen des Archipels, welche ihm ein längerer Aufenthalt von vier Monaten auf den Inseln Gelegenheit bot zu besuchen, ausführlich in einem besonderen Werke beschrieben hat: „Die nikobarischen Inseln, eine geographische Skizze mit specieller Berücksichtigung der Geognosie. Kopenhagen 1847."

Ich habe, was die wissenschaftliche Ausbeute anbelangt, die nikobarischen Inseln gänzlich unbefriedigt verlassen trotz der verhältnissmässig langen Zeit eines vollen Monats, die wir in ihren Gewässern zugebracht haben; ich weiss, wie wenig meine Beobachtungen die geognostische Kenntniss der Inseln, so weit wir sie Dr. Rink verdanken, erweitern; denn gerade die grössten Objecte, die Inseln

Teressa, Katschal, Klein-Nikobar und Gross-Nikobar blieben mir eine vollständige terra incognita. Allein ich bin mir bewusst, alles gethan zu haben, was unter den gegebenen Verhältnissen möglich war, und darnach mögen die wenigen Beobachtungen, welche ich geben kann, beurtheilt werden.

Kar Nikobar ist eine niedere Insel, deren mittlere Höhe über dem Meeresspiegel ungefähr 45 Fuss beträgt; nur zwei Rücken, die 150—200 Fuss Meereshöhe erreichen dürften, ragen im Innern über die Waldmassen empor, die beinahe die ganze Insel bedecken. Die West-, Süd- und Ostküste sind flache Sandküsten, an welchen Nordwest- und Südostmonsun über den die ganze Insel ringsum einfassenden Fransenriffen Korallen- und Muscheltrümmer höher und höher anhäufen. Die Südküste ist zum Theil sumpfig. Nur die Nordküste oder eigentlich die Nordwestküste, die Ufer der Bucht von Saui, stellen eine Steilküste dar, deren nackte von der Brandung unterspülte Wände einigen Einblick in die geologische Structur der Insel gestatten und deren Profil auf beistehender Tafel im Maassstabe des im hydrographischen Theile des Novara-werkes publicirten Detailplanes der Bucht von Sani gegeben ist.

(Siehe nebenstehende Tafel.)

Das östliche Ufer dieser Bucht steigt von N. gegen S. allmählich höher und höher bis zu etwa 60 Fuss Meereshöhe an und umschliesst zwei kleine Seitenbuchten, in welchen unter gehobenen Korallfelsbänken, welche die vorspringenden Felsecken bilden, mächtige Bänke von grauem Thon zu Tage treten. Sehr charakteristisch ist, dass die Grenze der kalkigen und thonigen Schichten an der Oberfläche der Küstenterrasse zugleich eine scharfe Vegetationsgrenze ist, indem auf dem thonigen Boden an die Stelle der Kokospalme, der Pandanus, Casuarinen und Gräser treten, welche stellenweise förmliche Grasheiden bilden.

Die thonigen Ablagerungen sind ohne deutliche Schichtung kubisch zerklüftet. Die vorherrschende Farbe ist lichtgrau, nur einzelne Bänder sind dunkler gefärbt; andere sind eisenrostig und enthalten zahlreiche concentrisch-schalige Brauneisensteinknollen. Der Thon ist etwas kalkhaltig, braust mit Säure. An der südlichen Seitenbucht tritt zwischen den Thonbänken auch eine festere sandige Bank von 2—3 Fuss Dicke auf, von deren hervorragenden Theilen grössere oder kleinere Platten abbrechen; an einer dieser Platten beobachtete ich den Abdruck einer grösseren Fucus-Art, von welcher der nebenstehende Holzschnitt ein getreues Abbild gibt. Die Streichungsrichtung der an beiden Buchten flach sattelförmig gelagerten Schichten ist von SSO. nach NNW. (Stunde 10 bis 11 des Compasses). Die grösste Mächtigkeit, mit welcher die Schichten zu Tage treten, beträgt 20—30 Fuss. Als rein marine Bildung ist diese Thonablagerung an der Nordküste von Kar Nikobar charakterisirt durch die zahlreichen Foraminiferen, welche sie enthält. Dagegen ist es mir nicht gelungen, ausser undeutlichen schlecht erhaltenen Bivalven irgend welche erkennbare Molluskenreste darin aufzufinden.

1 Wiener Fuss.

*Chondrites Nikobarensis* Hochst.

Weiter gegen S. senken sich die thonigen Schichten wieder unter das Niveau des Meeres und an ihre Stelle treten an der immer höher, aber auch immer unzugänglicher werdenden Steilküste von neuem Korallenkalkbänke, in welchen die Brandung tiefe Höhlen ausgewaschen hat, und welche überlagert sind von mächtigen, an der verwitterten Oberfläche ziemlich mürben, aus Muschel- und Korallensand bestehenden weissen Gesteinsbänken.

# Geologischer Durchschnitt der nordwestlichen Küste von Kar Nikobar.

## a) Westseite oder östliches Ufer der Bucht von Saui.

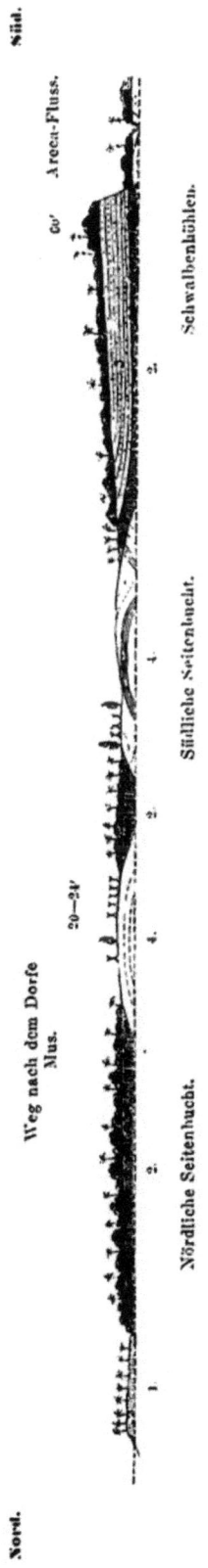

**Nord.**

**Süd.**

Weg nach dem Dorfe
Mus.

20—24'

Areca-Fluss.

Schwalbenhöhlen.

Südliche Seitenbucht.

Nördliche Seitenbucht.

## b) Nordseite oder südliches Ufer der Bucht von Saui.

**Ost.**

**West.**

Areca-Fluss.

Bach.

Bach.
Hütten.

Dorf Saui.

Hütten.

— Gemischter Laubwald.

— Kokospalmen.

— Pandanus.

— Casuarinen.

— Arecapalmen.

1. Loser Korallen- und Muschelsand.
2. Gehobene Korallenbänke.
3. Erhärtete Gesteinsbänke von gehobenem Korallen- und Muschelsand.
4. Plastischer Thon mit Sandsteinbänken.

Maassstab.

1 Seemeile.

0

**Anmerkung.** Dieser Durchschnitt ist im Maassstabe des als Beilage zum nautisch-physikalischen Theile des Novarawerkes publicirten Detailplanes der Bucht von Saui gegeben.

Novara-Expedition. Geologischer Theil. II. Bd.

Am Arecaflusse, im innersten Winkel der Bucht von Saui, stürzt das etwa 60 Fuss hohe Plateau wie an einer Dislocationsspalte plötzlich ab, und das südliche Ufer der Bucht zeigt nichts Anderes als einen flachen, kokosreichen und stark bewohnten Sandstrand.

Aus einzelnen Bachgeschieben, welche ich sowohl an der Nord- als auch an der Südseite fand, schliesse ich, dass im Innern der Insel irgend wo ein grauer feinkörniger Sandstein mit feinen weissen Glimmerschüppchen und dichter Kalkstein ansteht. Die Eingebornen benützen die Sandsteingeschiebe als Schleifsteine.

Die Bearbeitung der sehr gut erhaltenen Foraminiferen aus den oben beschriebenen Thonbänken hat Herr Dr. Konrad Schwager in München freundlichst übernommen. Seine sehr werthvolle Arbeit wird diesem Capitel über die Nikobar-Inseln angeschlossen werden, und ich erlaube mir in betreff der Resultate auf diese Arbeit selbst hinzuweisen.

**Batti Malve** ist eine kleine Felsinsel ringsum mit steil abfallendem Ufer. An der Südost- und Ostseite erhebt sie sich in zwei Terrassen etwa bis zu 150 Fuss Meereshöhe. An der West- und Nordwestseite läuft sie in eine niedrige Felsplatte aus. So viel man aus einer Entfernung von 2—3 Seemeilen — näher kamen wir nicht — schliessen kann, ist die Insel unzugänglich. Der äussere Uferrand erscheint nur mit Gras, das Innere aber mit dichtem Buschwald

Insel Batti Malve.
Südseite in 2½ Seemeilen Entfernung. — 2. März 1858.

bewachsen, an dessen Rande da und dort die Wipfel von Kokospalmen hervorragen. Nur Kar Nikobar gegenüber kann das Eiland den Eindruck eines „verhältnissmässig nackten Felsen" machen, wie Steen Bille sagt. Die daselbst auftretenden Gesteine sind aller Wahrscheinlichkeit nach dieselben, wie auf Kar Nikobar.

**Tillangschong** ist dem flachen Kar Nikobar gegenüber eine steile und schmale, von NW nach SO. langgestreckte Gebirgsinsel, welche aus zwei, durch einen nur gegen 30 Fuss hohen Sattel getrennten vielkuppigen Bergrücken besteht. Beim Zusammentreffen beider Bergrücken ist an der Südostseite eine tief einschneidende Bucht gebildet, welche zur Zeit des Nordwestmonsums einen vortrefflichen Ankerplatz bietet. Die weniger steil ansteigende südwestliche Küste ist von einzelnen Felsklippen begleitet, während die nordöstliche Küste eine in schroffen Wän-

Insel Tillangschong. (Südwestseite.)

den abfallende Steilküste darstellt. Die höchsten Kuppen gehören dem nördlichen Theile der Insel an und mögen eine Meereshöhe von 500 Fuss erreichen. Serpentin und Gabbro bilden jedenfalls die Hauptmasse der Insel. In der kleinen Bucht an der Südwestküste der Insel — Novarabucht —, in welcher die Fregatte einige Stunden geankert war, bestehen die stark zerklüfteten unregelmässigen Felsmassen am Ufer, und eben so die dicht bewaldeten Bergegehänge, so weit sich in kleinen felsigen Bachschluchten beobachten liess, aus massigem gemeinem Serpentin, der häufig von Hornsteinadern durchzogen ist. Der Strand bot eine wahre Musterkarte der verschiedenfarbigsten Serpentin-, Jaspis- und Hornsteingerölle, daneben aber auch äusserst zahlreich Gerölle eines dunkelschwarzgrünen krystallinischen Diallag-Gesteines, das jedenfalls unweit an derselben Küste in grösseren Felsmassen anstehen muss.

Am Fusse der Hügel bildet sich aus eckigen Serpentin-Fragmenten und aus in Zersetzung begriffenen Massen eine eisenschüssige Breccie, während in der Brandung die Serpentingerölle durch Korallen- und Muschelsand zu festen Sandstein- und Conglomeratbänken verkittet werden, die ganz und gar an Verde antico, Ophicalcit, erinnern. Das Plateau des Küstenriffs erstreckt sich 2—300 Fuss weit vom Steilrand des Ufers in's Meer. Die ganze Insel war mit dichtem Urwald bedeckt, der auch auf dem Serpentinboden üppig gedeiht.

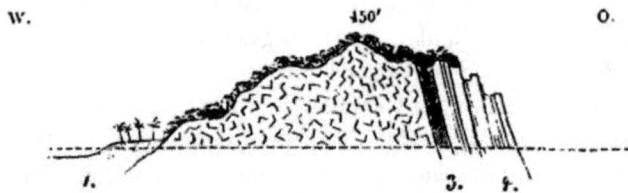

**Insel Tillangschong,**

Durchschnitt an der Südostküste.

1. Korallenbildung. 2. Serpentin und Gabbro. 3. Breccien.
4. Steil aufgerichtete geschichtete Gebirgsarten.

Auf dem südlichen Theil der Insel und an der Ostküste liessen sich, als wir vorbeifuhren, steil aufgerichtete dünngeschichtete Gesteine erkennen, die an der südöstlichen Bucht in mächtigen Felsplatten mit fast senkrechter Schichtenstellung und säulenförmig zerklüftet emporragten, ihrer eigentlichen Natur nach jedoch mir unbekannt blieben, da ich leider darauf angewiesen war, das Fernrohr statt des geologischen Hammers zu benützen.

**Kamorta, Trinkut, Nangkauri** nebst Katschal bilden die mittlere Gruppe der nikobarischen Inseln. Vor der östlichen Einfahrt in den Canal zwischen Kamorta und Naugkauri liegt Trinkut, eine niedere von Korallriffen umfranste Insel, an deren Südküste weissgelbe Thonmergelbänke zu Tage treten. Mannigfaltiger gestaltet ist Kamorta einerseits und Nangkauri andererseits.

**Inseln Kamorta und Trinkut.**

Durchschnitt längs des Nangkauri-Hafens.

1. Gabbro und Serpentin.    Breccien und Tuffe. 3. Thonmergel mit sandigen Schichten.
4. Korallenbildungen.

Der vielbuchtige Canal zwischen beiden Inseln, der Nangkauri Hafen, entspricht einer Querspalte, der Trinkut-Canal einer Längsspalte; die steilen Ufer des ersteren bieten daher den lehrreichsten geologischen Durchschnitt.

Die enge westliche Einfahrt in den Nangkauri-Canal ist durch zwei vorspringende Felsecken bezeichnet, welche die Brandung durchspült und zu natürlichen Felsthoren ausgewaschen hat. Beide Felsufer, die mit gegen 80 Fuss hohen senkrechten Wänden ansteigen, sind von einer groben Breccie gebildet, die aus festcementirten eckigen Trümmern von Serpentin und Gabbro besteht. An der Kamorta-Seite konnte ich keine Spur von Schichtung in diesem Trümmergestein wahrnehmen, die Felsen sind hier in grosse quaderförmige Blöcke zerklüftet. An der Nangkauri-Seite wechseln aber gröbere Bänke mit feineren tuffartigen Bänken, die von SSO. nach NNW. streichen und sehr steil mit 85° gegen W. einfallen. An der Kamorta-Seite treten an zwei Punkten unter dem Trümmergestein, das Rink wohl ganz richtig als Reibungsbreccie aufgefasst hat,

Klippen eines bald mehr serpentin- bald mehr gabbroartigen Massengesteins zu Tage und unter den Strandgeröllen fand ich auch zahlreiche Geschiebe des rothbraunen, von weissen Calcitadern durchzogenen Gesteins, welches Rink als Eurit bezeichnet.

Die Erscheinungen an der westlichen Einfahrt des Nangkauri-Hafens sind also in jeder Beziehung analog denjenigen an der nur wenige Meilen weiter nördlich gelegenen Einfahrt in die Ulala-Bucht, welche Rink auf einem Profil (a. a. O. S. 68) dargestellt hat. Die weiter nördlich liegenden, in ihrer äusseren Form oft an vulcanische Kegelformen erinnernden und zum grossen Theile waldlosen Bergkuppen auf der Westküste von Kamorta, die Höhen von 4—500 Fuss erreichen, bezeichnen ohne Zweifel den weiteren Zug der Serpentin- und Gabbrogesteine, welche auf Kamorta und Nangkauri in einer Längenspalte von SSO. nach NNW. durchgebrochen sind.

Im Innern des Nangkauri-Hafens treten, wo an vorspringenden Ecken die Gesteine blossliegen, wohlgeschichtete weiss-gelbe Thonmergel auf, welche mit feinkörnigen Sandsteinbänken und mit Serpentin- und Gabbrotuffen wechsellagern. Am instructivsten in dieser Beziehung ist die steile südöstliche Ecke von Kamorta, an der die Küstenlinie in den Trinkut-Canal umbiegt. Hier steht die Thonmergelformation in 30—80 Fuss hohen Wänden gut aufgeschlossen an. An der Südseite der Ecke hat man den Querbruch der Schichten, die mit 25 bis 30° gegen W. verflächen, während an der Ostseite auf dem Längsbruch die Schichtenköpfe horizontal über einander ausstreichen. Der Thonmergel ist versteinerungsleer, von gelblich-weisser Farbe und war an den senkrechten Wänden mit Zoll langen, weissen seidenglänzenden Krystallfasern bedeckt, die sich bei der Untersuchung als schwefelsaure Magnesia ergaben. Der Thon selbst enthält nach der Analyse Rink's neben kieselsaurer Thonerde, Eisenoxyd und Talkerde.

Die weissgelben, völlig kalkfreien Thonmergel von Kamorta und Nangkauri haben eine grosse Berühmtheit erlangt, seit Prof. Ehrenberg [1] bei Untersuchung der von Dr. Rink mitgebrachten Proben erkannte, dass sie wahre Polycistinenmergel sind, wie die Polycistinenmergel von Barbados der Antillen, in welchen Ehrenberg 1848 über 300 Arten entdeckt hat, und die von Prof. Forbes für eine miocene Tertiärbildung gehalten werden. Ehrenberg sagt: „Ganz besonders schön entwickelt ist dieses Materiel auf der Insel Kamorta, wo ein etwa 300 Fuss hoher Berg bei Frederikshavn sowohl unten, als in der Mitte, und oben bunte Polycistinenthone trägt, während die Mongkata-Hügel auf der Ostseite der Insel nach Rink ganz und gar aus einem meerschaumähnlichen leichten weissen Thone bestehen, der meiner Analyse zu folge ein ziemlich reines Conglomerat der prächtigen Polycistinen und ihrer Fragmente mit vielen Spongiolithen ist." Die Analyse einer Probe von Nangkauri ist auf Tafel XXXVI der Mikrogeologie abgebildet. Die Polycistinen-Arten der Nikobaren sind nach Ehrenberg häufig dieselben, welche den Polycistinenmergel von Barbados in fast gleicher geographischer Breite bilden, doch gibt es auch neue Formen dabei.

Mit den Thonmergel-Bänken, die da und dort eckige Fragmente von Serpentin und Gabbro einschliessen, wechsellagern nahe im Niveau des Meeres festere Bänke eines psephitischen Gesteines, das aus fest verkitteten eckigen Fragmenten von Serpentin und Gabbro besteht, und desshalb am besten als Gabbrotuff bezeichnet werden dürfte. Charakteristisch ist, dass diese Gabbrotuffe wieder grössere und kleinere Schollen von Thonmergel umschliessen. An der Ostküste bei dem Dorfe Inaka (Enaka) zeigte sich zwischen dem Thonmergel ein röthlicher glimmeriger Sandstein.

Ähnlich sind die Verhältnisse an der gegenüberliegenden Nordostküste von Nangkauri. Zwischen den Dörfern Inuang und Malacca tritt der weissgelbe Thonmergel in wenig geneigten

[1] Ehrenberg, Berl. Akademie. Monatshefte 1850. S. 476.

Schichten zu Tage, zwischen Malacca und Injáong aber liegt eine steile Felsecke, an der sich diese Schichten fast senkrecht aufrichten, und nach und nach einem Trümmergestein von Serpentin und Gabbro Platz machen. An der vorspringenden Ecke selbst steht man vor einem steilansteigenden Fels von ungefähr 60 Fuss Höhe, dessen zerklüftete und verwitterte Oberfläche schwer die eigentliche Natur des Gesteins erkennen lässt. Doch überzeugt man sich bald, wenn es gelingt einen frischen Bruch zu schlagen, dass man es hier mit einem massigen Diallaggestein zu thun hat. Aus einer fast dichten Feldspathmasse schimmert der blättrige Diallag deutlich hervor. Schmale Quarzadern durchziehen dieses Gestein. Von da bis zu dem Dorfe Injáong ist der Strand wieder flach, und erst jenseits des Dorfes sieht man zum zweiten Male hohe dunkelfarbige Felsmassen anstehen, die ein Massengestein verrathen. Das sind die beiden Punkte, welche auch Rink auf seiner Karte als plutonisch bezeichnet hat.

**Treis und Trak.** An der nordwestlichen Spitze der kleinen Insel Treis bilden steil aufgerichtete Bänke eines feinkörnigen thonigen Sandsteins von grünlich-grauer Farbe ein niederes Steilufer.

wsw.  ozo.

Sandstein und Schieferthon.
Korallenbildung.
**Insel Trak.**

Dieselben Gesteinsschichten, wechselnd mit dünngeschichtetem sandigem Schiefer, zeigen am südöstlichen Steilrande der nur wenige Kabeln entfernten kleinen Insel Trak beistehenden Durchschnitt:

Die Schichten bilden neben einer Dislocationsspalte einen Sattel, und streichen von SSO. nach NNW. Hier war es, wo ich in einer der Sandsteinbänke ein abgerolltes Stückchen Braunkohle eingebettet fand, von derselben lignitartigen Braunkohle, von welcher ich auf der Insel Treis am Strande einige grössere, gleichfalls abgerollte Stücke gefunden hatte. Von Kohlenflötzen war jedoch keine Spur zu entdecken; was man an jenem Profil aus grösserer Entfernung wegen der schwarzen Färbung dafür halten konnte, war nur der Schatten tiefer ausgewitterter, weicherer Sandsteinbänke oder die etwas dunklere Färbung einzelner Schichten.

**Pulo Milu,** die kleine Insel an der Nordküste von Klein-Nikobar, die Dr. Rink in allen

**Insel Pule Milu.**

W.  O.
120'
A  B
Durchschnitt nach der Linie A—B.

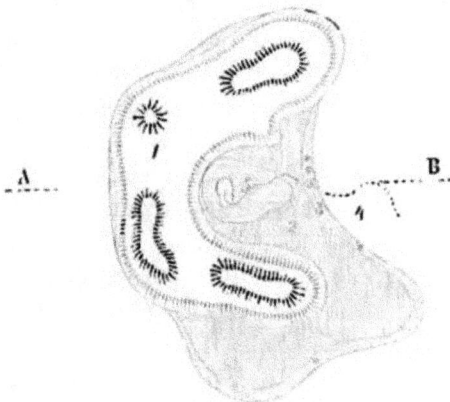

**Gesteins- und Vegetations-Karte.**

1. Sandstein.  Buschwald.
   Korallenconglomerat.  Hochwald.
   Korallen- und Muschel-  Kokoswald.
   sand.
4. Küstenriff.  —
5. Süsswasser-Alluvium.  Pandanuswald.

ihren Eigenthümlichkeiten so vollständig und vortrefflich beschrieben, besteht in ihren höheren

Theilen aus einem grauen sehr feinkörnigen, glimmerigen und kalkhaltigen Sandstein, welcher mächtige Bänke bildet. Sehr häufig beobachtet man kugelförmige Concretionen, welche an der mürben verwitterten Oberfläche wie Kanonenkugeln hervorragen. Von Versteinerungen keine Spur. Zwischen den mächtigen Banken lagern dünngeschichtete sandige Schiefer. Die Schichten streichen von SSO. nach NNW. und fallen mit 45° gegen O. ein. Dr. Rink erwähnt ein fossiles Harz im Sandstein der Insel Milu. (S. 50.)

Besonders lehrreich war mir Pulo Milu, weil sich hier vollkommen klar die Abhängigkeit der Vegetation von dem Boden und der geognostischen Grundlage erkennen liess. Die Vegetations- und Gesteinsformationen decken sich in ihren Verbreitungsgebieten, wie das beigegebene Kärtchen zeigt, vollständig. Die Sandsteinhügel sind von Buschwald bedeckt, der Korallen-Kalkboden von Hochwald, den salzigen Kalksandboden am Strande nimmt der Kokoswald ein, und der Süsswassersumpf am Abhange der hufeisenförmigen Hügelreihe trägt den üppigsten Pandanuswald, den wir auf den nikobarischen Inseln gesehen.

Die Küste von Klein-Nikobar, dessen Berge gegen 1000 Fuss Meereshöhe erreichen, haben wir nicht betreten.

**Kondul,** zwischen Klein- und Gross-Nikobar, besteht aus einem 1 1/2 Seemeilen langen und eine halbe Seemeile breiten Hügelrücken, dessen Schichten gegen NNW. streichen und mit 70° gegen O. einfallen. Die Westseite ist die Steilseite. Die Schichten bestehen aus einer Wechsellagerung von bald mehr sandigen, bald mehr thonigen Schichten. Der Sandstein ist vorherrschend gelblich-weiss mit eisenschüssigen rothbraunen Partien. Die thonigen Schichten bestehen zum Theil aus fettem plastischem Thon, zum Theile aus bröckeligem gelbem Thonmergel, mit zwischenliegenden dünngeschichteten sandigen Schiefern. Undeutliche Algenreste und kleine abgerollte Kohlenstückchen waren die einzigen organischen Reste, die ich fand.

**Gross-Nikobar.** Was soll ich von Gross-Nikobar berichten? Ausser einigen Sandsteinhügeln an der Nordküste und den Sandsteinketten an der Ostseite der Galathea-Bucht im Süden habe ich nichts gesehen. Gross-Nikobar mit seinen Bergen von 2000 Fuss Meereshöhe ist geologisch noch eine vollständige terra incognita.

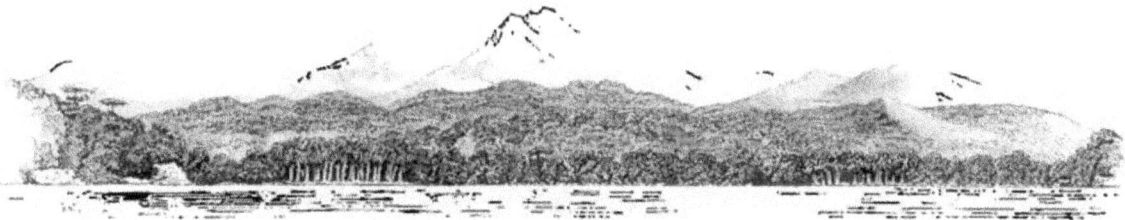

Ansicht des höchsten Gebirgsrückens von Gross-Nkiobar
der Nordwestseite, in 2 Seemeilen Entfernung von der Küste. — 23. März 1858.

Ein höchst merkwürdiges Erdbeben, das vom 31. October bis 5. December 1847 auf den nikobarischen Inseln zu derselben Zeit, da auch im mittleren und westlichen Java Erdbeben verspürt wurden, geherrscht haben soll, findet man aus der Pinang Gazette in Junghuhn's Java II. Thl. S. 940 beschrieben. Dabei soll an einem Berge von Gross-Nikobar Feuer gesehen worden sein. Sollte der höchste Gipfel von Gross-Nikobar vulcanisch sein? Die Form ist die eines vulcanischen Kegelberges, und wie Junghuhn sagt, dass man an der Südküste von Java ans Land steigen und Tage lang durch Sandstein- und Schieferthonschichten wandern kann, ohne durch irgend eine Erscheinung auch nur eine Spur von den grossartigen vulcanischen

Natur Java's zu bekommen, so kann auch das Innere von Gross-Nikobar Formationen bergen,
von denen man an der Küste keine Ahnung bekömmt. Indess ich lege auf das auf Gross-Nikobar
angeblich gesehene Feuer kein Gewicht, wohl aber scheint die Beschreibung des Erdbebens
wahrheitsgemäss zu sein, da ich die darin erwähnten Bergstürze auf Kondul selbst gesehen habe

- - ——————

Diese wenigen Beobachtungen zusammen mit den Erfahrungen von Dr. Rink
geben uns von der geologischen Natur der nikobarischen Inseln folgendes, wahrscheinlich aber noch sehr unvollständige Bild.

Auf den nikobarischen Inseln spielen die Hauptrolle drei verschiedene Bildungen: 1. eine eruptive Serpentin- und Gabbroformation; 2. eine aus Sandsteinen, Schieferthonen, Thonmergeln und plastischem Thon bestehende wahrscheinlich jung-tertiäre Meeresformation; 3. recente Korallenbildungen.

Die Serpentin- und Gabbroformation der nikobarischen Inseln trägt
einen ausgezeichnet eruptiven Charakter an sich. Die tertiären Sandsteine, Schieferthone und Thonmergel erscheinen durchbrochen, ihre Schichten theils steil
geneigt, theils in flache, parallele, wellenförmige Falten gebogen. Jene Massengesteine sind begleitet von gröberen und feineren, aus eckigen Fragmenten der Massengesteine bestehenden Trümmergesteinen, welche theils als wirk-
liche Reibungsbreccien sich auffassen lassen, theils als sedimentäre Tuffe, die
mit den Thonmergelschichten wechsellagern. Die Eruption dieser plutonischen
Massen scheint also in eine Zeit zu fallen, da die Bildung der marinen Sedimente
zum Theile schon vollendet, zum Theile aber noch im Gange war. Sie sind
emporgebrochen auf Spalten, deren Hauptrichtung von SSO. nach NNW. mit
der Längenrichtung der ganzen Inselgruppe überhaupt zusammenfällt. Am aus-
gedehntesten treten Serpentin und Gabbro auf den mittleren Inseln auf, auf
Tillangschong, Teressa, Bomboka, Kamorta und Nangkauri; sie bilden hier
Hügelketten von 2—500 Fuss Meereshöhe, deren Oberflächenform mitunter
ausserordentlich an die Kegelform junger vulcanischen Bildungen erinnert. Die
hebende Kraft hat dagegen auf den südlichen Inseln am stärksten gewirkt und
hier Sandsteine und Schiefer wahrscheinlich bis zu 1500 und 2000 Fuss Meereshöhe erhoben, auf den niederen nördlichen Inseln am schwächsten.

Was die sedimentären Bildungen betrifft, so hat Rink die auf den
nördlichen Inseln auftretenden thonigen Ablagerungen als „Älteres Alluvium"
von den Sandstein- und Schieferthonbildungen der südlichen Inseln, die er als
„Braunkohlenbildungen" aufführt, getrennt und betrachtet jene als ein
Product der plutonischen Gebirgsarten, gebildet durch chemische und mechanische
Zerstörung von nur localem Charakter. Darnach zerfällt der Archipel der Niko-

baren bei ihm in zwei geologisch verschiedene Gruppen — eine Auffassung, der ich mich nicht anschliessen kann.

Die Thone und Thonmergelbildungen der nördlichen Inseln Kar Nikobar, Teressa, Bomboka, Kamorta, Trinkut, Nangkauri und die Sandsteine und Schieferthone der südlichen Inseln Katschal, Klein- und Gross-Nikobar erscheinen mir nur als petrographisch verschiedene Producte einer und derselben grossen Bildungsperiode. Für die Altersbestimmung dieser marinen Formation hat man allerdings nur sehr wenige Anhaltspunkte, da einzelne in Braunkohle verwandelte Stücke von Driftholz, fucoidenartige Pflanzenreste, Foraminiferen und Polycistinen die einzigen Reste sind, welche bis jetzt in ihren Schichten aufgefunden wurden. Allein alle diese Reste sprechen mehr oder weniger deutlich für ein jungtertiäres Alter.

Zu demselben Resultat führt der Vergleich mit der geologischen Beschaffenheit derjenigen Inseln, welche mit den Nikobaren auf einer und derselben Hebungslinie liegen, insbesondere der Vergleich mit Sumatra und Java. Ich zweifle keinen Augenblick, dass die Thon-, Mergel- und Sandsteinformation der nikobarischen Inseln ihr vollständiges Analogon hat in den tertiären Bildungen auf Java, die ich dort selbst zu studiren und zu vergleichen Gelegenheit gehabt habe, und die uns in ihrer Verbreitung und Gesteinsbeschaffenheit zuerst durch den leider zu früh verstorbenen, um die physikalische Geographie Java's so hoch verdienten Fr. Junghuhn bekannt geworden sind.

Auf der Insel Java besteht nach Junghuhn[1] 1/5 der Oberfläche aus Alluvialboden. Dieser herrscht besonders auf der Nordseite der Insel und reicht von der Küste einwärts bald nur eine, bald 5 bis 10 engl. Meilen, 1/5 besteht aus vulcanischen Kegeln und den nächsten Umgebungen derselben, wo tiefer liegende Gesteinsbildungen mit vulcanischen Producten überschüttet sind. Diese Kegel nehmen vorzugsweise das Innere der Inseln ein, in einer öfters verdoppelten Reihe von West nach Ost, während 3/5 der Oberfläche aus Tertiärgebirgen bestehen. In mannigfachen Auftreibungen, bald in flachen wulstförmigen Erhebungen, bald in schollenartigen Emporrichtungen, umgibt dieses Tertiärgebirge die Vulcanreihe jeder Zeit auf zwei Seiten, sowohl auf der Süd-, als auf der Nordseite. Auf der Nordseite unterlaufen die weniger hoch emporgetriebenen Tertiärschichten den Alluvialboden und haben daher an der Oberfläche eine geringe räumliche Ausdehnung. In ungleich höherem Grade aber sind die Tertiärschichten auf der Südseite der Vulcane, sowohl was Höhe, als horizontale Ausdehnung betrifft, entwickelt. Man sieht sie am häufigsten in Schollen zerspalten, die nach einer Seite zu nach Norden, d. i. nach den Vulcanen zu, immer höher ansteigen und in ihrem höchsten Rande 2, 3, ja 4000 Fuss hoch aufgerichtet sind. Und an der

Fr. Junghuhn, Java III. Bd., S. 6.

Südseite hauptsächlich ist es auch, wo im neptunischen Gebirge Java's plutonische Eruptionsgesteine vorkommen, die zum Theile nur schmale scharf begrenzte Gänge sind, ohne Einfluss auf die Bildung und Form der Oberfläche, zum Theile aber auch wirklich kleine Bergketten und isolirte Bergstöcke bilden, ähnlich den Serpentinen und Gabbro's der Nikobar-Inseln. An der Tjiletuk-Bai (der südlichen Seitenbucht der Wynkoops-Bai an der Südküste von Java) scheinen sich nach den Berichten des holländischen Bergingenieurs Huguenin[1] in der That die geologischen Verhältnisse der Nikobaren zu wiederholen. Sandsteine, Conglomerate und sehr mächtig entwickelte Grünsteinbreccien bilden neben Eruptivgesteinen aus der Grünsteinfamilie die daselbst auftretenden Formationen. Und diese Eruptivgesteine sind, wie ich mich an Exemplaren in der Localsammlung zu Beutenzorg überzeugte, Serpentine, Gabbro's und Aphanite, ganz wie ich sie auf den Nikobaren gesehen hatte. Eben so scheinen die kreideweissen Thonmergel in den mittleren Gegenden von Bantam und die feinen weissen Mergel in den südlichen Gegenden von Tjidamar, welche Junghuhn (a. a. O. S. 13) erwähnt, ganz übereinstimmend mit den Thonmergeln der Nikobaren.

Zur Zeit meines Aufenthaltes auf Java (1858) kam ich nach dem, was mir damals die Literatur bot, und nach dem, was ich selbst gesehen hatte, zu der Ansicht, dass man, abgesehen von den Kalksteinbildungen, deren Stellung im tertiären Schichtencomplex Java's noch eine zweifelhafte ist,[2] in der Schichtenfolge des javanesischen Tertiärgebirges zwei Hauptgruppen unterscheiden müsse:

1. Eine untere kohlenführende Gruppe: zahlreiche bauwürdige Flötze bituminöser Pechkohle (Braunkohle) sind eingelagert in quarzige, nicht kalkhaltige Sandsteine und Schieferthone mit verkieselten Baumstämmen, aber wenigen oder keinen Meeresconchylien. Dahin rechnete ich die von Junghuhn im südwestlichen Java entdeckten Kohlenflötze, so wie die Kohlenformation am Kapuasflusse in West-Borneo und die ausgedehnten Kohlenfelder im südlichen und östlichen Borneo, endlich die Kohlen von Benkulen auf Sumatra, und zahlreiche andere Vorkommnisse im indischen Archipel.

2. Eine obere flötzleere Gruppe: ein Thon- und Sandsteingebirge mit plastischen Thonen, Schieferthonen, Thonmergeln, kalkhaltigen Sandsteinen, mit trachytischen Tuffen, Breccien und Conglomeraten, und reich an Meeresconchylien, fossilen Pflanzenresten, fossilem Harz, aber statt Flötzen nur mit Kohlennestern.

---

Untersuchungen nach der Anwesenheit von Steinkohlen an der Tjiletuk-Bai, von O. F. U. J. Huguenin (mit einer geologischen Karte) 1856. Natuurkundige Tijdschrift voor Nederlandsch Indie, Theil XII, S. 110.

Nach Junghuhn ist der Kalkstein das jüngste Glied der ganzen Formation, und wird stets nur in oberflächlichen oben aufliegenden Bänken gefunden.

Gründe, welche ich an einem anderen Orte entwickelt habe,[1] hatten mich bestimmt, ein cocenes Alter dieser Schichtencomplexe für wahrscheinlich zu halten. Diese Ansicht mag auch für die untere Gruppe noch jetzt gelten, während ich mich in Betreff der oberen Gruppe gerne den Ansichten meines Freundes Baron v. Richthofen und den Deductionen von H. M. Jenkins[2] anschliesse, wonach dieser petrefactenreiche Schichtencomplex von jüngerem miocenem Alter zu sein scheint.[3] Dieser oberen miocenen Schichtengruppe nun, vermuthe ich, entsprechen die tertiären Bildungen auf den Nikobaren, wenngleich hier petrefacten-reiche Fundorte, welche diese Vermuthung bestätigen könnten, erst nachgewiesen werden müssen. Dass auch auf dem Mittelglied zwischen Java und den Nikobaren, auf Sumatra, diese tertiären Bildungen nicht fehlen, ist zweifellos. Gewiss mit Recht sagt Junghuhn (a. a. O. S. 8): „Die Tertiärformation scheint sich unter-meerisch über den ganzen indischen Archipel zu erstrecken, da überall, wo inner-halb der Ausdehnung dieses Archipels Theile der Erdkruste über den Spiegel des Meeres erhoben vorkommen, auch die neptunische Formation zum Vorschein tritt. Mit Sicherheit ist mir dieses bekannt vom nördlichen Sumatra, wo das Tertiär-gebirge namentlich in den Battaländern gefunden wird. Die Inseln in der Bai von Tapanuli — diese Inseln liegen gerade in der Fortsetzung der Nikobaren — nebst den angrenzenden niedrigen Gestaden von Sumatra und auch zum Theil die Berge bei Tuka bestehen mit Ausnahme der Trachytinsel Dungus Nasi aus mehr oder weniger erhobenen Sandsteinschichten, welche Tertiärmuscheln, wenn auch nur sparsam, enthalten." So scheint es hauptsächlich die Südküste von Java und die Südwestküste von Sumatra zu sein, wo sich die geologischen Verhältnisse der Nikobaren wiederholen.

Serpentine, Gabbro's und dioritähnliche Massengesteine (Grünsteintrachyte wie in Ungarn) bezeichnen auf Java den Anfang der Eruptivbildungen, mehr und mehr echt trachytische Gesteine folgen nach, und der bis in die Jetztzeit fortdau-ernde Aufbau gewaltiger vulcanischer Gerüste bildet den Abschluss der gross-artigen Eruptiverscheinungen im indischen Archipel. Dabei scheint die Eruptions-linie auf Java sich langsam von Süd nach Nord, auf Sumatra von Südwest nach Nordost verrückt zu haben, so dass dieselbe im Gebiete der Nikobaren östlich von der Inselgruppe vorbeistreichen würde in derselben Länge, auf der sie östlich von der Hauptgruppe der Andamanen in dem vulcanischen Barren Island und Narcon-dam wieder hervortritt.

---

[1] Nachrichten über die Wirksamkeit der Ingenieure für das Bergwesen in Niederländisch-Indien. Jahrb. d. k. k. geol. Reichsanst. 1858, S. 277.

[2] H. M. Jenkins, on some tertiary Mollusca from Mount Sela (Java). Quart. Journ. Geolog. Society. Febr. 1864. — F. Baron v. Richthofen, Zeitschrift der deutschen geologischen Gesellschaft Bd. 14, S. 327.

[3] Vergl. den Abschnitt über Java in diesem Werke.

Das junge tertiäre Alter der Serpentin- und Gabbro-Durchbrüche auf den Nikobaren und eben so auf Java hat ein vollständiges Analogon in den Serpentin- und Gabbro-Durchbrüchen Central-Italiens, welche nach Signor Perazzi in Turin und Prof. Savi theils der Eocen-, theils der Miocenzeit angehören und wegen ihrer Kupfererzführung von bergmännischer Bedeutung sind.

Die dritte Hauptformation der Nikobaren sind Korallenbildungen, welche der jüngsten Periode, der Jetztzeit, angehören. Auf Kar Nikobar, Bomboka und mehreren andern Inseln findet man mächtige Korallenbänke, theils aus dichtem Korallenkalkstein, theils aus Korallen- und Muschel-Conglomerat bestehend, bis zu 30 und 40 Fuss über den jetzigen Spiegel der See erhoben; auf allen Inseln aber sieht man das ursprüngliche Areale vergrössert durch ein flaches Korallenland, das nur durch die höher aufgeworfene Sanddüne des Strandes getrennt ist von den im Fortbaue begriffenen Korallriffen, die als Fransenriffe sämmtliche Inseln umgeben. Wenn jene gehobenen Korallenbänke ein entscheidender Beweis sind für Hebungen der Inseln, die noch stattfanden nach der ersten Hebungsepoche, welche wohl mit der Eruption der Serpentin- und Gabbromassen zusammenfällt, so lässt sich auf der andern Seite die Bildung des flachen nur wenige Fusse über den Meeresspiegel erhobenen Korallenlandes durch Aufhäufung von Korallenbruchstücken, von Sand und Muschelschalen auf der seichten Oberfläche der Fransenriffe durch Wellen und Brandung erklären. Eine detaillirte Beschreibung der Eigenthümlichkeiten der nikobarischen Korallenriffe und der Bildung des niederen Korallenlandes hat schon Rink (S. 88 u. s. w.) gegeben.

## 2. Über das Vorkommen von Kohlen und anderen nutzbaren Gesteinen oder Mineralien auf den nikobarischen Inseln.

Die Kohlenfrage bildete einen Hauptgegenstand der Untersuchung schon bei der ersten wissenschaftlichen Expedition nach den nikobarischen Inseln, die im Jahre 1845 von dem dänischen Consul Mackey in Calcutta, dem Engländer Lewis und den beiden Dänen Busch und Löwert unternommen worden. Ihre Lösung war zum zweiten Male eine Aufgabe des die königl. dänische Corvette „Galathea" begleitenden Geologen Dr. Rink. Der Tagesbefehl Nr. 5, welcher die Instructionen und Anweisungen zur Aufnahme und Untersuchung der Nikobar-Inseln von Seite der wissenschaftlichen Expedition auf Sr. Majestät Fregatte „Novara" enthielt, machte auch mir die Beantwortung dieser Frage zur Pflicht. [1] Das Thatsächliche in dieser Beziehung ist nun Folgendes.

---

Diese Instruction lautete: „Nach den Berichten der Naturforscher der dänischen Expedition sollen Steinkohlen und vielleicht auch edle Steinarten vorkommen. Soferne sich dieses bewahrheiten sollte, sind Proben in genügender Menge mitzunehmen, eben so in dem Falle, als Metalle sich vorfinden möchten. Im

Die Resultate der ersten Expedition waren beschränkt auf den Fund einzelner Stücke von „Steinkohlen" an dem Strande der südlichen Inseln. Dr. Rink fand Kohlenpartien an verschiedenen Stellen der Inseln Klein-Nikobar, Treis, Milu und Kondul. „Diese Kohlenpartien zeigten sich aber allenthalben als isolirte Massen von 1—2 Zoll Mächtigkeit." Die, wie ich schon oben bemerkt habe, unrichtige Bezeichnung „Braunkohlenbildung" für die Sandsteine und Schiefer der südlichen Inseln auf der Rink's Buche beigegebenen geognostischen Karte könnte zu Missverständnissen Veranlassung geben; aber Rink selbst drückt (Seite 53) sein Resultat in folgenden Worten aus: „Es scheint sich jedenfalls nichts den Kohlenbildungen des südöstlichen Asiens Entsprechendes auf den Nikobar-Inseln zu finden." „Die Kohlenpartien waren hin und wieder ohne Ordnung bald in Sandstein, bald in Schiefer eingebettet, und scheinen mir desshalb von Treibholz herzurühren, welches nebst dem Thon und Sande abgesetzt wurde. Ich fand nirgends etwas, das auf eine Anhäufung von Pflanzenmassen in bassinförmigen Vertiefungen hindeuten könnte, in denen die Pflanzen an Ort und Stelle gewachsen und wodurch die umgebenden Thonmassen von organischen Stoffen durchdrungen und mit Pflanzentheilen gemengt worden wären. Es ist also jedenfalls noch die Frage, ob jene Braunkohlen in bedeutenderer Menge vorkommen, worauf freilich die Menge und Grösse der gesammelten Gerölle zu deuten scheinen."

Auch mir ist es nur geglückt einzelne Stücke von Braunkohle zu finden. Die ersten Stücke fand ich am Strande der kleinen Insel Treis; es war eine muschlige Braunkohle, aber noch mit deutlicher Holzstructur. Die Stücke waren alle abgerollt und das grösste davon, 5 Zoll lang, 4 Zoll breit und 2 Zoll dick, war von Pholaden angebohrt. Ich zweifle nicht, dass diese Stücke aus den Sandstein- oder Schieferthonschichten der Insel Treis herrühren, war jedoch erst auf der gegenüberliegenden kleinen Insel Trak so glücklich, ein kleines ebenfalls abgerolltes Stück Kohle aus dem anstehenden Sandsteinfels selbst herauszuschlagen. In ganz ähnlicher Weise fand ich auf Kondul und an der Südseite von Gross-Nikobar kleine Braunkohlenstücke theils am Strand, theils im Sandstein- und Schieferfels, und sicherlich ist dieses Vorkommen über die ganze südliche Inselngruppe verbreitet. Die Beschaffenheit aller gefundenen Braunkohlenstücke spricht dafür, dass es nur vereinzelte eingebettete Treibholzstücke waren, die zu Kohle wurden, dass dieselben aber nicht grösseren Kohlenflötzen angehörten, durch deren Zerstörung sie in jüngere Schichten gekommen sind. Nur am Strande von Pulo Milu fand ich Gerölle echter Steinkohle mit der plattenförmigen Structur, wie sie nur in

---

Allgemeinen aber ist in geologischer Beziehung zu berichten, in wie weit aus den bestehenden Gebirgsarten auf das Vorkommen von nützlichen Mineralien u. s. w. geschlossen werden könnte. Von den Flüssen und Quellen ist die Temperatur zu messen u. s. w."

Kohlenflötzen vorkommt. Es ist jedoch weit wahrscheinlicher, dass diese Schwarz-
kohlenstücke von dem die königl. dänische Corvette „Galáthea“ im Jahre 1846
begleitenden Dampfer Ganges herrühren, der sich längere Zeit bei Pulo Milu
aufhielt, als dass sie aus nikobarischen Kohlenflötzen stammen.

Ich muss daher Rink's Ansicht vollkommen beistimmen, dass, so weit sich
Beobachtungen anstellen lassen, nichts für die Existenz von eigentlichen Kohlen-
becken auf den Nikobar-Inseln spricht und dass das Vorkommen von bau-
würdigen Kohlenflötzen nicht wahrscheinlich ist. Übrigens ist das Terrain
der Inseln Gross- und Klein-Nikobar gross genug, um unter der dichten Urwald-
bedeckung Formationen zu bergen, die sich am Meeresstrande durch keine Spur
verrathen. Ehe das Innere dieser Inseln zugänglich gemacht ist, wird sich die
Frage wegen Kohlen auf den Nikobaren zu keinem anderen Resultate bringen
lassen, als dem, welches schon durch die erste Expedition festgestellt wurde.

Eben so ungünstig muss das Urtheil in Bezug auf das Vorkommen von
Erzen oder anderen nutzbaren Mineralien lauten. Es ist bis jetzt nichts dergleichen
auf den Nikobar-Inseln gefunden worden. Gold und Edelsteine sind zum Theile
reich verbreitet über Inseln und Küstenstriche, die mit den Nikobar-Inseln geologisch zu einem und demselben Erhebungsfeld gehören, wie ich früher auseinandergesetzt habe. Die Eingebornen, denen jene Kohlenstücke längst aufgefallen
sind, die Glasperlen, Silberstücke u. dgl. als Schmuck verwenden, welche die
Pflanzen und Thiere ihrer Inseln recht wohl kennen, und für alle häufigeren
Erscheinungen, für alle nützlichen Producte des Thier- und Pflanzenreiches besondere Namen haben, haben bis jetzt unter den Gesteinen ihrer Inseln nichts entdeckt, was sie als Schmuck oder zu anderen nützlichen Zwecken verwenden
könnten. Die einzigen Erzspuren, die ich fand, waren Spuren von Schwefel- und
Kupferkies fein eingesprengt in diorit- und serpentinartige Gesteinen. Die Möglichkeit des Vorkommens von Kupfererzlagerstätten in den eruptiven Bildungen
der Inseln lässt sich nicht läugnen; jedoch ist bis jetzt kein Fund gemacht, der
direct darauf hinweisen würde. Dagegen sind die Inseln reich an brauchbaren
Baumaterialien. Die Sandsteine der südlichen Inseln müssen vortreffliche Werksteine
liefern; die plastischen Thone der nördlichen Inseln lassen sich ohne Zweifel eben
so gut zu Ziegeln und Backsteinen verarbeiten, wie zu Thonwaaren. Die Eingebornen von Tschaura fabriciren daraus grosse irdene Geschirre. Kalk endlich bietet der
Meeresstrand an allen Inseln in unerschöpflicher Menge in den Korallenbildungen.

### 3. Der Boden und seine Vegetationsdecke.

Eine von Menschenhand unangetastete, durch Cultur noch nicht veränderte,
völlig ursprüngliche Vegetationsdecke wird in ihrer charakteristischen Verschiedenheit immer ein sehr wahrer Ausdruck der verschiedenartigen Bodenbeschaffenheit

eines Landes sein, so wie die Bodenarten selbst das unmittelbare Product der
verschiedenartigen Gesteins-Unterlage. Eben so wird der Charakter der Urvege-
tation sehr bestimmt die grössere oder geringere Fruchtbarkeit des Bodens erkennen lassen, vorausgesetzt natürlich, dass der zweite Hauptfactor für das Wachsthum
der Pflanzen, die atmosphärischen Einflüsse im Allgemeinen für das zu betrach-
tende Gebiet dieselben sind. Das ist aber auf den Nikobar-Inseln in hohem Grade
der Fall. Weder der Unterschied der Breite von der nördlichsten zu der südlichsten der Inseln (2½ Breitegrade), noch der Unterschied der absoluten Höhe (die
höchsten Gipfel auf Gross-Nikobar erreichen etwa 2000 Fuss Meereshöhe) ist
gross genug, um für einzelne Inseln oder einzelne Lagen auf den Inseln eine
solche Verschiedenartigkeit der klimatischen Verhältnisse zu bedingen, dass davon
allein ein veränderter Vegetationscharakter abhängig wäre. Gestein, Boden und
Vegetation stehen daher auf den Nikobar-Inseln in so directer Beziehung zu einander, dass die Grenzbestimmungen einer Gesteinskarte und einer Vegetations-
karte sich grossentheils decken müssten. Leider ist der Entwurf solcher Karten
für die grösseren völlig unzugänglichen Inseln unmöglich, ich konnte nur versuchen, die kleine Insel Milu in der nordwestlichen Bucht von Klein-Nikobar in
dieser Weise darzustellen (vergl. S. 92).

Das Resultat der Beobachtungen lässt sich in folgendem Schema übersichtlich zusammenstellen:

| Geognostische Grundlage. | Charakteristik der Bodenart. | Entsprechende Pflanzenformation. |
|---|---|---|
| 1. Salz- und Brackwasser-Sumpf, feuchtes Salzwasser-Alluvium. | Culturunfähiger Sumpfboden. | Mangrovenwald. |
| Korallenconglomerat und Korallensand, trockenes Meeres-Alluvium. | Fruchtbarer Kalkboden. Hauptbestandtheile: kohlensaurer und phosphorsaurer Kalk. | Kokoswald. |
| 3. Korallenconglomerat und Korallensand, nebst trockenem Süsswasser-Alluvium. | Fruchtbarer Kalk-Sandboden. | Hochwald. |
| 4. Süsswassersumpf und feuchtes Süsswasser-Alluvium. | Culturfähiger Sumpfboden. | Pandanuswald. |
| 5. Plastischer Thon, magnesiahaltiger Thonmergel, Serpentin zum Theil. | Unfruchtbarer Thonboden. Hauptbestandtheile: kieselsaure Thonerde und kieselsaure Magnesia. | Grasheide. |
| 6. Sandstein, Schieferthon, Gabbro, trockenes Fluss-Alluvium. | Alkalien- und kalkreicher lockerer thonig-sandiger Boden, sehr fruchtbar. | Buschwald. (Der eigentliche Urwald.) |

Eine detaillirte Ausführung des in diesem Schema Angedeuteten gehört zum
grossen Theile in das Gebiet des Botanikers. Hier handelt es sich jedoch nur
darum, die einzelnen Pflanzenformationen in ihren Hauptzügen in mehr allgemeinen Bildern zu schildern, die nichts destoweniger die charakteristische Verschiedenheit derselben deutlich erkennen lassen. Ich darf diese Bilder wohl mit Recht
nikobarische Waldbilder nennen. Nähert man sich im kleinen Boote der Küste
einer der Inseln, so befindet man sich oft schon mitten im Walde, noch ehe man den
Fuss auf trockenen Boden setzen kann, im Mangrovenwald. Und betritt man die
Küste selbst, so ist man an trockener sandiger Stelle im Kokoswald, an sumpfiger
Stelle im Pandanuswald. Und will man aus all diesem Wald hinaus, so kommt
man immer wieder in den Wald, in einen Hochwald mit riesigen Bäumen und in
einen dicht verwachsenen Urwald oder Buschwald, durch welchen man vergeblich
durchzudringen sucht. Nur auf den nördlichen Inseln kann es gelingen, sich durchhauend durch dicht verflochtenes Gesträuppe, plötzlich auf freie Grasflächen zu
kommen. Kokos- und Mangrovenwald sind ausschliesslich Küstenwälder. Sie
haben sich in das Gebiet der Küste getheilt und ihre Gebiete sind scharf von einander abgegrenzt, gewöhlich durch vorspringende Felsecken, auf denen ausnahms-
weise auch dem Buschwald gestattet ist sich an der Küste zu zeigen.

**Der Mangrovenwald.** Der Mangrovenwald ist ein Wald im und am Meere, beschränkt
auf Salz- und Brackwassersümpfe. Seichte schlammige, vor Brandung geschützte Ufer, die
während der Fluth regelmässig von Salzwasser überschwemmt werden, oder tief eingeschnittene
Meeresbuchten, in welche Flüsse münden, sind das Gebiet, auf welchem die Mangroven gedeihen.
An den Flüssen ziehen sie sich oft weit in's Innere, so weit als bei Fluth das Salzwasser ein-
dringt oder so weit das Wasser von der Mündung aufwärts brackisch ist. Da solche tiefe Buchten und Flüsse auf den grösseren südlichen Inseln häufiger sind als auf den nördlichen, so ist
auch der Mangrovenwald dort häufiger, der Kokoswald in demselben Masse seltener. Zwei
Hauptformen geben dem Walde der Brackwassersümpfe seine Physiognomie. Dieselben stehen
nicht gemischt unter einander, sondern bilden an den Ufern getrennt zwei sehr charakteristische Säume. Der äussere Saum ist gebildet von einer Rhizophoren-Art (*Bruguiera Rheedii*
Blume), deren saftig grüne, üppige Laubkrone mit glänzenden Blättern und langen kerzen-
artigen Früchten unmittelbar auf der Wasserfläche liegt, auf einem Unterbau von bogenförmig
ausgespannten Wurzeln, die ein dichtes Netzwerk bilden. Hinter diesem äusseren Buschwald steht ein Hochwald, aus dessen sumpfigem Boden, der während der Ebbe trocken liegt,
allenthalben knorrige Wurzelknice oder Wurzelspitzen hervorragen, als wäre er mit Pfosten
ausgeschlagen. Dazwischen erheben sich 60—80 Fuss hoch auf pandanusartigen Wurzelstelzen
schlanke gerade Stämme, die oben an knorrigen Ästen eine saftig grüne Laubkrone tragen.
Kein Unterholz stört den Durchblick durch die Säulenhallen dieses Waldes, aber Millionen
von grossen Sumpfschnecken, Cerithien (*Pyrazus palustris* Lin. und *Telescopium fuscum* Chm.)
liegen im schwarzen modrigen Schlamme, so dass man ganze Schiffsladungen davon sammeln
könnte; und Schnepfen und Reiher aller Art gehen da auf ihren Fang aus. Tiefe fischreiche
Canäle, die man mit den Canoes der Eingebornen befahren kann, ziehen sich in Schlangen-

windungen oft weit durch diese Mangrovensümpfe und man trifft am Ende solcher Canäle in versteckter Lage nicht selten Dörfer der Eingebornen, wie auf der Insel Trinkut das Seeräuber-dorf Dschanoha; oder man gelangt durch eine allmählich sich verändernde Vegetation, für die das Vorkommen einer stammlosen Wasserpalme *(Nipa fructicans)* charakteristisch ist, aus dem Brackwasser in das Süsswasser eines Flusses. Da der Mangrovenwald nur im salzigen Brack-wasser gedeiht, sich aber in den sumpfigen Thälern der Flüsse von deren Mündung oft weit hinein in's Land erstreckt, so weit als das Wasser brackisch ist, so kann er plötzlich vernichtet werden, wenn durch ein stürmisches Ereigniss die Mündung des Flusses mit einer Sandbarre versperrt und dem fluthenden Meerwasser der Eintritt versagt wird. Die Wälder sterben dann ab im süssen Wasser. Die hohen Stämme stehen da abgedorrt, gebleicht, ein gespenstiger Leichengarten zwischen üppig grünen Urwaldhügeln[1]. An die Stelle des Salzwassersumpfes tritt ein Süsswassersumpf, den nun Pandanusse für sich in Beschlag nehmen; und damit ist dem Meere nicht blos ein neues Stück Land abgewonnen, sondern wo miasmatische Dünste früher das Leben des Menschen gefährdeten, da laden jetzt riesige Pandanusfrüchte zum Genusse ein.

Das sumpfige Brackwasseralluvium, das Terrain der Rhizophoren und Cerithien, muss als ein völlig culturunfähiger Boden betrachtet werden. Er nimmt im Verhältniss zur Oberfläche der Inseln nur ein sehr geringes Areale ein, ist aber trotzdem von einer unheilvollen Bedeutung. Denn man darf wohl mit Recht annehmen, dass die nikobarischen Inseln ihr ungesundes Klima hauptsächlich diesen Brackwassersümpfen verdanken, wie sie sich von der Mündung der Flüsse oft meilenweit in's Innere der Inseln ziehen. In diesen Sumpfgebieten veranlasst der Wechsel des süssen und salzigen Wassers ein Absterben der Organismen, deren Existenz an das süsse Wasser gebunden ist, im Salzwasser, und umgekehrt. Die Ebbe legt weite Strecken trocken und es treten Faulungs- und Verwesungsprocesse ein, welche die Atmosphäre mit den giftigsten Fiebermiasmen erfüllen.

In grossartiger Weise kam mir dieser Kampf der schaffenden und zerstörenden Natur an der Nordküste von Gross-Nikobar zur Anschauung, in einer tief einschneidenden seichten Meeresbucht (westlich vom Gangeshafen), in welche ein Fluss mündet. Ein schmaler, seichter Canal führt durch die hauptsächlich aus Korallentrümmern 4 bis 5 Fuss hoch über das höchste Wasserniveau aufgeworfene Sandbarre aus der Meeresbucht in das Flussthal. Dieser Canal gestattet dem Seewasser bei Fluth den Eintritt in das Flussbett. Auf dem seichten Schlamm-grund der Flussufer, der zur Fluthzeit überschwemmt ist, bei Ebbe aber trocken liegt, wucherte zwei bis drei Seemeilen flussaufwärts in üppiger Fülle junges Mangrovengebüsche. Neben dem jungen Wuchs standen aber abgedorrt und gebleicht tausend hohe Stämme eines alten abgestorbenen Waldes. Der Anblick war im höchsten Grade überraschend und die einzige Erklärung, die sich mir für die auffallende Erscheinung darbot, war die, dass dieser alte Wald im süssen Wasser abgestorben sei zu einer Periode, während welcher die Flussmündung durch die Sandbarre so versperrt gewesen, dass dem fluthenden Meerwasser der Eintritt versagt war. Später hat der Fluss die Barre von neuem durchbrochen, so dass jetzt das Meerwasser wieder Zutritt hatte, und unter dem todten Wald ein neuer aufwachsen konnte. Morgens bei Sonnen-aufgang, als wir zu der Stelle kamen, lag weisser Nebel über dem todten Sumpf und miasmatische Dünste verpesteten die Luft. Das sind die Plätze, welche Gift aushauchen; bei Allen, die den Platz sahen, drückte sich ein und dasselbe Gefühl in der Ansicht aus, dass das einer der gefährlichsten Fieberwinkel sein müsse.

---

[1] Siehe Holzschnitt in dem beschreibenden Theile des Novarawerkes II. Bd., S. 48.

Fruchtbar, culturfähig und gesund zugleich erscheint dagegen das Korallenland und das trockene Meeres- und Süsswasseralluvium, welchem am Meeresstrande der Kokoswald und hinter demselben bis an den Fuss der ansteigenden Berge und Hügel ein prachtvoller gemischter Hochwald angehört. Das ist das Gebiet, welches die Bewohner der Inseln zu ihrem Wohnplatz auserwählt haben, das ihnen Alles zum Leben Nothwendige liefert.

**Der Kokoswald.** Wie ein heiteres Lebensbild neben einem düsteren steht neben den schweren einförmigen Laubmassen der Mangroven der luftige freie Kokoswald. Ohne Aufhören rauscht die Brandung über vielgestaltige Korallenfelder zur weissschimmernden Sandküste, die in sanftem Bogen sich von Felsecke zu Felsecke schwingt. Sie wirft Korallentrümmer und Sand höher und höher auf und baut das Land langsam immer weiter. Die schweren Früchte, vielleicht von fernen Gestaden hergeführt, die sie ausgeworfen, sind aufgegangen auf diesem Korallensand, und ein Kranz üppiger Palmenkronen auf schlankem Stamme beladen mit tausend schweren Nüssen ladet den Menschen zum Leben ein. Ohne Kokospalme wären die Inseln wahrscheinlich heute noch unbewohnt, auf dem Kokoswald beruht die ganze Existenz der nikobarischen Race.

Rechnet man die Einwohnerzahl sämmtlicher Inseln zusammen auf 5000 Seelen, nimmt man ferner an, dass jeder Mensch täglich drei Kokosnüsse braucht, was nicht zu viel gerechnet sein dürfte, da der Nikobarenser kein anderes Wasser als Kokosnusswasser trinkt und ausser ihm selbst auch seine Schweine, Hunde und Hühner von Kokosnüssen leben, so gibt das einen jährlichen Verbrauch von durchschnittlich $5\frac{1}{2}$ Millionen Nüssen. Die jährliche Ausfuhr an Nüssen von allen Inseln zusammen kann ungefähr auf 10 Millionen geschätzt werden (Kar Nikobar allein führt 2—3 Millionen aus. Daraus ergibt sich ein jährlicher Bedarf von 15 — 16 Millionen Kokosnüssen. Eine Palme trägt aber durchschnittlich 40 Nüsse im Jahre; für einen Ertrag von 16 Millionen Nüssen wären somit 400.000 Kokospalmen nothwendig und auf jeden Bewohner würden 80 Palmen kommen. Da aber 400.000 Kokospalmen als Wald, wie er auf den Nikobaren vorkommt, bequem auf einer halben deutschen Quadratmeile Platz haben, so wäre dies das ungefähre Areal des Kokoswaldes auf den Inseln; also weniger als der sechzigste Theil ihrer Gesammtoberfläche, die 33 — 34 deutsche Quadratmeilen umfasst. Auf den nördlichen Inseln nimmt der Kokoswald ein verhältnissmässig grösseres Gebiet ein, während er den südlichen Inseln, namentlich Gross-Nikobar, fast ganz fehlt. Die nördlichen Inseln sind daher auch bei weitem die bewohneteren, und die Kokospalmen sind dort als Eigenthum vertheilt, während sie auf den südlichen Inseln das freie Gemeingut Aller zu sein scheinen.

Der Nikobare lebt nicht blos vom Kokoswald, sondern er lebt auch im Kokoswald [1] und hat sich damit nicht blos die bequemste Lage für seine Hütte ausgesucht, sondern auf dem trockenen, den Winden ausgesetzten Korallsandboden gewiss auch die gesündeste. Steigt man an einem kokosbewaldeten Strande an's Land, so kann man sicher darauf rechnen, dass sich das blumenreiche Gebüsche von *Hibiscus*, *Guettarda* oder *Scaevola*, das wie eine künstliche Hecke den Kokoswald gewöhnlich nach aussen gegen das Meer zu umsäumt, wenn man am Strande hingeht, öffnet und die Hütten der Eingebornen sich zeigen. Und wie schnell lernt auch der flüchtige Reisende die Kokospalme schätzen! Wenn wir ermattet und schweisstriefend aus der schwülen Luft der Laubwälder zum Strande kamen, zu dem von erfrischendem Luftzug durchstreiften Kokoswald, und der Nikobare, sonst so träge und bewegungslos, nun flink wie eine Katze, seine Füsse mit demselben Bastband verbunden, das ihm sonst so malerisch die schwarzen

---

[1] Siehe den Holzschnitt, das Dorf Saui darstellend, im beschreibenden Theil des Novarawerkes II. Bd., S. 16.

Locken umschliessend als Stirnband dient, zum Wipfel der höchsten Palme kletterte, wenn dann die schweren Nüsse donnernd zur Erde fielen und in freier Hand durch einen sicher geführten Hieb mit der scharfen Säbelklinge geöffnet und dargereicht wurden, wie erquickend und labend war uns da der kühle Trunk des Wassers aus der jungen Nuss, und wie appetitlich zugleich aus dem natürlichen Gefäss von zartem weissen Fleisch mit grüner Umhüllung! Wem so die junge Nuss durch den gefälligen „Wilden" frisch vom Baume gebrochen in tropischer Sonnengluth zur Labung gedient, nur der kennt die Köstlichkeit dieser Frucht, welche an reichbesetzter europäischer Tafel alt und vertrocknet als Rarität aufgetischt Jeder als fade und geschmacklos verächtlich zurückweisen wird.

Die Kokospalme wird von den Nikobarensern wohl nicht eigentlich cultivirt, aber doch gepflegt; die junge Pflanze wird gewöhnlich eingehegt, um sie vor den Schweinen zu schützen. Der Kokoswald ist meist frei von Unterholz, nur selten durch Gras und Gestrüpp verwachsen, aber ausser den Fusswegen, die durch ihn von Hütte zu Hütte oder von Dorf zu Dorf führen, doch keineswegs einladend zum Spaziergang, da der ganze Boden voll alter Schalen und dürrer Blattzweige liegt, so dass man fortwährend stolpert. Der Kokoswald ist auch fast nirgends ganz unvermischt. Er lässt den Hochwald, der gewöhnlich hinter ihm liegt, gleichsam zwischen sich durch bis an das Meeresufer vordringen. An solchen Stellen trifft man *Ficus, Barringtonia, Hernandia, Terminalia, Calophyllum* mit ihren Riesenstämmen und schattigen Laubkronen dicht am Strande, mit tausenden von Schmarotzern bedeckt, die Wurzeln von der Brandung bespült. An diese gewaltigen Laubbäume, die dem Landenden häufig als Erstes entgegentreten, am offenen Strande in ihrer ganzen majestätischen Grösse sichtbar, knüpft sich hauptsächlich der Eindruck von der Grossartigkeit und Üppigkeit der Vegetation auf den nikobarischen Inseln.

Die Kokospalme steht überall nur am äusseren Rande des flachen Korallenlandes. Sie ist nirgends über die ganze Fläche dieses Landes bis zum Fusse der Hügel verbreitet, obgleich sie da cultivirt eben so gut gedeihen müsste, wie am Strande. Die Fläche hinter dem Saum des Kokoswaldes ist von einem Wald eingenommen, den ich als Hochwald vom eigentlichen Urwald oder Buschwald unterscheide.

**Der Hochwald.** Dieser Hochwald ist ein Laubwald, wenn auch nicht ausschliesslich. Man begegnet überall neben den Riesenstämmen von *Ficus, Calophyllum, Terminalia, Hernandia, Thespesia, Sterculia* u. s. w. auch der zierlichen Arecapalme *(Areca Katechu)*, der stacheligen Spanischrohrpalme *(Rotang* oder *Calamus)* und einzelnen Exemplaren von Pandanus. Wollte ich eine botanische Aufzählung geben, so müsste ich noch sehr viele weitere Namen zusammenstellen. Allein ich will hier nur den Gesammteindruck schildern. Der Hochwald ist selten so verwachsen, dass man sich nicht durchhauen könnte. Häufig findet man denselben von den Fusssteigen der Eingebornen durchschnitten und kommt, wenn man diese verfolgt zu Pisangpflanzungen *(Musa paradisiaca)*, zu kleinen Gartenparcellen mit Zuckerrohr, Orangen, Yams u. s. w., die sich die Eingebornen hier angelegt haben, oder man trifft eine kleine Waldhütte, unter der aus einem umgeschlagenen Eheangstamm *(Calophyllum inophyllum,* das Schiffsbauholz der Nikobareneser), ein Canoe ausgehöhlt wird. Wegen seiner leichteren Zugänglichkeit war dieser Wald das Haupt-Jagdrevier unserer Zoologen und Jagdfreunde, die hier eine reiche Beute von Vögeln aller Art, Fledermäusen, Eichhörnchen u. s. w. machten.

Den schönsten Hochwald sah ich an der Südküste von Kar Nikobar. Ein gut betretener Fusssteig führte von dem Kokoswald am Strande mitten durch den Wald, die südwestliche Ecke der Insel abschneidend, an die Westseite. Die Eingebornen hatten mich vergeblich abzu-

halten gesucht, dem Wege zu folgen, und ihre gewöhnlichen Mahnworte, dass ich in „Jungle"
kommen werde, der voll giftiger Schlangen sei, vergeblich aufgebraucht; ich wollte einmal tiefer
in's Innere kommen und folgte daher mit einem meiner Collegen dem Fusssteig. Ein junger
Nikobarenoser, ein wahrer Antinous seiner Race vom schönsten ebenmässigsten Körperbau,
war uns lange gefolgt, mit einem Male aber seitwärts im Walde verschwunden. Wir gingen
im tiefsten Schatten fort zwischen hundert stämmigen Banianbäumen, die aber hier in eben so
kolossale Höhe gewachsen, wie in Indien in die Breite, zwischen Stämmen mit gewaltigen
Mauerwurzeln, von deren Kronen Stricke und Seile von allen Dicken herabhingen, an denen
man wie an Tauen zur Höhe klettern könnte, zwischen Bäumen mit platter makelloser Rinde
und anderen mit zerrissener narbiger Rinde, die bedeckt war mit tausend Schmarotzerpflanzen,
unter denen ein grosser prächtiger Strichfarn *(Asplenium Nidus)* am meisten in die Augen
fällt. Grosse Krabben mit feurigrothen Scheeren an einem Leib von dem schönsten Blauschwarz
liefen vor uns in ihre Löcher, von denen der Boden des Waldes voll ist. Rechts und links
raschelte es im dürren Laub von Eidechsen, in den Kronen der Bäume musicirten Cykaden-
schwärme, grüne rothwangige Papageien flogen kreischend von Baum zu Baum und von den
Ästen und Zweigen ertönte der Ruf des Mainavogels und der dumpfe Lockton der grossen
nikobarischen Waldtaube. Wie ferner Donner wurde die Brandung allmählich wieder hörbar,
einzelne Kokospalmen und Pandanen mischten sich unter die Laubbäume, Alles Zeichen, dass
wir uns der Küste wieder näherten. Mit einem Male ein Gestöhne und Geächze in dem
Dickicht, eine schwere durchbrechende Masse — siehe da, ein fettes Mutterschwein mit vier
Jungen, das uns aber, da wir uns ganz stille hielten, nicht bemerkte. Ich wollte sehen, welchen Eindruck ein plötzlicher Schuss auf das Thier machen würde. Der Schuss ging in die
Luft, das Schwein stand einen Augenblick mit aufgerichteten Borsten und entfloh dann in's
Dickicht. Aus dem Dickicht aber von der anderen Seite traten wie herzauber zehn Ein-
geborne, alle mit langen Stöcken, mit ihren Messern und Säbelklingen. „Take care", „take
care" war ihr gemeinschaftlicher Ruf; es waren dieselben Gesichter, die uns beim Eingang in
den Wald gewarnt und dann verlassen hatten. Sie waren also offenbar nachgeschlichen, um uns
zu beobachten, und kamen augenblicklich zum Vorschein, als sie Gefahr für ihre Schweine
fürchteten. So wild die nackten braunen Kerls mitten im Walde aussahen, so seltsam war die
Frage ihres Anführers: „how many shoot?" Es klang, als wollten sie unsere Streitkraft der
ihrigen gegenüber erfahren; allein sie waren alsbald besänftigt, als wir uns auf einen umgeworfenen halbvermoderten Baumstamm setzten und Kokosnüsse zum Trinken verlangten. Flink
war einer von ihnen auf Befehl des Anführers oben auf einer nahen Palme und dröhnend fielen
die Nüsse zu Boden. Da sassen wir und um uns kauerten die „Wilden" — heute kamen sie mir
so vor — rauchend und betelkauend, und auf ihren Lockruf kamen auch die so erschreckten
Schweine herbei und wurden nun mit den ausgetrunkenen Kokosnüssen tractirt. Ich betrachtete
mit innigem Behagen die ganze Scene. Es war so ganz die rechte Staffage für den Hochwald;
braune nackte Menschen, schwarze borstige Schweine, ein grosser Wald voll Papageien.

**Der Pandanuswald.** Wie neben dem Kokoswald auf trockenem Sandboden die Mangrovensümpfe stehen, so tritt an die Stelle des Hochwaldes auf sumpfigem Boden der Pandanuswald. Die Mangrovensümpfe sind Salzwassersümpfe, die Pandanussümpfe Süsswassersümpfe.
Pandanusse wachsen auf den nikobarischen Inseln überall auf jedem Terrain, man sieht Pandanusse im Kokoswald, im Hochwald, im Urwald, auf den Grasfluren, Pandanusse von wenigstens
drei verschiedenen Arten. Aber ganze Wälder von Pandanus, wo dieser merkwürdige Baum
jede andere Vegetation, ausser einigen Areca- und Rotangpalmen, gänzlich verdrängt hat, trifft

man blos auf sumpfigem Süsswasser-Alluvium längs dem Laufe der Flüsse und Bäche, hauptsächlich nahe dem Meere, wo die Flüsse stagnirende Wasserbecken bilden. Hier ist es *Pandanus Mélore*, die grösste Pandanus-Art, welche die Wälder bildet. Ich halte dafür, dass der
Pandanuswald, den wir auf Pulo Milu, einer kleinen Insel an der Nordseite von Klein-Nikobar,
getroffen, das eigenthümlichste frappanteste tropische Vegetationsbild ist, das wir gesehen.

Der Pandanuswald lässt sich mit nichts vergleichen, er ist so eigenartig, so fremdartig, als
wäre er Überbleibsel aus einer früheren Erdperiode. Ich zweifle auch, ob er irgendwo so üppig
und grossartig sich wiederfindet wie auf den nikobarischen Inseln, wo der Pandanus den Brod-
fruchtbaum der Südsee ersetzt. Staunend ob der bizarren Laune der Natur, betrachtet man die
seltsamen Bäume, die spiralförmig geordnete Blätter haben, wie die Dracänen, Stämme wie die
Palmen, Äste wie Laubbäume, Fruchtzapfen wie Coniferen, und doch nichts von alledem sind,
sondern etwas ganz Besonderes für sich. 40—50 Fuss hoch, durchschnittlich so hoch wie die
Palmen, stehen auf Pulo Milu die Pandanen, schlanke glatte Stämme, die auf einem 10—12 Fuss
hohen Wurzelsockel stehen wie auf einem künstlich aus rund gedrechselten Stäben aufgebauten
konisch zusammengestellten Pfeilerwerke. Manche dieser Wurzelstäbe erreichen den Boden nicht
und ahmen in ihrem Jugendzustand als Luftwurzeln die unaussprechlichsten Formen nach. Nach
oben wiederholt sich dieselbe Form in den Ästen. An diesen hängen Fruchtkolben 1½ Fuss
lang, 1 Fuss dick, im reifen Zustande prächtig orangegelb, mit hellgrünen Tupfen, und während
man oben hinaufschaut, ob einem die centnerschwere Frucht nicht auf den Kopf fällt, stolpert
man unten über die Füsse, die der Wald einem von allen Seiten vorhält. Der Pandanus ist auf
den nikobarischen Inseln nicht gepflegt, er wächst in üppigster Fülle wild und ist nach der
Kokospalme für die Eingebornen die wichtigste Nahrungspflanze, die eigentliche Charakter-
pflanze der nikobarischen Inseln. Die immensen Fruchtkolben, welche der Baum trägt, bestehen
aus vielen einzelnen keilförmigen Früchten, die roh sich nicht geniessen lassen; aber in Wasser
abgekocht, lässt sich eine mehlhaltige äpfelmusartige Masse auspressen, das sogenannte „Mellori"
der Portugiesen, das mit dem Fleische der jungen Kokosnuss zugleich genossen das tägliche
Brod der Eingebornen ausmacht. Der Geschmack dieses Pandanusmuses steht in der Mitte
zwischen Äpfelmus und gelben Rüben und ist dem Europäer keineswegs unangenehm. Ist die
mehlhaltige Masse ausgepresst, so bleiben die holzigen Fasern der Frucht bürsten- oder pinsel-
artig übrig und werden von den Nikobarenesern auch als natürliche Bürsten benützt, die
getrockneten Blätter des Baumes liefern das Papier für die nikobarischen Cigarretten.

**Grasheide.** Hat man sich durch Hochwald und Pandanuswald hindurch gearbeitet und das
flache Korallenland hinter sich, so gelangt man gewöhnlich an den Fuss von Hügeln, die sich
auf den grösseren südlichen Inseln, auf Klein- und Gross-Nikobar, bis zu Bergen von 1000 und
2000 Fuss Meereshöhe erheben, auf den nördlichen Inseln aber 500—600 Fuss nicht übersteigen.
Diesem Hügel- und Bergland gehören gewiss 30 Quadratmeilen von der Gesammtoberfläche
der Inseln (33—34 Quadratmeilen) an. Es ist zusammengesetzt aus den Gesteinen der eruptiven
Serpentin- und Gabbroformation und aus den früher geschilderten thonigen und sandigen
tertiären Gebilden. Die Eruptivgesteine haben einen verhältnissmässig geringen Verbreitungs-
bezirk. Wo feldspathreiche Gabbroarten das Terrain bilden, kann der durch die Verwitterung
dieser Gesteine erzeugte Boden als fruchtbar bezeichnet werden; er trägt eine dichte Urwald-
decke; aber auch die Serpentininsel Tillangschong ist mit üppigem Urwald bedeckt. Dagegen
zeigt sich ein auffallender Unterschied in der Vegetationsbedeckung des tertiären Bodens.

Die Hügel auf den nördlichen Inseln sind zum grossen Theile nur mit hohem Gras
bewachsen, die Hügel und Berge der südlichen Inseln dagegen ganz mit dichtem Urwald

bedeckt. Dieser Unterschied beruht auf einem sehr wesentlichen Unterschied in der Bodenzusammensetzung. Das Hügelland der nördlichen Inseln besteht aus einem unfruchtbaren mageren Thonboden, das Hügel- und Bergland der südlichen Inseln aus einem eben so fruchtbaren kalkhaltigen thonig-sandigen Boden.

Wo das üppigste Tropenklima nichts anders hervorzubringen vermochte, als steifes trockenes Lalanggras *(Imperata)* und rauhe scharfe Halbgräser *(Scleria, Cyperus, Diplaceum)*, da hat die Natur dem Boden deutlich genug den Stempel der Unfruchtbarkeit aufgedrückt, und gerade auf solche unfruchtbare Grashügel, die aus der Ferne zwischen dem Wald so heimatlich wie üppige Weizenfelder anlocken, hatten die Colonisten am Nangkauri-Canal ihre Häuser und Gärten gebaut. Das Gras wächst nun hoch über ihren Gräbern, die Brandung spielt mit den Ziegeln, aus denen sie gebaut, und Haus und Hof, Garten und Feld, Weg und Steg sind spurlos verschwunden. Auf Kar Nikobar habe ich diese Grasheiden zum Theil abgemäht gesehen, weil die Eingebornen das Gras zur Dachbedeckung benützen, auf Kamorta standen grosse Strecken in Feuer und Flammen, dass der Himmel bei Nacht blutroth die Fregatte erleuchtete, die im Nang Kauri-Hafen vor Anker lag.

Die Grasvegetation, sagt Rink (S. 136), welche den grössten Theil dieser Inseln bekleidet, ist in den Thälern und am Fusse der Hügel sehr dicht und hoch, wird aber nach oben allmählich dünner und niedriger. An den feuchteren Stellen mögen wohl viele weiche und saftvolle Gräser vorkommen; allein auf den Gipfeln der Hügel, wo der trockene magnesiahaltige Thonstein hin und wieder aus der spärlichen Ackererde hervorragt und theilweise mit einem groben eisenhaltigen Sande bedeckt ist, während die Regengüsse alle feineren Theile, die sich allmählich durch die Verwitterung bilden, in die Thäler hinabspülen, trifft man im Allgemeinen nur sehr dürre und scharfe kieselhaltige Gramineen und Cyperaceen. Die vielen Arten, die durch diese verschiedenartigen Localitäten bedingt werden, gehören wohl grösstentheils zu den Geschlechtern: *Panicum, Agrostis, Eleusine, Chloris, Paspalum, Mariscus, Gynerium, Andropogon, Fimbristylis, Kyllingia;* auf den Gipfeln der Hügel besonders den Sacharineen (dem berüchtigten Lalang der Malayen) und sklerienartigen Cyperaceen an.

Das für eine etwaige spätere Cultur der Inseln wichtigste Terrain bleibt daher das Sandstein- und Schieferthongebirge der südlichen Inseln mit seinem fruchtbaren thonig-sandigen Boden. Die Oberfläche der Inseln Klein- und Gross-Nikobar mit den kleinen Inseln Pulo Milu und Kondul beträgt zusammen nahe an 22 Quadratmeilen; auf das Hügel- und Bergland kann man 20 Quadratmeilen rechnen, d. h. nahezu zwei Drittel der Gesammtoberfläche. Diese Inseln sind desswegen für eine Colonisation die wichtigsten und ein Vergleich mit Ceylon und Pulo Penang lehrt, was da gedeihen kann, wo jetzt dichter undurchdringlicher Urwald alles bedeckt.

**Der Urwald.** Berg und Thal ist von ihm voll und das Küstenvolk von Gross-Nikobar erzählt von einem wilden Volksstamm, von „Waldmenschen" („Jugle men") mit langen Haaren, die keine Hütten bewohnen, die auf den Bäumen des Urwaldes hausen, von wildem Honig, von Wurzeln und von Jagd leben. Aber kein europäisches Auge hat diese Waldmenschen gesehen, kein europäischer Fuss ist durch den Urwald gedrungen in's Innere. Wir sind wohl viel herumgeklettert in Bachschluchten, die sich hineinziehen in diese Urwälder, wir sind bewundernd vor Farnbäumen gestanden, die dreissig Fuss hoch, wie Palmen, ihre zierlichen Kronen aus dem Schatten des Waldes zum Licht erheben, echte Urwaldskinder, die mit ihren durch lepidodendronartige Blattnarben gezierten Stämmen sogar an die Urwelt erinnern, wir haben Affen verfolgt, mit Säbel und Schwert uns durchhauend, aber ich glaube fast, es ist leichter Tunnels und Stollen durch feste Felsmassen zu treiben, als durch nikobarische Urwälder Wege zu bahnen.

Jene dunklen Wälder auf Hügeln und Bergen, über die die schlanke Nibongpalme *(Areca Nibong)* mit ihren Blüthen und Fruchtbüscheln am Stamme und unterhalb der Krone, das eigentliche Wahrzeichen der nikobarischen Inseln, hoch die vom Nordostwind nach einer Seite gedrehten Wipfel erhebt, sind uns ein Räthsel geblieben, und eben so ihre Menschen und Thiere. Nur Ein Bild schwebt mir in lebhafter Erinnerung, das ich dem Urwald zurechne. Ich sah es auf Kar Nikobar, als ich auf kleinem Kahne den Commodore einen kleinen Fluss hinauf begleitete, der in die nördliche Bucht mündete.

Da erhob sich die schlanke Nibongpalme am steilen Flussufer aufsteigend bis zu 100 Fuss Höhe, und neben ihr die zierliche Katechupalme. Riesige Laubbäume mit niederen dicken Stämmen wölbten ihre schattigen Laubkronen über den Fluss, Pandanen hoch auf Stelzen spiegelten sich im glatten Wasser. Bambusgebüsche, belebt von Schmetterlingen, Nymphäen-artige Wasserpflanzen, grüne Algenbänke, Vegetation in üppigster Fülle im Wasser, am Ufer und in der Luft über uns. Denn überall hing es herab in Blättern und Blüthen, in dicken und dünneren lebendigen Tauen, und eine Riesenguirlande zog sich in hohen Bogen über den Fluss, gewunden wie eine Schraube, selbst Schmarotzer und umhängt und umwunden von tausend grünen und blühenden Schmarotzern. Beschreiben lässt sich das Bild nicht, nur die Kunst des Malers könnte es nachahmen.

## 4. Quellen, Bäche und Flüsse.

Die jährliche Regenmenge der nikobarischen Inseln ist nicht bekannt. Allein sie ist wahrscheinlich eine sehr bedeutende; ich halte 100 Zoll nicht für übertrieben, da die beiden Jahreszeiten, die man unterscheidet, die trockene Zeit während des Nordostmonsuns vom November bis März, und die nasse Zeit während des Südwestmonsuns vom April bis October auf den Inseln nicht so scharf getrennt erscheinen, wie auf den naheliegenden Festlandsküsten, und nach den bisherigen Erfahrungen auch während der trockenen Jahreszeit Gewitter und Regenschauer keine Seltenheit sind. Der trockenste Monat des Jahres dürfte der März sein. Wir hatten im ganzen Monat März während unseres Aufenthaltes auf und bei den Inseln nur dreimal Regen, ziemlich heftige Gewitterregen. Im April werden sie häufiger, bis dann im Mai und Juni der Südwestmonsum fortwährend schwere Regenwolken über die Inseln wälzt.

Wenn daher nicht besondere geologische Verhältnisse einen raschen Abfluss der gefallenen Regenmassen bedingen, so müssen die Inseln im Allgemeinen wasserreich sein. Und davon konnten wir uns, so ungünstig auch das Ende der trockenen Jahreszeit für den Wasserstand von Flüssen und Bächen war, doch überzeugen. Selbst die kleinsten Inseln, wie Pulo Milu und Kondul, wenn auch ihre kleinen Bäche kaum mehr flossen, hatten doch noch einen Überfluss an süssem Wasser in den häufigen bassinförmigen Vertiefungen der Bachbette. Von den waldigen Höhen von Tillangschong rieselten überall noch kleine frische Quellwasser. Die zahlreichen Bäche und Flüsse der grossen südlichen Waldinseln Klein- und Gross-Nikobar haben das ganze Jahr hindurch reichliches Wasser. Dagegen scheinen

die nördlichen Inseln, so weit thonige Ablagerungen verbreitet sind, wasserarm
zu sein; das gilt namentlich für Nangkauri, Kamorta, Trinkut und wahrscheinlich auch für Teressa und Bomboka. Die kleinen Bäche auf Nangkauri und Kamorta, die in den Nangkauri-Hafen münden, fand ich ganz vertrocknet. Die Eingebornen tranken nur Kokosnusswasser und holen das süsse Wasser, welches sie sonst
zum Hausbedarf, z. B. zum Abkochen von Melori, brauchen, wahrscheinlich aus
den Süsswasserpfützen, die da und dort in den Bachrinnen sich finden. Brunnen
habe ich hier ausser dem alten halbverfallenen Brunnen der mährischen Brüder
bei dem Dorfe Malacca auf Nangkauri nirgends gesehen. Kar Nikobar, obwohl
gleichfalls aus thonigen Schichten bestehend, wie die genannten Inseln, hat trotzdem keinen Mangel an gutem Trinkwasser, da das ausgedehnte über die Meeresfläche um 8—12 Fuss erhobene Korallenland die Anlage jener merkwürdigen
Brunnen erlaubt, deren süsses Wasser mit der Ebbe und Fluth fällt und steigt.
Die Erklärung dieser seltsamen Erscheinung liegt nicht darin, dass der poröse
Korallenfels das Seewasser filtrirt, sondern ist vielmehr einfach die, dass das
leichtere Regenwasser auf dem schwereren Seewasser schwimmt, und der poröse
Korallenfels nur die gänzliche Vermischung des Süss- und Salzwassers verhindert.
Ich habe auf Kar Nikobar bei den Dörfern Mus und Saui mehrere solcher Cister-
nen gesehen, die alle 8—10 Fuss tief durch den Korallenfels bis nahe zum Meeresspiegel bei höchster Fluth gegraben sind und gutes Trinkwasser enthielten. Ausserdem mündet aber in die nördliche Bucht von Kar Nikobar ein Fluss, dem wir
wegen der an seinen Ufern so üppig wachsenden Arecapalmen den Namen
Arecafluss gegeben haben, der gegen zwei Meilen weit landeinwärts mit flachen
Booten befahrbar ist, und bei den kleinen Flussschnellen, zu denen man dann
kommt, ein gutes Trinkwasser führt, das nur wenig kalkige Bestandtheile auf-
gelöst enthält.

    Von Mineralwässern oder warmen Quellen ist mir nichts bekannt geworden.
Die Thonmergelfelsen am Nangkaurihafen sieht man aber mit zolldicken Krusten
schwefelsaurer Magnesia, Bittersalz, in feinen seidenglänzenden Fasern überzogen;
das deutet auf einen Gehalt der Thonmergel an schwefelsaurer Magnesia, so dass
vielleicht durch Graben von cisternförmigen Löchern in diesen Thonmergeln in
ähnlicher Weise Bittersalzwässer erzeugt werden könnten, wie dies mit den Bitter-
salzmergeln bei Bilin in Böhmen geschieht.

## 5. Temperatur-Beobachtungen.

    Da nach den Instructionen von Flüssen und Quellen die Temperatur zu messen
war, und diese Aufgabe, wo sich Gelegenheit dazu bot, mir zufiel, so erlaube ich
mir noch, die wenigen Bestimmungen, welche in dieser Richtung möglich waren,
nebst einigen weiteren Temperaturbeobachtungen hier mitzutheilen.

## a) Wassertemperaturen.

(1) Den 23. Februar auf Kar Nikobar, Wasser in dem Brunnen bei dem Dorfe Saui in 8 Fuss
Tiefe unter der Oberfläche, in völligem Schatten ..... 25·7° C.

(2) 27. „ auf Kar Nikobar, Arecafluss im Schatten des Urwaldes . 25·0°

(3) 4. März auf Tillangschong, Westseite, eine Quelle im Schatten des Urwaldes . 25·5° „

(4) eine zweite Quelle . . 26·0° „

(5) 8. auf Nangkauri, alter Brunnen der mährischen Brüder bei dem
Dorfe Malacca, Wasser in 8 Fuss Tiefe im Schatten 25·7° „

Wenn es erlaubt wäre, aus diesen wenigen Beobachtungen einen Schluss auf
die mittlere Jahrestemperatur der nikobarischen Inseln zu ziehen, so ergäbe sich
als Mittel eine Temperatur von **25·58° C.**

Ich habe noch von einer Anzahl weiterer Brunnen und Bäche die Temperatur
gemessen: da derer Wasser jedoch zeitweise der Sonne ausgesetzt ist, so ergaben
sich sehr abweichende Resultate, z. B.

auf Kar Nikobar:

den 24. Februar, Brunnen bei Mus, Wasser in 3 Fuss Tiefe ..... 27·0° C.

25. Bach zwischen Mus und Saui 27·8° „

26. Fluss bei Saui 29·0°

auf Kamorta:

9. März, zwei Bäche mit schlammigem, stagnirendem Wasser 27·0°

auf Pulo Milu:

18. stagnirendes Bachwasser 26·5° „

## b) Bodentemperaturen.

Um weitere Anhaltspunkte für die Bestimmung der mittleren Jahrestemperatur zu gewinnen, stellte ich einige Bodentemperatur-Beobachtungen an, welche
folgendes Resultat ergaben:

Den 8. März auf Nangkauri bei dem Dorfe Inuang zeigte das Bodenthermometer, nachdem dasselbe an einem stets beschatteten Orte sechs
Stunden lang in 3½ Fuss Tiefe eingegraben war . . . 25·7° C.

„ 20. „ auf Kondul, gleichfalls in 3½ Fuss Tiefe nach sechs Stunden 25·3°

Aus diesen beiden Beobachtungen ergibt sich wieder, übereinstimmend mit
obigem aus den Quellentemperaturen gefundenen Mittel, ein Mittel von **25·5° C.**

Diese Zahl ist niedriger als die bisherigen Angaben, die freilich auch nicht auf
maassgebenden Beobachtungsreihen beruhen. Rink, der während seines Aufenthaltes auf den Inseln vom Jänner bis Mai 1846 das Thermometer nie unter 25° C.
und nie über 33° C. in vollkommenem Schatten gesehen hat, hält 28° C. für die
wahrscheinlichste Zahl. Nach Johnston's physikalischem Atlas geht der Wärmeäquator der Seeoberfläche mit 30·5° C. mitten durch die Inselgruppe und nach

demselben Atlas fallen die Inseln in den Bereich der Jahresisotherme von 26·1° C. mit einer Januarsisotherme von 25·0° C. und einer Juliisotherme von 27·2° C.

Was die Monatsmittel betrifft, so ergeben sich aus den Beobachtungen der dänischen Corvette „Galathea" von vier zu vier Stunden:

| | |
|---|---|
| 1846 für Januar | 28·2° C. |
| „ Februar . | 28·6° C. |

Nach den stündlichen Bordbeobachtungen Sr. Maj. Fregatte „Novara", wie dieselben im nautisch-physikalischen Theile veröffentlicht sind, ist das Mittel:

| | | |
|---|---|---|
| für die Tage 23.—28. Februar 1858 . | . 27·2° C.⎫ | Mittel 27·25° C. |
| „ 1.—26. März | . 27·5° „⎭ | |

Damit stimmt recht gut die Bodentemperatur, welche ich in 1 Fuss Tiefe fand: bei Saui am 26. Februar 27·7° C., auf Kondul am 20. März 27·0° C. und auf Gross-Nikobar am 26. März 27·0° C., also Mittel 27·26° C.

Was endlich die Tagesmittel betrifft, so sind dieselben für die Zeit unseres Aufenthaltes bei den Nikobaren in den Bordbeobachtungen gegeben. Auf Kar Nikobar kam ich auf den Gedanken, ob nicht die Temperatur des Wassers der jungen Kokosnüsse, wenn dieselben um die Tagesmitte von einem schattigen Baumwipfel frisch abgeschlagen werden, ziemlich genau der mittleren Tagestemperatur entspräche.

Ich fand am 26. Februar bei zwei Nüssen eine Temperatur von 27·2° C. und 27·4° C., im Mittel 27·3° C. Das Bordjournal gibt für denselben Tag als Mittel 27·3° C.

# Geologische Ausflüge auf Java.

— —

Java und Junghuhn! beide Namen sind unzertrennlich. Mit ihnen ist die Erinnerung an den Glanzpunkt meiner Reiseerlebnisse verknüpft. Mein erstes Bestreben
nach der Ankunft in Batavia am 6. Mai 1858 war, Franz Junghuhn aufzu-
suchen, der damals zu Lembang bei Bandong lebte. Auf der Reise dahin hatte ich
Gelegenheit mich einer Partie anzuschliessen, welche die Novara-Gesellschaft
auf den Gipfel des Pangerango ausführte, und den thätigen Krater des Gunung
Gedeh zu besuchen. Von da weg über Tjandjur und Bandong reisend traf ich am
17. Mai bei Junghuhn in Lembang ein. Mit welch offener Freundschaft ich hier
aufgenommen wurde, kann ich nicht warm genug rühmen. Von Lembang aus
bestieg ich den nahegelegenen Vulcan Tangkuban Prahu. Da der Besuch weiterer
Vulcane in der mir zugemessenen Zeit nicht leicht möglich war, so berathschlagte
ich mit Junghuhn eine Tour, auf welcher es mir möglich sein sollte auch eine
Anschauung von dem javanischen Tertiärgebirge und seinem Petrefactenreichthum, so wie von den älteren Eruptivgesteinen auf Java zu bekommen. Eine
Reise nach den südwestlichen Grenzgebirgen des Hochplateau's von Bandong,
namentlich nach dem Districte Rongga, versprach alle gewünschten Aufschlüsse
und zugleich reiche Sammlungen von Petrefacten. Allein die Ausführung schien
schwierig. Ich musste von allen Wegen und Stegen abgelegene, schwach bevölkerte Gebirgsgegenden besuchen, Schluchten durchwandern, in welche sich ausser
Junghuhn selten ein Europäer verloren, und zu alledem hatte ich kaum eine
Woche Zeit, da ich schon am 24. Mai wieder in Batavia zurück sein sollte. Allein
trotz allen scheinbaren Schwierigkeiten wurde die Reise ausgeführt. Junghuhn
hatte eine genaue Reiseroute für mich entworfen und diese dem Residenten von
Bandong, Herrn Vischer v. Gaasbeek, so wie dem Regenten von Bandong
Raden Adipattie Wira Rata Kusuma mitgetheilt, mit der Bitte, alles Nöthige
vorzubereiten. Leider wurde ich, da Junghuhn von einem Unwohlsein betroffen

war, des Genusses beraubt, von ihm selbst, dem gründlichsten Kenner des Landes, begleitet zu sein; allein ich bekam an Herrn Dr. E. de Vry, welcher damals Junghuhn in seinen chemischen Untersuchungen unterstützte, einen sehr gefälligen Reisebegleiter, dem ich für seine Aufopferung, mich auf der ganzen zum Theil sehr mühsamen Reise begleitet zu haben, zu grossem Danke verpflichtet bin.

Wenn ich es nun unternehme, das, was ich auf Java[1] in den wenigen Wochen meines Aufenthaltes gesehen, zu beschreiben, so bin ich mir vollkommen bewusst, wie wenig Neues ich darin bieten werde. Denn Junghuhn's berühmtes, in wahrhaft Humboldt'schem Geiste geschriebenes Werk über Java enthält in der That eine so vollständige Beschreibung der geologischen, physikalischen und pflanzengeographischen Verhältnisse von Java, wie wir sie nur von wenigen Ländern der Erde besitzen. Ich stimme vollkommen den Worten meines Freundes Baron v. Richthofen, der nach mir im Jahre 1861 das Glück hatte, mit Junghuhn einen Theil von Java zu bereisen, bei, wenn er sagt:[2] „Welch' unendlicher Reichthum an Material, welche Fülle an mühsam errungenen Beobachtungen in diesem Meisterwerke enthalten sind, das wird erst klar, wenn man selbst einen Theil des Landes sieht, und auf jedem Schritt bis in die entlegensten Gegenden nur ein Abbild jener genauen Beschreibungen erblickt." Dieses Werk ist ein unvergängliches Denkmal für Junghuhn und legt das vollste Zeugniss ab von der riesigen physischen sowohl wie geistigen Kraft und Ausdauer, mit welcher dieser grosse Mann, der jetzt leider nicht mehr zu den Lebenden zählt, ausgestattet war.

## 1. Das Gedeh-Gebirge.

Von der Rhede von Batavia sieht man in blauer Ferne hoch hervorragend über das Flachland, das die Nordküste von Java bildet, mächtige Bergmassen, schöne kegelförmige Berggipfel. Sie führen bei den Seeleuten den Namen des „grossen Gebirges" oder „der blauen Berge". Am frühen Morgen, bei Sonnenaufgang strahlen die Berge von der Morgensonne beleuchtet rein und klar weit hinaus in's Meer. Der dreigipflige zerrissene Bergkegel rechts ist der Gunung Salak, ein ausgebranntes vulcanisches Gerüste, aus dem noch im Jahre 1699 von Blitz und Feuerstrahlen und gewaltigen unterirdischen Kanonaden begleitet, ungeheure Massen von Sand und Schlamm hervorbrachen, welche als Schlammströme, losgerissene Baumstämme, Kadaver von wilden und zahmen Thieren, von Krokodillen und Fischen mit sich führend, bei Batavia in das Meer sich ergossen und die Mündungen von Flüssen und Bächen verstopften. Seither liegt dieser Berg,

---

[1] Franz Junghuhn, Java, seine Gestalt, Pflanzendecke und innere Bauart, deutsch von J. K. Hasskarl 3 Bde., Leipzig 1854.

[2] Ferdinand Freiherr v. Richthofen, Bericht über einen Ausflug in Java. (Zeitschrift der deutsch. geolog. Gesellschaft 1862.)

zerrissen und zerborsten bis in's innerste Eingeweide, todt da, und friedliche Culturen, üppiger Urwald ziehen sich an seinem einst so furchtbaren Gehänge in die Höhe. Links vom Salak an Umfang und Höhe um Vieles bedeutender, erhebt sich das Gedeh-Gebirge. Der höchste Punkt, ein schlanker regelmässiger Kegel, das ist der 9326 Par. Fuss hohe Gunung Pangerango,[1] und neben ihm links, fast in gleicher Höhe, kann ein gutes Auge am frühen Morgen, wenn die Sonne die Gipfel beleuchtet, die nackten Felswände des thätigen Kraters des Gedeh erkennen und vielleicht dann und wann eine leichte Dampfwolke aufsteigen sehen. Schon um 10 Uhr aber lagern sich Wolken um die luftigen Gipfel. Die Wolken häufen sich gegen Mittag, und um 3 Uhr Nachmittags, fast mit ausnahmsloser Regelmässigkeit, hängt ein schweres Gewitter an den Bergen, dessen Blitze noch in später Abenddämmerung die Rhede von Batavia erleuchten.

Die luftigen Höhen des Pangerango und Gedeh, sie waren das Ziel unserer Sehnsucht vom ersten Augenblicke an, als wir sie erblickten. Was musste es für ein Genuss sein, nachdem man fünf Monate tief unten am Spiegel der See in den feuchten, erhitzten Schichten der Atmosphäre gelebt hat, nun einmal auf 9000 Fuss Höhe wieder frische, trockene Bergluft zu athmen. Unsere Sehnsucht wurde befriedigt, unser Wunsch ging in Erfüllung.

Am 14. Mai machten wir uns von Buitenzorg aus, dem Wohnsitz des Generalgouverneurs, auf den Weg. Die holländische Regierung hatte für die Reise Alles auf das Vortrefflichste angeordnet. Wir erreichten über den Megamendungpass Abends Tjipanas am Fusse des Gedehgebirges und brachen am 15. Morgens zu Pferde auf nach dem Pangerango. Der Berg lag tief herab in schwere Wolken verhüllt und versprach uns wenig Günstiges für eine Aussicht von seinem Gipfel. Ein Reitsteig ist angelegt bis auf die Höhe; wohl führt der Pfad oft steil an tiefen Abgründen vorbei, aber die javanischen Pferde, eine kleine kräftige Race, klettern sicher und ausdauernd auch die steilsten Stellen hinan. Die Gesellschaft bestand aus 30 Reitern, da eine beträchtliche Anzahl von Eingebornen als Leib- und Ehrengarde unserem Zuge sich angeschlossen hatte, und die sonst so einsamen Wälder waren belebt von hunderten von Menschen, die mit Pferden, Lebensmitteln, Betten, Tischen und Stühlen hinaufzogen zu dem hohen Gipfel, auf dem wir die Nacht zubringen wollten. Noch ein gutes Stück aufwärts von Tjipanas sind die Gehänge des Gebirges frei von Wald bis auf etwa 4000 Fuss Höhe. Man sieht kleine

---

[1] Junghuhn nennt den hohen Eruptionskegel, welcher gewöhnlich den Namen Pangerango führt Mandalawangi, und dagegen den alten Kraterwall, der sich an ihn anschliesst, Pangerango. Er folgt dabei der Benennung, wie sie bei den Bewohnern auf der Buitenzorger Seite, welche beide Gebirgstheile sehen, und sie durch diese Namen unterscheiden, im Gebrauche ist. Von der Tjipanas-Seite sieht man nur den Eruptionskegel, der bei den Bewohnern der Preanger Regentschaft Pangerango heisst. Von hier aus aber wird der Berg gewöhnlich bestiegen; daher dieser Name der gebräuchlichere.

Dörfer zerstreut liegen und reitet über Wiesflächen, auf denen Büffel weiden, oder durch Tabak- und Kaffeepflanzungen. Da, wo der Wald allmälich beginnt, wo uralte Riesenstämme gleichsam als einzelne Vorposten stehen geblieben sind, hält man verwundert bei üppigen Artischoken und Erdbeerfeldern an und begrüsst die wohlbekannten Kinder der Heimath auf dem fremden Boden. Mitten unter ihnen steht aber ein gar seltsamer Gast mit schlanker, pyramidenförmiger Krone. Ein Dach schützt ihn vor den senkrechten Strahlen der Sonne, durch einen Zaun ist er abgegrenzt, sogar ein eigenes Wächterhaus ist zur Seite gebaut und eine blecherne Tafel bei dem Baume trägt die Aufschrift *„Cinchona calisaya"*. Also ein China-rindenbaum, eine jener kostbaren Chinapflanzen, welchen die holländische Regierung in ihren Chinaplantagen zum Nutzen und Frommen der Menschheit auf Java eine neue Heimath gegründet hat.

Von Tjipodas führt der Weg weiter an einer tiefen, von der üppigsten Vegetation erfüllten Bachschlucht hin in einen majestätischen Wald, in dem die riesigen Stämme des Rasamalabaumes *(Liquidambar Altingiana)* 80 bis 100 Fuss hoch sich in die Lüfte erheben, aus einem echt tropischen Unterholze von wilden Musaceen und zierlichen Baumfarren. So ging es aufwärts bis zu der plateauförmig ausgebreiteten Thalfläche Tjiburum (d. h. „Rothwasser"), der ersten Station, 5100 Fuss hoch. Eine Bretterhütte mit einem kleinen Versuchsgarten zur Cultur ausländischer Gewächse aus kälteren Zonen, die hier waldeinsam über den von Menschen bewohnten Regionen liegt, zeugt von der Thätigkeit des botanischen Gärtners zu Buitenzorg, dem man überhaupt die Anlage des ganzen Weges auf den Gipfel des Pangerango zu danken hat. Wir hielten uns nur so lange auf, bis die Pferde umgesattelt waren. Dann ging es mit frischen Pferden rüstig aufwärts, steil bergan auf schmalem Zickzackwege fort und fort durch stille, düstere Waldmassen, durch die kein Ton hallte, als das Schnauben der mühsam kletternden Pferde und das dumpfe Rauschen der Bergwasser in tiefen Schluchten. Man kommt dem rauschenden Bache näher und näher und erblickt mit Staunen endlich einen in der kühlen Bergluft dampfenden Wasserfall heissen Wassers. Die 45° C. warme Quelle Tji-olok oder Schwefelwasser, gleich am Ursprung ein ganzer Bach, bricht sprudelnd aus einem Trachytfelsen dicht beim Wege hervor und stürzt brausend und schäumend in eine tiefe, mit den herrlichsten Baumfarren erfüllte Schlucht. Ich habe nie ein üppigeres, an die Urzeiten der Erdbildung unmittelbarer erinnerndes Naturbild gesehen, als hier den Wald voll Baumfarren, eingehüllt in die warmen Dampfmassen, die von einem vulcanisch-heissen Quell aufsteigen. Gleich daneben stürzt ein zweiter Bach von kaltem, frischem Bergwasser in die Schlucht. Verkündet schon die heisse Quelle die Nähe vulcanischen Feuers, so zeugt ein Stein- und Schuttfeld, das nun überschritten werden muss, von der verheerenden Macht des nahen Kraters des Gedeh, aus dem die unterirdischen Kräfte nicht glühende Lavaströme, aber von Zeit zu Zeit gewaltige Stein- und Schlammmassen emporstossen, die, an den steilen Gehängen herabströmend, Alles verwüsten und verheeren.

Gegen 10 Uhr erreichten wir die zweite 7200 Fuss über dem Meere gelegene Station Kandang Badak, das heisst Versammlungsort der Rhinozerosse. Die Thiere sollen hier einzeln immer noch vorkommen; allein dass eine Schaar von nahezu 100 Menschen und fast eben so vielen Pferden zu viel Geräusch und Lärm in die sonst so einsamen Waldungen bringt, um das scheue Thier nicht zu verscheuchen, und dass wir uns daher aus eigener Anschauung von der Richtigkeit der Benennung nicht überzeugen konnten, ist leicht begreiflich. Auch hier steht eine Bretterhütte, die schon mehrmals durch glühende Steine, die der Gedeh ausgeworfen, niedergebrannt worden sein soll. Der Weg trennt sich jetzt und führt einerseits zum thätigen Krater des Gedeh, den man nur zu Fuss erreichen kann, andererseits zum Gipfel des Pangerango. Wir wechselten zum zweiten Male die Pferde und hatten noch das letzte Stück Weges vor uns, den über die übrigen Gebirgsrücken hoch emporragenden steil ansteigenden Kegel des Pangerango. Er lag ganz in dichten Nebelwolken verborgen und nur an den steilen kurzen Zickzacklinien des Weges konnte man erkennen, dass dieser an einem freistehenden regelmässigen Kegel hinaufführe, der mit einer Neigung von 25 bis 30° ansteigt. Nun machte sich auch die kühle Luft der höheren Regionen in vollem Masse fühlbar und was man fühlte, das illustrite der Wald auch durch seine veränderte Vegetation. Zwar erscheinen immer noch Baumfarren bis hinauf zum höchsten Gipfel, aber schon lange nicht mehr neben riesigen Rasamalastämmen, sondern zwischen krüppelig und knorrig aussehenden niederen Bäumen, deren Stämme mit frischgrünen Mooskissen überzogen sind und von deren Ästen langes graugrünes Bartmoos herabhängt, das malerisch absticht von den rothen Blüthen der Bäume. Es ist ein Wald von *Leptospermum* und *Thipaudia*, der üppig den ganzen Kegel bis zur höchsten Spitze überzieht[1].

Es war gerade Mittag, als wir von Südost her den Gipfel des Kegels betraten. Mir war Junghuhn's Beschreibung, als er im Jahre 1839, der erste Sterbliche diese Höhe betrat, in frischer Erinnerung; „ich fand keine Spur eines menschlichen Treibens," sagt er, „und wand mich mühsam auf Rhinozerospfaden durch das tief überhängende Blättergewölbe des Gesträuches. So gelangte ich durch die Waldung zu einem kahlen Grund in der Mitte des Gipfels, wo ein Rhinozeros am Bache lag und ein anderes am Rande des Wäldchens weidete. Schnaubend flogen sie auf und davon!" Wie ganz anders sah es doch jetzt aus.

---

[1] Der Gipfelwald des Pangerango besteht hauptsächlich aus folgenden Pflanzen: *Thipaudia vulgaris*, mit rothen Blüthentrauben, *Leptospermum javanicum* mit kleinen weissen Blüthen, *Andenaria javanica* = *Gnaphalium arboreum*, *Myrica javanica* und zwei *Rhododendron*-Arten.

Die etwas concav vertiefte, gegen Südwest, wo ein klares Brünnlein, der Ursprung des Tji Kuripan, die höchste Quelle auf Java, entspringt, sich senkende Gipfelfläche glich fast einem Heerlager. Überall Menschen und Pferde und lustig lodernde Feuer und neben einem Erdbeergarten voll reifer Früchte eine wohnliche, vor Wind und Wetter schützende Hütte. Aber leider Alles in dickem, fein rieselndem Wolkennebel. Wir hofften vergeblich den ganzen Nachmittag auf heiteren Himmel; nur kurze Augenblicke waren es, in welchen der Südost-Passat der höheren Luftregionen, der sonst der eigentliche Herr dieser Höhen ist und den reinsten blauen Himmel über ihnen wölbt, Herr wurde über den Nordwest-Monsun der tieferen Regionen, der, an der westlichen Kraterkluft des Mandalawangi heranstreichend, fortwährend Wolken über den Gipfel des Pangerango wälzte. So interessant dieser Kampf des feuchten Luftstromes der Tiefe und des trockenen Luftstromes der Höhe war, so war es doch ärgerlich, dass der Südostwind nicht Herr werden konnte. Nur auf Augenblicke war wie durch Gucklöcher bald da, bald dort ein kleines Stück Landes unter unseren Füssen sichtbar und nur einmal lag der nahe Abgrund des Gedeh-Kraters offen da. Erst in der Nacht wurde es sternhell, wir mussten uns also wegen der Aussicht auf den nächsten Morgen vertrösten und uns heute begnügen mit dem, was uns zunächst umgab, und das war keineswegs ohne Interesse. Wächst doch hier oben eine Blume, die zu den schönsten gehört, welche die Natur hervorgebracht hat und die auf keinem anderen Fleck Erde bis jetzt gefunden wurde, die von Junghuhn hier entdeckte und von ihm benannte *Primula imperialis* (jetzt *Cankrienia chrysantha* de Vriess genannt) und mit dieser seltenen Blume in Gesellschaft eine Menge anderer Pflänzchen, die heimathlich an Alpenregionen erinnerten; durch das Gebüsch aber schlüpfte einsam und wenig scheu ein drosselartiger Vogel *(Turdus fumidus)*, der nebst einem kleinen zierlichen zaunkönigähnlichen Genossen die einzigen beflügelten Bewohner der Bergeshöhe bildet.

Die Sehnsucht einmal wieder tüchtig zu frieren, war bei den Meisten bald gestillt; es war in der That empfindlich kalt bei 8 bis 9° Cels., und als die Nacht einbrach, da wählte wohl Jeder in der Hütte seinen Platz mit Vorliebe möglichst nahe bei dem lustig knisternden Ofenfeuer.

Das Gedeh-Gebirge als Ganzes ist eines der grossartigsten Vulcangerüste Java's. Ein kolossaler Lavakegel umschliesst in einem ungeheuren Krater, dessen Rande nördlich der G. Seda-Ratu (8900 Fuss), südlich der Mandalawangi (8150 Fuss) angehören, zwei Eruptionskegel.

Der nordwestliche Kegel, der Pangerango, ist 9326 Par. Fuss hoch, und erloschen, aus Lapilli und vulcanischer Asche in der regelmässigsten Gestalt aufgeschüttet. Neben ihm in einem Abstande von nur ¼ deutschen Meile gegen Südost und mit ihm durch den 7870 Fuss hohen Rücken Pasir Alang verbunden, erhebt sich der zweite Eruptionskegel, G. Gedeh, fast zu gleicher Höhe (9230 Fuss). Er hat einen abgestumpften, innen durchbohrten Gipfel und auf dem Boden des durch Einsturz gebildeten Kraters erhebt sich ein kleiner neuer Eruptionskegel mit einem Kraterschachte, dem thätigen Krater des Gedeh. Bei klarem Wetter sieht man vom Pangerango herab durch die Kraterschlucht des Gedeh bis hinein in diesen Krater, ein Anblick, der am 16. Morgens der Reisegesellschaft in seiner vollen Grossartigkeit geschenkt war[1].

Gedeh.          Pangerango.

Das Gedeh-Gebirge von der Fläche von Radjamandala

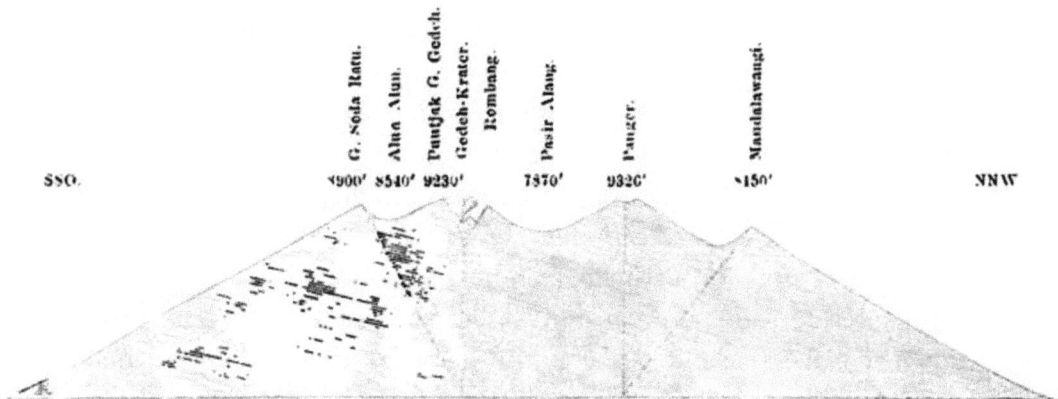

Durchschnitt des Gedeh-Gebirges.

Von zwei Gefährten begleitet, hatte ich mich am 16. noch vor Tagesanbruch auf den Weg nach dem Gedeh-Krater aufgemacht. Kurz vor der Station Kandang Badak führte der Weg ab von dem Reitsteig, den wir gekommen waren. Wir mussten zu Fuss auf einem ganz verwachsenen, selten betretenen schmalen Pfade emporklimmen und kamen bald aus dem Walde heraus auf die losen Stein- und Aschenfelder, die von niederem Gebüsche und Gras nur spärlich bewachsen, den Abhang des Gedeh-Kegels bilden. Ein starker Schwefelwasserstoff-Geruch kam uns von der Solfatara entgegen, die unter dem Krater in einer wilden, von nacktem

---

[1] Vergl. den Holzschnitt im beschreibenden Theile des Novarawerkes II. Bd., S. 160.

Gestein erfüllten Felsschlucht liegt. Weisse Wasser- und Schwefeldämpfe dampften hervor aus der dunklen, an ihrem oberen Rande schwefelgelb beschlagenen Fels-spalte; wir stiegen mühsam aufwärts und gelangten endlich an den Rand des Einsturzkraters. Welcher Contrast, wenn man von hier vorwärts und wenn man rückwärts blickte!

Rückwärts stand klar vom Fusse bis zur Spitze der schöne üppig grün be-waldete Kegel des Pangerango, hell schimmerte von seiner Höhe das dort errich-tete trigonometrische Fernzeichen, während aus dem Walde Schüsse herüberhallten, ein Zeichen, dass die Reisegesellschaft auf dem Rückweg vom Gipfel war. Vor uns aber öde wüste graue Steinmassen, die hohe amphitheatralisch geformte Felswand des Einsturzkraters, regelmässig aufgebaut aus säulenförmig abgesonderten Lava-bänken, und unter ihr der dampfende Eruptionskegel, ein wüster Stein- und Schutt-haufen in grau, gelb, roth, weiss und schwarz.

Aber wir waren noch nicht am Ziele unserer Wanderung. Wir mussten erst hinab- und dann wieder hinaufklettern.

Jetzt erst standen wir am Rande des thätigen Kraters. Ein trichterförmiger Abgrund von 250 Fuss Tiefe, oben mit einem Durchmesser von ungefähr 400 Fuss lag vor mir, sein Grund erfüllt mit Schlamm, in welchem da und dort gelbliche Wasserpfützen standen. Die Thätigkeit war bei meinem Besuche eine äusserst ge-ringe. Der mich begleitende Sundanese Raksamangala, ein Unter-Steuerbeamter von Tjipannas, der den Krater zu wiederholten Malen, zum letzten Male im Jahre 1857 besucht hatte, behauptete, er habe den Krater nie so ruhig gesehen wie diesmal. Er sei sonst immer voll Dampf gewesen, so dass man nicht bis zu seinem Grunde habe hinab sehen können. Der Kraterboden selbst zeigte keine Spur von Gasentwick-lung, dagegen dampfte der östliche ziemlich stark zerklüftete Theil des Krater-kegels an der Kraterseite und an der Aussenseite an sehr vielen Punkten. Auch an der westlichen Aussenseite, an der wir heraufgestiegen waren, fanden solche Dampfentwicklungen statt, die an den Klüften und Sprüngen, durch die sie hervor-drangen, weisse Krystallnadeln von Alaun absetzten. Von schwefeliger Säure oder von Schwefelwasserstoffentwicklung war keine Spur zu erkennen, wiewohl die gelb-liche Farbe des Kratersees und die gelbliche Färbung an den Wänden unten im Krater nur von Schwefel herzurühren schienen. Neben dem Hauptkrater westlich hatte sich ein kleines kraterähnliches Loch in den Fuss des Eruptionskegels eingesenkt, das stärker als der Hauptkrater dampfte, und einen sehr entschiedenen Schwefelwasserstoffgeruch verbreitete. Der Kraterkegel selbst schien mir seiner Hauptmasse nach aus einer Schutthalde zu bestehen, die sich beim Einsturz des grossen Gedehkraters gebildet haben musste. Nur die obersten Schichten durch Auswürflinge aufgeschüttet sind. Die Oberfläche stellte eine rissig-zersprun-gene Schlammkruste dar, aus der gröberes Blockwerk hervorragte — alles eckige

Gesteinsfragmente. Nur Wasser, Wasserdämpfe, Schlamm und eckige Gesteinstrümmer sah ich hier, aber keine Spur von geschmolzenen Massen, die der heutige Krater des Gedeh zu Tage gefördert hätte.

Die gegen 1000 Fuss hohen senkrechten amphitheatralischen Felswände des grossen Gedehkraters, an welche der kleine den jetzt noch thätigen Krater enthaltende Eruptionskegel angelehnt erscheint, bieten einen grossartigen Anblick dar. Zu oberst liegen dünngeschichtete Sande oder Aschen und Lapilli, wie sie über den ganzen äusseren Abhang des Gedehkegels zerstreut sind, und in ihrer losen Aufhäufung das Ersteigen des Kegels sehr erschweren. Diese neuen Auswurfsmassen bilden aber nur wenig mächtige Schichten am obersten Theile des Gedehkegels. Darunter liegen an der Kraterwand die kolossalen Bänke der alten Andesitlaven, welche den Gedeh aufgebaut haben. Einzelne Bänke mögen eine Mächtigkeit von 100 Fuss erreichen. Man sieht diese Lavaströme in dem Querbruch, welchen die Kraterwand darstellt, sich nach einer oder nach beiden Seiten hin auskeilen, und kann deutlich die Schlackenmassen erkennen, in welchen dieselben gleichsam eingebettet liegen, und welche die einzelnen Bänke trennen, jedoch im Vergleich zur Mächtigkeit der Lavaströme selbst nur eine unbedeutende Mächtigkeit besitzen. Durch die dunklere roth- und schwarzbraune Farbe heben sich diese Schlackenschichten von den grauen Andesitbänken sehr deutlich ab. Die letzteren sind in senkrechtstehende Säulen von 6 bis 10 Fuss Dicke zerklüftet. Das am Gedeh-Gebirge vorherrschende Gestein ist ein feinkörniger grauer Andesit, ähnlich den Pyroxen-Andesiten von Westland auf Island oder manchen Amphibol-Andesiten (*Mikrotinit* Tscherm., grauer Trachyt von Richthofen) Ungarns und Siebenbürgens. Die Hauptmasse bildet feinkörniger Mikrotin, nur sehr untergeordnet sind Einsprenglinge von Amphibolnadeln, reichlicher dagegen kleine schwarze Körner von Magneteisen und Augit.

Aus dem grossen Krater des Gedeh zieht sich in nordöstlicher Richtung eine oben weit geöffnete und durch eine hoch aufragende Trümmermasse zweigetheilte, nach unten aber am steilen äusseren Gehänge des Gedehkegels sich mehr und mehr verengende und vertiefende Kraterschlucht. Sie verliert sich schon bei K. Bandak, da wo die Abhänge des Pangerango und Gedeh sich treffen; die Fortsetzung der Kraterschlucht von hier an bildet das zwischen den Gehängen des Gedeh und Pangerango eingesenkte Thal. Diese Kraterschlucht ist ein sehr lehrreiches Beispiel für die Bildung der unter dem Namen Caldera bekannten Kraterspalten, wie sie nicht weniger grossartig auch die gewaltige in südwestlicher Richtung aus dem ungeheuren längst erloschenen Pangerangokrater ziehende Schlucht, die tiefste Kraterschlucht auf ganz Java, darstellt.

Durch jene Schlucht bekommt der grosse Krater des Gedeh ein spaltenförmiges Ansehen. Er stellt in dieser Beziehung eine sehr instructive Mittelform dar zwischen den von Kratermauern kreisförmig umschlossenen Gipfel-Krateren und den seitlichen spaltenartigen Krateren, wie sie an vielen Vulcanen Java's so charakteristisch vorkommen.[1]

Suchen wir eine Vorstellung zu gewinnen von der Art und Weise der Bildung eines Kraterfeldes, wie es der Gunung Gedeh gegenwärtig darbietet, so müssen wir von einer ursprünglich geschlossenen Form des Gedehkegels ausgehen, der seiner Zeit den Pangerango nicht unbedeutend überragt haben mag. Ein Erdbeben oder die im Innern des Berges durch die allmälich erkaltenden und sich zusammenziehenden Lavaschichten entstandenen Hohlräume haben dann einen Einsturz veranlasst. Der Gipfel brach einseitig ein und ein Theil der Trümmermassen ist gegen Norden abgerutscht und hat in dieser Richtung eine Furche gebildet, welche abwärts durch strömendes Wasser im Laufe der Zeiten immer tiefer ausgerissen wurde, und die jetzt der Abzugscanal der Schlamm- und Trümmermassen ist, welche der noch thätige Krater von Zeit zu Zeit auswirft. Was auf Salomon Müller's Karte des G. Gedeh als „wahrscheinlich ältere" und vielleicht „jüngere Lavaströme" angegeben ist, sind nur lose Trümmer- und Schuttmassen, welche sich durch die nördliche Kraterspalte zwischen dem Gunung Rompang und der Solfatara des Gedeh am Abhange hinabziehen und am Ausgang der Kraterspalte zu ganzen Bergen aufgehäuft liegen. Grossartige Wasserwirkungen sind es vor Allem andern, die sich in dieser Kraterschlucht bemerkbar machen.

Wie nach abwärts eine Schlucht, so hat sich aber oben am Fusse der Kraterwand durch die abstürzenden Massen ein Querdamm gebildet, hinter welchem sich die atmosphärischen Wässer ansammeln können. Diese dringen auf der tiefen Spalte am Fusse der Kraterwand ein bis auf noch nicht völlig erkaltete Lavamassen, und an den glühenden Massen zu Dampf verwandelt, veranlassen sie von Zeit zu Zeit Ausbrüche aus dem jetzt noch thätigen Krater. Die ganze historische Thätigkeit des Gedeh lässt sich daher vergleichen mit den Explosionen eines Dampfkessels, der geheizt ist durch die im Innern des Berges noch nicht erkalteten, in rothglühendem Zustande befindlichen Lavamassen. Wasser, Schlamm und Steine hat der Berg zu wiederholten Malen bis in die neueste Zeit (am 28 Mai 1852, am 14. März 1853) ausgeworfen, ferner feinen Sand und vulcanische Asche, die bis nach Batavia flog; auch glühende Steintrümmer, glühender Sand wurden mitgerissen und bildeten die Feuergarben, die man sah; aber bis zu heissflüssigen Lavaströmen, bis zu geschmolzenen Lavatropfen oder vulcanischen Bomben hat er es in historischer

---

[1] Z. B. am G. Salak, Malawar, Merabu, Gelunggung. Die kreisförmigen centralen Kratere können im Laufe der Zeit durch die in Folge von Eruptionen stattfindenden Veränderungen des Kraterfeldes zu seitlichen spaltenartigen Krateren umgewandelt werden, die, wie der seitliche Krater des G. Gelunggung bewiesen hat, eine nicht weniger furchtbare Thätigkeit entwickeln als die centralen Kratere, bis endlich die Kraterspalte zur todten Kraterschlucht wird.

Zeit nicht mehr gebracht. Dazu scheint seine innere Lebenskraft nicht mehr auszureichen. Er ist eben so in seinem letzten Stadium, im Stadium der Fumarolen- und Solfatarenthätigkeit, wie alle übrigen Vulcane Java's. Es ist die letzte Reaction des inneren Feuers gegen das von aussen eindringende atmosphärische Wasser. Selbst die thätigsten Vulcane auf Java, der G. Guntur und G. Lamongan, liefern nur „Lavatrümmerströme", glühende Gesteinsstücke und glühende Asche, aber keine eigentlichen Lavaströme. [1]

## 2. Der Tangkuban Prahu.

An der Nordseite des Plateau's von Bandong, einem wahren Eden zwischen donnernden Vulcanbergen, einer unerschöpflichen Reiskammer für das ganze Sundaland, erhebt sich eine lange Gebirgskette 6000 Fuss über den Spiegel der See, 4000 Fuss über die Hochebene von Bandong. Drei Hauptgipfel treten in dieser Gebirgskette besonders hervor. Der Sundanese gewohnt, die Naturerscheinungen, welche sein herrliches Vaterland bietet, mit Namen zu benennen, welche eine charakteristische Eigenschaft ausdrücken oder eine sinnbildliche Bedeutung haben, nennt den östlichen abgestumpft kegelförmigen Berggipfel Gunung Bukit Tungul, d. h. abgebrochener Baum oder Stumpf, und meint, dass der mittlere lange Rücken, der Tangkuban Prahu oder der umgekehrte Kahn, aus dem umgeworfenen Stamme jenes Baumes gebildet wurde und dass der vielgezackte dritte Gipfel, der Burangrang, d. i. Baumäste, die Krone des Baumes mit

---

[1] Die Unterscheidung von drei Hauptperioden in der Thätigkeit der Vulcane Java's, wie sie Junghuhn (Java II, p. 640—641) gibt, ist gewiss vollkommen naturgemäss.

Erste Periode: Erguss von trachytischer Lava (Amphibol- und Augit-Andesite) in feurig-zähem, nicht vollkommen geschmolzenem oder leichtflüssigem Zustande; in Folge dessen Aufbau der vulcanischen Kegel durch stufenförmig übereinander liegende mächtige Trachytbänke.

Zweite Periode: Erguss von flüssiger Lava, theils trachytisch (andesitisch), theils (in selteneren Fällen) basaltisch, in Strömen.

Dritte Periode der jetzigen Thätigkeit: Auswurf von Asche, Sand und Lavafragmenten, die rothglühend herauskommen, aber eckig sind und sich nur als losgerissene Stücke der älteren Laven darstellen. Wo in rund abgeschlossenen Kraterschächten ohne Abfluss das atmosphärische Wasser sich zu Kraterseen ansammelt, da verursacht die Vermengung dieser Schutt- und Trümmermassen mit dem Wasser der Kraterseen Wassereruptionen und furchtbar verheerende Schlammströme.

Ob aus dem Mangel sichtbar werdender geschmolzener Lava an der Oberfläche in der Jetztzeit auf eine Lavaarmuth in der Tiefe des vulcanischen Herdes geschlossen werden muss, d. h. auf ein allmäliches Erlöschen des innern Feuers, auf eine Abnahme der vulcanischen Kraft überhaupt, oder ob, wie Junghuhn meint, die wahre Ursache dieser Erscheinung derselbe Grund ist, welcher die Seltenheit heftiger Erdbeben in diesem an Vulcanen und Solfataren doch so überreichen Lande bedingt, nämlich die Leichtigkeit, womit die unterirdischen Dämpfe aus weiten, fast nie verstopften Öffnungen strömen können, deren wie Essen auf einer Spalte von West nach Ost vier Dutzend offen stehen, lasse ich dahingestellt.

Ästen und Zweigen sei. So verbindet der Sundanese die drei vulcanischen Hauptgipfel jener nördlichen Gebirgskette durch ein Bild. Nur der mittlere langgestreckte
Rücken, gerade derjenige Berg, dessen Form am wenigsten solches vermuthen lässt,
ist heute noch ein thätiger Feuerberg. Sein Kraterfeld, bietet eines der grossartigsten Schauspiele in der Vulcanwelt Java's.

Am 18. Mai Morgens brach ich in Begleitung von Herrn Dr. de Vry, dem
Freunde Junghuhn's, von Lembang aus nach dem Tangkuban Prahu auf. Der
Regent von Bandong hatte uns vortreffliche Reitpferde von echter Macassar-Race
geschickt, und gefolgt von einer Anzahl berittener Sundanesen standen wir nach
zweistündigem Ritt durch herrliche Urwälder am Rande des Kraters.

Dichte Nebelwolken erfüllten den Abgrund, an dessen Rande ich stand; ich
konnte nichts sehen; ich wusste nicht, ging es da tief hinab, war der Abgrund weit
und breit; ich hörte nur ein fürchterliches Sausen und Brausen aus verschiedenen
Richtungen, das aus grosser Tiefe heraufdrang, als arbeiteten da unten hundert
Dampfmaschinen, oder als stürzten schäumende Wasserfälle über hohe Felsen.
Einzelne Bäume am Rande des Abgrundes waren abgestorben und sahen schwarz
wie verkohlt aus; ich schrieb es den schwefligsauren Dämpfen zu, die ich roch, und
die wohl, wenn der Krater in voller Thätigkeit, mit vernichtender Stärke sich entwickeln mögen. Und hier in diesen Abgrund sollte ich hinabsteigen auf einer
schmalen, steilen Felskante, die zwischen senkrechten Felswänden im Nebel sich
verlor! Es war mir unheimlich zu Muthe, als ich den Javanen, die vorauskletterten,
folgte.

Glücklicherweise hoben sich die Nebel während unserer mühseligen Fahrt in
die Tiefe, und mit einem Male lag klar vor mir der ganze furchtbare Abgrund vom
oberen Rand bis zum Boden. Ich sah mit Überraschung und Erstaunen, dass die
Felskante, auf der wir standen, nur eine schmale Mittelrippe war, die zwei tiefe,
fast kreisrunde Kraterkessel, gemeinschaftlich umfasst von einer elliptischen
hoch sich erhebenden Kratermauer, trennte. Im Gegensatz zu dem mehr spaltenartigen Charakter des Gedehkraters ist der Krater des Tangkuban Prahu eines
der schönsten Beispiele eines rings von steilen Kraterwänden umschlossenen kessel-
förmigen Kraters und dazu noch eines höchst merkwürdigen Doppel- oder
Zwillings-Krater

Der westliche Kessel heisst Kawa Upas oder Giftkrater, der östliche Kawa
Ratu oder Königskrater. Das ganze Kraterfeld hat von West nach Ost einen Durchmesser von einer viertel deutschen Meile. Die Ellipse des oberen Kraterrandes
misst in der Länge ungefähr 6000 Fuss, in der Breite 3000 Fuss. Ich stieg zuerst
auf den Boden des Giftkraters. Ungefähr die Hälfte der Fläche des Kraterbeckens
nahm ein seichtes trübes Wasserbecken ein, dessen fast schwefelgelb aussehendes
Wasser einen adstringirenden alaunartigen Geschmack hatte und stark sauer reagirte,

aber keine merklich erhöhte Temperatur besass. An den 1000—1200 Fuss hohen
Kraterwänden zog sich die Vegetation, grünes Buschwerk, fast bis zum Grunde
herab. Auf dem trockenen Theile des Kraterbodens war Vorsicht am Platze. Denn
der ganze Grund um den Kratersee bis zu den steil ansteigenden Kraterwänden
bestand eigentlich aus nichts Anderem, als aus dampfenden Solfataren, aus löche-
rigen, rissigen Schlamm- und Schwefelkrusten, die man mit einem Stocke, ehe man

Das Kraterfeld des Tangkuban Prahu am 18. Mai 1858.

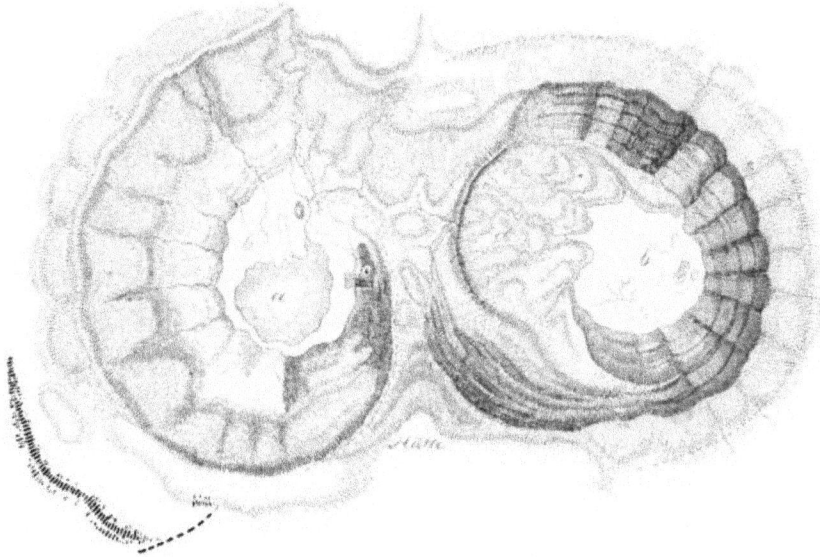

Kawa Upas, der Giftkrater.      Kawa Ratu, der Königskrater

a. Krater See.   b. Trockener Kraterboden.   c. Solfatare.   d. Schutt-Terrasse.

Durchschnitt durch das Kraterfeld des Tangkuban Prahu.

sie betrat, vorsichtig prüfen musste, wenn man nicht Gefahr laufen wollte einzu-
brechen. Man wäre zwar nicht in eine unergründliche Tiefe versunken; allein
ein Fussbad in dem heiss brodelnden angesäuerten Schlamm wäre wenig
rathsam gewesen. Stiess man die Krusten auf, so schimmerten an der Unterseite

die glänzendsten reinsten Schwefelkrystalle entgegen. Dieser Schwefel, der hier
zu kleinen Hügeln, die wie Maulwurfhaufen aussehen, aufgethürmt liegt, ist es, der
die Javanesen bisweilen in die schauerliche Tiefe lockt. Die stärkste, oft den
ganzen Krater mit ihren Dampfwolken erfüllende Solfatare lag an der östlichen
Seite des Kessels dicht am Steilabsturz des Grates, auf dem wir herabgestiegen
waren, neben einem kleinen brodelnden Wasserbecken. Der Wasserdampf fuhr
furchtbar zischend aus einer Schwefelröhre. Was ich roch, war reiner Schwefel-
geruch, keine Spur von Schwefelwasserstoff, nur dann und wann ein schwacher
Geruch nach schwefliger Säure. Die Auswürflinge, welche auf dem schlammigen
Absatz des Kraterbodens zerstreut lagen, bestanden aus kleineren und grösseren
eckigen Andesitstücken in allen Stadien der Zersetzung. Durch die Einwirkung
der schwefligsauren Dämpfe wird das Gestein gebleicht, weich und locker. Mehr
vereinzelt waren schwarze und rothe Schlacken, poröse bimssteinähnliche Massen
und rund abgeschmolzene concentrisch-schaalig sich absondernde Bomben, umge-
schmolzene Andesitstücke.

Ein ganz anderes Ansehen bot der östliche Krater, der Königskrater. Die
Kraterwände, die hier nur 500 bis 600 Fuss hoch sind, standen nackt und kahl da
bis zur Höhe; man konnte im ersten Momente glauben, ein Schneefeld vor sich zu
haben mitten im grünen Urwald. So bleich, weissgrau sieht hier alles Gestein aus,
zersetzt und verwandelt durch die sauren Dämpfe, welche dem Boden entströmen.
Und auf den weissen öden Steinmassen überall schwarze, verkohlte, knorrige
Stämme von Sträuchern und Bäumen, die Reste der früheren Vegetation, die
Zeugen der letzten Eruption im Jahre 1846, bei der der Königskrater heissen, von
Schwefelsäure geschwängerten Schlamm, Sand und Steine auswarf, weit im Um-
kreise die Waldung tödtend und verheerend. Doch schon jetzt keimt wieder üppiges Grün von Farren, von *Polypodium vulcanicum* und von der der Heidelbeere
ähnlichen *Thibaudia vulgaris*, die in diesem Krater recht eigentlich heimisch ist,
zwischen den nackten Steinen hervor und neben dem durch die Einwirkung der
schwefligsauren Dämpfe und des schwefelsäurehaltigen Schlammes ganz braunkoh-
lenähnlich veränderten verkohlten Busch- und Baumwerk.

Die Mittelrippe hatte am Übergangspunkt in den zweiten Krater eine
Höhe von etwa 100 Fuss über dem Boden des östlichen Kraters und ist an dem
gegen diesen geneigten Steilabhang von dampfenden mit Schwefel incrustirten
Rissen durchzogen. Sie besteht aus vulcanischem Schutt, Sand, Asche und eckigen, in
allen Stadien der Zersetzung begriffenen Gesteinsfragmenten. Gegen den Krater
flacht sich dieselbe in eine breite Schuttterrasse aus, welche die ganze östliche Hälfte
dieses Kraterkessels ausfüllt, und auf der man bis zum Kraterboden gelangen kann.
Diese Schuttterrasse ist von tiefen Wasserrissen durchfurcht, die in einen Haupt-
riss münden, der dem Kraterboden zuführt, an dessen tiefstem Punkt am östlichen

Rande eine mit furchtbarer Gewalt Wasserdämpfe ausstossende Solfatare lag. Die Wasserrisse waren alle trocken, nur im Hauptrisse standen noch einige Tümpel reinen atmosphärischen Wassers. — Eine bemerkenswerthe Erscheinung an den steilen Seiten der Wasserrisse sind Felspyramiden, im Kleinen, was die berühmten Bozener Felspyramiden im Grossen sind, und eben so wie diese entstanden. Jede der kleinen 1 bis 2 auch 3 Fuss hohen Pyramiden trägt auf ihrer Spitze ein grösseres oder kleineres eckiges Lavastück und verdankt ihre Existenz eben dem schützenden Einflusse dieses Steines. Die Säule selbst besteht aus feinerem Sand und Schutt. Junghuhn beschreibt und bildet dieselbe Erscheinung ab vom Sandstrom in der Kraterschlucht des G. Kelut (II. p. 468). Die Kraterwände lassen nur an einzelnen Punkten, wo weniger Schutt angelagert ist, Spuren von den säulenförmig abgesonderten Lavabänken erkennen, aus denen sie bestehen; alles ist grau, nur nach oben zeigen sich mehr gelbe und braunrothe Farben.

Der Kraterboden des Königskraters liegt etwa 100 Fuss tiefer als der des Giftkraters. Die Kraterwände sind aber wohl um volle 200 Fuss niedriger als die des letzteren, so dass der Königskrater fast schon am Ostabhange des Tangkuban Prahu liegt. Wird durch einen neuen Ausbruch die östliche Kraterwand zerstört, so wird der Krater mit der Zeit zu einem spaltenartigen Seitenkrater, und endlich zu einer todten Kraterschlucht mit Fumarolen und Solfataren werden. Der Kraterboden war bei meinem Besuche trocken, und von vielen dampfenden Rissen durchzogen, welche das Betreten gefährlich machten.

Dr. Bleeker, welcher den Berg im Jahre 1846 und 1850, beide Male vom Tjatter aus, bestieg (vgl. Natuurk. Tijdsch. I. p. 154), fand 1850 den Krater Kawa Ratu beinahe ganz in Ruhe. Nur an drei Punkten des Kraterbodens entwickelten sich kleine Dampfmassen, die sich aber nicht hoch in den Krater erhoben. Während 1846 der Kraterboden nicht zugänglich war wegen hoch aufwallenden Schlammes, mit dem er ganz bedeckt war, konnte man 1850 den Boden des Kraters wieder grösstentheils betreten. In der Mitte des Bodens befand sich ein weites Becken, das bis wenige Fusse zu seinem Rand mit Wasser gefüllt war. An den oberen Theilen der Kraterwände blühten eine Anzahl Thibaudien. Die östliche Bergabdachung, deren Wald durch den Ausbruch vom Mai 1846 verwüstet war, hatte noch dasselbe Aussehen wie vor vier Jahren. Tausend dürre, todte Baumstämme, einige Fuss über dem Boden abgebrochen, erinnerten noch lebendig an die Heftigkeit der damaligen Eruption.

Höchst ausgezeichnet und in überraschender Weise regelmässig ist die Rippenbildung am Aussengehänge des Kraters Kawa Ratu, namentlich an dessen Ostseite. Der beistehende Holzschnitt gibt das Profil der oberen Kraterwand an dieser Seite. Daraus ist ersichtlich, dass nur die jüngeren Auswurfsmassen in ihrer Schichtung der aus- und einspringenden Rippenform sich concordant anschliessen, während die älteren Tuff- und Aschenschichten am inneren Kraterrande in ungestörter

Oberster Theil der östlichen Kraterwand des Königskraters.

Horizontallinie erscheinen. Diese Schichten sind daher älter, als die Bildung der Rippen, die nur dem Abfluss atmosphärischen Wassers an einem einst höheren Kegelgehänge zugeschrieben werden kann. Jene Schichten sind dagegen jünger und wahrscheinlich die Producte der letzten Eruption. Denn der Wald an der Oberfläche ist hier an der Ostseite völlig zerstört, man sieht nichts als schwarze knorrige Baumstämme, die wie auf einem Schneefelde stehen. Erst weiter abwärts beginnt grüner Wald.

Was die Bildung des merkwürdigen Doppelkraters des Tangkuban Prahu betrifft, so kann ich mich mit der Ansicht nicht einverstanden erklären, dass beide Kessel einst e i n grosser elliptischer Krater gewesen, und erst durch die aus Auswurfsmassen aufgehäufte Mittelrippe getrennt worden sein. Allerdings besteht diese Mittelrippe grossentheils, namentlich in ihren unteren niedereren Partien fast nur aus Schutt, aber oben bei der Hütte sieht man deutlich noch anstehende Andesitbänke in die Mittelrippe vorspringen, und ich glaube, dass ein andesitischer Felsgrat den eigentlichen Kern der Mittelrippe bildet, der von den Auswurfsmassen nur bedeckt wurde. Es ist somit wahrscheinlich, dass durch jeden neuen Ausbruch die Mittelrippe mehr und mehr zerbrochen wird, und so die beiden Kessel nach und nach zu einem verschmelzen.

Über die im Kraterfeld des Tangkuban Prahu stattgehabten Veränderungen hat Junghuhn Aufzeichnungen gemacht. Die Kraterseen des Tangkuban Prahu sind klein im Vergleich zu den Kraterseen anderer Vulcane auf Java, und von sehr veränderlicher Natur. Im Jahre 1837 und 1848 bei den Besuchen von Junghuhn waren es nur Schlammpfützen, daher der Schlammausbruch am 27. Mai 1846 nur unbedeutend; er überschüttete nur die oberste Region der Berggehänge auf der Ost- und Nordostseite.

Die Lava des Tangkuban Prahu ist ein feinkörniges, von feinen Poren durchzogenes rauchgraues Gestein, in welchem sich Mikrotinit-Kryställchen und Augit erkennen lassen. Eine Analyse davon hat kürzlich Dr. Otto Prölls (Neues Jahrb. 1864, S. 427) mitgetheilt, und das Gestein als Dolerit bezeichnet. Ich würde vorziehen, dasselbe als Pyroxen-Andesit zu den Andesiten zu stellen.

## 3. Das südwestliche Grenzgebirge des Plateaus von Bandong, der District Rongga.

Die Dankbarkeit gegen den Residenten von Bandong, Herrn Vischer von Gaasbeek und gegen Raden Adipatti, den Regenten von Bandong, macht es mir zur Pflicht, in Kürze zu erwähnen, in welch ausgezeichneter Weise diese Herren dafür Sorge getragen haben, dass ich den von Junghuhn entworfenen Reiseplan [1]

---

Der von Junghuhn entworfene Reiseplan war folgender:

**Reiseplan für Herrn Dr. Hochstetter und de Vry von Lembang bis Radjamandala.**
19. bis incl. 23. Mai 1858.

Erster Tag. 19. Mai. Von Bandong zu Wagen über Tjimai und Lewi gadjah bis durch die Tji-Tarum-Kluft. Von hier zu Pferd am jenseitigen linken Ufer der Kluft aufwärts, bis wo die kleinen Wasserfälle liegen: 1. Tjuruk-Kapek, 2. Tjuruk-Lanang. In der Nähe schöne Entblössungen hoher Wände von Süsswasser-Schichten. Junghuhn's Java III. 287 — und 3. Tjuruk-Djompong, über Porphyrstufen. III. 250. — Vom Djompong-Wasserfalle zu Pferd weiter zum Batu Susun am Abhange des G.-Bulut. III. 150. und von da nach Tjililin (dem Hauptorte des Districtes Rongga). Von hier ist der Javan Tschakra di Pura vorausgeschickt worden, um in Tji-Lanang-Thale nach Petrefacten zu graben.

Zweiter Tag. 20. Mai. Von Tjililin zu Pferd zu der Kalkbrennerei Lio tjitjangkang. III. 74 P. und 85—86 und von da weiter westwärts ins Tji-Lanang-Thal, nebst einigen Seitenthälern und Nebenbächen, besonders Tji-Burial und Tji-Tangkil, wo im Schutt der eingestürzten Seitenwände viel gut erhaltene fossile Conchylien gefunden werden. III. 72. — Von da weiter aufwärts in die höheren Gegenden des Tji-Lanang-Thales zum Fusse der Sandsteinwand G.-Sela (auf der rechten Thalseite), wo die Schichten sehr reich an Fossilresten sind und die Conchylien an ihrer ursprünglichen Lagerstätte, d. h. in noch nicht zerbröckelten Sandstein eingebettet erblickt werden. Auch fossiles Harz. III. 181. In einem der zunächst liegenden Dörfchen übernachten. (Der Pasanggrahan Gunung alu am Tji-Dadap liegt eine Stunde weiter entfernt und höher.)

Dritter Tag. 21. Mai. Vom Tji-Lanang-Thale zum kleinen Grenzdorfe Tjatjabang und auf der Reise dorthin besuchen: 1. den Hornblendeporphyrkoloss G.-Karang auf der linken Seite des T.-Lanang-Thales. 2. Den Kalkbrecciefelsen Batu kakapa im Tji-tjamo-Thale. III. 130. Zu Tjatjabang wird gefrühstückt und wenn es noch Zeit ist vor dem Frühstücke, sonst nach dem Frühstücke besucht folgende wichtige Punkte der Erosionskluft: 3. Tjukang raon III. 141 und 4. Tjuruk-Alimun, der grösste Wasserfall des Tji-tarum III. 251, woselbst Grünstein — und zwischen diesem Wasserfalle und dem Dorfe Tjatjabang ein Gang grobkörnigen Diorits.

Vierter Tag. 22. Mai. Von Tjatjabang herabklettern schief an der linken Tji-tarumkluftwand hin bis in den tiefsten Grund der Erosionsspalte Sangjang hölut III. 54 mit saigeren Schichten. — Die später zu besuchenden, ebenfalls perpendiculär stehenden Kalkbänke liegen am äusseren Saume dieses Schichtengebirges, zwischen Trachyt und Eruptionsgesteinen.

Zu Tjatjabang frühstücken und weiter reisen über die Grenzbergkette G.-Lanang ins Dorf Gua am Fusse der steilen Wand des Kalksteinfelsen G.-Nungnang mit der Vogelnesthöhle dicht neben dem Dorfe. — III. 193.

Fünfter Tag. 23. Mai. Früh von Gua aufbrechen und am Nordfusse des G.-Nungnang hingehen bis zur Tji-Tarum. Auf einer Fähre übersetzen und besuchen: 1. Die Höhle Sangjang tjikoro, die unmittelbar am jenseits rechten Ufer liegt (vergl. über Kalkfelsen III. 193) und wenn es nicht zu spät wird, die merkwürdigen Höhlen 2. Gua Silanang und 3. Gua tjikasang in den Kalkfelsen, genannt G. Gua und Bundut, bei einer von welchen die perpendiculäre Aufrichtung des Ganzen besonders deutlich ist.

Weiter von da nach Radjamandala am grossen Postwege, wo der Wagen wartet, um nach Tjandjur zu gehen.

Sechster Tag. 24. Mai. Von Tjandjur nach Batavia.

vollständig ausführen könne. Zugleich mag das ganze Arrangement dieser Reise zeigen, wie man auf Java unter dem Schutze und mit der Empfehlung der holländischen Regierung reist.

Der Bruder des Regenten von Bandong, eine echt ritterliche Natur, war mein und Herrn de Vry's Ehrenbegleiter. Für alle materiellen Bedürfnisse hatte der Regent von Bandong auf's Luxuriöseste gesorgt. Vier Diener und ein Koch mit einer grossen Anzahl von Kuli's wurden jedesmal auf die in der Reiseroute bezeichneten Rastplätze, oft mitten im Wald, auf einem Berge oder in einer Thalschlucht vorausgeschickt, so dass wir, wenn wir ankamen, die reich besetzte Tafel bereit fanden. Wo für die Mittagsrast oder das Nachtlager kein Pasanggrahan oder sonst keine taugliche Hütte sich vorfand, da wurde schnell aus Bambus und Palmblättern, dem Material, aus dem der Javanese tausend zum Leben nothwendige Dinge zu machen versteht, eine wohnliche Hütte mit Speisezimmer, Schlafzimmer und Baderaum eigens neu gebaut. Um keine Zeit zu verlieren, mussten bei dem schwierigen Terrain die Reitpferde täglich 3 bis 4 mal gewechselt werden; die frischen Pferde standen überall schon bereit. An die Punkte, wo Petrefacten gesammelt werden konnten, waren eigens Leute vorausgeschickt, die graben mussten und Alles Gefundene zusammenlegen, so dass ich das Brauchbare aus dem Gegrabenen und Gefundenen nur auszusuchen hatte und ohne Zeitverlust so auch eine Sammlung zusammenbrachte. Die selten betretenen Wege in den abgelegenen Gebirgsgegenden fand ich alle neu hergerichtet, und ich sage nicht zu viel, wenn ich erwähne, dass wohl 40 oder 50 kleine Brücken und Stege, aus Bambus geflochten und mit Bambusgeländern versehen, eigens hergerichtet werden mussten, um die Wege reitbar zu machen. Überall aber, wo es galt vom Weg ab in tiefe Schluchten hinabzusteigen, die höchstens ein Geologe besucht, weil er dort natürliche Aufschlüsse findet, waren die Wege ganz neu gebahnt und auf felsigem Terrain alle Hindernisse durch eingehauene Stufen und angelegte Bambusleitern überwunden.

Nicht weniger als 38 berittene Sundanesen, alle in festlich geschmückter malerischer Nationaltracht, die Häuptlinge der Districte, die wir besuchten, mit ihrem Gefolge, hatten sich uns angeschlossen. Die Zahl der Lastträger aber, die zur Bedienung dieses Reiterzuges nothwendig waren, habe ich nicht gezählt. Mit Musik und Tanzspiel wurden wir Abends in den Dörfern empfangen, die zu unserem Nachtquartier bestimmt waren, und unter Musik und Zusammenströmen der ganzen Bevölkerung stiegen wir am frühen Morgen, wenn der Tag graute, wieder zu Pferde.

Das durchreiste Terrain umfasst den südwestlichen Theil des Plateaus von Bandong, den District Rongga auf der Südseite des Tjitarumflusses zwischen dessen ersten Wasserfalle Tjuruk-Djombong bei der nördlich in das Plateau vorspringenden vielkuppigen Trachytkette und dem Durchbruche durch die westliche Grenzkette, welche das 2500 Fuss hohe Plateau von der um 1200 Fuss tiefer gelegenen Fläche von Radjamandala trennt. Südlich lehnt sich dieses Gebiet an die Gehänge eines höheren zum Theil vulcanischen Gebirgsjoches zwischen dem Gunung Patua und Gunung Kendeng an, welches die Wasserscheide zwischen Süd- und Nord-Java bildet. Der Tji Lanang und Tji Sokau, zwei Nebenflüsse des Tji Tarum, sind die Hauptgewässer dieses aus neptunischen, vulcanischen und plutonischen Gebilden auf das mannigfaltigste zusammengesetzten und für die Geologie von Java sehr wichtigen Gebietes, welchem Junghuhn, wie er an verschiedenen Stellen seines Werkes erwähnt (z. B. III. S. 57, 194, 251), eine monographische Bearbeitung widmen wollte, zu deren Ausführung er jedoch meines Wissens nicht mehr gekommen ist. Auch mein Freund Baron v. Richthofen, welcher nach mir im Jahre 1861 Java bereiste und über seine Ausflüge daselbst so anziehende Mittheilungen gemacht[1] hat, hat gerade diesen Theil des Landes nicht gesehen, so dass ich es für gerechtfertigt halte, den Bericht über meine Reise etwas ausführlicher zu geben.

**19. Mai.** Um 6 Uhr Morgens fuhren wir von Bandong ab. Wir konnten in der ersten Stunde noch die grosse Poststrasse in der Richtung nach Tjandjur benützen, und lenkten bei Tjilokotot in südwestlicher Richtung auf eine Landfahrstrasse ab, deren Zustand der Art war, dass die Pferde durch die landesübliche Vorspann von Büffeln ersetzt werden mussten. Der Weg führte über eine Einsattlung zwischen zwei domförmigen Kuppen, den äussersten Ausläufern einer Hügelkette, die in nördlicher Richtung weit in das Plateau von Bandong vorspringt, steil abwärts zum Tjitarum-Flusse. Jenseits, die südliche Begrenzung der fruchtbaren Plateaufläche bildend, lag vor uns vollkommen wolkenfrei die hohe Gebirgskette mit dem G. Malawar, dessen Solfatare Kawa Wajang ein Fundort von silberweissem Federalaun ist, und der gleichfalls erloschene G. Patua.

Jene Hügelkette besteht aus trachytischen Gesteinen. An der Strasse selbst hat man jedoch keine Gelegenheit sich von der petrographischen Beschaffenheit des Gesteins näher zu überzeugen, da Alles tief hinein zu rother Erde zersetzt ist. Erst in der Fortsetzung der Hügelkette jenseits des Tjitarum findet man bessere Aufschlüsse. Aber schon die Form der Hügel ist ausserordentlich charakteristisch. Es sind niedere domförmige Kuppen und Kegel, die sich 2 bis 500 Fuss hoch über die Plateaufläche erheben und im Kleinen die Form grosser vulcanischer Berge nachahmen. Sie sind waldlos und oft bis zur Spitze angebaut. Mich haben diese Kuppen an die nikobarischen Hügel auf Kamorta erinnert, die gleichfalls nicht vulcanisch sind, sondern Masseneruptionen dioritischer und hyperitischer Gesteine ihren Ursprung verdanken. Abwärts an den Gehängen des Tjitarum-Thales treten die jüngeren Sedimentbildungen, welche die Plateau-

---

[1] Ferd. Freih. v. Richthofen, Bericht über einen Ausflug in Java, Zeitschrift d. deutsch. geol. Ges. 1862.

fläche zusammensetzen, in Geröll-, Sand- und Thonbänken zu Tage. Um 9 Uhr hatten wir den
Tjitarum, den Hauptfluss des Plateaus von Bandong, der seine Quelle am Gunung Malawar hat,
und der weiter abwärts, da wo er das westliche Grenzgebirge durchbricht, grossartige Wasserfälle bildet, erreicht. Hier schon ist er ein ansehnlicher Strom mit starkem Gefälle, der sein Bett
tiefer und tiefer eingräbt und auf seinem Laufe durch jene Hügelkette die ersten Wasserfälle
Tjuruk Djombong, Tj. Lanang, Tj. Kapek bildet, bei welchen man neben trachytischen
Eruptivgesteinen zugleich hohe Wände der jüngsten Süsswasserschichten des Plateaus von Bandong aufgeschlossen sieht. Diese Punkte waren das nächste Ziel unserer Reise.

Schon hier waren wir aber am Ende fahrbarer Strassen; der Wagen wurde zurück-
geschickt, wir setzten auf einer über drei aus riesigen Baumstämmen ausgehöhlten Kähnen
mittelst Bambus zierlich geflochtenen Brückenfähre auf's linke Ufer über, wurden hier an der
Grenze des Districtes Rongga vom Districtsoberhaupt, dem Wedanah und seinen Unterbeamten
begrüsst und setzten nun die weitere Reise zu Pferde fort. Wir ritten am linken Flussufer thal-
abwärts und waren bald an der Stelle, wo wir zu dem ersten und obersten Wasserfalle
des Tjitarum hinabzuklettern hatten. Ein frisch gestufter Fussweg machte das leicht
möglich.

Tjuruk[1] Djombong ist der erste Wasserfall des Flusses. Er liegt nahe der Grenze, wo der
Tjitarum in seinem Laufe nach Westen aufhört ein in einem flachen Bette fliessender Plateau-
strom zu sein, und in eine vielkuppige Trachytkette eintritt, welche von den Gehängen des
G. Tilu und G. Patua wie eine mächtige Gangmasse in nördlicher Richtung in das Plateau
von Bandong vorspringt. Die Erosionskluft ist hier kaum 100 Fuss tief. Ein prachtvoller Kiara-
baum, der unten am schäumenden Flusse steht, wölbt sein schattiges Laubdach über den Be-
schauer, der auf einer vorspringenden, von Farnkräutern und Moos bedeckten Felsterrasse
die Naturscenerie betrachtet. Die Wassermasse des Flusses stürzt in einer Breite von circa
100 Fuss brausend über zwei Hauptstufen, die zusammen eine Fallhöhe von 30 Fuss bilden.
Etwas weiter flussaufwärts bemerkt man eine dritte kleine Stufe. Zwischen jenen beiden Hauptstufen liegt mitten im schäumenden Wasser ein mit Gesträuch bewachsener Fels, und unterhalb
der zweiten Stufe ragt aus dem zischenden, brausenden Strudel malerisch eine zweite etwas
grössere Felsinsel mit Baumgruppen hervor. Die Felswände am linken Ufer zeigen ein sehr
feldspathreiches etwas Hornblende und Quarz führendes trachytisches Massengestein von por-
phyrischer Structur und lichter Farbe mit einer Neigung zu plattenförmiger Absonderung.
Dasselbe hat einige Ähnlichkeit mit dem Csetatye-Gestein von Vöröspatak in Siebenbürgen und
dürfte am ehesten mit den von Dr. Stache unter dem Namen Dacit beschriebenen siebenbürgischen Quarztrachyten zu vergleichen sein. Es war mir jedoch nicht möglich einen frischen
Bruch zu schlagen. Von geschichtetem Gebirge ist hier nichts zu sehen.

Erst etwa eine halbe englische Meile unterhalb dieses Wasserfalles tritt der Fluss in die
trachytische Hügelkette selbst ein und erscheint hier zwischen der kleinen Kuppe Korer Kotok
am linken Ufer und dem regelmässig kegelförmigen G. Selatjan am rechten Flussufer ein-
gezwängt. Hier liegen die beiden anderen Wasserfälle, zunächst: Tjuruk Lanang Das Flussbett ist hier schon tiefer eingerissen; die Ufer sind steil und felsig, so dass es nur mittelst
Bambusleitern möglich war, bis zum Niveau des Flusses hinabzusteigen. Tj. Lanang ist mehr
eine Stromenge als ein Wasserfall. Die anstehenden Felsen sind ausserordentlich zähe und bestehen aus einem Mikrotinit mit dichter graugrüner Grundmasse ohne deutliche Hornblende.

---

[1] Das malayische Wort *Tjuruk* bedeutet „Wasserfall" und ist aus *Tji-Uruk* abgekürzt.

Eine am linken Ufer senkrecht abgestürzte Wand entblösst auch eine Schichtenreihe von sedimentären Gebilden. Das Profil ist folgendes:

6 Fuss Ackererde.
3     grobes Gerölle.
12     brauner Sandstein mit thonigen Schichten.
10     kleineres Gerölle.
20     brauner dünngeschichteter Sandstein.

Diese Schichten liegen vollkommen horizontal in ungestörter Lage auf den im Flussbette anstehenden Felsmassen. Sie gehören zu den jüngsten Süsswasserbildungen, welche das Plateau von Bandong ausgeebnet haben.

Nach kurzer Rast brachen wir auf zum Tjuruk Kapek, dem dritten Wasserfall, der nur wenige Schritte unterhalb des Tj. Lanang liegt, zu dem man aber einen ziemlichen Umweg machen muss. Auch Tj. Kapek ist mehr eine Stromenge als ein Wasserfall. Der Fluss, hier nur 24 Fuss breit, fällt über eine 6 Fuss hohe Sandsteinstufe, welche den untersten Schichten in obigem Profil entspricht. Der Sandstein besteht aus feinem vulcanischem Sand.

Ich konnte mich hier von der Richtigkeit von Junghuhn's Ansicht überzeugen, dass das Material der sogenannten Süsswasserschichten des Plateaus von Bandong grösstentheils vulcanischen Ursprungs ist, und dass dieses Plateau eben so wie alle anderen Centralflächen Java's durch vulcanische Auswurfsmassen, Trümmer von Lava, durch Asche und Sand angehöht und ausgeebnet ist, während darunter ältere tertiäre Schichten liegen und darüber theilweise Fluss-alluvionen. In der That, um eine Vorstellung zu bekommen, woher das Material zur Ausebnung und Bildung solcher Flächen, wie sie die niedere Plateaustufe von Tjandjur und Radjamandala und das höhere Plateau von Bandong darstellen, darf man sich nur an die ungeheuern Trümmer- und Schlamm-Massen erinnern, welche die Vulcane Java's zu verschiedenen Zeiten ausgeworfen haben, z. B. der G. Gelunggung im Jahre 1822, dessen Schlammströme eine Fläche von 45 ☐ Pfählen[1] um 50 Fuss erhöht haben.

Unser nächstes Ziel war der Felskegel Batu Susun, der am Abhange des G. Bulut thurmförmig über die Waldung hervorragend schon aus der Entfernung sichtbar war. Je tiefer wir in die Berge kamen, desto reizender wurde die Landschaft. Regelmässige Kegel und Kuppen, die in malerischer Perspective hinter einander liegen, theils bewaldet, theils bebaut bis zur höchsten Spitze, dazwischen idyllische Thäler, durchströmt von frischen klaren Bergwässern und im Grunde derselben üppig grüne Reisfelder in Terrassen über einander, zwischen Palmen und Bambusgebüsch einzelne malayische Hütten, Alles das sind Bilder, welche sich tief in die Erinnerung einprägten. In freundlichen Thälern fort langsam ansteigend und zuletzt auf steilen Pfaden, die über grusig verwittertes Gestein führten, erreichten wir nach 2 Uhr am Fusse des Felskegels eine freie offene Anhöhe mit der herrlichsten Aussicht, und fanden auf diesem schönen Platze auch Alles auf's Vortrefflichste vorbereitet zu unserer Labung und Stärkung.

Der Batu Susun ist eine thurmförmige oder eigentlich pagodenähnliche Felsmasse, die sich am bewaldeten Abhange des G. Bulut frei erhebt und in dicke regelmässige Säulen gegliedert erscheint. Die Ansicht, welche ich hier mittheile, habe ich von unserem Rastplatze aus skizzirt. Es ist keineswegs leicht, sich von der mineralogischen Zusammensetzung des Gesteines zu überzeugen, da es kaum gelingt, ein frisches Stück zu finden oder einen frischen Bruch zu schlagen. Dennoch liess sich so viel feststellen, dass das Gestein seiner petrographischen Natur

---

[1] Ein Pfahl ist etwas weniger als eine englische Meile = 4671 Par. Fuss.

nach zu den Sanidin-Oligoklastrachyten gehört. In einer grauen felsitischen Grundmasse liegen kleine gestreifte Mikrotinkrystalle neben grösseren rissigen Sanidinkrystallen und einzelnen kleinen Hornblendenadeln porphyrartig eingewachsen. In den dunklen Urwäldern am oberen Berggehänge machen sich gleichfalls Felswände bemerkbar, welche eine säulenförmige Absonderung zeigen. Am Fusse des Berges aber ist das Gestein zu einem rothen lehmigen Grus verwittert, in welchem man da und dort weisse kaolinische Nester bemerkt. In diesen zersetzten Massen liegen dann noch feste, concentrisch-schalig sich absondernde Blöcke eines deutlich krystallinischen Gemenges von Hornblende und triklinem Feldspath.

Batu Snaun am Nordabhange des Gunung Bulut, Trachytfels mit säulenförmiger Absonderung.

Die Mahnung des Wedanah, der auf drohende schwarze Gewitterwolken deutete, veranlasste uns zum Aufbruch. Wir hatten aber kaum am Fusse des Berges einen besseren breiteren Reitweg erreicht, als sich der Platzregen über uns ergoss. Der Weg war durch den Regen fast grundlos geworden. Als der Regen aufgehört, da zirpte und zwitscherte es aus allen Gebüschen, die Thierwelt schien jetzt erst lebendig geworden zu sein; denn wie es früher ruhig und stille war, so ging jetzt ein Höllenlärm los, an dem sich allerlei Thierstimmen betheiligten; am lautesten kreischten grosse Cycaden. Wir ritten fort am Fusse der Berge durch eine stark bevölkerte Gegend. Die kleinen Dörfer, die wir passirten, liegen kaum eine halbe englische Meile von einander; wir passirten gegen acht solcher Dörfer. Diese Ansiedlungen sind stets umzäunt und liegen hinter den Baumgruppen fast versteckt. Der Weg führt nie durch das Dorf, immer aussen an der Umzäunung hin. Diese Umzäunung ist theils eine natürliche durch Bambus-gebüsch, oder ein künstlicher, häufig doppelter Bambuszaun. Zwischen beiden Umzäunungen stehen dann Areca-, Zucker-, Kokospalmen, Pisang u. s. w., so dass ein förmlicher Wald, welcher eine Auslese aller nützlichen Tropengewächse enthält, die Dörfer umgibt[1].

Wir erreichten Tjililin, den Hauptort des durch seinen Petrefactenreichthum so berühm-ten Districtes Rongga, den Wohnsitz des Wedanah, bei einbrechender Nacht und wurden feierlich mit Gamelangspiel in dem festlich erleuchteten Pasanggrahan empfangen. Die Über-raschungen waren aber nicht zu Ende. Das Beste hatte sich der Wedanah noch vorbehalten. Nach dem Abendessen schleppten vier Männer einen schwer beladenen Tisch in das Speise-zimmer, schwer beladen mit — Steinen und Petrefacten, welche der Wedanah, von Jung-huhn dazu angeleitet und aufgemuntert, in seinem Districte gesammelt hatte und mir nun als freundliches Geschenk überreichte. Die Petrefacten waren alle sorgfältig nach Arten geordnet und mit einer in javanischen und lateinischen Lettern geschriebenen Etiquette des Fundortes versehen. So hatte ich, noch ehe ich zu den Fundorten selbst gekommen, eine sehr ansehnliche Sammlung beisammen. Der Name dieses Wedanah von Tjililin, des Freundes der „Geologen", wie er sich betitelte, möge auch in Europa genannt sein; er heisst „Mas Djaja Bradja.

**20. Mai.** Als der Tag graute, sass ich wieder zu Pferde; Musik spielte uns zum Abschied. Es galt heute die wichtigsten Petrefactenfundorte des Districtes Rongga zu besuchen. Der Morgen war schön. Auf den Bergen lag, als wir ausritten, noch Nebel, den die Sonne all-mählich verzehrte. Wir folgten einem breiten Fahrweg nach dem Bergdorfe G. Alu. Der Weg führte zunächst über zwei in Geröll-, Tuff- und Sandschichten tief eingerissene Thäler. Gedeckte Holzbrücken führen über diese Gebirgsbäche. Der erste ist nach Junghuhn's Karte der Tji Batununggul. Horizontale Schichten von Gerölle und gelbem Lehm treten an seinen steilen Ufern zu Tage. Der zweite Fluss, den man überschreitet, ist der Tji Tjeré. Der schwarzflimmernde Sand im Wege zeigte deutlich, dass wir noch immer im Gebiete hornblende-haltiger Gesteine waren, aber es ist alles so sehr zu eisenschüssiger rother Erde zersetzt, dass man kein anstehendes Gestein auffinden kann. Die Gerölle im Flusse gehören verschiedenen Trachytvarietäten an. Im Flusse selbst aber treten vulcanische Tuffe in etwas gehobenen Bänken zu Tage, die ich noch zu dem Schichtensysteme des Plateaus von Bandong rechne, das hier buchtenförmig in das Bergland hereinreicht und sich hier abgrenzt.

Von da führte der Weg langsam bergan immer höher in das Gebirge, in immer weniger bevölkerte Gegenden. Lalanggras bedeckt die Gehänge, und nur im höheren Gebirge von 3000 bis 4000 Fuss Höhe liegen noch dunkle Urwaldmassen. Wir hatten um 9 Uhr das auf einer Anhöhe gelegene Dorf Liotjitjangkang erreicht, und brachen nach kurzer Rast nach der Kalkbrennerei auf, die etwas abseits von der Strasse am Fusse des Pasir Dungul liegt.

Pasir Dungul bei der Kalkbrennerei von Liotjitjangkang ist eine runde, oben flache Kuppe, auf deren Höhe Kalk in kleinen Gruben gegraben wird. Es ist der einzige Punkt in der ganzen Gegend, wo Kalk gewonnen werden kann. Der Kalk gehört einer ungefähr 300 Fuss langen und eben so breiten Bank an. Wie mächtig die Bank ist, lässt sich nicht erkennen. Die Gruben sind nur 6 bis 8 Fuss tief. Es ist ein gelblichweisser dichter Kalkstein von vielen kry-stallinischen Adern durchzogen, der eine unregelmässig zerklüftete zerbröckelte Masse dar-stellt. Man erkennt darin zahlreiche Korallenfragmente, Trümmer von Cidariten und eine

---

[1] Junghuhn I. p. 169 gibt eine Zusammenstellung aller Gewächse eines solchen Dorfwaldes.

Menge schlecht erhaltene Schalen von Conchylien. Schon die Lagerung dieser Kalkbank deutet darauf hin, dass sie eine der jüngsten Bildungen des javanischen Flötzgebirges ist.

Von da weg ging es nun immer höher in's Gebirge. Um 11 Uhr hatten wir das Bergdorf Kampong Djelak, 11 Pfähle von Tjililin entfernt, erreicht. Von hier mussten wir in die tief eingerissenen Schluchten des Tjilanang und seiner Nebenflüsse hinabklettern, wo die durch Junghuhn's Sammlungen so berühmt gewordenen Fundorte javanischer Tertiärchonchylien liegen. Die von Junghuhn zunächst bezeichnete Stelle war der Zusammenfluss der kleinen, aber reissenden Gebirgsbäche Tji Burial und Tji Tankil. Der Javan Tschakra di Pura aus Tjililin, ein von Junghuhn angeleiteter Petrefactensammler, war schon den Tag zuvor mit einem Dutzend Kulis vorausgeschickt worden, um hier nach Petrefacten zu graben.

Die Partie war keineswegs angenehm; der steile Fusspfad, welcher in aufgeweichten zersetzten Tuffmassen zur Bachschlucht hinabführt, war so bodenlos, dass ich mich nur mit grösster Mühe durchzuarbeiten vermochte. Nachdem wir ungefähr 800 Fuss herabgestiegen waren, kamen wir zur Stelle. Ich vergass die Beschwerlichkeiten schnell bei dem Anblicke einer ganzen Schaar brauner halbnackter Gestalten, die mitten im Wasser stehend damit beschäftigt waren, grosse, von den Ufern aus einer sandigen Thonschichte losgerissene Blöcke mit spitzen Bambusstäben zu durchstechen und zu verkleinern, um die darin eingebetteten Fossilien herauszulösen. Die Ausbeute war eine überaus reiche, trotzdem dass die Schalen, so lange dieselben die Bergfeuchtigkeit besitzen, sehr zerbrechlich sind und es daher nur bei grösster Vorsicht gelingt, sie ganz auszulösen. Der grösste Theil meiner von Batavia aus nach Wien gesandten Sammlung stammt von dieser Localität beim Zusammenflusse des Tji Burial und Tjitankil, zweier Nebenflüsse des Tji Lanang.

Der Tji Burial von rechts ist der Hauptbach. An seinen Ufern und in der Bachsohle selbst stehen die petrefactenführenden Thonschichten mit nahezu horizontaler Lagerung an. Hauptsächlich aber sind es die aus diesem Lager losgerissenen, im Bachbette zerstreut liegenden Blöcke und der Schutt der eingestürzten Uferwände, die für den Sammler von Wichtigkeit sind. Sie bestehen aus theils etwas sandigem, theils sehr fettem schwarzem Thon. Die linke Uferseite des Tji Tankil zeigt die petrefactenführenden Thone nicht, sondern hier steht Trachyt und zwar Sanidin-Oligoklastrachyt mit vielen kurzsäulenförmigen Hornblendekrystallen an. Die Bacheinrisse sind voll von Blöcken und Geschieben dieses Trachyts. Nirgends hat man aber Aufschluss, ob derselbe die Thonschichten durchbricht oder nicht. Der Trachyt hat frisch eine graue Farbe, wird aber bei der Zersetzung roth oder weiss. Über den petrefactenführenden Schichten lagern mächtige trachytische Conglomerat- und Tuffmassen in horizontalen oder nur wenig geneigten Bänken, die gänzlich petrefactenleer sind und bei weitem die Hauptmasse des höheren Gebirges, das zwischen Tjililin und Gunung Alu bis zu 3000 und 3500 Fuss ansteigt, zusammensetzen. Die Strasse von Kampong Djelak weiter nach G. Alu, die immer höher und höher in's Gebirge steigt, durchschneidet in tiefen Einschnitten und Hohlwegen diese Conglomerat- und Tuffschichten; sie sind indess meist so sehr zersetzt zu eisenschüssig rothen lehmigen Massen, dass ihre petrographische Natur schwer zu erkennen ist. Trotzdem habe ich mich von echten Trachytconglomeraten und von trachytischen Bimssteintuffen vollkommen überzeugt.

Es sind menschenleere Gegenden, durch die wir kamen, waldlose, aber mit fast mannshohem Lalanggras wild überwucherte Berggehänge. Da und dort stehen Bambusgebüsche, einzelne Bäume, und in den Schluchten namentlich Baumfarngruppen, ein Terrain für Wildschweine. Hirsche, wilde Büffel, und demgemäss auch für den Königstiger, dem diese Thiere reiche Beute liefern. Wir ritten rasch und erreichten das Bergdorf Gunung Alu schon um 2 Uhr.

Im Pasanggrahan war Alles zu unserer Aufnahme vorbereitet. Ein schweres Gewitter, das über die hohen dunklen Waldberge, die hinter dem Dorfe ansteigen, gezogen kam, brach aus, als wir kaum unter Dach waren, und verhinderte uns an weiteren Unternehmungen. Ich benützte daher die Stunden des Tages noch zum Ordnen und Verpacken der reichen Sammlungen, die ich gemacht hatte.

Gunung Alu, ein kleines Gebirgsdorf mit ungefähr 1000 Einwohner, liegt auf der breiten Fläche des Tjidadap-Thales am Fusse des gleichnamigen Berges, der einen Theil der centralen, mit Urwald bedeckten Gebirgskette G. Kéndéng ausmacht, welche hier die Wasserscheide zwischen Nord und Süd von West-Java bildet. Der Tji Dadap, ein wilder Gebirgsbach mit krystallklarem Wasser, stürzt dicht an dem Dorfe vorbei brausend dem Tji Sokan zu.

**21. Mai.** Sobald das erste Tagesgrauen den Weg sichtbar machte, brachen wir auf nach dem Tji Lanangthale zum Fusse der Sandsteinwand Gunung Sela, dem zweiten sehr reichen Petrefactenfundorte im Districte Rongga. Der Weg von den Höhen hinab zur Bachsohle war hier, da die Berggehänge sanfter sind, etwas besser und konnte fast ganz zu Pferde zurückgelegt werden. Wir waren schon um 7 Uhr zur Stelle.

Das linke Ufer ist von einer Alluvialfläche gebildet, die von einem steilen, ganz mit Gebüsch verwachsenen Bergabhange begrenzt ist. Der Gunung Sela liegt am rechten Ufer und ist nicht etwa eine hervorragende Bergkuppe, sondern eine durch Abrutschungen an dem Gehänge entblösste Gesteinswand. Um zu den Aufschlüssen zu gelangen, muss man das Bachbett überschreiten. Hier sieht man zu unterst, vom Flusse bespült, eine grauschwarze Thonschichte, in welcher tausend und aber tausend Korallentrümmer mit Muschelfragmenten eingebettet liegen, so dass schon aus der Ferne diese Schichte durch ihr weiss gesprenkeltes Ansehen in die Augen fällt. Diese Schichte erinnerte mich lebhaft an den Boden eines Pandanussumpfes auf der nikobarischen Insel Pulo Milu, wo der schlammige Alluvialboden ganz mit Korallentrümmern und Muschelresten bedeckt war. In ähnlicher Weise muss diese Schichte früher an einer Meeresküste einen niederen Korallenboden gebildet haben, der allmählich wieder unter den Spiegel des Meeres sank, so dass die folgenden Schichten sich darüber ablagern konnten. Das nächst höhere Glied sind nämlich petrefactenleere dunkel graublaue, mehr mergelige Thone, in fast horizontalen Schichten gelagert. Dieselben sind klüftig zersprungen und die Kluftflächen mit feinen Gypsnadeln bedeckt oder nur weisstüpfelig beschlagen. In diesen Thonmergelbänken liegen septarien-ähnliche Kalkmergelknollen eingebettet, von der verschiedenartigsten Grösse und Form, rissig zersprungen und von weingelben Calcitadern durchzogen. Diese Kalkconcretionen sind gewöhnlich ganz voll von Muscheln, hauptsächlich Austern; ihre Schalen haften aber so fest an der Kalkmasse, dass es nur selten gelingt, mehr als blosse Steinkerne herauszuschlagen. Darüber folgt endlich mit einer Mächtigkeit von 150 bis 200 Fuss ein feinkörniger Sandstein. Dieser bildet die Sandsteinwand des Gunung Sela, an deren Fuss grosse herabgestürzte Blöcke für den Geologen das Material sind, aus welchem er sehr wohlerhaltene Petrefacten und grössere und kleinere Stücke eines fossilen Harzes in grosser Menge herausschlagen kann. Der Sandstein ist kalkhaltig, frisch graublau und ein sehr festes Gestein von fast krystallinischem Ansehen; die abgestürzten Blöcke sind aber an ihrer Aussenseite gelbbraun und mürbe. Über die eigentliche Natur dieses Sandsteines geben kleine Hornblendekrystalle und ein beträchtlicher Gehalt an Magneteisen Aufschluss, die man darin findet, und die anzeigen, dass man es mit einer sandigen Tuffbildung zu thun hat, deren Material trachytischen Eruptionen seinen Ursprung verdankt. Mit den Sandsteinschichten wechsellagern einzelne gröbere Conglomeratbänke.

Den Gesammtcomplex dieser Schichten halte ich für vollkommen äquivalent mit den am Zusammenflusse des Tji Burial und Tji Tankil aufgeschlossenen Schichten. Es sind die tiefsten Glieder, welche in Fluss- und Bachthälern des Districtes Rongga aufgeschlossen sind. Tiefere Schichten treten nirgends zu Tage. Übereinstimmend mit der ersten Localität fand ich auch hier wieder höher oben an den Berggehängen echte Bimssteintuffe.

Vom G. Sela weg folgten wir dem Tji Lanangthale. Wir hielten uns an der linken Thalseite auf einem Reitsteig, der bald auf den plateauförmigen Höhen, bald tiefer am Berggehänge in kleine Seitenschluchten des Tji Lanangthales hinab und dann wieder steil bergan führte. Die Gegend ist spärlich bewohnt; wir kamen auf dreistündigem Ritt, bis wir den Tji Lanang selbst überschritten, nur an zwei oder drei kleinen, zwischen Bambusgebüsch und Baumgruppen auf den Terrassen der Thalgehänge versteckt liegenden Kampongs vorbei. Der Weg war bodenlos, und nur in Folge der Nachbesserungen, die eigens wegen unserer Reise gemacht worden waren, überhaupt passirbar. Geologisch habe ich hier nichts Neues gesehen; roth zersetzte Tuffbänke, wechsellagernd mit Bimssteintuffen und grauen Mergelbänken bilden die Berggehänge. Den „Hornblendeporphyrkoloss G. Karang", der in der Reiseroute bezeichnet war, mussten wir, um Zeit zu gewinnen, links zur Seite lassen. Gegen Mittag überschritten wir auf einer neu gebauten Fähre den Tji Lanang, der hier 30 bis 36 Fuss breit ist, und machten auf der plateauförmigen Anhöhe des jenseitigen Ufers bei dem Dorfe Tjinanka Halt. Wir waren hier aus dem höheren Berglande wieder heraus, und befanden uns auf plateauförmigen mit Lalanggras und Gebüsch bewachsenen Höhen, welche die südwestliche Fortsetzung des Plateaus von Bandong bilden, und in welche Bäche und Flüsse, die dem Gebirge entströmen, ihr Bett mehr oder weniger tief eingerissen haben. Nur nördlich, gleichsam als mauerförmiger Rand des Plateaus, erhoben sich wieder höhere bewaldete Kuppen und Bergrücken, denen wir uns nun mehr und mehr näherten.

Bei dem Dorfe Tjibulu lenkten wir links vom Wege auf einen schmalen Fusspfad ab, um den Kalkbreccienfelsen Batu Kakapa im Tji Tjamothale zu besuchen. Der Fluss, zwischen Felsbänke eingeengt, bildet hier reissende Stromschnellen. Die Felsbänke bestehen aus einer höchst merkwürdigen Breccie. Dichter, zum Theil halbkrystallinischer weisser Kalk, bildet das Bindemittel für grössere und kleinere eckige und scharfkantige Fragmente von hornblendeführenden trachytischen Gesteinen aller Art von weisser, grauer, grünlich-schwarzer und rother Farbe und für Kalksteintrümmer, welche zum Theil eine ausgezeichnete Korallenstructur besitzen. Es ist also eine Kalktrachytbreccie. Die sichtbare Mächtigkeit dieser Breccienbänke beträgt 20 Fuss, und bemerkenswerth ist, dass hier die Schichten ganz horizontal liegen.

Um 3 Uhr erreichten wir das kleine Bergdorf Tjatjabang. Tjatjabang liegt 2126 Par. Fuss hoch über dem Meere, in der westlichen Ecke des Plateaus von Bandong, am südlichen Fusse des dicht hinter dem Dorfe bis zu 2633 Par. Fuss sich erhebenden Gunung Lanang. Dieser bildet die Grenze zwischen dem Districte Rongga und Tjihéa. Dieser G. Lanang ist ein Theil der Gebirgskette, die wie eine Mauer westlich und südwestlich zwischen dem Gunung Burangrang und der centralen Kette G. Kendeng in einer Streichungsrichtung (nach Stunde 4—5) von WSW. nach ONO. das Plateau von Bandong von der um volle 1200 Fuss tiefer liegenden plateauförmigen Terrasse von Radjamandala trennt. Diese Gebirgskette hat daher ihre Steilseite gegen Nord, gegen das letztgenannte Plateau, während sie vom Plateau von Bandong aus, beziehungsweise von Tjatjabang nur als eine 6- bis 800 Fuss hohe Hügelkette erscheint.

Bei Tjatjabang wird sie von dem Tjitarum durchbrochen. Er hat sein Bett schon weiter oberhalb, wo wir ihn bei den Stromschnellen Tjuruk Djombong, Lanang und Kapek kennen gelernt haben, 100—150 Fuss tief in die Schichten des Plateaus von Bandong eingerissen, durchbricht nun aber hier, die grossartigsten Wasserfälle auf Java bildend, in einer tausend und mehr Fuss tiefen [1] engen Felsschlucht das aus Eruptivgesteinen und steil aufgerichteten sedimentären Schichten bestehende Grenzgebirge, um nach diesen gewaltigen Kaskaden auf der Terrasse von Radjamandala als schiffbarer Fluss ruhig weiter zu fliessen.

Die ganze Grossartigkeit javanischer Natur entwickelt sich in dieser schauerlichen von Urwald bedeckten und von wilden Thieren aller Art durchstreiften Felskluft. Es sind hauptsächlich drei Punkte: Tjukang Raon, Tjuruk Alimun (oder Halimun) und Sangjang Hölut, an welchen man tief unten, recht eigentlich im Herzen, in den Eingeweiden des Gebirges, den Bau der durchbrochenen Lalangkette studiren kann. Die Punkte liegen sehr nahe bei einander an dem durch sein enges Felsbett dahinbrausenden Strome. Um aber von dem einen zum andern Punkte zu gelangen, muss man immer wieder zu dem Dorfe Tjatjabang auf das Gebirgsplateau zurück und von neuem 1000 Fuss tief an steilen Berggehängen und Felswänden hinab- und heraufklettern. Der Besuch dieser Punkte ist eine der anstrengendsten Partien und für ungeübte Bergsteiger selbst nicht ganz ohne Gefahr. Es ist daher leicht begreiflich, wenn Junghuhn im Jahre 1854 schreiben konnte, dass, obwohl Tjuruk Alimun („Staub- oder Nebelfall") der grösste Wasserfall auf der Insel Java sei, doch wie es scheine, ausser ihm noch kein Europäer diesen Punkt besucht habe. Die Eingebornen hatten indess Alles aufgeboten, um die Punkte leichter zugänglich zu machen. Ich fand frisch gestufte Steige, Leitern, Rotangseile und konnte so Junghuhn's Fussstapfen folgen.

Am 21. Nachmittags war nur noch der Besuch von Tjukang Raon möglich. Wir machten uns um 4 Uhr zu Pferde auf den Weg, mussten aber die Pferde bald zurücklassen, und dann weiter hinab klettern, zum Theil auf Leitern. Wir waren glücklich nach einer halben Stunde unten, und meine sundanesischen Begleiter nicht wenig von der grossartigen Naturscene überrascht, die ihnen eben so neu war wie mir. Der Fluss stürzt mit furchtbarer Gewalt durch ein enges, nur 12 Fuss breites Felsthor mit senkrechten Felswänden, die sich 30 Fuss hoch erheben, und ist in dieser Höhe von einem mittelst Rotangseilen an riesige Urwaldstämme festgehängten Bambussteg überbrückt, der malerisch über dem schäumenden Abgrunde hängt. Die Felsspalte ist 12 Fuss breit und vielleicht 150 Fuss lang. Die zugängliche Stelle, von der aus man das Schauspiel betrachten kann, liegt wenige Schritte oberhalb auf vorspringenden Felsklippen, von denen man in einen schäumenden Wasserkessel hinabsicht, in welchem die Wassermassen, ehe sie den Ausweg durch das enge Felsthor finden, sich wirbelnd drehen. Brausende Wassermassen, starre Felsklippen und dunkler schattiger Urwald; keine Thierstimme kann das Brausen des Wassers übertönen, nur die Salanga-Schwalbe, die in dem Felsen nistet und ihre essbaren Nester baut, sieht man in schnellem Fluge über den schäumenden Strom hinziehen.

Die Felsen bestehen aus aufgerichteten Bänken einer groben Trachyt- und Kalkbreccie, die petrographisch und geologisch identisch ist mit der oben beschriebenen Breccie vom Batu kakapa. Näher dem Gebirgsrande erscheinen also die Schichten hier aufgerichtet, so dass sie bei einem Streichen nach Stunde 6—7 mit 30° gegen Süd, somit einwärts gegen die Plateauseite verflächen. Die Schichtung ist unmittelbar vor der Felsspalte am deutlichsten.

---

[1] Bei Sangjang Hölut liegt das Niveau des Flusses 990 Par. Fuss über dem Meere.

18 *

Die zusammengebackenen Fragmente erscheinen hier jedoch viel grösser als am Batu kakapa, es sind mitunter ganz gewaltige eckige Felsblöcke, die durch dichten Kalkstein cementirt sind. Diese Blöcke bestehen aus einem hornblende- und mikrotinreichen Trachyt (Amphibol-Andesit) mit grünlich-grauer Grundmasse, der viele Ähnlichkeit hat mit manchen ungarischen Grünstein-trachyten. Auch der Kalkstein erscheint wieder in eckigen Fragmenten und zeigt in vielen Stücken sehr deutlich Korallenstructur. Die trachytischen Trümmer überwiegen jedoch der Menge nach bedeutend die Kalksteintrümmer und setzen daher die Hauptmasse der Felsen zusammen. Von dieser Localität, und zwar als ein Fragment in dem Trümmergestein gefunden, stammt die merkwürdige Koralle, welche von Herrn Prof. Dr. Reuss als ein neues Genus und als eine neue Art unter dem Namen *Polysolenia Hochstetteri* beschrieben worden ist.

Über diesen Breccien am oberen Berggehänge habe ich nur zersetzte Tuffe und Mergel-schichten bemerkt, nichts von eruptiven Massengesteinen oder von Gangmassen.

Wir waren mit Sonnenuntergang wieder zurück in Tjatjabang.

**22. Mai.** Mit Tagesanbruch wurde aufgebrochen nach dem Wasserfall Tjuruk Alimun. Der fallenden Wassermasse nach ist dies der grösste, wenn auch nicht der höchste Wasserfall auf Java. Die gewaltige Wassermasse des Stromes, eingeengt auf 10 bis 12 Fuss, stürzt über eine 40 Fuss hohe Felswand. Man gelangt auf schwierigen Wegen mit Hilfe von Bambusleitern, die an den Felsen angebracht sind, an die linke Flussseite und steht auf einem Felsvorsprunge dem grossartigen Falle gegenüber. Unter sich hat man ein wirbelndes Wasserbecken, aus dem der Gischt hoch aufspritzt, umgeben von malerischen Felswänden, überragt von dem steil ansteigen-den dunkelbewaldeten Gebirge. Das donnerähnliche Getöse des Falles, das schäumende Wasser und die ganze Scenerie der wilden Gebirgsschlucht wirken betäubend und beängstigend auf das Gemüth, und man eilt, nachdem man sich das Bild eingeprägt, von den Felsen Stufen abge-schlagen, gerne wieder hinauf in sonnigere freundlichere Höhen. An der rechten Uferseite neben dem Wasserfalle steht Trachyt an, in ungeheure unregelmässige Blöcke zerklüftet, am linken Ufer aber unmittelbar zur Seite des Standpunktes erheben sich Felsen mit deutlich säulenförmiger Absonderung, welche aus einer sehr zersetzten weiss und grün gesprenkelten trachytischen Gebirgsart bestehen, die wohl wieder am meisten Ähnlichkeit mit ungarischen Grünsteintrachyten hat, und von Junghuhn als Diorit bezeichnet wurde. Höher hinauf am Berggehänge begegnet man steinharten Tuffen und Breccien, so dass es scheint, als ob hier die Breccienbank von Tjukang Raon am Berggehänge steil hinaufziehe.

Wir waren schon um 7 Uhr zurück in Tjatjabang und verliessen dann dieses Dorf, um unsere Reise über den Gunung Lanang nach Sangjang hülut fortzusetzen. Der Berg erhebt sich ausserordentlich steil hinter dem Dorfe, und die Sonne brannte unerträglich, bis wir die Höhe und damit den schattigen Wald erreicht hatten. Oben an der Grenze des Districtes verabschiedete sich der Wedanah von Tjililin und der Wedanah des Districtes von Tjihea wurde unser Führer.

Der Gunung Lanang besteht aus einem grobkrystallinischen Dolerit mit Mikrotin, Hornblende, Augit und Olivin. Viele runde, concentrisch-schalig sich ablösende Blöcke liegen an der Südseite zerstreut oder ragen in den Wegeinschnitten aus lehmig zersetzter Gesteins-masse hervor. Dieser Doleritdurchbruch des Gunung Lanang ist eine sehr merkwürdige Er-scheinung, da basische Gesteine der Basaltgruppe auf Java eine grosse Seltenheit sind. Jedoch nur an der Südseite bis zum Gipfel steht Dolerit an, an der Nordseite, die nicht weniger steil als die Südseite abdacht, tritt wieder geschichtetes Gebirge zu Tage und zwar zuerst sehr zersetzte Tuffe, dann Thonmergel und sandige Schichten, die nach Stunde 6—7 streichen und mit 40° gegen Süd einfallen. Eine herrliche Aussicht eröffnete sich uns, als wir an der Nordseite herabstiegen. Es waren wieder bekannte Gegenden, die reiche, herrlich cultivirte Fläche von Tjandjur und Radjamandala, aus der sich majestätisch das Gedeh-Gebirge und weiter östlich die Vulcankette des Burangrang und Tangkuban Prahu erhebt.

Nachdem man an der Nordseite etwa so tief herabgestiegen ist, dass man die Höhe des Plateaus bei Tjatjabang wieder erreicht hat, muss man für Sangjang hölut den breiten Weg nach Gua verlassen und rechts auf einen kleinen Fusspfad abbiegen. Die Partie nach Sangjang hölut ist höchst beschwerlich; denn man muss nahe an 1000 Fuss hinab und wieder hinaufsteigen, aber sie ist lohnend und der Punkt geologisch wichtig. Steil aufgerichtete, fast senkrecht stehende Sandsteinbänke engen das Strombett plötzlich ein und lassen nur ein 10 Fuss breites Felsthor offen, durch das die Fluthen schäumend hindurchstürzen. Vor dem Felsthor befindet sich ein etwa 100 Fuss weiter, furchtbar gährender Wasserkessel, in welchem das Wasser des Stromes mit furchtbarer Gewalt über niedere Felsstufen und über grosses Blockwerk herabstürzt und aus dem es an den quer vorspringenden Felswänden mächtig aufbrandend durch das enge Thor abfliesst. Jenseits am rechten Ufer kommt aus dunklem Urwald ein krystallhelles Gebirgswasser, und der Ruf der durch die hier gewiss höchst seltenen Menschengestalten aufgeschreckten Affenheerden „Oá, Oá" tönt selbst durch den Lärm der stürzenden und schäumenden Wassermassen. Die Felsbänke oder Felsplatten, welche coulissen-artig hinter einander vorspringend das Felsthor bilden, zeigen im Grossen eine rhomboidische Zerklüftung der Sandsteinbänke. Die Schichtung ist eine höchst ausgezeichnete, dünnere und dickere Bänke, durchschnittlich 2—3 Fuss mächtig, liegen wie die Blätter eines Buches regel-mässig auf einander, streichen nach Stunde 6—7 und verflächen mit 72—75° gegen Süd. Also immer steilere Fallwinkel, je mehr man sich dem Gebirgsrande nähert. Der Sandstein ist ausserordentlich fest und kalkhaltig. Völlig erschöpft kamen wir wieder auf der Höhe an und setzten nach kurzer Rast unseren Weg fort bergab in die tiefe Schlucht, in der zwischen dem G. Lanang und dem Gunung Nungnang das kleine Dorf Gua liegt.

Man steigt in das Thal herab fortwährend über die Schichtenköpfe von Mergeln und Tuffsandsteinen. Sehr charakteristisch sind Kalksteinbrocken, welche man in den Sandsteinen mitunter eingeschlossen findet. Kalkstein muss also vorhanden gewesen sein, ehe diese sandigen Tuffe, ehe die Trachyt- und Kalkbreccien, welche ich früher beschrieben habe, sich gebildet haben, ein Kalkstein, der älter ist als alle diese Schichten, älter selbst als die petrefacten-führenden Schichten des Districtes Rongga, der das Liegende aller bisher beschriebenen Schichtencomplexe bildet.

Und dieser Kalkstein ist allerdings in kolossaler Entwickelung vorhanden, er tritt als tiefstes Glied am äussersten Bruchrand des Gebirges auf. Der G. Nungnang, die directe Fortsetzung des G. Kéndeng, ist ein Theil dieser Kalksteinformation. Senkrecht steigt die Kalksteinwand des G. Nungnang aus der Tiefe, ein grossartiger Anblick, wenn man sie vom G. Lanang herabsteigend gerade gegenüber hat, und wenn sie in tiefem Schatten daliegt. Da und dort blickt der weisse Kalkfels nackt hervor aus üppiger Urwaldvegetation, deren Einwurzeln an senkrechten Felswänden man kaum begreifen kann; und tief unten in der ost-westlich streichenden Schlucht zwischen den hohen Fels- und Bergwänden des G. Lanang und G. Nungnang liegt, von Kokos- und Arecapalmen umgeben, das kleine Berg- und Walddorf Gua, unser Reiseziel für den heutigen Tag, das wir schon um 1 Uhr erreicht hatten.

Höhlen mit essbaren Schwalbennestern im Gunung Nungnang bei Gua, eocener Kalkstein.

Acht Hütten und vierzig Menschen machen das ganze Dorf aus, wir vermehrten also die Einwohnerzahl fast um das Doppelte und brachten nach dem einsamen abgelegenen Wohnplatz weniger armer, aber in ihrer Armuth glücklich zufriedener Menschen ein seltenes Leben. Die acht Hütten liegen in zwei Reihen einander gegenüber auf der linken Seite des Baches, der durch die Schlucht fliesst, und schliessen so einen viereckigen Platz ein, in dessen Mitte für unseren Besuch eine besondere Hütte eingerichtet war.

Gua ist ein malayisches Wort, welches „Höhle" bedeutet. Das Dorf hat diesen Namen von den „Höhlen", welche der G. Nungnang enthält. Nachdem die Sonne um 3 Uhr hinter den hohen Bergwänden, welche Gua umgeben, untergegangen war, brachen wir auf nach der Höhle. Diese liegt nur wenige hundert Schritte vom Dorfe entfernt; sie sah ganz anders aus, als ich mir gedacht hatte.

Der Kalkfels steigt unmittelbar über dem Dorfe mit fast senkrechten Wänden 4 bis 500 Fuss hoch an. Man kann den ganzen G. Nungnang am besten als eine ungeheure oblonge Kalkplatte betrachten, die aus ihrer ursprünglichen horizontalen Lage durch grossartige Störungen zu fast senkrechter Stellung aufgerichtet ist und so als steiler Kalkfels hervorragt. Der Lage des Felsens von WSW. nach ONO. entspricht auch die Schichtung des Kalkes, in der man sich ohne genauere Beobachtung leicht täuschen könnte, da eine nahezu horizontale Zerklüftung oder Absonderung leicht für Schichtung gehalten werden kann. Die Schichtung ist aber entschieden der Art, dass die einzelnen Schichten nach Stunde 5 streichen und mit 80° gegen Süd verflächen. So haben wir am Rande des Gebirges angelangt, die steilste Schichtenstellung, aber immer noch keine Überkippung. Die steilen Felswände des G. Nungnang an dessen Südseite entsprechen daher der Schichtung und von ihnen lösen sich auch fortwährend Felsplatten von 2 bis 3 Fuss Dicke ab, die zertrümmert am Fusse des Berges liegen. Gegen die Nordseite aber hängen die Schichten mit 10° über; daher ist die Nordseite auch nichts anderes als ein Chaos von durcheinander geworfenen Felsblöcken und zertrümmerten Felsplatten. Das beigegebene Bild der Höhle Gua zeigt deutlich die horizontale Absonderung und die verticale Zerklüftung der ganzen Felsmasse. Die erstere entspricht einer Richtung nach Stunde 12 mit einem Verflächen von 25° gegen Ost; die senkrechte Spaltenbildung aber folgt einer Richtung nach Stunde 12 mit einem Verflächen von 75° gegen West. Der horizontalen Absonderung entspricht eine merkwürdige Kalkspathaderbildung: Diese Kalkspathadern von 1 Linie bis zu 1 Zoll Dicke sind in einem Abstand von $\frac{1}{2}$ oder $\frac{1}{4}$ Fuss durchschnittlich so regelmässig in parallelen Flächen ausgebildet, dass man leicht für Schichtung halten könnte, was nur Absonderung ist.

Auf der gegen Ost geneigten Absonderungsfläche der untersten etwas vorspringenden Felsplatte steigt man bis zu einer angelegten Leiter. Diese führt auf die Absonderungsfläche einer zweiten Felsplatte, von der aus man zu der eigentlichen Höhle am Fels weiter hinaufklettern muss, ein halsbrecherisches Wagniss, dessen Gefahr durch ein schwankes, oben befestigtes und herabhängendes Rotangseil, an dem man sich beim Klettern halten kann, keineswegs vermindert wird, und auf das der gerne verzichtet, dessen Aufgabe es nicht ist, mit Lebensgefahr die essbaren Schwalbennester, an welchen die Höhlen sehr reich sind, zu sammeln. Diese Höhlen also sind nur tiefe klaffende Felsspalten, Felsrisse, welche den Fels von oben nach unten durchziehen, in welchen die niedliche Schwalbe *Collocalia esculenta* ihre essbaren Nester baut. Gegen Abend sah man hoch oben die Schwalben pfeilschnell aus- und einfliegen, und die von dem Regenten von Bandong, dessen Eigenthum die Höhlen sind, bestellten Sammler brachten mir einige der Nester.

Was endlich die petrographische Beschaffenheit des Felsens anbelangt, so besteht er grösstentheils aus einem dichten, gelblich-weissen Kalkstein mit muschligem Bruch, der häufig von milchweissen Kalkspathadern durchzogen ist, in dem ich aber trotz aller Mühe, die ich mir gab, keine Korallenstructur zu erkennen vermochte. Dagegen sind einzelne Bänke ganz erfüllt von kleinen, rundlichen, nummulitenartigen Scheiben. Eine genauere Untersuchung zeigte, dass diese Schichten der Hauptsache nach aus einer Art des Genus *Orbitoides* bestehen, deren einzelne Exemplare so fest mit dem kalkigen Bindemittel verkittet sind, dass sich keines vollständig herauslösen lässt. Das Gestein springt stets so, dass nur die schmalen Verticaldurchschnitte, aber nie die mittleren Horizontalschnitte sichtbar werden. Zwischen den zahlreichen Querschnitten dieser Hauptform sind sparsamer auch Durchschnitte von Orbituliten und sehr selten auch einige nummulitenähnliche Durchschnitte zu erkennen.

Ich habe noch zu erwähnen, dass dicht am Fusse des Kalkfelsens im Wege die Schichtenköpfe von grünlich-grauen Thonmergeln wechsellagernd mit 1 bis 2 Fuss mächtigen sandigen Bänken zu Tage treten, die genau wie der Kalkfels streichen nach Stunde 5—6, aber scheinbar mit 50° gegen Nord einfallen. Ich sage scheinbar, denn offenbar ist diese Fallrichtung nur durch eine oberflächliche Überbiegung der Schichten an dem steilen Abhang bedingt.

Schneckensammlern bietet der G. Nungnang eine überaus reiche Ausbeute.[1]

**23. Mai.** Der letzte Tag der Reise war gekommen; wir brachen frühzeitig von Gua auf und hatten, der Schlucht des Guabaches in westlicher, dann in nördlicher Richtung folgend, immer bergabwärts bald die Fläche von Radjamandala erreicht. Wir waren am Fusse des Bruchrandes auf einer freien Fläche. Die Sonne stand klar am wolkenlosen Himmel, dessgleichen der Gedeh und Pangerango am wolkenlosen Horizont. Die Gegend ist noch wenig cultivirt, wir ritten fast fortwährend durch Lalanggras, mit dem niederer Buschwald abwechselte, und erreichten bald den Tjitarum an der Stelle, wo die Poststrasse von Tjandjur nach Bandong denselben überschreitet. An den Uferwänden des Flusses, der sein Bett 30 Fuss tief eingegraben hat, sind die das Plateau von Radjamandala bildenden Schichten sehr schön entblösst. Es sind horizontal gelagerte sandige Tuffschichten und mächtige Geröllbänke, alle von jüngerem Alter, aus vulcanischem Schutt gebildet. Wir ritten in der Richtung nach Bandong bis zum Pasanggrahan von Radjamandala, um von hier aus noch die Höhle von Tjikoro zu besuchen. Wir hatten eine volle Stunde scharf zu reiten wieder in der Richtung nach dem Gunung Nungnang, aber immer auf der rechten Uferseite des Tjitarum uns haltend.

Sangjang Tjikoro liegt im Walde versteckt am Fusse des Gebirgsrandes. Während man südwestlich aus dem Walde noch die fast senkrecht stehenden Kalkbänke des G. Nungnang herausragen sieht, liegen hier am Fusse des Gebirges die Kalkbänke vollkommen horizontal im Bette des Tjitarum. Ein Arm des Flusses hat sich seinen Weg unter einer solchen horizontal liegenden Kalkscholle hindurch gebahnt und fliesst eine ansehnliche Strecke weit unterirdisch

[1] Ich habe folgende Arten gesammelt, wovon einige neu waren:

| | |
|---|---|
| *Cyclostoma corniculum* Mouss. | *Bulimus perversus* Linn. |
| *ciliferum* Mouss. | *Nanina bataviana* v. d. Busch. |
| *Aglae* Sow. | *gemina* v. d. Busch. |
| *Opisthoporus javanus* n. sp. Pfr. | *Helix rotatoria* v. d. Busch. |
| *Alycaeus Hochstetteri* n. sp. Pfr. | *planorbis* Less. |
| *Bulimus acutissimus* Mouss. | *papua* Less. |
| *glandula* Mouss. | *solidula* Pfr. |

in einer Höhle, die von üppiger Vegetation umgeben ein sehr malerisches Bild darbietet. Der Punkt hat aber geologisches Interesse hauptsächlich dadurch, dass Nichts klarer die ausserordentlich gestörten Lagerungsverhältnisse zur Anschauung bringen kann, als die Thatsache, dass man hier ein und denselben Schichtencomplex von mächtig entwickelten Kalkbänken am linken Flussufer zu einer schroffen Felsmauer fast senkrecht emporgehoben sieht, am rechten Ufer aber in einer tief unter jener Bergkette liegenden Fläche in ungestörter horizontaler Lagerung. Dem Rande des Gebirges muss also eine gewaltige Verwerfungsspalte entsprechen, der Rand muss ein Bruchrand sein.

Der ursprüngliche Plan war, von hier aus noch die merkwürdigen Höhlen Gua Silanang und Gua Tjikasang in den Kalkfelsen G. Gua und Bundut zu besuchen. Diese Kalkfelsen liegen in der ostnordöstlichen Fortsetzung des G. Nungnang ganz in der Nähe der Poststrasse nach Bandong, da wo diese von der Fläche von Radjamandala über den Bruchrand nach dem Plateau von Bandong aufsteigt. Die perpendiculäre Aufrichtung des Schichtensystems am Bruchrande des Bandonger Grenzgebirges soll hier besonders deutlich zu sehen sein. Jedoch ich musste auf den Besuch dieser Punkte, wenn ich heute noch Tjandjur erreichen wollte, verzichten. So kehrte ich von Sangjang Tjikoro direct nach Radjamandala zurück, und kam Abends in Tjandjur und am nächsten Tage in Batavia an.

Ich komme nun zu den Resultaten, welche sich aus den mitgetheilten Beobachtungen ziehen lassen und will zuerst denjenigen Punkt besprechen, in welchem ich mit den Ansichten anderer Beobachter am wenigsten übereinstimme.

Als das älteste Gebilde in dem bereisten Terrain betrachte ich die mächtig entwickelten Kalksteinbänke, welche an der Dislocationsspalte zwischen dem Plateau von Bandong und der Fläche von Radjamandala zu Tage treten. Sie sind durch gewaltige Störungen in ungeheure Schollen zertrümmert. Die steil, beinahe bis zu senkrechter Schichtenstellung aufgerichteten Schollen, aus welchen auf der linken Seite der Tjitarumkluft der Gunung Nungnang, auf der rechten der G. Batu gedeh, Gua, Bundut und Awu bestehen, bilden einen Zug von schroffen, hoch hervorragenden Kalksteinkämmen, welche von West-Süd-West nach Ost-Nord-Ost streichend das Plateau von Bandong gegen die Fläche von Radjamandala abgrenzen. Beim G. Awu verschwindet dieser Kalksteinzug unter den jüngeren Ausfüllungsmassen des Plateaus. Trotz der steilen fast senkrechten Aufrichtung ist die südliche Neigung der Bänke doch noch vollkommen deutlich. Als das nächst höhere Glied erscheinen die mächtig entwickelten Sandsteine und Mergel, welche bei Sangjang hölut im Hangenden des Kalksteinzuges gleichfalls mit steiler südlicher Schichtenstellung vortrefflich aufgeschlossen sind. Diese umschliessen am Gunung Lanang Kalksteintrümmer; es kann daher keinem Zweifel unterliegen, dass das Sandsteingebirge des Plateaus von Bandong jünger ist als das Kalkgebirge. Jene Kämme von Kalkfels sind keineswegs, wie Junghuhn (III, S. 57) die Sache auffasste, übergekippte Schichten, welche vormals das oberste horizontal liegende Glied des Sandsteingebirges waren. Der Kalkstein vom G. Nungnang ist das einzige Gebilde im Plateau von Bandong, in dessen Masse sich kein eruptives Material nachweisen lässt. Er erscheint als ein ruhiger Meeresabsatz, dessen Bildung der stürmischen Periode der Eruptionserscheinungen im indischen Archipel vorausgegangen sein muss. Zu allen übrigen Sedimentär-Gebilden des Plateaus von Bandong, welche von entschieden jüngerem Alter sind, haben theils Masseneruptionen, theils vulcanische Ausbrüche das Hauptmaterial geliefert.

Ich halte daher auch heute noch an der von mir schon früher [1] ausgesprochenen Ansicht fest, dass diese Kalksteinbildungen von eocänem Alter sind und der Nummulitenformation angehören, wiewohl v. Richthofen neuerdings die Ansicht aussprach, dass die Nummulitenformation und eocäne Bildungen überhaupt auf der gesammten Insel zu fehlen scheinen. [2] Kann man auch über das Vorkommen von Nummuliten neben Orbitoides und Orbituliten im Kalkstein vom G. Nungnang noch im Zweifel sein, so ist dasselbe doch in einer äquivalenten Kalkbank der Preanger Regentschaft vollständig sicher nachgewiesen. Ich habe von Junghuhn zahlreiche Kalksteinstücke erhalten, welche von der Kalkbank stammen, in welcher die Höhle Linggomanik [3] liegt. Dieser schmutzig weisse, mehlig verwitterte Kalkstein zeigt neben zahlreichen und zum Theil gut auslösbaren kleinen Orbituliten auch ziemlich häufig deutliche Durchschnitte eines kleinen radial gestreiften Nummuliten. Die Durchschnitte, so wie die feine Radialstreifung der herausgelösten Exemplare stimmen am meisten mit dem Charakter kleiner Formen von *Nummulites Rammondi* Defr. Sparsam kommt in dem Gestein überdiess eine grössere Form von Orbitoides vor, die jedoch meist nur im Querschnitt zu beobachten ist.

Diese älteren dichten Nummuliten- und Orbitulitenkalke sind es, welche in anderen Gegenden von Java, wie Junghuhn beschreibt (III. S. 190, 1. S. 192, 8), als oberste Decke ein kohlenführendes Sandsteingebirge überlagern, welches besonders mächtig im südwestlichen Java auftritt und nicht verwechselt werden darf mit dem mächtigen und petrefactenreichen Tuffsandsteingebirge des Districtes Rongga, auf dessen jüngeres Alter schon aus der Thatsache geschlossen werden muss, dass seine Schichten entschieden über den Nummuliten- und Orbitulitenkalken lagern, dass sie Kalkbreccienbänke und selbst grosse inselförmige Massen des älteren Kalksteines eingeschlossen enthalten (Junghuhn, III. S. 194, 15), endlich, dass zu ihrer Bildung zum grossen Theile eruptives Material beigetragen hat.

Wenn daher Junghuhn nach der Detailbeschreibung der einzelnen Kalksteinvorkommnisse auf Java in den Folgerungen (III. S. 217) zu dem Resultate

---

[1] Nachrichten über die Wirksamkeit der Ingenieure für das Bergwesen in Niederländisch-Indien, im Jahrb. der k. k. geol. Reichsanstalt. 9. 1858. S. 277.

[2] A. a. O. S. 331.

[3] Junghuhn, Java III. S. 765, S. und S. 204, 22.

kommt, dass die Kalkbänke auf Java, ohne Ausnahme, nie mit einer andern Schicht bedeckt gefunden werden, sondern stets als das oberste, jüngst gebildete Glied der Tertiärformation auftreten, so ist dies ein Fehlschluss, welcher theils auf unrichtiger Auffassung der Lagerungsverhältnisse beruht, theils auf dem Mangel der Unterscheidung der älteren Nummuliten- und Orbitulitenkalke von jüngeren Korallenkalken, welche, wie z. B. der oben beschriebene Korallenkalk von Liotjitjangkang, die jüngeren tertiären Sedimente überlagern.

Ich betrachte es daher jetzt als feststehende Thatsache, dass auf Java, eben so wie auf Borneo (am Kapuasflusse und am Riam Kiwa) und auf Luzon (bei Binangonan an der Laguna de Bay [1]), Nummulitenkalke vorkommen, und dass solche Nummulitenkalke am Plateau von Bandong als tiefstes Glied der tertiären Sedimente auftreten.

Über dem Kalkstein des nordwestlichen Grenzgebirges im District Rongga lagert ein zum wenigsten 1000—1500 Fuss mächtiger Complex von Sedimenten, die man mit vollem Rechte trachytische Sedimente nennen kann, da submarine trachytische Eruptionen das Hauptmaterial zu ihrer Bildung geliefert haben. Es sind zu unterst hauptsächlich thonige, sandige und mergelige Tuffbildungen, zwischen welchen in der Nähe eruptiver Massen grobe Trümmergesteine von Trachyt und Kalkstein eingeschlossen sind; nach oben herrschen trachytische Conglomerate. Die tieferen, wohlgeschichteten, pelitischen und psammitischen Glieder dieses Schichtencomplexes haben, wie die Aufschlüsse in der Grenzbergkette des G. Lanang und bei Sangjang hölut beweisen, an den Störungen, welche das Kalksteingebirge aufgerichtet haben, vollen Antheil genommen. Weiter gegen Süden in den tiefen Thaleinschnitten des Tji-Lanang, mit seinen Nebenflüssen, erscheinen dieselben weniger gestört, und hier liegen die berühmten, oben näher beschriebenen Petrefacten-Fundorte (Tji-Burial und G. Sela), von welchen bei weitem die grösste Anzahl der wohlerhaltenen javanischen Tertiärfossilien herstammt, welche die Museen in Leyden, Wien, Berlin [2] und London enthalten. Es ist sehr zu bedauern, dass diese Sammlungen bis heute noch keine vollständige Bearbeitung erfahren haben, [3] aus der sich sichere vergleichende Schlüsse über das Alter jener Ablagerungen mit europäischen Tertiärbildungen ziehen liessen.

---

[1] Dieses Vorkommen, welches Freih. v. Richthofen in der Zeitschrift der deutsch. geolog. Gesellsch. 1862, S. 258 beschrieben, kenne ich aus eigener Anschauung und habe mich schon im Jahre 1858 dort von dem Vorkommen von Nummuliten überzeugt.

[2] In der v. Richthofen'schen Sammlung zu Berlin befinden sich auch 3—400 Stücke von Tjitavu an der Südküste der Preanger Regentschaft.

[3] In der neuesten verdienstvollen Arbeit von Mr. Jenkins (On some Tertiary Mollusca from Mount Sela in the Island of Java, Quart. Journ. Geol. Soc. 1863. 45.) sind leider nur sehr wenige Arten beschrieben. Bei dieser Gelegenheit sei mir auch erlaubt, zu bemerken, dass in dem Abschnitt über die Geologie des Mount-

Die schöne Sammlung, welche ich im Jahre 1860 dem k. k. Hof-Mineralien-cabinete in Wien übergeben habe, enthält 175 Arten in vortrefflich erhaltenen und sehr zahlreichen Exemplaren, von welchen 110 den Univalven, 40 den Bivalven und 25 den Echinodermen und Korallen angehören; ein reiches Material, dessen Bearbeitung mein Freund Dr. M. Hörnes, der als vorzüglicher Kenner tertiärer Fossilien dazu besonders berufen gewesen wäre, gerne sich unterzogen hätte, wenn nicht die von Herrn Herklots in Leyden begonnene aber leider sehr langsam fortgeführte Beschreibung dieser Fossilien eine gleichzeitige Bearbeitung durch einen zweiten Forscher als unthunlich hätte erscheinen lassen. So kann ich hier statt der gehofften und angestrebten Monographie der javanischen Tertiärfossilien nur die wenigen Bemerkungen einschalten, welche mir Herr Dr. Hörnes darüber mit-getheilt hat.[1]

„Die grosse Anzahl der *Conus*-Arten (11), ferner der *Oliva*- und *Ancillaria*-Arten, endlich die grossen Pyrulen, welche der *Pyrula bucephala* Lam. verwandt sind, lassen keinen Zweifel über den tropischen Charakter der javanischen Tertiärfauna übrig. Diese Verhältnisse veranlassten die Herrn Junghuhn und Herklots, einige dieser Arten mit jenen des Pariserbeckens zu identificiren und die Tertiär-ablagerungen von Java für Eocen zu erklären. Jenkins wies das Unrichtige dieser Ansicht nach und zeigte, dass unter den 22 Arten, die ihm aus einer Sammlung von Herrn Corn. de Groot zur Verfügung gestanden waren, 3 jetzt lebende, 13 neue Arten und 6 unbestimmbare enthalten waren. Von den neuen Arten glaubt Jenkins, dass sich mehrere noch an den Küsten von Java oder anderen Inseln des indischen Oceans lebend finden dürften. Jenkins glaubt sich also zu dem Schlusse berechtigt, dass die Tertiärschichten von Java in ihrem Alter den Miocen-schichten von Bordeaux und denen des Wienerbeckens entsprechen dürften.“

„Da Herr Herklots in Leyden die seit 1854 unterbrochene Herausgabe der Fossilien von Java fortzusetzen gedenkt und mir auch 10 Tafeln eingesendet hat, worauf unsere sämmtlichen Arten vortrefflich abgebildet sind, so enthalte ich mich einer weiteren Namengebung dieser Objecte, um die Wissenschaft nicht mit

---

Sela-Districtes bei Jenkins zwei gänzlich verschiedene und weit von einander liegende Localitäten, nämlich der G. Sela am Fusse des G. Tjerimac im Kuningan-District und des G. Sela im Districte Rongga mit einander verwechselt und als eine und dieselbe Localität aufgefasst sind. Derjenige G. Sela, von welchem die von Jenkins beschriebenen Fossilien herstammen, ist die auch von mir besuchte und oben beschriebene Sandstein-wand G. Sela im Tjilanang-Thale des Districtes Rongga, nicht aber der G. Sela im Kuningan-District, auf welchen sich der grösste Theil der Bemerkungen Jenkins', so wie der Junghuhn's Werk entlehnte geo-logische Durchschnitt (S. 49 des Separatabdruckes) beziehen. Nur der Absatz S. 48 von „Respecting this bis bituminous clay“ betrifft den richtigen G. Sela im Rongga-District.

[1] Herr Prof. Dr. Reuss hatte die Güte, die Bearbeitung der Korallen zu übernehmen, deren Resultate ich diesem Bande noch einverleiben konnte.

einer neuen Reihe von Namen zu belasten, kann aber nicht umhin zu bemerken, dass sich in der von Herrn Dr. v. Hochstetter gesammelten Suite nicht nur sämmtliche von Jenkins beschriebene Arten finden, sondern dass auch mehrere davon im k. k. zoologischen Cabinete theils mit lebenden Formen identificirt, theils als sehr verwandt hervorgehoben werden können, wie z. B.: mit *Strombus urceus* Linn. von Ceylon; *St. deformis* Gray von Hongkong; *Ranella buffonia* Lam. von den Nikobaren; *Pyrula Dussumieri* Val. von Hongkong; *P. pugilina* von Ceylon und Madras u. s. w. Bei einem genaueren Studium dieser Fossilreste, so wie einer sorgfältigen Vergleichung derselben mit den in den angrenzenden Meeren lebenden Formen, dürfte es sich herausstellen, dass die petrefactenführenden Schichten des Districtes Rongga auf Java noch jüngeren Alters sind als selbst Jenkins angenommen, und dass ihre Fauna zur jetzigen Fauna des indischen Oceans in gleichem Verhältnisse stehe, wie die Fauna subappenniner Schichten zur Fauna des angrenzenden adriatischen und mittelländischen Meeres."

Nach diesen Resultaten glaube ich die 1858 [1] gegebene Gliederung der javanischen Tertiärformation, in Bezug auf das Alter der verschiedenen Schichtengruppen wesentlich abändern zu müssen, so dass wir jetzt folgendes Schema bekommen:

1. **Eocän-Formation.**

   *a)* Untere Gruppe, kohlenführendes Schichtensystem, hauptsächlich im südwestlichen Java von Junghuhn nachgewiesen. Zahlreiche abbauwürdige Flötze bituminöser Pechkohlen sind eingelagert in quarzige, nicht kalkhaltige Sandsteine und in Schieferthone. Verkieselte Baumstämme häufig, aber wenige oder gar keine Meeresconchylien.

   *b)* Obere Gruppe, Orbituliten- und Nummulitenkalke mit dichtem Kalkstein und älterem Korallenkalk, mächtig entwickelt und in steiler Schichtenstellung im westlichen Randgebirge des Plateaus von Bandong.

2. **Miocän-Formation.**

   *a)* Untere Gruppe, flötzarmes Thon-, Mergel- und Sandsteingebirge mit Kalk- Trachytbreccien und Tuffsandsteinen. im Districte Rongga (Preanger-Regentschaft), in den Thälern des Tjiburial und Tji-Lanang sehr reich an Meeresconchylien; Kohlennester und fossiles Harz kommen häufig vor, Braunkohlenflötze selten. Dieser Gruppe gehören wohl auch die von Prof. H. R. Göppert beschriebenen Pflanzenreste [2]

---

[1] Im Jahrb. der k. k. geol. R.-A. 9. Jahrg. S. 293—294.

[2] Göppert. Die Tertiärflora auf der Insel Java. Gravenhage 1854 und neues Jahrb. 1864, p. 177. Göppert bemerkt hier, dass die Flora eine auffallende Verwandtschaft mit der gegenwärtigen des Fundortes zeige und manche Arten sogar mit ihr identisch zu sein scheinen.

aus den Tuffschichten bei dem Dorfe Tangung (Preanger Reg. Distr. Tjandjur) an.

*b)* Obere Gruppe, trachytische Tuffe und Conglomerate, nebst jüngeren Korallenkalken. Diese Gruppe ist vielleicht auch von jüngerem als miocänem Alter.

In die Zeit der miocänen Ablagerungen fällt der Anfang der grossartigen eruptiven Bildungen im indischen Archipel. Unter diesen lassen sich ältere Masseneruptionen theils auf nordsüdlichen Querspalten, theils auf ostwestlichen Längsspalten, von den jüngeren vulcanischen Eruptionen, welche auf ostwestliche Längsspalten beschränkt erscheinen, sehr bestimmt unterscheiden.

Alles, was ich im Districte Rongga an Massengesteinen und zu Sedimenten ausgebreitetem eruptivem Materiale gesehen habe, schreibe ich der älteren eruptiven Thätigkeit zu. welche sich in submarinen Masseneruptionen äusserte, die durch eine sehr lange Periode fortgewirkt haben mögen, bis nach einer bedeutenden Hebung des Landes durch supramarine Thätigkeit der Aufbau der grossen Vulcankegel Java's begann. Der eigenthümliche, vielgipflige, in das Plateau von Bandong nordwärts vorspringende kleine Gebirgszug, welchen der Tjitarum abwärts vom Tjuruk Djombong durchschneidet, mit seinen zahlreichen kegel-, dom- und halbkugelförmigen Kuppen — dem G. Karang, Singa, Bulut, Pamidangan, Awu, Awar, Djombong u. s. w. — und mit seinen säulenförmig gegliederten Felsthürmen (wie der Batu Susun) ist ein höchst ausgezeichnetes Beispiel eines durch Masseneruption auf einer nordsüdlichen Querspalte entstandenen Trachytgebirges. Junghuhn nennt diesen Gebirgszug (III. S. 249, 26) ein Porphyrgebirge, v. Richthofen aber vermuthete (a. a. O. S. 331), dass er aus Grünsteintrachyt bestehe. Keines von beidem ist der Fall. Die mineralogische Zusammensetzung der Gesteine in dieser Kette schwankt, wie aus der früher gegebenen Beschreibung der einzelnen Localitäten hervorgeht, hauptsächlich zwischen Sanidin-Oligoklastrachyten und hornblendereichen Oligoklastrachyten, welch letztere allerdings mitunter den Charakter von Grünsteintrachyten annehmen. Es ist also eine trachytische Kette, in welcher sehr mannigfaltige Trachytvarietäten auftreten. Die anstehenden Trachytmassen erscheinen entweder als Gangmassen im geschichteten Gebirge, oder als stockförmige Kerne, eingehüllt in mächtig entwickelte trachytische Conglomerate. Die vielkuppige Bergkette des G. Parang an der Nordseite des Plateaus von Bandong zwischen den Vulcanen G. Gedeh und Burangrang, welchen der Felskoloss G. Bongkok angehört, (Junghuhn III. S. 248, 25) ist ohne Zweifel ein ganz ähnlich zusammengesetztes trachytisches Massengebirge.

Dass aber auch Gesteine von der petrographischen Zusammensetzung der ungarischen und siebenbürgischen Dacite auf Java nicht ganz fehlen, das beweist der Quarztrachyt vom Tjuruk Djombong, so wie das interessante Gestein vom Tjuruk Tjimas,[1] welches Junghuhn (III. S. 230) als Feldsteinporphyr mit Quarz-, Glimmer- und Hornblendekrystallen beschreibt und von dem ich einige Handstücke mitgebracht habe. Dieses Gestein, aus welchem die niedlichsten Quarzdihexaeder, $\frac{1}{2}$—$\frac{3}{4}$ Zoll lang, auswittern, das in seiner graugrünen, durch Mikrotin weissgesprenkelten Grundmasse ausserdem scharfkantige sechsseitige Biotitprismen und kurz-säulenförmige Krystalle von Hornblende enthält, ist ein ausgezeichneter quarzführender Grünsteintrachyt, ganz analog den Daciten von Stache. Hieher dürfte auch noch Manches gehören, was von Junghuhn als Diorit (z. B. S. 223. E.), als Syenit- und Hornblendeporphyr angeführt ist. Da, wie die ostwestliche Gangmasse des G. Langnang beweist, unter den älteren Masseneruptionen auch Dolerite nicht fehlen, so ergibt sich überhaupt eine überaus grosse Mannigfaltigkeit in der petrographischen Entwickelung der Masseneruptionen der Miocänperiode, welche ihr vollständiges Analogon in der Zusammensetzung und Natur der ungarischen und siebenbürgischen Trachytgebirge hat, soweit diese Masseneruptionen ihren Ursprung verdanken.

Im Gegensatze zu den älteren Masseneruptionen zeigen die vulcanischen Producte der Quartärperiode eine auffallende petrographische Einförmigkeit. Die Gesteine und Laven der zahlreichen und so gewaltigen Vulcankegel Java's sind entweder Hornblende- oder Augit-Andesite; die kieselsäurereichsten und die am meisten basischen Gemenge, also rhyolithische und augitreiche basaltische Laven scheinen fast ganz zu fehlen. Wenn ich die Laven der javanischen Vulcane für Andesitlaven erkläre, so stehe ich damit scheinbar im Widerspruch mit der Auffassung meines Freundes v. Richthofen und mit den Resultaten, zu welchen Dr. Prölls[2] durch die chemische Untersuchung einiger Laven von Java gekommen ist. Richthofen (a. a. O. S. 331) spricht sich nämlich dahin aus, dass die an den Vulcankegeln Java's in grossen Massen auftretenden Trachyte, so weit seine Beobachtungen reichen, sämmtlich Hornblende-Oligoklasgemenge zu sein scheinen, während auf Japan, Formosa, Luzon und auf Mindanao mehr Andesite herrschen. Er vergleicht die javanischen Hornblende-Oligoklastrachyte mit derjenigen Gruppe trachytischer Gesteine, welche er in Ungarn als „graue Trachyte" von den älteren „Grünsteintrachyten" unterschieden hat, und beschränkt den Namen Andesit auf augitführende Oligoklasgesteine. Die „grauen Trachyte" Richthofen's umfassen aber verschiedenartige Gesteine, unter welchen sich, wie das Dr. Stache in der Geologie Siebenbürgens gezeigt hat, hornblendeführende Sanidin-Oligoklastrachyte und andesitische Trachyte, d. h. Oligoklasgesteine, welche Hornblende und Augit führen, sehr bestimmt unterscheiden lassen. Fasst

---

[1] In Junghuhn's Catalog der geolog. Sammlung von Java, 'S Gravenhage 1854. S. 57, Nr. 603.

[2] Prölls, Chemische Untersuchung einiger Gesteine von Java; neues Jahrb. für Mineralogie 1864, S. 428.

man den Begriff Andesit etwas weiter, so dass man darunter nach dem Vorgange von Dr. Roth und Dr. Zirkel sowohl Hornblende als auch Augit führende Oligoklasgesteine (Amphibol-Andesite und Augit-Andesite) versteht, so wird man ohne Anstand die meisten Laven der Vulcankegel Java's, selbst wenn sie zum grossen Theile nur Hornblende-Oligoklasgemenge sind, zu den Andesiten rechnen dürfen. Dass auch augithaltige Andesit-Laven vorkommen, davon habe ich mich am G. Gedeh und Tangkuban Prahu selbst überzeugt, und solche basische Andesitlaven sind es, welche, wie dies Dr. Prölls durch die Untersuchung der Lava des Gunung Slamat und des Tangkuban Prahu gezeigt hat, in ihrer chemischen Zusammensetzung basaltischen und doleritischen Gesteinen ganz nahe kommen.

Ansicht von Fatuolei

Sikéana od grosse Insel   Barena        Páule            Fatuolei Wanja   Maduiots   Maduawe

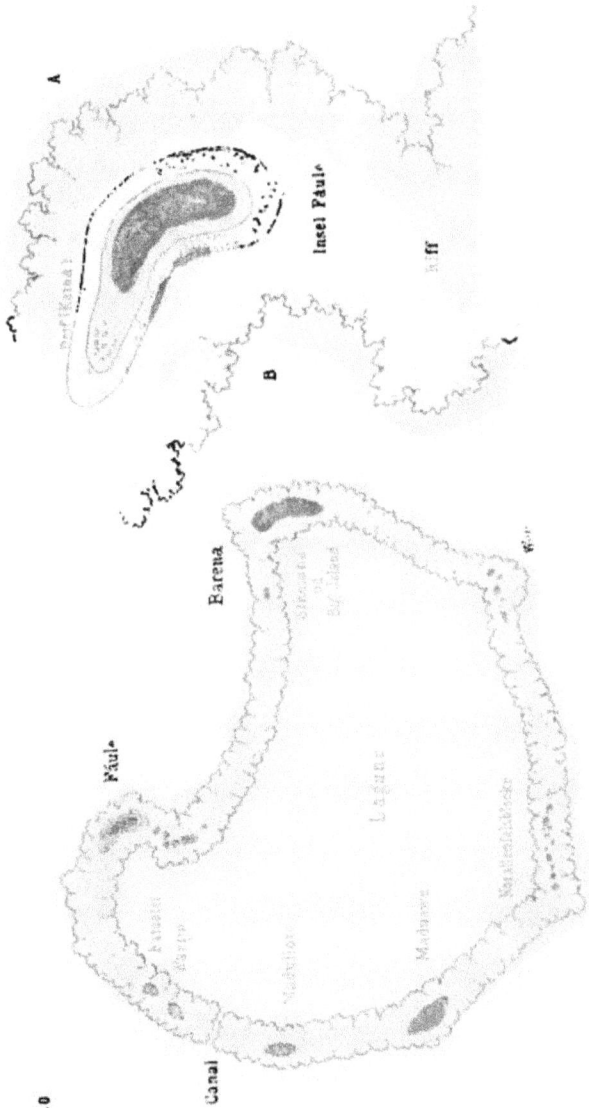

Ansicht des Atolls aus einer Entfernung von 5 Seemeilen gegen Nordwest

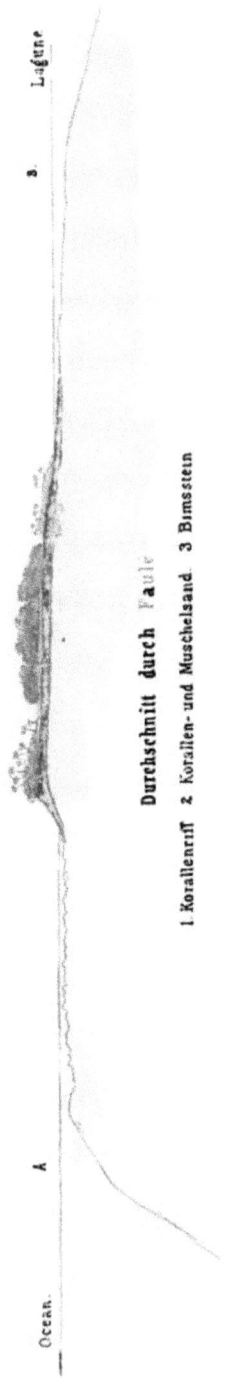

Canal

Barena

Páule

Insel Páule

Reff

Durchschnitt durch Páule

1 Korallenriff   2 Korallen- und Muschelsand   3 Bimsstein

Ocean.                                                                Lagune

# Das Stewart - Atoll.

Grosser Ocean lat. 8° 22′ S. long 163° 58′ 0 v Gr

Dr F Hochstetter del Grefe lith gr

Druck v Reiffenstein & Ibsch.

# Das Stewart-Atoll im stillen Ocean.

(Mit einer Tafel in Farbendruck.)

Die auf der englischen Admiralitätskarte (Pacific Ocean Sheet 6 vom Jahre 1856) als „Stewart Island" oder „Sikyana" in lat. 8° 22' S. und long. 162° 58' O. v. Gr. angegebene Gruppe niederer Koralleninseln wurde am 10. Mai 1791 von Capitän Hunter entdeckt. Es sind zwei grössere bewaldete und bewohnte und drei kleinere ebenfalls bewaldete, aber für gewöhnlich unbewohnte Inseln, die auf einem zu einem ausgezeichneten Atoll sich zusammenschliessenden Korallenriff liegen, mit einer tiefen Lagune in der Mitte.

Das Stewart-Atoll gehört in die Reihe der niederen Koralleninseln, welche in einer Richtung von SO. nach NW. der Kette der Salomons-Inseln parallel liegen und diese nordöstlich in einer Entfernung von ungefähr 120 Seemeilen begleiten, wie Ontong Java oder L. Howe I., Simpson I. le Maire oder Tasman-Insel, Mortlok u. s. w. Erst in der letzten Zeit haben die Stewart-Inseln für die Schiff-fahrt einige Bedeutung gewonnen, weil sie an der grossen Fahrstrasse zwischen China und Australien liegen, und hier den Schiffen Gelegenheit gegeben ist, einige frische Lebensmittel, namentlich Schweine, Hühner, Kokosnüsse, Taro u. dgl. einzunehmen. Die Inseln haben Überfluss daran, und die friedlichen gast-freundlichen Eingebornen — etwa 200 an Zahl — theilen gegen Kleider, Werk-zeuge, Tabak u. dgl. oder auch gegen Geld gerne davon mit.

Die Inseln liegen im Gebiete des Südost-Passates, und eine Landung ist nur an der Nordwestseite im Lee des Riffes möglich, wo bei ruhiger See und zur Fluth-zeit Boote durch einen engen seichten Canal in die Lagune und auf dieser leicht nach den einzelnen Inseln gelangen können.

Die Fregatte „Novara" berührte die Stewarts-Inseln auf ihrer Fahrt von Shanghai nach Sydney am 17. October 1858, theils um den Naturforschern Ge-legenheit zu geben, eines der merkwürdigsten Atollriffe zu sehen, theils um einige frische Lebensmittel für die Mannschaft einzunehmen, da nach einer langen, durch

Stürme im chinesischen Meere und durch hartnäckige Windstillen bei den Karolinen- und Salomons-Inseln ungewöhnlich aufgehaltenen Seefahrt Scorbut sich zu zeigen begann. Da mir nicht bekannt ist. dass das Stewart-Atoll schon früher genauer beschrieben wurde, so will ich versuchen, eine solche Beschreibung zu geben, und durch eine freilich nur mit sehr unvollkommenen Mitteln und flüchtig entworfene Kartenskizze zu erläutern.

Das Stewart-Atoll hat eine unregelmässig sichelförmige oder halbmondförmige Gestalt, convex gegen Süden, concav gegen Norden. Seine grösste Länge von Ost nach West beträgt 5½ Seemeilen, seine grösste Breite von Süd nach Nord 3 Seemeilen, der Umfang 16 Seemeilen (4 deutsche geographische Meilen).

Die Inseln des Atolls sind folgende:

1. Sikéiana der Eingebornen oder „big Island“, d. i. die grosse Insel der Seefahrer, die Hauptinsel des Atolls. Sie liegt an der östlichen Spitze des sichelförmigen Riffes, und ist etwa 1 Seemeile lang, ⅛ Seemeile breit. Das Dorf der Eingebornen, wo auch ihr Häuptling lebt, befindet sich an der Westseite der Insel, d. h. an der inneren, oder der Lagunenseite des Atolls. Etwa ¾ Seemeilen westlich von Sikeiana auf dem nördlichen Theile des Atolls liegt

2. Bárena, ein kleines üppig bewaldetes, jedoch unbewohntes Eiland von kaum ¼ Seemeile Umfang. Gegenüber Sikeiana in der nordwestlichen Ecke des Riffes, 3½ Seemeilen von ersterem entfernt liegt

3. Fáule oder „small island“. die zweitgrösste Insel des Atolls von etwa 1 Seemeile Umfang. An der Westspitze unter Kokospalmen bilden ungefähr 20 armselige Hütten ein kleines Dorf (de Káina der Eingebornen). Südwestlich von Fáule an der Westseite des Riffes liegen die zwei kleinen Inseln

4. Maduíloto, etwa mit 1 Seemeile Umfang, und südlich davon

5. Madúawe, mit ungefähr ¾ Seemeilen Umfang. Die beiden letztgenannten Inseln sind gleichfalls bewaldet, von den Eingebornen aber, wie es scheint. nur gelegentlich besucht.

Diese fünf Inseln sind der einzige bewohnbare, trockene Boden des Atolls: ihre Gesammtoberfläche beträgt im Ganzen kaum mehr als $\frac{9}{32}$ einer Quadrat-Seemeile. Rechnen wir nun die Oberfläche des ganzen Atolls bei einem Umfang von 16 Seemeilen und einer durchschnittlichen Breite von ⅜ Seemeilen zu 6 Quadrat-Seemeilen, so verhält sich das bewohnbare Land zur Oberfläche des Atolls wie 1:21·3.

Die Inseln sind schmal und niedrig; sie erheben sich nur so hoch über das Niveau der höchsten Fluth, als Wind und Wellen Sand und Korallentrümmer aufhäufen können. Ihre Lage, wie ein Blick auf die Karte zeigt, bestätigt aufs überzeugendste eine Thatsache, für welche fast alle näher bekannten Atolle Beweise liefern, dass die Inseln hauptsächlich an vorspringenden Ecken der Riffe liegen. gegen welche die Brandung von zwei Seiten anstürmt, also da. wo durch vereinte

Wirkung von zwei Seiten die Umstände zur Anhäufung von Sand und Korallen-trümmern am günstigsten sind. Sikeiana und Fáule, die beiden Hauptinseln, liegen gerade in den spitzen Ecken des halbmondförmigen Atolls.

Das Korallriff ist vollständig geschlossen, nirgends führt ein tieferer für Schiffe fahrbarer Canal durch dasselbe in die Lagune. Nur an der Nordwest-seite existirt ein schmaler und seichter Riffcanal, durch welchen bei günstigem Wetter Boote in die Lagune gelangen können. Dieser Canal oder diese Boot-Passage liegt zwischen der Insel Fáule und Maduíloto, etwa ³/₄ Seemeilen von letzterer nördlich. Sie ist leicht zu finden, da sie durch zwei mit Vegetation bedeckte Korallenfelsen, welche ich ihrer eigenthümlichen Gestalt halber die „Blumentöpfe" genannt habe (vgl. die Skizze eines derselben auf der beigegebenen Tafel), be-zeichnet ist. Die beiden Blumentöpfe bleiben bei der Einfahrt in den Canal links, die Insel Maduíloto rechts liegen. Als wir am 17. October Morgens 7¹/₂ Uhr, gerade zur Ebbezeit, mit den Booten vor der Passage ankamen, schoss ein reissender Strom aus der Lagune durch den seichten etwa 8 Fuss breiten, aber höchstens 1¹/₂ Fuss tiefen, gegen 300 Fuss langen Riffcanal uns entgegen, so dass das Seitenboot, das in die Lagune gebracht werden sollte, nur ganz leer und selbst dann noch nur mit grösster Anstrengung hindurch geschoben werden konnte, während dasselbe Abends um 4 Uhr nach der höchsten Fluth, die ungefähr um 2¹/₂ Uhr eingetreten war, schwer beladen ohne Anstand durchfahren konnte, da die Tiefe überall wenigstens 3—4 Fuss betrug. Aber auch dann war eine starke Strömung aus der Lagune in die See bemerkbar, so dass es scheint, dass jederzeit bei Ebbe und Fluth dieser seichte Canal diejenige Stelle ist, durch die das Wasser, welches die heftige Bran-dung an der Südostseite fortwährend über das Riff in die Lagune wirft, abfliesst. Die Lage des Riffcanals an der Nordwestseite des Atolls bestätigt auch hier wieder das allgemeine Gesetz, dass solche Canäle sich bei den Atolls stets an der Lee-seite, d. h. an der Seite unter dem Winde befinden. Für das im Bereiche des Südost-Passates liegende Stewart-Atoll ist nämlich die Südostseite die Wetterseite, gegen welche das ganze Jahr hindurch eine sehr heftige Deinung anstürmt.

Die Oberfläche oder die Plattform des Riffes dacht von aussen nach innen flach ab. Ihre Breite beträgt ¹/₃ — ¹/₂ Seemeile. Zur Fluthzeit ist das ganze Riff unter Wasser, mit Ausnahme der Inseln und einzelner grösserer Felsblöcke, die namentlich an der Wetterseite der Insel und südlich von Fáule an der durch das Riff gebildeten Bucht über die Oberfläche hervorragen, bei Ebbe werden an der Leeseite auch einzelne Theile der Plattform trocken gelegt.

Die bemerkenswerthesten jener Felsen sind die beiden „Blumentöpfe", von den Eingebornen „Waníja und Fatuoléi" genannt, an der Nordwestseite des Atolls zwi-schen Fáule und Maduíloto. Sie liegen ziemlich genau in der Mitte des Riffes. Die Frage, welche sich bei ihrem Anblick alsbald aufdrängt, ist die: sind das die Anfänge einer Inselbildung oder die Reste einer Insel?[1] Gewiss nur das letztere. Eine ringsum bei Fluth von der Brandung unterwaschene, mit dem Korallriff selbst durch einen breiten Fuss festverwachsene, aus Korallenconglomerat bestehende Felsmasse von 8 — 10 Fuss Höhe trägt üppiges Buschwerk und Kokospalmen voll schöner Früchte, als hätte man ein Stück aus einem Kokoswald von einer der Inseln hier auf den vasenförmigen Korallfels gesetzt. Es ist nicht denkbar, dass eine solche Vegetation von allen Seiten überhängend über ihre Grundlage auf einem höchstens 20 Fuss breiten isolirten Felsblock sich ansiedeln konnte. Die Form des Felsen trägt überdies zu deutlich das Gepräge, dass er von der Brandung unterspült ist. Die Höhe stimmt so vollkommen überein mit der Höhe der Inseln, dass man zu der Annahme genöthigt ist, die beiden „Blumentöpfe" seien nur die Reste einer Insel, welche der Ocean, wie er sie früher gebildet, so nun zum grössten Theil wieder zerstört hat.

Leider war die Zeit unseres Aufenthaltes auf dem Stewart-Atoll, der nur von Morgens bis Nachmittags dauerte, zu kurz, um Korallenstudien machen zu können, und durch Tiefenmessungen an der Aussen- und Innenseite die unterseeische Gestalt des Riffes näher zu untersuchen. Was ich in dieser Beziehung kurz anführen kann, ist Folgendes: Die Lagune scheint ziemlich tief zu sein, wenigstens 20 bis 30 Faden tief; denn ihr Wasser hat ganz die tiefe blaue Farbe des umgebenden Oceans. Die Boote können an der Lagunenseite des Riffes so anlegen, dass man auf der einen Seite auf das bei Ebbe mit 1 — 1½ Fuss Wasser bedeckte Riff aussteigen kann, während man auf der andern Seite des Bootes keinen Grund sieht. An der Aussenseite des Riffes wurde von der Fregatte aus in fünf Faden Distanz vom Riff mit fünf Faden Grund gefunden, in vier Kabeln Distanz aber mit 200 Faden kein Grund, das Riff fällt also nach aussen sehr steil in die Tiefe, und da das Meer rings um das Atoll rein ist, so können selbst die grössten Schiffe ganz dicht herankommen.

Von den fünf Inseln des Atolls habe ich nur Fáule besuchen können. Über diese Insel mag mir daher gestattet sein, noch Einiges mitzutheilen.

---

Jukes in der Narrative of the Surv. Voyage of the Fly erwähnt auf den Riffen des grossen Barriers an der Nordostküste Australiens ebenfalls Blöcke, welche 200 Yards von der äusseren Riffgrenze liegen, und nur bei Hochwasser von den letzten Brechern noch erreicht werden. Sie scheinen nicht lose auf dem Riff zu liegen, sondern einen hervorstehenden Theil seiner Masse selbst zu bilden. Sie sind zusammengesetzt aus einer Species *Porites* in der Stellung, wie sie wächst. Die Blöcke sind oft 20 — 24 Fuss lang, 10 — 12 Fuss hoch, haben eine sehr rauhe zerfressene Oberfläche, an der man die Hochwasserlinie deutlich erkennen kann. Sie ragen auch bei Hochwasser trocken hervor. Jukes vermuthet, dass sie unter Wasser gebildet wurden, und durch eine Hebung ausser Wasser kamen, da sie durchaus aussehen wie die Überbleibsel grösserer von der See allmählig zerstörter Korallfelsmassen.

Fáule bildet einen $\frac{1}{3}$ Seemeile langen und ungefähr $\frac{1}{8}$ Seemeile breiten Landsstreifen, der sich 8 — 10 Fuss über das mittlere Meeresniveau erhebt. Ein weiss schimmernder Sandstrand umfasst wie ein Rahmen die mit üppiger Vegetation bedeckte Insel. An der östlichen Ecke der Insel treten compacte Steinplatten eines aus Korallentrümmern und Muschelschalen zusammengebackenen Conglomerates zu Tage. Die Steilseite der Insel ist, wenn man überhaupt von einer solchen sprechen kann, die Nordseite. Die unterspülten und zum Theil ganz entwurzelten Kokospalmen an dieser Seite beweisen, dass die Brandung bisweilen über die ganze Plattform des Riffes bis an den Kokoswald vordringt, und dass das Meer, was es früher gebildet, auch wieder zu zerstören droht. Der Sand des Strandes an der offenen Meeresseite ist gröber und mit grösseren Korallen- und Muschelschalen-Fragmenten untermischt, auch mit etwas steilerer Böschung aufgeworfen, als an der Seite der Lagune. Die ganze Insel dacht flach ab von der Seeseite nach der Lagunenseite. Diejenigen Theile des Strandes, welche bei Ebbe trocken liegen, sind an der Lagunenseite von ganz feinem Kalkschlamm bedeckt, in welchem eine *Fucus*-Art wächst, und in dem ich sehr häufig die orbitulitenähnlichen Scheiben einer grossen lebenden Foraminiferen-Species, wahrscheinlich *Marginipora vertebralis* Quoy & Gaym.. fand. Auf der Strandgrenze haben sich hier an der Lagunenseite der Insel auch Mangroven (*Rhizophora Mangle* L.) angesiedelt, die üppig gedeihen. Die Oberfläche der Insel ist mit einer üppigen Baum- und Gesträuchvegetation bedeckt, aussen Kokoswald, im Innern ein gemischter Laubwald.

So weit der Kokoswald reicht, ist der Boden kalkig, er besteht aus Kalksand, d. h. aus Korallen- und Muschelfragmenten. Als ich aber aus dem Kokoswald in den Laubwald eindrang, wo Pandaneen und Brotfruchtbäume so üppig und gross wie auf den Nikobaren gedeihen, wo gewaltige hochstämmige Waldbäume sich erheben, tawa, pini pini, tugufala, tenatu und wie sie die Eingebornen alle heissen, da war ich nicht wenig überrascht, am Boden Bimsstein zu finden, und zwar so häufig, dass dagegen der kalkige Untergrund ganz verschwindet. So weit der Laubwald reicht, reicht auch das Bimssteingeschütte, lauter kleine höchstens walnussgrosse abgerollte Stücke von einem feinporösen braunen Bimsstein, der im Wasser schwimmt. Wo der Bimsstein aufhört, da beginnt wieder der Kokoswald. Die horizontale Verbreitung des Bimssteines fällt mit der Ausdehnung des Laubwaldes zusammen. Ich suchte mich nun auch zu überzeugen, wie mächtig der Bimsstein hier liege, und während ich nach einer passenden Stelle, um zu graben, suchte, kam ich zu einer Pfütze mit stagnirendem Wasser mitten im Wald, wo ich den Aufschluss, den ich wünschte, natürlich hatte. Die flache Einsenkung des Bodens, in dem sich das Regenwasser zu einer Pfütze von circa 18 Fuss Durchmesser ansammelt, zeigte an ihren Rändern compactes Korallenconglomerat, welches die

Grundlage der Insel bildet, anstehend. Ringsherum lagen die Bimssteine nur oberflächlich zerstreut in der Humusschichte, welche den Korallenfels bedeckt.

Wie kommt nun Bimsstein hierher?

Nur die See kann denselben ans Land gespült haben, eben so wie sie die
Saamen und Keime aller der Pflanzen aus Land gespült hat, welche auf dem Bims-
steinboden so üppig gedeihen. Ähnliches ist von früheren Reisenden schon ander-
wärts auf Inseln beobachtet worden.

Darwin[1] erwähnt kleine Trümmer von Bimsstein, die zusammen mit den
Saamen ostindischer Pflanzen an das Keeling-atoll im indischen Ocean getrieben
worden sind. Ebenso führt Dana[2] an, dass Fragmente von Bimsstein und Harz
durch die Wellen zu den Tarawau-Inseln transportirt werden, und dass der Bimsstein am Ufer von den Weibern gesammelt werde, um damit den Boden der Taro-
pflanzungen zu verbessern. Auch auf Tukaafo wurde Bimsstein gefunden, und
Dana sagt, dass vulcanische Asche bisweilen durch die Atmosphäre über diese
Inseln verbreitet werde, wie auf den Tonga-Inseln, wo in dieser Weise der Boden
verbessert wurde, und an einzelnen Stellen eine rothe Farbe bekam.

Jedoch auf Fáule verhält sich das nicht ganz ebenso. Trotz aller Mühe, die
ich mir gab, konnte ich nicht ein einziges Stückchen Bimsstein, das neu angeschwemmt wäre, am jetzigen Meeresstrande finden. Auch habe ich im umgebenden
Meere, in welchem wir durch Windstillen und widrige Winde 14 Tage lang wie
gebannt lagen, nirgends ein Stückchen schwimmend beobachtet, obgleich bei Windstille die Oberfläche des Wassers so glatt war, dass man jedes Stäubchen hätte sehen
müssen. Die Anschwemmung des Bimssteins auf den Stewart-Inseln ist daher keine
neue, oder noch jetzt fortdauernde Erscheinung; es muss vielmehr seit diesem
Ereigniss eine lange Zeit verflossen sein, lange genug, dass eine ansehnliche
Humusschichte und eine Baumvegetation entstehen konnte, wie sie jetzt schon viele
Generationen alt die Insel bedeckt.

Ein ganz analoges Vorkommen von Bimsstein erwähnt der englische Naturforscher Jukes, welcher Capitän Blackwood bei dessen Aufnahmen in der
Torresstrasse begleitete. Jukes erwähnt[3], dass er bei Cape Upstart an der Ostküste von Australien, auf niedrigen nur wenige Fuss über der höchsten Fluthgrenze
liegenden Flächen, die an der Oberfläche aus Sand, unten aus compactem Korallfels bestehen, unter dem Gras und unter den Wurzeln der Bäume Bimssteingerölle
gefunden. „Wo immer wir landeten von Sandy Cape bis Cape Upstart, wurde

---

[1] Naturwiss. Reisen, deutsch von E. Dieffenbach. 2 Thl., p. 245.
  United St. Expl. Exped. Vol. X, Geology p. 77.
[3] Narrative of the Surv. Voyage of H. M. S. Fly by J. Beete Iukes Vol. I, p. 53, 95, 337.

diese eigenthümliche Thatsache beobachtet." „In der Umgegend von Cape Upstart
waren die Bimssteinstücke gewöhnlich von Wallnussgrösse, glatt abgerollt, leicht
genug, um im Wasser zu schwimmen, und von olivengrüner oder grauer Farbe.
Sie wurden nie höher als 15 Fuss über dem Spiegel der See gefunden, nie im Wasser
schwimmend gesehen, oder am Ufer selbst neu angeschwemmt beobachtet, sondern
immer nur unter Gras und alten Bäumen und bisweilen im Korallenconglomerat
eingebettet, das, obwohl von recentem Ursprung, die See gegenwärtig bespült."
Ganz in derselben Lage über der Fluthhöhe auf einer Grasfläche wurden Bimssteingerölle auf der Lizard-Insel innerhalb des grossen Barrierriffes an der
Nordküste von Australien gefunden. Diese Bimssteingerölle sind nach Jukes überhaupt auf allen Flächen, an der Ost- und Nordostküste von Australien, die nicht
mehr als 10 Fuss über dem Hochwasser liegen, seien diese nun aus Korallenconglomerat oder anders gebildet, eine sehr gewöhnliche Erscheinung. Sie wurden
bei Wollongong, 50 Meilen südlich von Port Jackson, und ebenso auf den Wallis-
Inseln in der Endeavour-Strasse und an vielen zwischenliegenden Punkten gefunden. Die Herren Rev. W. B. Clarke und N. P. Wilton haben Bimssteingerölle
unter ganz ähnlichen Verhältnissen an den Küsten von New South Wales beobachtet.

So gewinnt dieses Vorkommen von Bimsstein in so kolossaler Ausdehnung
an der ganzen Ostküste von Australien in einem Gebiete von 2000 Seemeilen Länge
und im Bereich der westpolynesischen Inselwelt ein nicht unbedeutendes geologisches Interesse. Die Umstände, unter welchen sich der Bimsstein in diesem Gebiete
findet, sind überall genau dieselben:

1. Man findet die Bimssteingerölle nie oder höchst selten am gegenwärtigen
Ufer neu angespült oder schwimmend in der See. Wo man sie am jetzigen Ufer
findet, da sprechen die Umstände eher dafür, dass sie aus dem Sand und den
Flächen hinter dem Strand herabgespült, als an den Strand ausgeworfen wurden.

2. Man findet sie überall auf Flächen, ungefähr 10 Fuss über der jetzigen
Hochwasserlinie, wo sie durch den gewöhnlichen Wellenschlag selbst bei Spring-
fluthen nicht hingeführt werden können, oft eine ganze Seemeile vom Strand entfernt.

Jukes zieht aus diesen Thatsachen folgende geologische Schlüsse:

Die Ausbreitung dieser Bimssteingerölle ist kein sehr neues Ereigniss.
Nimmt man an, sie seien durch die gewöhnliche Brandung angeschwemmt worden.
so muss an vielen Stellen seit der Zeit ihrer Anschwemmung das Land um eine
ganze Seemeile dem Meere zu gewachsen, also ein langer Zeitraum verflossen sein.

Will man annehmen sie seien durch eine plötzliche Welle von ungewöhnlicher
Höhe ans Land geworfen worden, so könnte das Ereigniss wohl ein verhältnissmässig junges sein; aber dagegen spricht die gleichmässige Ausbreitung der Bimssteine über so grosse Flächen, die ansehnliche Menge, in der man sie angehäuft
findet, und der Umstand, dass man sie, wie im Korallenfels an Raine's Insel auch

eingebettet findet in das Korallenconglomerat, welches die Flächen, über welchen
sie ausgebreitet liegen, bildet.

Die Ausbreitung der Bimssteingerölle fällt demnach nach Jukes in die Zeit
der Bildung des Korallenconglomerates selbst. Dass beide jetzt 8 oder 10 Fuss
über der höchsten Fluthgrenze liegen, beweist nicht nothwendig, eine allgemeine
allmählige Hebung der Ostküste von Australien um so viele Fusse. Wohl aber
lässt sich daraus mit Sicherheit schliessen, dass längs der ganzen Ost- und Nordostküste von Australien, wo die Bimssteingerölle und das Korallenconglomerat
zusammen vorkommen, in neuester Zeit keine Senkung stattgefunden hat,
sondern dass diese ganze Küste durch eine lange Periode sich entweder langsam
gleichmässig um 8—10 Fuss gehoben hat, oder aber vielleicht wahrscheinlicher
gänzlich stationär geblieben ist.

Diesen von Jukes ausgesprochenen Ansichten kann ich mich nicht unbedingt
anschliessen. Durch allmählige Anschwemmung einzelner Stücke in einem langen
Zeitraum lässt sich das weit verbreitete, in allen Verhältnissen vollkommen gleich-
bleibende Vorkommen nicht erklären. Es muss ein Ereigniss gewesen sein, ein
gewaltiger Vulcanausbruch im südpacifischen Ocean, der ungeheuere Bimsstein-
massen über das Meer ausschüttete, und ich sehe durchaus nichts Unwahrschein-
liches oder den Thatsachen Widersprechendes in der Annahme, dass mit diesem
Vulcanausbruch auch Erdbeben verbunden waren, und dass eine plötzliche Welle
von ungewöhnlicher Höhe, eine grosse Erdbebenwelle, wie sich solche ja selbst in
jüngster Zeit von der Küste von Californien bis nach Japan und China durch den
ganzen pacifischen Ocean fortgepflanzt haben, der Träger der Bimssteine an nahe
und ferne Küsten ringsum den Eruptionsmittelpunkt war. Ja, mir scheint diese
Annahme sogar nothwendig, da sich sonst nicht leicht erklären lässt, warum die
Bimssteine überall gerade in einem und demselben Niveau über der höchsten Fluth-
linie liegen. Man müsste sonst annehmen, dass alle jene Küstenflächen von
8—10 Fuss über der Hochfluth sich genau in derselben Zeit gebildet haben, und
dass die Bimssteine gerade zur rechten Zeit gekommen seien, um theils noch in
den Korallfels eingebettet zu werden, theils denselben zu bedecken. Dass aber
auch bei der Annahme einer grossen plötzlichen Erdbebenwelle das Ereigniss
kein neues, sondern ein verhältnissmässig altes, d. h. wenigstens Jahrhunderte altes
ist, das beweist die Vegetation, welche auf dem Bimssteingeschütte aufgewachsen
ist, und die Humusdecke, welche sich gebildet hat.

Es würde kaum zu einem Resultate führen, dem Vulcane, der die Bimssteine
auswarf, genauer nachspüren zu wollen. Die Phantasie hat in den zahlreichen
Vulcanen näherer und fernerer Inseln wie der Neu-Hebriden, der Nitendigruppe
u. s. w. grossen Spielraum.

Der zweite Gesichtspunkt, von dem aus die Ausbreitung des Bimssteingerölles auf den Atollen und australischen Riffinseln von geologischer Bedeutung ist, ist der, dass dadurch bewiesen ist, dass die Senkung, aus welcher Darwin's geistreiche Theorie die Bildung von Atoll- und Barrierriffen erklärt, in diesem Theile des Oceans entweder eine so langsame ist, dass sie sich selbst im Laufe von Jahrhunderten nicht nachweisen lässt, oder dass die Niveauverhältnisse durch eine lange Periode hier stationär geblieben sind.

Die volkswirthschaftliche Bedeutung endlich dieses Bimssteingeschüttes, wenn ich so sagen darf, ist die, dass der Boden der bewohnbaren Inseln dadurch Bestandtheile erhält, welche eine viel reichere und mannigfaltigere Vegetation ermöglichen, als der blosse Korallensandboden. Darwin erwähnt von der Keelings-Insel nur 22 ursprünglich einheimische Pflanzenspecies, Dr. Pickering von der Paumotugruppe 28 oder 29 Arten. Auf dem Stewart-Atoll ist die Vegetation jedenfalls reicher und enthält gewiss die doppelte Anzahl von Arten[1]. Dem Bimsstein verdanken die Eingebornen die hochstämmigen Waldbäume, aus deren Holz sie ihre Kanoes verfertigen.

---

[1] Leider ist es mir nicht möglich, ein vollständiges Verzeichniss der Flora des Stewart-Atoll zu geben, da die botanische Sammlung der Expedition sehr unvollständig ist und nur folgende Arten enthält:

| | |
|---|---|
| *Rizophora Mangle* L. | *Tacca pinnatifida* Forst. *(Taccaceae).* |
| *Euphorbia Taitensis* Boiss. | *Isolepis* n. sp. *(Cyperaceae).* |
| *Schmidelia* n. sp. *(Sapindaceae).* | *Rottbölla* n. sp. *Gramineae).* |
| *Bassia* n. sp. *(Sapotaceae).* | *Vittaria plantaginea* Bory ⎫ |
| *Lippia nodiflora* Rich. ♂ *repens (Verbenaceae).* | *Asplenium laserpitifolium* ⎭ Farne. |
| *Procris cephalida* Poir. ⎫ | 1 Laub-, 1 Lebermoos und eine Flechte. |
| *Fleurya interrupta* Gaudich ⎭ *(Urticaceae).* | |

# ZWEITE ABTHEILUNG:

## PALÄONTOLOGISCHE MITTHEILUNGEN.

———

### Inhalt.

# I.

# Über fossile Korallen von der Insel Java.

## Von Prof. Dr. A. E. Reuss.

(Mit 3 lithographirten Tafeln.)

Die Korallen, deren Beschreibung die nachfolgenden Blätter enthalten, wurden mir von Herrn Prof. Dr. v. Hochstetter und Herrn Director Dr. Hörnes freundlichst zur Untersuchung überlassen [1]. Ersterer hatte sie von seiner Novarafahrt mitgebracht und bei Gelegenheit seiner geologischen Ausflüge durch einen Theil der Insel Java selbst gesammelt. Sie stammen mit Ausnahme der *Polysolenia Hochstetteri* sämtlich aus den sedimentären Schichten der Sandsteinwand Gunung Sela im Tji-Lanangthale des Districtes Rongga. Die erwähnte *Polysolenia Hochstetteri* ist der Trachyt- und Kalkbreccie von Tjukang Raon in der Lalang-Kette entnommen (S. 139). In derselben sind nach v. Hochstetter's gefälliger Mittheilung zahllose, bisweilen grosse Trümmer von hornblendereichem Trachyt und dichtem Kalkstein durch ein Kalksteincäment gebunden. Die Kalksteinfragmente zeigen häufig deutliche Korallenstructur. Einem solchen Bruchstücke ist die beschriebene Koralle entnommen.

Die Thierversteinerungen Java's haben bisher nur eine sehr beschränkte Bearbeitung gefunden. Die Echinodermen wurden von J. A. Herklots [2] beschrieben; eine Anzahl tertiärer Mollusken wurde von H. M. Jenkins [3] untersucht und publicirt. Letzterer Abhandlung ist die Beschreibung einer neuen Koralle — der *Heliastraea Herklotsi* — von Duncan beigegeben [4]. Weitere Nachrichten über die fossilen Anthozoen Java's fehlen bisher gänzlich.

Ich lasse nun die Beschreibung der von mir untersuchten Arten folgen.

---

[1] Sie befinden sich jetzt im k. k. Hof-Mineraliencabinete, welchem sie Prof. v. Hochstetter übergeben hat.

Description des restes fossiles d'animaux des terrains tertiaires de l'ile de Java, recueillies sur les lieux par M. Fr. Junghuhn. 4me partie: *Echinodermes.* Leyde, 1854.

[3] H. M. Jenkins on some tertiary Mollusca from Mount Sela im Quart. journ. of the geol. Soc. of London 1864. Vol. 20, pag. 45 ff.

[4] Ebendaselbst pag. 72. Taf. VII, Fig. 9a—9d.

## A. Anthozoen mit undurchbohrten Wandungen (A. apora).

## I. ASTRAEIDAE.

### 1. A. CONGLOMERATAE.

**Stylocoenia** M. Edw. et H.

**1. St. depauperata n. sp.** (Taf. 1, Fig. 1). — Es liegt nur ein schlecht erhaltenes Bruchstück eines etwas zusammengedrückten kurzen fingerförmigen Lappens vor und ich würde mich der Bestimmung desselben enthalten haben, wenn es nicht ein Merkmal darböte, durch welches es von allen bekannten Arten dieser Gattung leicht unterschieden werden kann. Es ist diess die Zahl der Septallamellen. Die rundlichen sehr ungleichen, höchstens 1·5 — 2 Millim. im Durchmesser haltenden Sterne zeigen nämlich nur sechs dünne Lamellen, zwischen welchen nur selten ein Rudiment einer secundären Lamelle zu entdecken ist. Die Axe endet oben in einem dicken cylindrischen in weiter Ausdehnung freien griffelförmigen Höcker.

Die Zwischenränder der Sterne sind ungleich, aber ziemlich breit. Soweit der abgeriebene Zustand es zu beurtheilen gestattet, scheinen sie mit feinen körnigen Höckern besetzt zu sein. Besonders an jenen Punkten, in welchen mehrere Zellen an einander grenzen, nimmt man Spuren grösserer Höcker wahr.

**Anisocoenia** nov. gen.[1]

Die im Querschnitte sehr unregelmässigen Zellenröhren sind in ein falsches Cönenchym eingesenkt, das durch ihr Verwachsen mittelst der blattartig erweiterten Rippen und durch reichliche Entwicklung von Exothecalzellen zwischen denselben entsteht. Die in Grösse und Distanz sehr wechselnden Sterne vermehren sich durch extracaliculäre Knospenbildung. Sie sind völlig axenlos und ihre Ränder eingesenkt. Die am freien oberen Rande ungezähnten und auf den Seitenflächen beinahe glatten Septallamellen sind sehr ungleich, indem sich eine wechselnde Anzahl derselben auf das drei- bis vierfache verdickt und einzelne sich gabelförmig spalten (d. h. in ihrem äussern Theile verwachsen sind). Die Endothecalzellen sind spärlich entwickelt.

Am nächsten schliesst sich die Gattung, die sich mit keiner der bekannten verbinden lässt, an *Phyllocoenia* an, von welcher sie jedoch durch das Verhalten der Septallamellen wesentlich abweicht.

**1. A. crassisepta m.** (Taf. 1, Fig. 2). — Die Zellensterne des dickästigen oder fingerförmig-ästigen Polypenstockes sind sehr ungleich und unregelmässig gestaltet, selten rundlich, meistens verzogen und gelappt. Sie erreichen einen Durchmesser von bis 7 Millim. und sind durch schmälere, am oberen Rande sehr stumpf gekantete Zwischenräume geschieden. Wenn diese Kante etwas abgerieben

---

[1] Von ανισος ungleich.

ist, beobachtet man eine die Sterne trennende sehr zarte Furche. Eben so feine Furchen strahlen von dem Sterne aus, je eine aus dem Zwischenraume zweier Septallamellen ausgehend, und eine andere auf dem oberen Rande jeder Septallamelle bis zu ihrem inneren Rande verlaufend.

Die obere Decke dieser Zwischenräume ist ziemlich dick, wesshalb sie auch nicht so leicht einbricht und besser erhalten ist. Entfernt man sie jedoch durch Anschleifen, so kommen die ziemlich dicken Wandungen der Zellenröhren zum Vorschein, so wie das die sich lamellös ausbreitenden Rippen verbindende Exothecalgewebe. Man beobachtet zwischen je zwei Zellensternen eine Doppelreihe senkrechter prismatischer Lücken, welche durch ziemlich dicke, etwa 1—1·5 Millim. von einander abstehende, schwach nach aussen geneigte Exothecallamellen in viereckige Zellen abgetheilt werden. Es entsteht daraus eine Art falschen Cönenchyms.

Die Zellensterne sind wenig vertieft, ohne centrale Axe, deren Stelle ein kleiner Hohlraum einnimmt. Die Zahl und Beschaffenheit der Septallamellen ist sehr wandelbar. Je nach der Grösse der Sterne zählt man 14—29 Lamellen, so dass in den kleinen der dritte Cyclus nur theilweise, in der grössten aber auch noch ein kleiner Theil des vierten Cyclus entwickelt ist. In Beziehung auf Grösse und Dicke ist ihre Bildung sehr ungleich und unregelmässig. 1—6 in jedem Sterne sind sehr dick, verdünnen sich auch nach innen nicht und endigen mit stumpfem innerem Rande. Bisweilen erscheint dieser sogar etwas verdickt. In manchen Sternen spalten sich 1—2 dieser dicken Lamellen gabelförmig, was auf Verwachsung zweier Lamellen in ihrem äusseren Theile beruhen dürfte. Die jüngsten 9—15 Lamellen sind sehr kurz und dünn. Auch nach oben endigen die Lamellen mit dickem, überdiess ganzem ungezähntem Rande und überragen den Sternrand nicht. Ihre Seitenflächen sind beinahe glatt und werden nur durch spärliche, weit abstehende, sehr schief nach innen geneigte Endothecallamellen verbunden. Im unteren Theile der Zellenröhren stehen dieselben jedoch etwas gedrängter.

**Prionastraea** M. Edw. et H.

**1.? *Pr. dubia* m.** (Taf. 1, Fig. 3). — Diese Species, von der ich nur ein mangelhaft erhaltenes Exemplar untersuchen konnte, ähnelt in mancher Beziehung der ? *Pr. diversiformis* Mich. sp. aus den Miocänschichten von Turin und Bordeaux (Michelin iconogr. zoophyt. pag. 59, Taf. 12, Fig. 5), unterscheidet sich aber schon durch die weit geringere Grösse der Zellensterne, deren Durchmesser nur höchstens 6—7 Millim. beträgt. Dieselben sind übrigens meistens nicht rundlich, sondern mehr weniger verlängert — polygonal und werden nur durch schmale, oben flache Wandungen geschieden. Die Axe ist mässig entwickelt, papillös, im Querschnitte schwammig. Man zählt 24—28 Septallamellen, von denen gewöhnlich 12—14 dickere bis zur Axe reichen. Die damit abwechselnden sind dünner und meistens nur halb so lang. Einzelne der jüngeren Lamellen biegen sich mit ihrem inneren Ende gegen die älteren und verschmelzen damit. Auf den Seitenflächen zeigen sie schräg nach oben und innen aufsteigende Linien und werden durch dünne, ziemlich entfernte, nach innen geneigte, oben etwas convexe Endothecallamellen verbunden. Zunächst der Axe werden sie überdiess von einzelnen unregelmässigen Löchern durchbohrt.

Bei dem mangelhaften Erhaltungszustande muss die generische Verwandtschaft unserer Koralle unentschieden bleiben. Das Vorhandensein einer Axe schliesst dieselbe an *Prionastraea* an, von welcher sie jedoch durch die auch im unteren Theile an einander geschlossenen Röhrenwandungen und den wahrscheinlichen Mangel starker Zähnung am oberen Rande der Septallamellen abweicht. Vollständigere Exemplare werden die obwaltenden Zweifel in der Folge wohl beseitigen.

## 2. FAVIDEAE.

**Favoidea** nov. gen.

Die knolligen Polypenstöcke ähneln im Allgemeinen der Gattung *Favia*, mit welcher sie auch in Beziehung auf die geringe Regelmässigkeit der Sterne und die Art ihrer Vermehrung übereinkommen. Diese geschieht, wie man sich klar überzeugen kann, durch allmälige Theilung der Sternzellen.

Von der anderen Seite nähert sich unser Fossil den Phyllocoenien, besonders in der Unregelmässigkeit der Zellensterne, dem Vorhandensein eines falschen Cönenchyms und dem Mangel der Axe.

Trotz der grossen Verwandtschaft mit *Favia* kann dasselbe aber doch nicht damit vereinigt werden. Schon der gänzliche Mangel der Axe, welche bei *Favia* stets mehr oder weniger, mitunter beträchtlich entwickelt ist, tritt hindernd entgegen. Man sieht sich daher genöthigt, die in Rede stehende Koralle zum Typus einer neuen Gattung zu erheben, welche neben *Favia* zu stellen ist und in der Reihe der Favideen dieselbe Stelle einnimmt, an welcher *Phyllocoenia* innerhalb der Gruppe der sich durch Knospenbildung vermehrenden conglomerirten Astraeiden steht.

**1. *F. Junghuhni* m.** (Taf. 1, Fig. 4). — Es liegt ein 2·5 — 3 Zoll grosses Bruchstück eines auf der Oberseite flach gewölbten Knollens vor, das, abgesehen von der etwas abgeriebenen Oberfläche, sehr wohl erhalten ist. Die Zellensterne sind unregelmässig gestaltet, fast nie kreisförmig, beinahe stets mehr weniger in die Länge gezogen, nicht selten etwas verbogen und gelappt. Bisweilen sind sie in der Mitte an einer oder selbst an beiden Seiten eingeschnürt, offenbar in der Theilung begriffen. Sie sind sehr ungleich und gewöhnlich ziemlich weit von einander entfernt. Der längere Durchmesser übersteigt 6 Millim. kaum. Nur kleinere Sterne, die vor Kurzem erst durch Theilung selbstständig geworden sind, zeigen sehr schmale Zwischenräume. Ihr Rand ragt nicht über die Oberfläche hervor. Auf den die Sterne trennenden Zwischenbrücken stehen um dieselben feine radiale Furchen, welche jene der Nachbarsterne nicht immer zu erreichen scheinen.

Wo durch Abreibung die obere dünne Platte verloren gegangen ist, kömmt das Exothecalgewebe zum Vorschein, welches die Zwischenräume der lamellösen Rippen, die die Zellenröhren verbinden, bis zum oberen Ende erfüllt. Man erblickt in zwei Reihen stehende, durch dünne senkrechte Wandungen geschiedene vierseitige Vertiefungen, die ein beinahe regelmässiges Gitterwerk bilden.

Dasselbe tritt am deutlichsten auf Verticalschnitten hervor. Die dünnen senkrechten Rippenlamellen werden nämlich durch etwa 0·75—1 Millim. von einander abstehende horizontale oder nur wenig geneigte Querlamellen verbunden, wodurch ein feines Netzwerk mit nur wenig ungleichen Maschen entsteht.

Die wenig tiefen Zellensterne sind axenlos und man erkennt deutlich den freien fast senkrecht absteigenden inneren Rand der Septallamellen. Die Zahl der sehr ungleichen Septallamellen beläuft sich auf 27—38. Unter denselben sind sechs oder höchstens sieben am meisten entwickelt und reichen beinahe bis zum Centrum des Sternes, ohne sich jedoch zu berühren, indem sie daselbst einen kleinen Raum frei lassen. Aber auch sie besitzen sehr ungleiche Dicke, verdünnen sich jedoch stets nach innen hin.

Zwischen je zwei dieser Lamellen liegen in der Regel 3—5 kleinere, von denen die jüngsten sehr kurz und dünn sind. Es sind daher drei Cyclen von Lamellen vollständig, ein vierter nur theilweise entwickelt.

Sämtliche Lamellen sind dünn, mit zerstreuten sehr kleinen Höckerchen besetzt und zeigen überdiess sparsame äusserst dünne, sehr stark bogenförmig nach innen absteigende Endothecallamellen, die in Zahl, Form und Dicke von den Exothecallamellen sehr abweichen. Der obere freie Rand der Septallamellen scheint mit sehr feinen Zähnchen besetzt zu sein.

### 3. FUNGIDEAE (LOPHOSERINAE).

Cycloseris M. Edw. et H.

**1. *C. nicaeensis* Mich. sp.?** (Taf. 1, Fig. 5). (M. Edwards hist. nat. des corall. III. pag. 53. — *Cyclolites nicaeensis* Michelin iconogr. zoophyt. pag. 266, Taf. 61, Fig. 1.) — Mir standen zwei unvollständig erhaltene Exemplare zu Gebote, an denen man aber im Stande war, die characteristischen Merkmale ziemlich deutlich zu erkennen. Das eine, dessen Rand stellenweise abgebrochen ist, hat 50 Millimeter im Durchmesser und scheint im Umrisse rundlich gewesen zu sein. Das andere, von welchem nur ein Segment vorhanden ist, besitzt eine beträchtlichere Grösse (Durchmesser 82 Millim.).

Die Unterseite ist flach, mit wenigen breiten und flachen concentrischen Runzeln, ohne Spur von Anheftungsstelle. Radiale Rippchen von sehr ungleicher

Grösse bedecken sie zum grössten Theile. Die primären reichen bis in geringe Entfernung vom Centrum, dessen nächste Umgebung nur mit feinen in radiale Reihen gestellten Körnchen besetzt ist. Zwischen diese schieben sich immer kürzere ein, so dass ihre Länge nach dem Alter des Cyclus, welchem sie angehören, wechselt. Alle sind schmal, niedrig, aber ziemlich scharfrückig, am Rücken mit einer Reihe feiner Körner versehen.

Die Oberseite des kuchenförmigen Polypenstockes ist wenig gewölbt mit rundlicher, nur wenig verlängerter enger Centralgrube. An dem kleineren Exemplare zählte ich 166 Radiallamellen. Jedoch mag ihre Zahl leicht noch etwas grösser sein, da die obere Seite des Polypenstockes stellenweise etwas incrustirt ist. Es dürften daher beiläufig sechs vollständige Cyclen vorhanden sein. Sämtliche Lamellen sind an den Seitenflächen mit feinen, in verticalen Reihen stehenden Körnchen besetzt und, wie man sich stellenweise überzeugt, in der Tiefe in gleichen Abständen durch senkrechte Trabekeln verbunden. Jene der drei ersten Cyclen sind ziemlich und zwar gleich dick. Zwölf derselben reichen beiläufig bis zum Centrum. Die übrigen nehmen an Länge und Dicke ab. Jedoch pflegen die viel dünneren Lamellen des vierten Cyclus sich mit den sich nach innen hin sehr rasch verdünnenden Lamellen des dritten Cyclus in der Nähe des Sterncentrums zu verbinden. Jene des letzten Cyclus sind sehr kurz und dünn.

Wie aus dieser Beschreibung hervorgeht, stimmt das javanische Fossil mit jenem aus dem Eocän von Nizza in allen wesentlichen Characteren überein und ich sehe mich ausser Stande, Merkmale aufzufinden, welche eine Trennung rechtfertigen würden.

## B. Anthozoen mit durchbohrten Wandungen (A. perforata).

# I. MADREPORIDEAE.

## *a.* MADREPORINAE.

Madrepora L.

**1. *M. Herklotsi* m.** (Taf. 2, Fig. 1).— Ich hatte zur Untersuchung nur Bruchstücke cylindrischer Zweige, die calcinirt und an der Oberfläche meistens sehr abgerieben waren. Nur an einem derselben war diese besser erhalten. Die etwa 2 Millim. im Durchmesser haltenden Sterne stehen in ziemlich regelmässigen alternirenden Längsreihen und ragen in Gestalt stumpfer, etwas schräg nach aufwärts gerichteter Höcker vor. Man zählt sechs sehr dünne Septallamellen, von denen aber gewöhnlich nur zwei gegenüberstehende stärker entwickelt sind, so dass sie in der Mitte der Sternhöhlung zusammenstossen. Die übrigen sind sehr kurz. Die Aussenwand der Sternhöcker trägt zahlreiche (meist 24) regelmässige Längsreihen sehr kleiner Höckerchen.

Die Sterne derselben Längsreihe stehen etwa 2·5—4 Millim. von einander ab, während je zwei Nachbarreihen etwa 3 Millim. von einander entfernt sind. Die Oberfläche des dieselben verbindenden Cönenchyms ist uneben und mit in unregelmässigen Reihen stehenden spitzigen Körnern bedeckt. Zwischen denselben sind ziemlich weit entfernte, selten rundliche, gewöhnlich unregelmässige, oft schlitzförmig verlängerte Löcher eingesenkt. Im Querbruche erscheint das Cönenchym spongiös. Auf der Innenseite der Zellenröhren beobachtet man entfernte, zum Theile reihenweise geordnete längliche Poren.

Ich habe die Species nach Herrn J. A. Herklots benannt, der sich durch Untersuchung der Echinodermen schon so grosse Verdienste um die Kenntniss der fossilen javanischen Fauna erworben hat.

**2. *M. Duncani* m.** (Taf. 2, Fig. 2). — Ebenfalls Bruchstücke cylindrischer Äste, auf denen die nur 1·2—1·5 Millim. grossen, selbst bei wohlerhaltenem Zustande kaum über die Oberfläche vorragenden Sterne in unregelmässige Längsreihen geordnet sind, die weiter (2·5—4·5 Millim.) von einander abstehen, als bei der vorigen Species. Ihre Stellung ist überhaupt eine unregelmässigere. Die sechs Septallamellen sind wenig entwickelt; nur in manchen Sternen erreichen zwei einander gegenüberstehende Septa eine solche Länge, dass sie zusammenfliessen und gleichsam eine verticale Scheidewand durch die Mitte der Sternhöhlung bilden. Stets sind sie aber sehr dünn und zerbrechlich. Es ist daher nicht unwahrscheinlich, dass sie in den meisten Sternen weggebrochen sind. Die Zellenwandungen sind von kleinen reihenweise stehenden Poren durchbrochen.

Die Oberfläche des reichlichen Cönenchyms zeigt in einer Richtung etwas verlängerte Körner, welche oft ganz oder nur an der Basis in wurmförmig gekrümmte runzelartige Erhöhungen zusammenfliessen. Zwischen dieselben sind ebenso unregelmässige schmale Furchen eingesenkt, die stellenweise eine bedeutendere Tiefe erreichen und deren Grund von entfernten, gewöhnlich in der Richtung der Furchen verlängerten, oft schlitzförmigen Poren durchbrochen wird. Auf dem Querbruche erscheint das Cönenchymgewebe durch wurmförmig gewundene Canäle schwammig.

Ich habe die Species Herrn M. Duncan gewidmet, dem verdienten Durchforscher der fossilen Korallen Westindiens, welcher zugleich die einzige bisher bekannte fossile Koralle von der Insel Java beschrieben hat.

## b. TURBINARINAE.

**Dendracis** M. Edw. et H.

**1. *D. Haidingeri* Rss.** (Reuss in den Denkschr. d. kais. Akad. d. Wiss. in Wien, Bd. 23, pag. 27. Taf. 8, Fig. 2—5.) — Die vorliegenden Bruchstücke der walzenförmigen Stämmchen sind sehr schlecht erhalten, stimmen aber in allen

wahrnehmbaren Merkmalen mit der genannten Species aus den oberen Nummulitenschichten der Umgebung von Oberburg in Steiermark überein.

## c. POLYSOLENIDEAE.

**Polysolenia** nov. gen.

**1. *P. Hochstetteri* m.** (Taf. 2, Fig. 3). — Dieser Species liegt ein Fragment
von etwa 2·5 Zoll Höhe und 4 Zoll Breite zu Grunde, das in einer Trachyt-Kalk-
breccie eingehüllt war. Da es nirgend mehr seine ursprüngliche Oberfläche darbietet, konnte über die Gestaltung des Polypenstockes, die Beschaffenheit der
Zellensterne u. s. w. keine Auskunft erlangt werden. Dagegen gestattete der übrigens günstige Erhaltungszustand des Fossilrestes, seinen inneren Bau an Quer- und
Längsschliffen genau zu studiren.

Bei flüchtiger Betrachtung des Querschnittes ergibt sich eine grosse Ähnlichkeit mit der Gattung *Polytremacis* d'Orb. Dieselbe verschwindet jedoch, sobald
man sich bei genauerer Untersuchung von der völligen Abwesenheit der queren
Dissepimente, welche die tabulaten Korallen überhaupt characterisiren, so wie von
der abweichenden Anzahl der Septallamellen überzeugt.

Die engen, nur etwa 2 Millim. im Durchmesser haltenden Zellenröhren, welche
sich durch seitliche Knospung mehren, sind in ein reichliches Cönenchym eingesenkt, so dass sie 2·5—4 Millim. von einander entfernt stehen. Das Cönenchym
besteht aus langen, ziemlich dicken, geraden, neben einander liegenden Röhren,
deren runde oder sehr breit-elliptische Durchschnitte man auf dem Querschliffe
des Korallenstockes sehr leicht mit freiem Auge wahrzunehmen vermag. Stellenweise beobachten sie eine einigermassen regelmässige Vertheilung, indem sich um
eine centrale Röhre sechs andere im Kreise gruppiren. Ihre gemeinschaftlichen
Wandungen sind dick, da ihre Dicke die Hälfte des Durchmessers der Röhrenhöhlung beträgt.

In dieser Structur des Cönenchyms verräth unsere Koralle eine überraschende
Ähnlichkeit mit *Polytremacis* und *Heliopora*, von denen sie jedoch in den übrigen
Details der Structur wesentlich abweicht. Denn die Höhlung der beschriebenen
Röhren geht, ohne durch Quersepta abgetheilt zu sein, ununterbrochen durch ihre
Gesamtlänge hindurch, wovon man sich an Verticalschnitten vollkommen überzeugt. Dagegen sind ihre Wandungen keineswegs ununterbrochen, sondern werden
von zahlreichen Löchern durchbohrt, durch welche die Röhrenhöhlungen mit
einander communiciren. Dieselben sind ziemlich weit, indem ihr Durchmesser die
Hälfte ihrer Abstände von einander oder selbst noch etwas mehr beträgt. An Verticalschnitten des Korallenstockes gewinnt man überdiess die Überzeugung, dass
diese Quercanäle bei sämtlichen benachbarten Röhren in einem fast genau übereinstimmenden Niveau liegen, so dass dadurch ein sehr zierliches und regelmässi-

ges, selbst dem freien Auge wohl sichtbares Gitterwerk gebildet wird. Es gewinnt gleichsam den Anschein, als ob das Cönenchym aus parallelen senkrechten Säulchen bestehe, welche insgesamt durch ziemlich dicke, in gleichem Niveau liegende Querbrücken mit einander verbunden sind.

Sehr abweichend verhalten sich die röhrenförmigen Sternzellen. Sie besitzen keine eigenthümlichen Wandungen, sondern werden unmittelbar von den netzförmig durchbrochenen Wandungen der Cönenchymröhren begrenzt, von denen auch die sehr ausgebildeten Septallamellen entspringen. Bei etwas flüchtiger Betrachtung zählt man in jedem Sterne acht Lamellen; die genauere Untersuchung lehrt jedoch, dass zwei derselben, durch besondere, fast doppelte Dicke ausgezeichnet, durch einen bis über die Hälfte eindringenden Einschnitt gabelförmig gespalten werden. Dadurch reducirt sich ihre Zahl auf die normale Sechszahl. In seltenen Fällen beschränkt sich die Dichotomisation auf eine Lamelle, so dass man sieben Radiallamellen im Sterne zählt.

Sie reichen bis zum Sterncentrum und verschmelzen dort mit einander zur compacten Masse. Ob eine selbstständige Centralaxe vorhanden sei, wie es nicht unwahrscheinlich ist, lässt sich nicht entscheiden, da leider nirgend die Oberfläche der Sternzellen erhalten geblieben ist.

Ein anderer sehr auffallender Character der Septallamellen ist ihre ausnehmende Dicke, welche die Dicke der Wandungen der Cönenchymröhren noch übertrifft. Dadurch wurden die freien Zwischenräume, welche sie zwischen sich liessen, ungemein verengt, wenn man nicht etwa annehmen will, dass die ursprünglich dünneren Lamellen erst später in Folge des Versteinerungsprocesses bedeutend verdickt worden sind. Jedoch ist diess wenig wahrscheinlich, da die Verdickung in diesem Falle kaum überall so gleichmässig erfolgt wäre und man auf den Querschnitten der Lamellen wenigstens stellenweise Spuren der Begrenzung der Auflagerungsschichten wahrnehmen würde.

Noch mehr weichen die Radiallamellen in anderer Beziehung von den Wandungen der Cönenchymröhren ab. Statt gleich diesen gitterförmig durchbrochen zu sein, stellen sie beinahe ununterbrochene Kalkblätter dar und auf Verticalschnitten entdeckt man nur hin und wieder einen seltenen durchbohrenden Canal.

Wendet man die nun möglichst vollständig dargelegten Charactere unserer Koralle dazu an, ihr eine bestimmte Stelle im Systeme anzuweisen, so gelangt man zuvörderst zu der schon früher ausgesprochenen Überzeugung, dass dieselbe wegen des Mangels der Querdissepimente nicht der Ordnung der tabulaten Korallen beigezählt werden könne. Dagegen wird man durch die gitterförmig durchbrochenen Wandungen genöthigt, dieselbe in die Abtheilung der perforirten Korallen (der *Madreporarien* M. Edwards) zu versetzen. Geht man in die Unterabtheilungen dieser Gruppe näher ein, so ist es klar, dass die Poritiden, bei welchen das Septalsystem nur aus Reihen mehr weniger rudimentärer Trabekeln besteht, von unserer Betrachtung ausgeschlossen werden müssen, da die javanische Koralle sehr vollkommen entwickelte Septallamellen besitzt. Es kann also hier nur von der Unterabtheilung der Madreporideen die Rede sein. Innerhalb derselben sondert M. Edwards drei Familien, von denen jedoch die Eupsammiden wegen ihres Mangels an selbstständigem Cönenchym hier nicht in Betrachtung kommen können. Aber auch die Charactere der Madreporinen im engeren Sinne, bei welchen zwei Hauptlamellen stets viel mehr entwickelt sind als die übrigen, lassen sich auf unseren Fossilrest nicht anwenden. Am meisten nähert sich dieser der dritten Gruppe der Madreporideen, den Turbinarineen, welche mit einem reichlichen spongiösen oder netzförmigen Cönenchym wenigstens sechs regelmässig entwickelte Radiallamellen verbinden. Doch auch hier passt nicht das sehr regelmässige aus parallelen Röhren zusammengesetzte Cönenchym, in welcher Beziehung vielmehr eine Annäherung an *Heliopora* und *Polytremacis* unter den tabulaten Korallen Statt findet. Es muss daher das in Rede stehende Petrefact den Typus einer neuen Gattung und selbst einer neuen Familie bilden. Ersterer habe ich nach ihrer röhrigen Structur den Namen „*Polysolenia*", der Species aber den Namen ihres hochverdienten Entdeckers beigelegt.

## 2. PORITIDEAE.

**Porites** Lam.

**1. *P. incrassata* m.** (Taf. 2, Fig. 4). — Es liegt nur ein Bruchstück von unbestimmt knolliger Gestalt vor. Die 4 Millimeter grossen Sterne sind polygonal, sehr seicht vertieft und undeutlich von einander gesondert. 8—18 besonders in ihrem äusseren Theile dicke, nach innen sich verdünnende deutliche Lamellen, von denen 6—8 bis zum Centrum reichen, während die übrigen früher oder später sich mit den Nachbarlamellen verbinden, so dass einzelne derselben ästig erscheinen. Sie sind mit kleinen spitzigen Höckern besetzt und von regellos gestellten Löchern durchbohrt. Auf ihrem innern Theile, von ihnen nicht immer deutlich gesondert, erheben sich 6—8 runde körnerartige Kronenblättchen, welche in einfachem Kranze die centrale, in Gestalt eines Körnchens vorragende Axe umgeben.

**2. *P.* sp.?** — Das einzige untersuchte Bruchstück hat durch Einwirkung der Atmosphärilien so sehr gelitten, dass selbst die Gattung, der es angehört, nicht mit Sicherheit bestimmt werden kann. Die ein fast regelmässiges feines Gitterwerk bildende Aussenwand der Zellenröhren, so wie die eben so durchbrochenen und zu einem lockeren Netzwerk verschmolzenen Septallamellen setzen es ausser Zweifel, dass das Fragment einer Anthozoe aus der Gruppe der Poritiden angehört. Die mit ihren deutlichen Aussenwänden unmittelbar, ohne dazwischentretendes Cönenchym, verwachsenen Röhrenzellen verweisen dasselbe in die engere Unterabtheilung der Poritinen. Die Zellensterne sind aber zu mangelhaft erhalten, als dass man ihre

Details mit Sicherheit erkennen möchte. Stellenweise glaubt man jedoch sechs körnerartige Kronenblättchen wahrzunehmen, welche ein ebenfalls körnerartiges Axenknöpfchen umgeben. Diese Merkmale würden für die Gattung *Porites* sprechen, mit welcher aber das Vorhandensein deutlich geschiedener Zellenwandungen nicht wohl stimmt. Die Entscheidung muss bis zur Untersuchung vollständigerer Exemplare aufgeschoben werden.

**Litharaea** M. Edw. et H.

**1. *L. affinis* m.** (Taf. 2, Fig. 5). — Die Species, welche kleine Knollen mit convexer Oberfläche bildet, steht der *L. Websteri* M. Edw. aus den Eocänschichten von Bracklesham-Bay[1] sehr nahe. Die 4—5 Millimeter grossen, seicht vertieften, polygonalen Sterne sind nicht durch einfache dünne Wandungen geschieden, sondern durch ein wenngleich spärliches schwammiges Cönenchym verbunden, dessen Oberfläche mit spitzigen Höckerchen regellos besetzt ist. Die spongiöse Axe ist sehr stark entwickelt und ihre Oberfläche erscheint im wohlerhaltenen Zustande mit stark vorragenden scharfen Körnern besetzt. Ein Querschnitt in geringem Abstande von der Oberfläche lässt ihre schwammige Beschaffenheit deutlich erkennen.

In der Regel zählt man in jedem Sterne 24 Radiallamellen, die sich nach aussen kaum verdicken. Die primären und secundären sind gleich entwickelt; jene des dritten Cyclus dagegen sind kurz, krümmen sich gegen die secundären und verschmelzen mit denselben schon in der Hälfte des Abstandes ihres Ursprunges vom Axenrande. Sämtliche Lamellen sind an den Seiten sehr stark gekörnt; die verlängerten Körner fliessen oft mit jenen der Nachbarlamellen zusammen, so dass diese durch Querfäden verbunden erscheinen, wodurch ein Netzwerk mit rundlichen Löchern entsteht. Ein Verticalschnitt des Korallenstockes zeigt die fast regelmässig gefensterte Structur der Septallamellen sehr deutlich. Viel weniger regelmässig ist die genetzte Beschaffenheit des die Sterne verbindenden Cönenchyms.

**Dictyaraea** nov. gen.

Die hieher gehörigen Korallen haben in ihrer Physiognomie grosse Ähnlichkeit mit einer von Michelin[2] unter dem Namen „*Alveopora elegans*" beschriebenen Species. Orbigny[3], in der Überzeugung, dass diese, insbesondere in Beziehung auf ihren Septalapparat, den Character der Alveoporen nicht an sich trage, stellte dafür eine besondere Gattung „*Goniaraea*" auf. Irrthümlich aber hielt er den mit der Michelin'schen Species vollkommen identischen *Porites elegans* Leym.[4] für davon verschieden und zog ihn als *St. elegans* zu der Gattung *Stephano-*

[1] M. Edwards brit. foss. corals. pag. 38. Taf. 6, Fig. 1.
[2] Iconogr. zoophyt. pag. 276. Taf. 63, Fig. 6.
[3] Prodrôme de paléont. stratigr. II. pag. 334.
[4] Leymerie in Mém. de la soc. géol. de Fr. 2de Ser. Vol. I. Taf. 13, Fig. 1.

*coenia*, so dass dieselbe Species von ihm unter zweierlei Namen und in zwei weit entfernten Gattungen aufgeführt wird. Michelin citirt selbst den *Porites elegans* ausdrücklich als Synonym seiner *Alveopora*. Wahrscheinlich wurde Orbigny durch die in Folge des Versteinerungsprocesses Statt gehabte Ausfüllung der Lücken in den Wandungen und Septallamellen der Koralle durch Kalksubstanz irregeführt. Es liegen mir selbst dergleichen Exemplare vor. Dagegen vermag man an anderen deutlich die netzförmig durchbrochene Beschaffenheit, welche die Koralle mit Sicherheit den Poritiden zuweist, zu erkennen. Schon Michelin sagt l. c. in seiner kurzen Diagnose ausdrücklich: „lamellis septimentisque perforatis“, und Orbigny hat sie wohl ebenfalls desshalb zum Typus einer besonderen Gattung erhoben und mit einem Namen belegt, dessen Klang schon an die Poritiden erinnert. Nur die mangelhafte Beschaffenheit der untersuchten Exemplare dürfte M. Edwards abgehalten haben, zu demselben Resultate zu gelangen. Er gesteht ja selbst zu, nicht im Stande gewesen zu sein, die Gegenwart der Kronenblättchen mit Sicherheit zu erkennen. (Hist. nat. des Corall. II. pag. 168.)

Ich bin daher der Ansicht, dass die von Orbigny aufgestellte Gattung *Goniaraea* für die mehrerwähnte Koralle beibehalten werden müsse. Leider ist die von dem Gründer derselben gegebene Diagnose sehr schwankend und unbestimmt, denn sie beschränkt sich auf die Worte: „Calices hexagones en contact les uns avec les autres, à parois élevées; cloisons très marquées; peutêtre des palis. Ensemble dendroide“.

Diese Diagnose würde nun wohl auch auf die zu beschreibenden zwei javanischen Korallen passen. Geht man aber etwas genauer in ihre Untersuchung ein, so überzeugt man sich, dass zwischen ihnen und der *Goniaraea elegans* so wesentliche Unterschiede obwalten, dass an eine Vereinigung nicht zu denken ist. Ich glaube für dieselben eine neue Gattung vorschlagen zu müssen, welche ich mit dem Namen „*Dictyaraea*“ bezeichne. Ihre bedeutendsten Abweichungen von *Goniaraea* liegen in dem Mangel der griffelförmigen Axe, der geringen Zahl der Septallamellen, so wie in der sehr grossen Unregelmässigkeit der Sterne und Septa, welche sich an den älteren Theilen des ästigen Polypenstockes zu erkennen gibt.

**1. D. micrantha** m. (Taf. 2, Fig. 6; Taf. 3, Fig. 1, 2.) Die in grosser Zahl vorliegenden schlanken, walzenförmigen, gegen das Ende hin sich verdünnenden Äste sind mit dicht aneinander gedrängten, gewöhnlich unregelmässig polygonalen, ziemlich tiefen Sternzellen von 2—3 Millimeter Grösse bedeckt. Die dieselben trennenden Wandungen sind an jüngeren Zweigen ziemlich hoch, aber dünn, scharfrückig, am oberen Rande regellos höckerig und hin und wieder von einzelnen kleinen Löchern durchbohrt. An den älteren Theilen der Stämmchen werden sie aber dicker, mit weniger kantigem Rücken und grösseren aber stumpferen Höckern.

Von der Peripherie der Sterne gehen sechs, seltener fünf oder sieben dünne, wenig regelmässige Septa aus, die nach kurzem gesondertem Verlaufe zusammenfliessen und in der Mitte der dadurch entstandenen Platte eine kleine rundliche Öffnung lassen, welche gleichsam die Stelle der Axe einnimmt. Selten fehlt diese Öffnung; aber auch dann erhebt sich die meistens flach bleibende Centralgegend nur selten und wenig. Um das Centrum herum steigt aus jedem Septum ein ziemlich hoher körniger Höcker empor. Diese, gewöhnlich sechs an der Zahl, bilden einen deutlichen Kranz von Kronenblättchen *(palis)*.

Untersucht man einen Verticalschnitt durch die Zellenröhren, die senkrecht auf der Längsaxe der Stämmchen stehen, so beobachtet man, dass sowohl die Wandungen der Zellenröhren, als auch ihre Septallamellen unregelmässig von Löchern durchbohrt werden und dass die Septa sich vielfach mit einander verbinden. Ein Querschnitt durch einen Ast des Polypenstockes bietet daher ein wurmförmig spongiöses Gewebe dar, das im Centrum der Stämmchen lockerer, gegen die Peripherie hin compacter wird.

An älteren Stammstücken von grösserem Durchmesser werden sowohl die Umrisse der flachen Sternzellen, als auch die Radiallamellen sehr ungleich und unregelmässig. Letztere fliessen grösstentheils in eine unebene Platte zusammen und nur ihrem Ursprunge zunächst erscheinen sie durch ungleiche löcherartige Lücken geschieden. Die Kronenblättchen verschwinden zuletzt gänzlich.

**2. D. anamala** m. (Taf. 3, Fig. 3, 4.) Die ebenfalls walzenförmigen Bruchstücke der baum- oder fingerförmig-ästigen Koralle kommen seltener vor, als jene der vorigen Species, und ähneln bei flüchtiger Betrachtung sehr den älteren Zweigen derselben. Bei sorgfältigerer Untersuchung bieten sie jedoch mehrere constante Unterscheidungsmerkmale dar.

Die dicht an einander liegenden polygonalen Zellensterne sind grösser (bis fünf Millimeter im Durchmesser haltend), an den älteren Stammtheilen seichter, in senkrechter Richtung etwas in die Länge gezogen und stets viel unregelmässiger gestaltet. Die trennenden Zwischenwände erscheinen bei mässiger Dicke und Höhe am freien Rande verdickt und durch sehr ungleiche Höcker uneben. Acht bis zwölf sehr ungleich dicke Septallamellen sind nur im äussersten Drittheil oder höchstens in der äusseren Hälfte von einander geschieden und fliessen nach innen in eine verhältnissmässig grosse unebene Platte zusammen, die nur bisweilen an wechselnder Stelle von einem kleinen Loche durchbohrt wird. Der obere Rand der Septa ist ebenfalls mit spitzigen Körnern besetzt, die gewöhnlich sehr regellos stehen und in Mehrzahl vorhanden sind. Nur selten bilden sie nach Art der Kronenblättchen einen regelmässigen Kranz um das in tieferem Niveau liegende Centrum des Sternes.

An älteren Bruchstücken der Stämmchen werden sowohl die Umrisse der Sterne als auch die Septallamellen so unregelmässig, dass die Oberfläche nur ein regelloses Netzwerk grober runzelartiger Erhöhungen darbietet, in welches zerstreute ungleiche Löcher eingesenkt sind.

Der Querschnitt der Stämmchen zeigt ein schwammiges Gewebe mit wurmförmig gewundenen Zwischenwänden, das noch etwas gröber ist als bei der vorigen Species.

### Alveopora Q. et G.

**1. A. polyacantha m.** (Taf. 3, Fig. 5.) — Von dieser, früher nur in der heutigen Schöpfung bekannt gewesenen Gattung habe ich zuerst eine fossile Species — *A. rudis* Rss. — aus den oberen Nummulitenmergeln von Oberburg in Steiermark [1] beschrieben. Die tertiären Schichten der Insel Java umschliessen Formen, die von der beschriebenen Art unzweifelhaft verschieden sind.

Eine derselben, welcher ich den oben angegebenen Namen beilege, war allem Anscheine nach fingerförmig-ästig, mit schwach zusammengedrückten Ästen. Die Sternzellen sind rundlich oder etwas polygonal, ungleich, etwa 2 Millimeter gross. Die ziemlich dicken unebenen Wandungen werden von elliptischen Löchern durchbrochen, die in 6—8 oft unregelmässigen Längsreihen stehen. In jüngeren Zellenröhren sind ihrer nur 3—4 vorhanden. Im oberen Theil der Röhren sind sie kleiner und stehen weiter von einander ab; im unteren Theil dagegen nehmen sie sehr an Grösse zu und rücken einander so nahe, dass sie nur durch schmale Zwischenbrücken geschieden werden. Die Löcher der Nachbarreihen pflegen zu alterniren.

Zwischen diesen Reihen von Öffnungen entspringen von der inneren Wand der Zellenröhren gewöhnlich ebenfalls 6—8 oder in jüngeren Zellen 3—4 senkrechte Reihen von schlanken, oft gebogenen Dornen, die selten nur kurz sind, meistens in der Mitte der Röhren sich kreuzen und sehr oft zu einer falschen Axe verschmelzen. Bisweilen verbinden sie sich zu einem lockeren Netzwerk, das den unteren Theil der Röhre erfüllt. Auch der obere freie Rand der Röhrenwandungen ist mit zahlreichen schlanken und spitzigen kürzeren Dornen regellos besetzt.

**2. A. brevispina m.** (Taf. 3, Fig. 6.) Sie liegt gleich der vorigen Species nur in Bruchstücken schwach zusammengedrückter Äste vor. Die rundlichen oder etwas polygonalen Sterne sind ungleich, die grössten messen 2·5 Millimeter. Die dicken Wandungen sind ohne Ordnung mit spitzigen Höckern oder kurzen Dornen besetzt und werden in der Regel von sechs Längsreihen von Löchern durchbohrt, die zwar auch, wie bei *A. polyacantha*, im unteren Theile grösser werden, aber doch im Allgemeinen auf geringere Dimensionen beschränkt bleiben und weiter von einander abstehen. Einzelne dieser Löcher, ja ganze Reihen derselben fehlen, wodurch ihre Stellung oft recht unregelmässig wird.

---

[1] Denkschriften d. kais. Akad. d. Wissensch. in Wien. Bd. XXIII, pag. 28. Taf. 9, Fig. 1.

Mit den Löchern alterniren sechs, seltener sieben bis acht oder in den jüngeren Zellen eine geringere Anzahl Reihen von Septaldornen, die im oberen Theil der Röhren nur kurz sind oder selbst zu spitzigen Höckern zusammenschrumpfen, während sie im unteren Theile, wenngleich nicht so constant und in so hohem Grade, wie bei der vorigen Species, sich verlängern, sich in der Mitte kreuzen und mit einander verwachsen.

**3. *A. hystrix* m.** (Taf. 3, Fig. 7.) — Diese Species ist ebenfalls ästig. Die tiefen polygonalen, etwa 1·5—2·2 Millimeter grossen Sterne werden durch verhältnissmässig dünne Wandungen geschieden, deren freier Rand mit gedrängten, nach allen Seiten gerichteten, schlanken Dornen besetzt ist. Die sehr schlanken, im oberen Theile der Röhren stachelartigen, im unteren Theile verlängerten fadenförmigen und in der Mittellinie der Röhren verschmelzenden Septaltrabekeln stehen gewöhnlich in 12 Längsreihen (2 Cyclen), deren abwechselnde gewöhnlich kürzer sind. Die die Wände durchbohrenden und mit den Septaldornen reihenweise wechselnden Löcher sind sehr klein und stehen oft weit von einander ab.

Ob die drei oben beschriebenen Arten nicht etwa doch nur verschiedene Formen oder Alterszustände derselben Species sind, muss die Untersuchung zahlreicher besser erhaltener Exemplare lehren.

## C. Anthozoen mit vollständigen Querdissepimenten (A. tabulata).

# I. FAVOSITIDEAE.

## 1. CHAETETINEAE.

**Beaumontia** M. Edw. et H.

**1. *B. inopinata* m.** (Taf. 3, Fig. 8.) — Das vorliegende Bruchstück trägt einen offenbar paläozoischen Character an sich und stimmt trotz dem sehr abweichenden geologischen Niveau, welchem es entstammt, in allen Merkmalen mit der Gattung *Beaumontia* M. Edw. et H. überein, die bisher nur in den Schichten der devonischen und Steinkohlenformation aufgefunden worden war. Sie schliesst sich in dieser Beziehung an die der Kreideformation angehörigen Gattungen *Koninckia* M. Edw. und *Stylophyllum* Rss. an. Aus tertiären Gebilden war jedoch bisher keine dieser Gruppe angehörige Anthozoe bekannt gewesen.

Dass unser Fossilrest den tabulaten Korallen beizuzählen sei, lehrt das Vorhandensein zahlreicher vollständig entwickelter Querdissepimente. Durch den Mangel des Septalapparates und der die benachbarten Zellenröhren verbindenden Communicationsröhren wird sie den Chaetetineen zugewiesen. Denn der letztgenannte Character gestattet nicht, sie der Gattung *Michelinia* de Kon. aus der Gruppe der Favositineen, mit welcher sie übrigens eine sehr grosse Analogie besitzt, beizuzählen.

Der Polypenstock besteht aus geraden, sich durch Einschieben neuer vermehrenden, unregelmässig polygonalen Zellenröhren, welche ohne vermittelndes Cönenchym mit ihren Wandungen dicht an einander liegen. Sie haben bis 7 Millimeter im Querdurchmesser. Auf dem Querbruche nimmt man deutlich wahr, dass die Wandungen der einzelnen Röhren sich unmittelbar berühren, wenn sie sich auch nicht schwer von einander trennen lassen. Nur hin und wieder treten sie etwas aus einander und lassen kleine löcherartige Lücken zwischen sich. Stellenweise bemerkt man eine ganze Reihe kleiner Löcher an der Grenze zweier Röhren, indem die Aussenwandungen derselben fein längsgerippt und mit einer zarten Epithek überkleidet sind. Wenn nun die Längsrippen zweier Röhren gerade auf einander zu liegen kommen, so bilden ihre Zwischenräume enge Lücken, die sich im Querbruche durch kleine Löcher zu erkennen geben. Auf der natürlichen Oberfläche des Polypenstockes sieht man auf den Zwischenwänden der Zellenröhren eine mitunter ziemlich tiefe Rinne, in der die die Wandungen trennende feine Furche verläuft.

Auf dem Längsbruche überzeugt man sich, dass die Röhrenhöhlung durch sehr dünne und ziemlich entfernt stehende Querdissepimente vollständig in über einander liegende Fächer abgetheilt wird. Sie gehen theils in beinahe horizontaler Richtung ununterbrochen quer durch den Röhrencanal hindurch oder sie verlaufen, was häufiger der Fall ist, in mehr weniger schräger Richtung und verbinden sich dann mit den zunächst darunter liegenden Querlamellen. Da sie in diesem Falle eine nach oben mehr weniger convexe Gestalt besitzen, so nehmen die dadurch begrenzten Abschnitte des Röhrencanals eine grossblasige Form an.

Der Septalapparat ist nicht entwickelt, wohl aber erscheint die Innenseite der Röhrenwandungen mit zahlreichen flachen Längsstreifen bedeckt, die sich dem bewaffneten Auge sehr fein und unregelmässig gekörnelt darstellen und wohl als Septalrudimente zu betrachten sind. Dieselben erstrecken sich bis auf den Randtheil der oberen Fläche der Querscheidewände, während der übrige Theil derselben fein und regellos gekörnt ist. Die Unterseite dagegen zeigt ungleiche concentrische Anwachslinien.

Die queren Verbindungscanäle, welche bei den Favositinen die benachbarten Zellenröhren verbinden, fehlen bei unserer Koralle; nur sehr selten beobachtet man stellenweise ein grösseres rundliches, die Wandungen durchbohrendes Loch, das aber auch erst später zufällig entstanden sein kann.

Welche Gestalt der ganze Polypenstock besessen haben mag, muss unentschieden bleiben, da nur ein Bruchstück desselben vorliegt.

Von der sehr ähnlichen Gattung *Michelinia* unterscheidet sich unsere Koralle durch den Mangel der die Communication der Röhren bewerkstelligenden Poren und durch die spärlicheren, mehr regelmässigen, weniger bläschenartigen Querdissepimente, während sie in Beziehung auf die Septalstreifen mehr damit übereinstimmt, als mit *Beaumontia*. Die der Kreideformation eigenthümliche Gattung *Koninckia* dagegen weicht durch die von grossen unregelmässigen Löchern durchbohrten Wandungen und die sechs Reihen kurzer entfernt stehender conischer Septaltrabekeln ab.

## 2. POCILLOPORINEAE.

**Pocillopora** Lamk.

**1. *P. Jenkinsi* m.** (Taf. 3, Fig. 9.) — Es liegt nur ein etwas abgerolltes Bruchstück des unteren zusammengedrückten Theiles eines etwa 20 Millimeter breiten, an den Seiten etwas höckerigen Zweiges vor. Die runden etwa 1·5—2 Millimeter im Durchmesser haltenden Sterne stehen von einander beiläufig 2·3 Millimeter ab und sind durch reichlicher entwickeltes Cönenchym von einander geschieden.

Im Allgemeinen ähnelt unsere Species sehr der von Duncan beschriebenen *P. crassoramosa* aus den Nivajé-Schiefern auf S. Domingo.[1] Die seichten Zellensterne sind von einem schwachen erhabenen Rande eingefasst. Die Zellenröhren werden durch vollkommen horizontale Dissepimente unterabgetheilt, die bald nur sehr dünn, bald stark verdickt sind und in diesem Falle durch die eintretende Convexität ihres mittleren Theiles eine Andeutung der übrigens fehlenden Columella liefern. Am Rande entdeckt man Rudimente von 12 Septallamellen, von denen bisweilen die abwechselnden 6—8 etwas deutlicher hervortreten. Bisweilen werden sie nur durch Grübchen angedeutet, die zwischen ihren Ursprungsstellen in das Querdissepiment eingesenkt sind.

Das Innere der Zweige wird durch dünnwandige, gedrängt liegende Zellenröhren erfüllt; gegen die Peripherie hin werden dieselben durch sich dazwischen einsetzendes vollkommen compactes Cönenchym auseinander gedrängt.

Ich habe die hier beschriebene Koralle zu Ehren von Herrn H. M. Jenkins benannt, welcher die fossilen Mollusken von Java einer sorgfältigen Untersuchung unterzogen hat.[2]

---

Um ein begründetes Urtheil über die Fauna eines Districtes, sei es eine lebende oder fossile, über ihren Character und ihre Beziehungen zu anderen Faunen zu fällen, wird vor Allem eine erschöpfende Kenntniss derselben erfordert. Bei fossilen Faunen ist die gründliche Ausbeutung der sie beherbergenden Lagerstätten die unerlässliche Bedingung zur Aufstellung einer stichhältigen Ansicht über ihr Alter. Die Kenntniss einzelner aus ihrem Zusammenhange gerissener

[1] Quart. journ. of geol. soc. of London 1864. Bd. 20, pag. 40. Taf. 5, Fig. 2.
[2] Quart. journ. of geol. soc. of London. Vol. 20. 1864. pag. 45 ff.

Glieder derselben, wie sie eine flüchtige vielseitig behinderte geologische Wanderung liefern kann, genügt dazu nicht; ja sie kann, wenn ihr ein zu grosses Gewicht beigelegt wird, zu sehr täuschenden Resultaten führen. Alle diese Bedenken machen sich im hohen Grade geltend, sobald man sich anschickt, ein Urtheil über die auf den vorangehenden Blättern beschriebenen Korallen Java's zu fällen. Erschwert wird dieses Bestreben noch wesentlich dadurch, dass wir uns in völliger Unkenntniss befinden über die Korallen, welche noch jetzt an den Küsten Java's und der zunächst gelegenen Inseln leben. Wir müssen uns hier mit der allgemeinen Kenntniss der Korallen des rothen, indischen und stillen Meeres begnügen, welche aber selbst noch als eine sehr lückenhafte bezeichnet werden muss. An denselben Mängeln leidet auch unser Wissen über die Anthozoenfauna der westlichen Meere, welche zum Behufe der Vergleichung von grosser Bedeutung sein muss.

Mit noch weit grösseren Gebrechen ist unsere Kenntniss der fossilen Korallenfaunen behaftet. Nur über jene Europa's stehen uns umfassendere Resultate zu Gebote. Aus Java selbst wurde, wie schon früher Erwähnung geschah, bisher nur eine Species — *Heliastraea Herklotsi* — von Duncan beschrieben. Über die fossilen Korallen Ostindiens besitzen wir durch Haime[1] unvollständige Nachrichten. Denn Duncan, der die von Lieut. Blagrove zusammengestellte und von Haime benützte Sammlung einer genaueren Durchsicht unterzog, berichtet,[2] dass Haime aus derselben nur jene Species veröffentlichte. welche mit Arten des europäischen Eocän identisch oder denselben doch sehr analog sind, eine bedeutende Anzahl aber mit Stillschweigen überging, welche einen offenbar miocänen oder selbst pliocänen Character an sich tragen. Im Falle, dass sämtliche gesammelte Korallen in der That demselben Schichtencomplexe entnommen sind, dürfte selbst der Ausspruch über das eocäne Alter derselben einer Modification bedürftig sein. Jedenfalls müssen wiederholte Untersuchungen in dieser Richtung abgewartet werden.

Den Untersuchungen Duncan's verdanken wir endlich werthvolle Aufschlüsse über die fossilen Anthozoen der westindischen Inseln, welche uns gestatten, wenigstens ein theilweises Urtheil über diese Fauna zu fällen und sie zur vorläufigen Vergleichung zu benützen.

Mir selbst wurde die Gelegenheit geboten, 21 Species fossiler Korallen von der Insel Java zu untersuchen. von welchen 20 von demselben Fundorte — der Sandsteinwand Gunung-Sela — stammen. Von denselben sind zwei — eine den conglomerirten Astraeiden, die andere den Poritiden angehörig — nicht näher

---

[1] d'Archiac et J. Haime description des animaux foss. du groupe nummulitique de l'Inde. Paris. 1853. pag. 183—194. Taf 12.

[2] Quart. journ. of geol. soc. of London. Vol. 20. 1861. pag. 66.

bestimmbar. Eine Species — ein *Porites* — ist nur der Gattung nach bestimmbar. Die 17 vollständig bestimmten Arten vertheilen sich auf nachstehende Weise auf die einzelnen Familien der Anthozoen:

| | | | | | |
|---|---|---|---|---|---|
| **Anthozoa apora** 5. | *Astraeidae conglomeratae* 3. | | | *Stylocoenia* | 1· |
| | | | | *Anisocoenia.* | 1. |
| | | | | *Prionastraea.* | 1. |
| | *Favideae* | 1. | | .... *Faroidea.* | 1. |
| | *Fungideae* | 1. | | *Cycloseris* | 1. |
| **Anthozoa perforata** 10. | *Madreporideae* | .3. | *Madreporineae* 2. | *Madrepora* | 2. |
| | | | *Turbinarinae* 1. | *Dendracis* | 1. |
| | *Poritideae* | 7. | *Poritineae* 7. | *Porites.* | 1. |
| | | | | *Litharaea* | 1. |
| | | | | *Dictyaraea* | 2. |
| | | | | *Alveopora.* | 3. |
| **Anthozoa tabulata** 2. | *Favositideae* .... | .2 | *Chaetetineae* 1. | *Beaumontia.* | 1· |
| | | | *Pocilloporideae* 1. | *Pocillopora.* | 1. |

Es walten mithin die Anthozoen mit durchbrochenen Wandungen vor, indem sie beinahe 59 Procent der Gesamtzahl bilden. Unter denselben ragen wieder die Poritiden durch Zahl und Mannigfaltigkeit der Formen hervor. Auffallend ist der Mangel der Turbinoliden und einfachen Astraciden; jedoch ist daraus keineswegs auf das gänzliche Fehlen derselben zu schliessen, denn Junghuhn führt selbst in den von ihm gegebenen Petrefactenverzeichnissen eine Anthozoe an, die er wohl irrthümlich mit *Turbinolia complanata* Goldf. (*Trochosmilia complanata* M. Edw. & H.), einer Species der Gosaukreide, verbindet. Ich hatte selbst nicht Gelegenheit, sie zu untersuchen. Sehr merkwürdig ist dagegen das Auftreten einer exquisit paläozoischen Form — der *Beaumontia inopinata* m. — in einem jugendlichen Tertiärgebilde.

Von den in dem obigen Schema zusammengestellten 17 Arten glaube ich nur zwei mit schon bekannten Arten identificiren zu können. Alle übrigen — 15 — Species sind neu und für vier derselben sehe ich mich sogar genöthigt, drei neue Gattungen aufzustellen, da ich sie keiner der schon bestehenden generischen Sippen einzuverleiben vermag. Dieses Überwiegen bisher unbekannter Formen darf uns bei unserer sehr beschränkten Kenntniss der fossilen Anthozoen tropischer Gegenden und insbesondere Java's nicht befremden. Auch unter den untersuchten 31 javanischen Echinodermen führt Herklots nur eine schon anderweitig beschriebene Species neben 30 neuen Arten auf. Jenkins fand unter den von ihm bestimmten 15 fossilen Mollusken aus Java 13 neue bisher unbekannte Formen.

Die Vergleichung der betreffenden Tertiärschichten Java's mit anderen schon festgestellten geologischen Horizonten kann schon aus dem eben angeführten

Grunde nur eine sehr mangelhafte und unsichere sein. Es tritt aber noch ein zweiter sehr bedeutungsvoller Factor hinzu. In Europa herrschte nach den uns zu Gebote stehenden Daten ein tropisches Klima zuletzt während der Eocänperiode, deren Mollusken einen vorwiegend tropischen Character an sich tragen. Bald darauf — schon während der Miocänzeit — haben die klimatischen Verhältnisse sich wesentlich geändert, — eine Änderung, die sich in der Molluskenfauna dieser Formation deutlich ausprägt. In den tropischen Regionen herrscht jetzt noch ein tropisches Klima und wir finden daselbst nicht nur in den jüngeren Tertiärgebilden, sondern auch noch in den jetzigen Meeren eine Fauna, welche eine sehr grosse Analogie mit der europäischen Eocänfauna verräth. Diese unläugbare Thatsache muss, wenn sie nicht die gebührende Beachtung findet, bei der Beurtheilung des Alters der verschiedenen Tertiärfaunen zu sehr folgenreichen Irrthümern führen. Übrigens haben schon Jenkins und Duncan auf diese Umstände am mehrfach angeführten Orte ein besonderes Gewicht gelegt.

Auch bei der Untersuchung der fossilen Korallen Java's verlangen sie ihre volle Berücksichtigung. Die zwei schon früher beschrieben gewesenen Species — *Dendracis Haidingeri* Rss. und *Cycloseris nicaeensis* Mich. sp. — liegen beide in den Eocängebilden Europa's; erstere in den oberen Nummulitenmergeln von Oberburg in Kärnthen, die von gleichem Alter mit den Schichten von Castelgomberto sind, letztere in den unteren Nummulitenschichten von Nizza. Eine dritte Species — *Litharaea affinis* m. — steht der *L. Websteri* M. Edw. et H. aus dem ebenfalls eocänen Londonclay sehr nahe. Die einzige bisher bekannte fossile *Alveopora* entdeckte ich in den oberen Nummulitengebilden von Oberburg. Die der neu aufgestellten Gattung *Dictyaraea* zunächst verwandte *Goniaraea* d'Orb. gehört dem Nummulitenterrain an. Eben so sind die fossilen Stylocönien hauptsächlich in den europäischen Eocänschichten zu Hause.

Wollte man sich auf die Würdigung dieser Thatsache allein beschränken, so würde man sehr leicht zu einseitigen Ansichten über das geologische Niveau jener Schichten Java's geleitet werden, denen die untersuchten Korallen entnommen sind. Es ist daher unerlässlich, dem Character der heutigen Fauna der dortigen Meere Rechnung zu tragen. In Ermanglung von unmittelbaren Aufschlüssen über die Anthozoenfauna Java's können wir leider nur die sehr lückenhaften Angaben über die Fauna des indischen Meeres und der Südsee zum Ausgangspunkte nehmen. Selbst eine flüchtige Vergleichung derselben lehrt uns aber schon, dass die Gattungen *Cycloseris, Madrepora, Porites, Alveopora, Pocillopora*, welche in der jetzigen Schöpfung Repräsentanten aufzuweisen haben und welche wir auch unter den beschriebenen fossilen Korallen Java's vertreten finden, mit der vorwiegenden Anzahl ihrer Arten eben den tropischen östlichen Meeren angehören. Es steht mithin der von Hochstetter, Jenkins und Duncan ausge sprochenen Ansicht, dass die untersuchten versteinerungsreichen Schichten Java's dem Miocän oder vielleicht selbst noch einer jüngeren Tertiärepoche angehören mögen, kein Hinderniss entgegen. Durch die Verhältnisse würde selbst die Möglichkeit nicht ausgeschlossen werden, dass Arten, die während der Eocänperiode in europäischen Meeren lebten, in Folge der eintretenden klimatischen Wandelungen, in die östlichen tropischen Meere auswanderten und dort in einer späteren Zeitepoche ihre Existenz noch fortsetzten. Dadurch würde das auch von Jenkins und Duncan beobachtete auffällige Vorkommen eocäner Species in jungtertiären Schichten tropischer Regionen eine befriedigende Erklärung finden. Ein feststehendes Urtheil muss jedoch bis zu dem Zeitpunkte aufgeschoben bleiben, in welchem uns eine umfassendere und gründlichere Kenntniss der lebenden und fossilen Faunen dieser Gegenden und ihrer wechselseitigen Verhältnisse zu Gebote stehen wird.

Was die *Polysolenia Hochstetteri* m. aus der Breccie von Tjukang-Raon betrifft, so lässt sich über ihr Alter um so weniger ein bestimmtes Urtheil fällen, als dieselbe einem der zahlreichen Kalksteinfragmente dieser Breccie entnommen ist. Wenn nun diese gleich den jüngeren Tertiärschichten Java's angehört, so kann doch das Alter der offenbar älteren Kalkfragmente nicht mit Sicherheit festgestellt werden.

# II.

# Fossile Foraminiferen von Kar Nikobar.

## Von Dr. Conrad Schwager.

(Mit 4 lithographirten Tafeln.)

———

## EINLEITUNG.

Unter je extremeren Verhältnissen organische Formen sich finden, deren Vergleich zur Feststellung irgend einer bestimmten Regel ihres gemeinschaftlichen Verhaltens dienen soll, desto klarer muss sich zeigen, welchen dieser Erscheinungen allgemeine Gesetze zu Grunde liegen, und welche blos das Resultat localer Verhältnisse sind. Der Vergleich von Faunen weit von einander entfernter Localitäten gewinnt in Folge dessen eine besondere Bedeutung, und ich bin daher Herrn Prof. v. Hochstetter sehr zu Danke verpflichtet, dass er mir die Gelegenheit zu einer derartigen Untersuchung geboten hat, indem er mir die tertiären Foraminiferen von Kar Nikobar, welche bei den eingehenden Forschungen der Novara-Expedition aufgesammelt wurden, zur Bearbeitung übergab. Trefflicher Erhaltungszustand und Formreichthum der mir übermittelten Proben bieten überdies eine wesentliche Unterstützung bei der Durchführung der gegebenen Aufgabe, und erleichtern sehr den Vergleich mit bereits bekannten Formen. Da es sich jedoch nicht blos um die systematische Bearbeitung handelt, sondern so weit es eben thunlich ist aus den Resultaten derselben Schlüsse über die geognostische Stellung der Schichten, aus denen die Foraminiferen stammen, gezogen werden sollen, diese aber wesentlich von dem Umfange abhängen, welchen man dem zu Grunde gelegten Specienbegriffe beilegt, so erlaube ich mir vor Allem etwas genauer darauf einzugehen, welche Grundsätze ich für denselben als leitend angenommen habe. Unter den verschiedenen Wegen, auf welchen man zu diesem Begriffe gelangen kann, erscheint es mir hier am Vortheilhaftesten, jenen zu wählen, der von den Gesetzen ausgeht, denen die organischen Kräfte unterliegen; da diese sich aber in den höher entwickelten Formen am schärfsten

24*

aussprechen, so wird wohl das Schema der Entstehung einer solchen den besten
Anknüpfungspunkt zu weiterer Erörterung bieten.

Eine Zelle im Mutterorganismus erhält durch die Befruchtung einen An-
stoss zu selbstständiger Entwicklung. Anfangs zerfällt sie blos in gleichartige
Theile, diese sondern sich später in Gruppen, deren jede nach einem bestimmten
Plane sich entwickelt, ihr eigenthümliche Functionen übernimmt. Der neue
Organismus verlässt den Zusammenhang mit jenem, dessen integrirender Bestandtheil er bisher war, und beginnt ein selbstständiges Leben, als ein Glied in
der Reihe aus einander entstandener Wesen.

Versucht man nun, diesen Vorgang durch die allgemeinen Gesetze zu erklären, welche die Materie als solche beherrschen, so gelangt man bald zu der
Überzeugung, dass, wenn auch ein grosser Theil, vielleicht sämmtliche der
physiologischen Vorgänge sich auf chemisch-physikalische Kräfte zurückführen
lassen, für die Bildung der organischen Form diese Erklärung nicht ausreicht,
dafür vielmehr eine besondere Ursache vorausgesetzt werden muss, deren
Wirkungen blos in dem lebenden Körper sich äussern. Für den ersten Augenblick scheint zwar allerdings eine nicht unbedeutende Analogie mit den Wirkungen
der Krystallisationskraft hervorzutreten, denn, so wie sich in Folge des Ein-
flusses derselben, die in bestimmten Richtungen angezogenen und abgestossenen
Moleküle zu der gesetzmässigen Gestalt des Krystalls zusammenlegen, so reiht
sich auch in der organischen Welt, einer innern Ursache gehorchend, Atom an
Atom zu der bestimmten Form der Zelle und den daraus entstehenden Gewebs-
formen. Abgesehen nun von dem wesentlichen Unterschiede, dass der Krystall
durch Anlagerung, die organische Form durch Ausscheidung weiter gebildet wird,
so ist der Aufbau organischer Wesen überdies im Ganzen durch die Ungleich-
artigkeit der Zusammensetzungstheile gekennzeichnet, die in bestimmter Reihenfolge sich bilden, bestimmte einander mehr oder weniger bedingende Sphären
im Individuum einnehmen.

So weit wir aber noch davon entfernt sind die Ursachen selbst zu kennen,
welche diese, der organischen Welt eigenthümlichen Erscheinungen zur Folge
haben, so treten uns doch überall die Gesetze entgegen, denen sie gehorchen,
ja manches was dieses Gebiet berührt, liegt so sehr in dem Bereiche alltäglicher
Erfahrung, dass die allgemeinsten Bezeichnungen ihren Ursprung darin finden.
Ist ja doch die gewöhnliche Benennung organischer Wesen auf den Begriff der
Formähnlichkeit genetisch verwandter Individuen gegründet.

Bei der genaueren Feststellung dieses Begriffes zeigt sich zwar allerdings,
dass die Grenze zwischen derartigen, einander nahe stehenden Formengruppen
nur in den seltensten Fällen scharf markirt erscheinen, ja oft die Variabilität der
Individuen blos ein künstliches Zusammenfassen gestattet.

Diese scheinbare Unbestimmtheit löst sich jedoch bei näherer Betrachtung in grosse Gesetzmässigkeit auf. Schon die normale Ähnlichkeit zwischen Mutter- und Tochter-Individuen weist darauf hin, dass die morphogenetischen Kräfte derselben, als ein bestimmter Akkord, wenn ich mich dieses musikalischen Ausdruckes hier bedienen darf, der einzelnen Ursachen, deren Wirkungen in ihrer Gesammtheit den Organismus bedingen, in beiden Fällen wesentlich dieselben sein müssen, und wenn es möglich wäre sie in mathematische Form zu kleiden, einem und demselben Ausdrucke entsprechen würden. Die individuelle Variabilität ist dieser Hypothese nicht im Wege, denn es lässt sich nicht anders erwarten, als dass die complicirte morphogenetische Formel des Organismus, unbeschadet ihrer Bestimmtheit, variable Grössen enthalte.

Die so modificirte Beständigkeit setzt jedoch voraus, dass sich die morphogenetischen Partialkräfte gewissermassen im Gleichgewichte befinden, in so ferne man diese Bezeichnung bei einer Reihe auf einander folgender Wirkungen gebrauchen kann, denn wäre diess nicht der Fall, so müsste nothwendig eine Tendenz zur Fortbildung, in der Richtung der vorherrschenden Kraft sich äussern, und dies so lange, als sie nicht durch eine entsprechende Gegenwirkung aufgehoben würde. Nimmt man aber noch jene, für die Organismen so ganz besondere Eigenthümlichkeit hinzu, dass das ganze, oft so complicirte Gesetz ihres Aufbaues, bereits im Keime, gewissermassen latent bestimmt sei, und dass tief eingreifende Störungen im Mutterorganismus eine entsprechende Umbildung in der Tochterform erzeugen, so erhält man das beste Kriterion für die Stichhältigkeit oder Unrichtigkeit der eben angegebenen Theorie, in dem Verhalten der Bastardformen, d. h. jener Individuen, die aus einer Vereinigung von Ältern hervorgegangen sind, deren Bildungsgesetze verschiedenen morphogenetischen Formeln entsprechen. Ist nämlich die Annahme richtig, dass bei jenen Individuen die durch eine ganze Generationsreihe hindurch keine wesentliche Umänderung erfahren, ein gewisses Gleichgewicht der gestaltbildenden Kräfte vorhanden sei, so müssen die Bastardformen jene Erscheinungen zeigen, die aus einer Störung des Aufbau-Gesetzes resultiren. Es müssen sich in diesem Falle die morphogenetischen Kräfte, die in den Ältern im gleichen Sinne wirken, in den Nachkommen summiren, daher die Organisationssphäre, deren Ursprung sie sind, in dem neuen Organismus eine besonders starke Entwicklung erlangen, jene dagegen, deren Tendenz eine entgegengesetzte war, zurückgedrängt werden. Da aber kaum anzunehmen ist, dass die, aus beiden vereinigten Bildungsgesetzen hervorgehende Gestaltungsformel die Einzelnkräfte bereits derart gruppirt habe, dass sie sich das Gleichgewicht halten können, so muss bei solchen Formen ein Streben nach Umbildung sich äussern, das entweder bei der Erreichung einer oder der andern Älternform, oder auch in der Bildung eines neuen morphogenetischen Akkordes

sein Ziel findet. Die concreten Erscheinungen weisen nichts auf, was dieser Annahme entgegen wäre.

Wo immer es im Thier- oder Pflanzenreiche zur Bastardbildung kommen
mag, immer finden wir bei den daraus hervorgegangenen Formen eine grössere
oder geringere Tendenz zu abnormen Bildungen und Entwicklungen und niemals
werden wir die Variabilität der etwaigen Nachkommen vermissen, deren Ziel
man als das Umschlagen zu der Älternform zu bezeichnen pflegt. Was dagegen
die vollständige Umbildung einer Art in die andere betrifft, so fehlt uns allerdings
dafür bis jetzt der bestimmte Nachweis, doch lassen viele, besonders paläontologische Vorkommnisse mit grosser Wahrscheinlichkeit darauf schliessen.

Bei den erwähnten Vorgängen ist aber überdiess wesentlich zu beachten,
dass die vegetative Entwicklung durch diese morphologische Störung keineswegs
nothwendig irritirt werden muss, ja im Gegentheile nicht selten bei solchen
Individuen sogar gehoben erscheint. Dafür ist nun allerdings die Erklärung etwas
schwieriger zu finden, doch dürfte in der Beobachtung, dass sehr nahe stehende
Varietäten häufig eine kräftigere Nachkommenschaft erhalten, als aus der Vereinigung sehr ähnlicher Individuen hervorgeht,[1] der leitende Faden zur Lösung
dieser Frage gegeben sein. Überhaupt sind es die Resultate der künstlichen
Züchtung, die trotz der scheinbaren Anomalien, die sie zeigen, sehr dazu bei-
tragen, manche Vorgänge in der Natur klar zu machen, wozu sie ja auch bereits
von vielen Seiten benützt wurden.

Besonders auffallend ist in dieser Hinsicht und scheinbar mit dem bisher
Gesagten gar nicht in Einklang zu bringen, dass es dem Menschen gelingt, durch
das fortgesetzte Festhalten einer oder der anderen Eigenschaft bei einer Verbindung von thierischen oder pflanzlichen Organismen Wesen zu erhalten, die
gewissermassen den Gesetzen gehorchen, die er ihnen willkürlich vorschreibt,
jene Formen annehmen, die er zu seinen Zwecken am vortheilhaftesten findet.
Hier ist es nun vor allem der Erfahrungssatz, dass durch eine je grössere Folge
von Generationen eine bestimmte Rassenform festgehalten wird, sie desto mehr an
Beständigkeit gewinnt, der sogleich auf die Erklärung dieser Erscheinung leitet;
denn, was ist natürlicher, als dass durch diese Reihe von Umbildungen die übrigen
Kräfte Zeit erhalten, sich um jene, die man ihnen, gewissermassen als Kern
gegeben hat, zu gruppiren, und so ein mehr oder weniger labiles Gleichgewicht
zu erreichen. Diese Gleichgewichtsform aber, die dadurch markirt ist, dass sie
äusseren verändernden Einflüssen einen blos mehr oder weniger geringen Widerstand entgegensetzt, findet sich auch in der Natur, und dieser Zustand ist es denn.
der ganz besonders den von Darwin so scharf gezeichneten Einflüssen des

---

[1] Nägeli: Bedingungen des Vorkommens von Arten u. s. f. in den Sitzungsber. d. bair. Akad. d.
Wissensch. 1865 II, Heft IV, pag. 115, 416.

Kampfes um das Dasein unterliegt, so wie er ebenfalls als ein Resultat derselben, als eine Folge der von diesem Forscher sogenannten natürlichen Zuchtwahl betrachtet werden kann.

Überblickt man nun das bisher Gesagte, so ergibt sich daraus, dass, wenn diese Betrachtungen und die daraus gezogenen Schlüsse überhaupt richtig sind, der Begriff der Art in der Natur begründet und nicht erst künstlich hineingelegt ist. Dabei lässt sich aber allerdings nicht läugnen, dass damit noch wenig gewonnen ist, indem die Hauptschwierigkeit in der Bestimmung der Grenzen dieses Begriffes liegt. In dieser Hinsicht wird der individuellen Auffassung in einzelnen Fällen immer ein mehr oder minder bedeutender Spielraum bleiben, zu bestimmen, welche der vorhandenen Verschiedenheiten man als wesentlich zu betrachten habe, und welche nicht.

Obwohl diese Unbestimmtheit sich in der praktischen Anwendung wohl niemals, wenigstens nicht in allen Fällen, aufheben lassen wird, so glaube ich, dass sie zum mindesten theilweise dadurch gemildert werden kann, wenn man möglichst streng die constanten Formen von den variablen und beide von den Mittelformen trennt, indem durch das Beiziehen der letzteren noch mehr des vagen Elementes in den Artbegriff hineingebracht wird, als für die praktische Behandlung bereits darin liegt.

Aber selbst wenn man den Begriff der Art nicht als etwas natürliches ansieht, und das Vorhandensein von Reihen gleicher Formen, blos als ein Resultat des Kampfes um das Dasein, im Vereine mit der unbegrenzten Variabilität der organischen Form betrachtet, braucht man solche Ruhepunkte um so nothwendiger, als sie die Basis zur Beurtheilung jener Formen abgeben müssen, die blos durch vereinzelte Individuen repräsentirt werden. Mehr aber noch als das nothwendige Hervorheben constanter Formen, liegt in der Consequenz der Ansicht von der Umänderung der Art, dass man blos jene Individuen als Übergangsformen zwischen zwei gegebenen annehmen kann, bei denen auch in der That ein Übergang factisch denkbar ist, wesshalb selbstverständlich räumlich weit entfernte Localitäten, wenn an denselben die Grundformen fehlen, auch keine Vermittlungsformen liefern können, es müsste denn die Möglichkeit einer Wanderung dahin nachweisbar sein. Dass eben so in der Paläontologie die Zeitfolge wesentlich in das Gewicht fällt, so wie, dass die Identität von Formen, die in verschiedenen Etagen liegen, immer zweifelhaft bleibt, so lange deren Vorkommen nicht auch in den, unter gleichen Bedingungen abgesetzten Zwischenlagern nachgewiesen sind, bedarf wohl kaum der Erwähnung.

Nachdem ich so meine Ansicht über den theoretischen Begriff der naturhistorischen Grunddistinctionen ausgesprochen habe, erübrigt mir nur mehr einiges über die Anwendung derselben hinzuzufügen.

Der Natur der Sache wäre es wohl allerdings am entsprechendsten, die erwähnte Trennung derart durchzuführen, dass man für Art, Varietät und Über-
gangsform getrennte Namen benützen würde, der bisherigen Speciesbezeichnung
entsprechend; denn, wenn die beiden letzteren blos innerhalb der Art unterschieden werden, so erhält diese eine solche Ausdehnung, dass die darauf gebauten Schlüsse nothwendig an Schärfe verlieren müssen, abgesehen davon, dass
die Bezeichnung mit drei Namen, zum mindesten viel Unbequemes an sich hat,
anderer Inconvenienzen nicht zu gedenken. Andererseits würde wieder durch die
stricte Anwendung dieser Regel eine derartige Legion von Namen geschaffen,
dass man nothwendig einen Mittelweg aufsuchen muss. Dieser scheint sich nun
darin zu finden, dass man solche Varietäten, welche durch eine irgend bedeutende
Zahl von gleichen Individuen repräsentirt werden, ebenfalls mit selbstständigen
Namen bezeichnet, die Übrigen aber den Arten nicht unter- sondern nebenordnet,
die auf dieselben bezogenen Schlüsse daher streng von jenen sondert, die sich auf
das Verhalten der reinen Art beziehen.

Dies wäre denn auch die Regel, die ich bei der folgenden Beschreibung der
Foraminiferen aus den mir übergebenen Proben von den Nikobaren befolgt habe.

Was die Classification betrifft, so wurde das System von Prof. Reuss benützt,
mit einer kleinen Umänderung, auf deren Nothwendigkeit ich von dem Urheber
dieser Eintheilung selbst aufmerksam gemacht wurde.

Wie schon Carpenter hervorhebt, so finden sich nämlich in der Gruppe der
Rotalien, in dem Umfange genommen, den man ihr bisher gab, sowohl Formen
mit doppelten Scheidewänden, als auch solche, deren Kammern blos mit dem
Rande auf den vorhergehenden aufliegen. Dieser wesentliche Unterschied dürfte
genügen, um eine Trennung beider Formen zu rechtfertigen, wesshalb alle bisherigen
Rotalienformen mit doppelten Scheidewänden bei *Rotalia* belassen, die übrigen
aber dem Genus *Discorbina* untergeordnet wurden.

Die Zusammenstellung der gesammten Resultate, die sich aus der Bearbeitung
der Nikobaren-Foraminiferen ergaben, findet sich in dem Resumé, das der
systematischen Beschreibung der Arten angehängt ist.

## Systematische Übersicht und Beschreibung der Arten.

### I. Foraminiferen mit sandig-kieseliger Schale.

## UVELLIDEAE.

### ATAXOPHRAGMIUM MAGDALIDIFORME m.

#### TAF. IV. FIG. 1.

*T. oblonga teneris granulis silicea infra supraque corrotundata raro subcompressa — juvenilis globosa loculis regulariter glomeratis composita — adulta subcylindrica loculos subaltos vix cameratos suturis paene horizontalibus constrictos continens. Apertura cuneata, decurrens in (medio) frontis septalis ultimi loculi.*

Typische Form. Das durchschnittlich mässig verlängerte Gehäuse walzenförmig, wenig oder gar nicht seitlich zusammengedrückt, oben und unten gerundet, im Jugendzustande vollständig kuglig. Die oberen, in einer dreizeiligen Spirale aufsteigenden, flach gewölbten Kammern äusserlich fast so hoch als breit; der Innenraum jedoch in Folge der gewölbten Septalflächen niedrig, überdies noch durch mehr oder weniger regelmässige, radial gegen die Längsaxe gestellte Secundärsepta unten abgetheilt. Die Näthe beinahe horizontal, deutlich, doch meist sehr flach. Die commaförmige Mündung liegt in einer Längsimpression, die in der Richtung der Axe des Gehäuses, an der Innenseite der letzten Kammer, unweit des Randes, mit dem sie an die vorletzte sich anschliesst; herabläuft. Die Schale ist ziemlich dick, von meist gleichförmigen Kieselkörnern gebildet, die in einer etwas lichteren, theilweise kalkigen Grundmasse eingebettet sind.

Abweichungen. Bei dieser Art hat sich keine Form gefunden, die eine nennenswerthe Abweichung von der normalen Entwicklung aufzuweisen hätte.

Verwandtschaft. Die cylindrische Gestalt und durchgehends gleiche Breite trennt diese Art von allen bisher bekannten *Ataxophragmien*-Formen.

Vorkommen. Nicht selten in beiden Thonlagen.

Mittlere Länge 1·08 Millim. Breite 0·57 Millim.

### ATAXOPHRAGMIUM SUBOVALE m.

#### TAF. IV. FIG. 2.

*T. subovalis infra plus minusve obtuse fastigata supra in toto declivis, granis teneris aequalibusque silicea. Loculi aequaliter accrescentes subventricosi suturis obliquis aliquanto insectis notati. Apertura commatiformis.*

Typische Form. Das schmal eiförmige, nach oben etwas schief abgestutzte, im Querschnitte elliptische Gehäuse von etwas gewölbten, ziemlich hohen, in dreizeiliger Spirale aufsteigenden, mässig rasch anwachsenden Kammern gebildet. Die Näthe schief, deutlich, scharf, stossen in der Mitte, in einer breiten Zickzacklinie, zusammen. Die letzte Kammer fällt nach Innen mehr oder weniger schräg ab und trägt in einer seichten Mulde dieser Fläche, etwas unter der Mitte derselben, die scharfe, nach unten zusammengezogene, kleine Mündung. Die Schale ist ziemlich dünn, deren Kieselkörner klein, von wenig Zwischenmasse getrennt.

Abweichungen. Diese reduciren sich bei der vorliegenden Art auf die nach unten mehr oder weniger flach konisch zulaufende Form mancher Gehäuse.

Verwandtschaft. Die meiste wenn auch immerhin sehr entfernte Ähnlichkeit hat diese Form noch mit *Bulimina pupoides* d'Orbigny aus den Wiener Tertiarschichten, von der sie sich jedoch, abgesehen von der Grösse und Schalenbeschaffenheit durch die grössere Zahl der niedrigeren Kammern, und die Form und Lage der Mündung unterscheidet.

Vorkommen. Einzeln in beiden Thonlagen.

Mittlere Länge 0·7 Millim., Breite 0·4 Millim.

## ATAXOPHRAGMIUM LACERATUM m.
### TAF. IV. FIG. 3.

*T. antecedenti similis majoribus inaequalibusque granulis subseparatis silicea — in parte posteriori subobtusa. Loculi accrescentes paene plani versus antecedentes supra leviter tantum, infra margine scabroso rudi propensi, suturis conspicuis horizontalibus notati. Apertura oblonga infra contracta.*

Typische Form. In der Gesammtgestalt hat diese Art eine nicht unbedeutende Ähnlichkeit mit der vorhergehenden, doch ist sie meist kürzer, gedrungener. Die Schale ist dünn, mit wenig Kieselkörnern, die einzeln in einer kalkigen Masse, von stets beinahe krystallinischem Aussehen, eingebettet sind. Die Oberfläche ist ungleichmässig rauh, wie aufgerissen. Die besonders im Anfangstheile ziemlich rasch anwachsenden Kammern, anfangs niedrig, im oberen Theile wenig breiter als hoch. fast flach, im Unterrande meist plötzlich mit einer besonders rauhen Fläche abfallend, wodurch die Schale etwas treppenförmig abgesetzt erscheint. Die Näthe deutlich, horizontal. blos manchmal durch die Schalenbeschaffenheit etwas verdeckt. Die letzte Kammer nach innen schräg abschüssig, trägt unweit des unteren Septalrandes, hart an der obersten Nath, die commaförmige, kleine Mündung.

Abweichungen. Der vorhergehenden gegenüber zeigt diese Form schon etwas mehr Veränderlichkeit, sowohl in der grösseren oder geringeren Abstumpfung des unteren Theiles als auch in der Höhe der Kammern.

Verwandtschaft. Ausser der vorhergehenden ist mir keine Form bekannt die der vorliegenden besonders nahe stehen würde.

Vorkommen. Vereinzelt in beiden Thonlagen.

Mittlere Länge 0·7 Millim., Breite 0·35 Millim.

## PLECANIUM LYTHOSTROTUM m
### TAF. IV. FIG. 4.

*T. rugosa lata lateribus subplanis — pars inferior obtuse angulata acutis hebetibusve marginibus oblique divergentibus convexi fronti septali adjuncta. Loculi aequaliter accrescentes in summa parte laterum depressi. nonnunquam in media parte inflati subdeclivis suturibus acutis separati. Frons septalis subconvexa infra apertura oblonga transverse perforata.*

Typische Form. Sehr rauh, breit, mit flachen oder wenig gewölbten Seiten. Im Umrisse der untere Theil gerundet oder ziemlich stumpfwinkelig; die scharfen oder etwas abgestutzten

Seitenränder mit geringer Divergenz gegen die stumpfwinkelige wenig gewölbte Endfläche ansteigend. Die Schale mässig dick mit ungleichen hervorragenden, im Verhältnisse zur Zwischenmasse bedeutend vorherrschenden Kieselkörnern. Die Kammern niedrig flach, gleichmässig anwachsend, etwas schief gegen die Hauptaxe geneigt. Die Mündung klein, länglichrund im unteren Septalrande der letzten Kammer ausgeschnitten.

Abweichungen. Trotz der, bei den rauhschaligen Formen sonst nicht unbedeutenden Abweichungen, ist diese Form sehr beständig, unbedeutende Veränderungen in Breite und Dicke, sowie in der Symmetrie des Aufbaues abgerechnet.

Verwandtschaft. Auch zu dieser Form findet sich keine von den bereits bekannten, die einen näheren Vergleich zulassen würde.

Vorkommen. Häufiger in den unteren, seltener in den oberen Thonschichten.

Mittlere Länge. 1·19 Millim., Breite. 0·8 Millim.

## PLECANIUM LAXATUM m.
### TAF. IV. FIG. 5.

*T. spissis granulis silicea breviter cuneata a lateribus camerata — frontibus septalibus subinflatis. Loculi humiles multo crescentes subtus plani supra in formam cymatii attolluntur, suturis perspicuis arcuatisque separati. Apertura transversa oblonge quadrangularis.*

Typische Form. Kurz keilförmig, sehr rasch an Dicke zunehmend mit etwas winkelig gewölbten Seiten, ziemlich aufgeblähter Septalfläche. Bei den kaum vollständig ausgebildeten Exemplaren, die allein gefunden wurden, der Umriss beinahe gerundet schief rhombisch. Die Kammern in der Höhendimension ziemlich rasch anwachsend, niedrig, gebogen, schief gegen die Axe geneigt. Die Seitenfläche nach unten flach; manchmal sogar etwas concav, am Oberrande dagegen zu einer gerundeten, nach unten rascher abfallenden, seitlich verflachten wallartigen Leiste erhoben. Am Unterrande der letzten Septalfläche findet sich die länglich viereckige ziemlich hohe etwa der Hälfte von der Septalnath entsprechende Mündung.

Abweichungen. Die wenigen gefundenen Exemplare zeigen keine bemerkenswerthen Verschiedenheiten.

Verwandtschaft. Diese Form liesse sich etwa noch mit *Textilaria abbreviata* d'Orbigny aus den Wiener Tertiärschichten vergleichen, in soferne beide kurz und keilförmig sind, doch die scharfen Ränder, die geringere Wölbung der Seiten und das Relief der Kammern scheiden sie vollständig.

Vorkommen. In der oberen Thonlage.

Mittlere Länge. 1·1 Millim., Breite. 0·9 Millim.

## PLECANIUM SOLITUM m.
### TAF. IV. FIG. 6.

*T. oblonga acute cuneata ex obliquo camerata margine subcurvato. Frontes septales camerati angulis perobtusis fastigati. Loculi subarcuati inflati perspicuis acutis suturibus separati. Apertura transversa oblonga basi paenultimae frontis septalis adjuncta.*

Typische Form. Das Gehäuse verlängert, keilförmig nach unten zugespitzt. Die Seiten gewölbt in einem scharfen, geraden oder wenig gebogenen Rande zusammenlaufend. Die Septalflächen aufgetrieben, unter sehr stumpfem Winkel gegeneinander geneigt. Die Kammern gewölbt, seltener gerundet, winkelig erhoben, schwach gebogen, etwas gegen die Hauptaxe geneigt, durch deutliche scharfe Näthe getrennt. An dem Unterrande der letzten Septalfläche findet sich die quere spaltenförmige nicht sehr breite Mündung. Die Schale ist ziemlich dünn, gleichmässig sandig, verhältnissmässig glatt.

Vorkommen: Selten sowohl in dem unteren als auch oberen Thone von Kar Nikobar.

Unter den bekannten Plecanien-Formen findet sich keine, die sich an die eben beschriebene näher anschliessen würde, indem bereits die geraden oder doch sehr wenig gebogenen, zur beinahe scharfen Spitze vereinigten Seitenränder, das gleichmässig rasche Dickerwerden der Schale, in der Richtung nach oben, verbunden mit den gewölbten, etwas schief abfallenden Seitenflächen, genügende Anhaltspunkte liefern, um sie von allen übrigen Arten dieser Gruppe zu unterscheiden. Was die Hauptform betrifft, so lässt sich diese noch am ehesten mit jener der *Textilaria acicula* d'Orbigny (Ann. sc. nat. 1826, pag. 263, Taf. XI, Fig. 1—4) vergleichen, die sich jedoch, abgesehen von allen anderen Unterschieden, bereits durch die winkelig gewölbten Septalflächen wohl unterscheiden lässt.

## BIGENERINA NICOBARICA m.
### TAF. IV. FIG. 7. Mittlere Länge 1·5 Millim.

*T. sublevigata, spissis subaequalibusque granulis silicea, oblonga late lingulata paulum arcuata, margines laterales subparallelos versus attenuata, inferioribus loculorum partibus projectis serrata. Loculi primum regulariter alternantes; arcuate deflexi deinde simplici serie superstructi, plurimum aequaliter sensimque crescentes, rarius pulli conferti-paulo arcuati, infra declives, nonnunquam secundum partem posteriorem in formam undae paulum prociduae, tolluntur. Apertura loculorum alternantium lunata modo textilariarum sita, aliter fissura terminali ultimi loculi repraesentata.*

Typische Form. Länglich, sehr flach gewölbt, nach oben zu wenig an Breite zunehmend, mit beinahe parallelen zugeschärften Seitenrändern, die durch die meist vorstehenden unteren Kammerenden ein zackiges Aussehen bekommen. Ober- und Unterrand im Ganzen zugerundet. Die schiefen, stark gebogenen, alternirenden Kammern besonders im Anfangstheile niedrig, etwas gewölbt, gegen die untere Nath meist rascher abfallend. Die deutliche scharfe Mittelnath eine Zickzacklinie, die von den bogenförmigen Anstossflächen der beiderseitigen Kammerreihen gebildet wird. Die Seitennäthe tief, jedoch meist gerundet. Bei vollständig ausgebildeten Gehäusen folgt auf den textilarienartigen Untertheil auch eine Reihe etwas höherer, von einer mehr oder weniger deutlichen Randcompression eingefasster Kammern, die durch gebogene, anfänglich meist etwas schief stehende Näthe getrennt werden. Bei derartig ausgebildeten Formen wird die Mündung durch eine schmale Spalte im Oberrande der letzten Kammer gebildet, ausserdem durch eine halbmondförmige, an dem Unter- und Innenrande der letzten Kammer gelegene Öffnung repräsentirt. Die Schale verhältnissmässig glatt, ziemlich dünn, von gerundeten, kleinen, gleichmässigen, in einer kalkigen Grundmasse eingebetteten Kieselkörnern gebildet.

Abänderungen. Die meisten Verschiedenheiten zeigen sich bei dieser Form in dem Anfangstheile, welcher die untere Rundung des Gehäuses bildet. Die Zahl der denselben zusammensetzenden Kammern ist nämlich sehr bedeutenden Schwankungen (zwischen 5 und 14) unterworfen; da aber die Gesammtform kaum bedeutend davon alterirt wird, so gleicht sich dies in letzterem Falle durch die geringe Höhe der betreffenden Kammern und deren dichte Gedrängtheit wieder aus. Eine andere Abweichung zeigt sich darin, dass die Biegung dieser Kammern, deren zwei und zwei im normalen Zustande beinahe einen Halbkreis einschliessen, manchmal so bedeutend wird, dass sie unter der nicht ganz selten etwas knopfförmig erhobenen Embrional-kammer beinahe zusammengreifen. Bei den Kammern der mittleren Abtheilung zeigt sich ausser-dem, jedoch ziemlich selten, an dem nach unten scharf abfallenden Kammerrande ein schmaler gerundeter Saum; auch sind die letzten in einer Reihe gestellten häufig etwas schief aufgesetzt, wodurch das ganze Gehäuse etwas nach der Seite gebogen erscheint.

Vorkommen. Nicht selten in dem unteren, seltener in dem oberen Thone von Kar Nikobar.

Verwandtschaft. Die vorliegende Form ist bereits in der Hauptform von allen bekannten Gaudryinenformen derart verschieden, dass sie mit keiner derselben einen näheren Vergleich zulässt.

## CLAVULINA VARIABILIS m.

TAF. IV. FIG. 8. Mittlere Länge 0·8 Millim.

*T. granulis magnis inaequalibusque silicea, oblonga aliquando gracilis, corrotun-data, subtus inflata supra detruncata. Loculi depressi partis primordialis Atazo-phragmiiformis spiraliter conglomerati, suturibus obscuris separati — sequentes alter-nantes subalti, vix arcuati, plerumque horizontales, rarius plus minusve declices pro-fundis suturis notati. Testae perfectae simplicem seriem aliorum subinflatorum, suturis horizontalibus profundis separatorum loculorum praeterea proferunt. Apertura termi-nalis centralisque, levis rotunda plerumque fistulate producta.*

Typische Form. Ziemlich schlank, beinahe drehrund, im Anfangstheile meist etwas birnförmig erweitert, oben abgestutzt. Die niedrige Kammer der unteren Partie, ataxophragium-ähnlich zusammengeballt, durch seichte undeutliche Näthe getrennt, die folgenden zweireihig, ziemlich hoch, meist horizontal, doch auch nicht selten ungleich schief, schwach gewölbt, durch scharfe Näthe getrennt. Bei vollständig ausgebildeten Gehäusen folgt zuletzt meist noch eine Reihe gewölbterer, höherer Kammern, die durch horizontale, tiefe, scharfe Näthe getrennt werden. Die Mündung ist klein, terminal, rund, in der Mitte der abgeflachten Septalfläche der letzten Kammer gelegen, meist eingesenkt, glatt, jedoch auch häufig zu einer feinen cylindrischen Röhre erhoben.

Abänderungen. Die bei dieser Form vorkommenden nicht unbedeutenden Verschieden-heiten resultiren beinahe alle aus der Veränderlichkeit, welche die relativen Grössen- und Ent-wicklungs-Verhältnisse der einzelnen Theile derselben zeigen. Dem entsprechend kommen kurze dicke Formen vor, bei denen der ataxophragmiumartige Theil vorwiegt, der plecaniumartige beinahe oder oft ganz fehlt; in anderen Fällen ist ersterer auf ein kleines Knöpfchen an dem unteren Ende reducirt, das ganze Gehäuse lang stabförmig, grösstentheils von zweizeilig ange-ordneten Kammern gebildet; übrigens können aber auch alle zwischen diesen beiden Extremen liegende Formenreihen vorkommen.

Ausser den eben angegebenen Verschiedenheiten zeigt sich auch noch nicht selten eine Abweichung darin, dass die sonst fast horizontalen Kammern ungleich und schief werden, und so gewissermassen eine Mittelform zwischen ein- und zweizeiligem Aufbau hervorgebracht wird, ohne jedoch der stabförmigen Hauptform Eintrag zu thun.

Vorkommen. Häufig in beiden Thonlagen von Kar Nikobar.

Verwandtschaft. Es erinnern besonders manche Formen dieser Art sehr an *Haplo-phragmium*, doch sind es insbesondere jene mit theilweise zweizeiligem Aufbaue, die mich

bewogen haben, dasselbe hierher zu stellen. Übrigens ist es auch wieder dasselbe Merkmal, das
sie hauptsächlich von den bekannten Clavulinen unterscheidet.

Vorkommen. Häufig in beiden Thonlagen.

### GAUDRYINA SUBROTUNDATA m.
Taf. IV. Fig. 9. Mittlere Länge 0·7 Millim.

*T. teneris subaequalibusque granulis silicea, longinqua, sectione horizontali cor-
rotundata, utrimque complanata. Pars primotica perverse piriformis, loculis spiraliter
structis, subaltis, decliribus obscurisque suturis disjunctis composita. Pars superior multo
longior superne vix latescens, loculis altis subarcuatis regulariter alternantibus, profundis
horizontalibusque suturis separatis, constituta. Apertura corrotundata, margini inferiori et interiori ultimi loculi adjacens.*

Typische Form. Stark verlängert, mit gerundetem Durchschnitte, etwas abgeflachten
Seiten; unten gerundet, oben schief abgestutzt. Der Anfangstheil ein verkehrt birnförmiges
Ataxophragmium mit spiralig aufgebauten, nicht sehr hohen, etwas schrägen, durch seichte
undeutliche Nähte getrennten Kammern gebildet. Der weit aus grössere, stabförmige, nach oben
zu unmerklich an Grösse zunehmende Obertheil von etwas gewölbten, gleichmässig alternirenden
hohen Kammern zusammengesetzt, die durch beinahe horizontale Nähte getrennt werden. Die
mittleren Anstossflächen beider Kammerreihen stumpfwinklig. Die mässig grosse Mündung
unmittelbar über der Nath in einer Einsenkung der schief einfallenden, flach gewölbten Septalfläche der letzten Kammer gelegen. Die Schale nicht sehr rauh, von wenig hervorragenden,
ziemlich grossen, gegen das Bindemittel überwiegenden Kieselkörnern gebildet.

Abänderungen. Diese Form wurde blos in einem Exemplare gefunden.

Verwandtschaft. Diese Art ist von allen bekannten Gaudryinen durch ihre gerundete,
beinahe stabartige Form wohl unterschieden.

### GAUDRYINA PAVICULA m.
Taf. IV. Fig. 10. Mittlere Länge 1·4 Millim.

*T. magnis et confertis granulis silicea, superne rotundata, crasse cuneiformis, ex
obliquo complanata, margine detruncata. Pars primotica ataxophragmii par plerumque humilis, perverse piramidalis trigona, loculis subangustis suturis obscuris separatis composita. Loculi partis cuneiformis alternantes alti plani profundis acutisque
suturis notati fere subito ad partem extremam, structam simplici serie loculorum
subconcameratorum humilium suturis profundis horizontalibusque separatorum
transeunt. Apertura magna rotunda, subdeplanatam partem centralem frontis septalis
ultimi loculi perforans.*

Typische Form. Verlängert mit breiterem im Ganzen flach und dick keilförmigem, im
Anfange dreikantigen Untertheile, engerem drehrundem Ende. Die Kammern der verneuilinenartigen unteren Partie von dreizeilig angeordneten, niedrigen, durch flache linienförmige, undeutliche, etwas schiefe Nähte getrennten Kammern gebildet, meist sehr kurz; rasch in den folgenden übergehend, dessen Kammern zweizeilig, hoch, flach, durch tiefe, horizontale Nähte getrennt
sind. Der Endtheil von ziemlich niedrigen, drehrunden, etwas gewölbten, in einer Reihe auf
einander gestellten, durch horizontale tiefe Nähte getrennten Kammern gebildet. Die Mündung

wird durch eine mässig grosse, runde eingesenkte Öffnung in der abgeflachten Septalfläche der letzten Kammer repräsentirt.

Die Schalenbeschaffenheit rauh, durch das Hervorragen einzelner der ungleichen mit wenig Kalk verbundenen Kieselkörner.

Abänderungen. Die meisten Verschiedenheiten ergeben sich bei dieser Art dadurch, dass das Verhältniss der einzelnen Aufbau-Formen nicht unbedeutenden Variationen unterliegt, indem ausser dem gewöhnlichen Falle, dass die zweizeilige Anordnung überwiegt, auch nicht selten jener eintritt, dass diese beinahe, oder sogar vollständig zurücktritt, und der ganze Unter-theil verneuilinenartig entwickelt erscheint. Solche Formen sehen dann der *Gaudryina solidam* ziemlich ähnlich, um so mehr, als manchmal noch eine bedeutende Abstumpfung der Kanten dazu kömmt; doch sind sie stets kleiner und schlanker, auch fehlen ihnen immer die gewölbten dreizeilig angeordneten Kammern der oberen Abtheilung dieser Form.

Vorkommen. Sehr selten in beiden Thonlagen von Kar Nikobar.

Verwandtschaft. Ausser der eben erwähnten Ähnlichkeit einzelner Formen dieser Art mit jenen der *G. solida* findet sich auch eine solche, besonders bei unausgebildeten Individuen mit vorwiegend dreizeiliger Anordnung der Kammern, mit *G. rugosa* d'Orbigny (Mém. soc. géol. d. France IV. l. p. 44, Taf. 4, Fig. 20, 21) aus der Kreideformation; doch hat letztere stets niedrigere meist mehr hervorragende Kammern und im stets scharfrandigeren, dreikantigen Theile concavere Seiten, sowie sie auch grösstentheils viel kleiner ist als die Nikobaren-Art. Dieselben Merkmale, mit Ausnahme jenes der grösseren Kammerwölbung, sowie auch die grössere Glätte der Schale, lassen ebenfalls die gaudryinenartige Entwicklung von *Tritaxia tri-carinata* Reuss (Foram. d. westph. Kreide XII. Bd. d. Sitzgsber. Akad. Wissensch. Wien 1860, pag. 84, Taf. XII, Fig. 1 und 2), mit deren manchen Formen unsere Art beinahe noch grössere Ähnlichkeit zeigt, wohl unterscheiden.

## GAUDRYINA SOLIDA m.
### Taf. IV. Fig. 11. Mittlere Länge 1·5 Millim.

*T. crassula magnis inaequalibus, paulum prominentibus granulis silicea, oblonga, subtus obtuse trigona, supra vix latescens corrotundata. Pars verneuiliniformis ex obliquo subconcava, rarius subconvexa, loculis subplanis depressis in intervalla adversorum multum projectis, laevibus suturis notatis constructa. Pars superna minus regulariter tritexta, loculis oblongis corrotundatis, suturis fere horizontalibus separatis, constituta. Apertura magna subrotunda ex infera parte frontis septalis ultimi nonnunquam etiam aliquantum penultimi et tertii loculi exsecta.*

Typische Form. Ziemlich kurz, gedrungen, mit im Ganzen beinahe drehrundem Haupt-körper, stumpfwinkligem verkehrt pyramidalem nicht sehr hohem Untertheile, dessen Ränder zugerundet, die Seiten meist flach, jedoch auch manchmal schwach gewölbt, seltener merklich concav sind. Die Endfläche des Gehäuses im Ganzen schief abgestutzt. Die Kammern des Anfangstheiles flach, nicht sehr hoch etwas nach aussen abfallend, durch seichte, nicht sehr deut-licheNäthe getrennt, die Trennungslinie zweier Kammerreihen spitzwinkelig zickzackförmig, von den zusammengeneigten Innenflächen der einzelnen Kammern gebildet. Die Kammern des Ober-theiles gerundet, deren Höhe kaum der halben Breite gleich. Die Näthe der einzelnen Umgänge beinahe horizontal, tief scharf; jene der aufeinander folgenden Kammern meist bogenförmig, seltener winkelig. Alle Kammern in dreizeiliger Spirale aufgerollt. Die eingesenkte Mündung ziemlich gross, im Innenrande der letzten Kammer eingeschnitten, nicht selten auch noch etwas in die vor- und drittletzte hinübergreifend. Die Schale sehr rauh, von ungleichen grossen, hervorragenden, mit wenig kalkiger Bindemasse verkitteten Kieselkörnern gebildet.

Abänderungen. Diese Art scheint sehr beständig zu sein, denn mit Ausnahme der manchmal bedeutend gerundeten Kanten ihres verneuilinenartigen Theiles, wodurch sie allerdings ein etwas fremdartiges Aussehen erhält, sind keine bemerkenswerthen Variationen vorgekommen.

Vorkommen. Nicht ganz selten in den Thonen beider Horizonte von Kar Nikobar.

Verwandtschaft. Auch diese Art zeigt mit manchen der dickeren Formen von *Gaudryina rugosa* d'Orbigny eine nicht unbedeutende Ähnlichkeit, doch lässt sie sich von derselben schon durch ihren kürzeren weniger scharfrandigen Untertheil leicht unterscheiden, abgesehen von der nicht unbedeutenden Grössendifferenz, die beide Formen ebenfalls trennt.

## GAUDRYINA BACCATA m.
### Taf. IV. Fig. 12. Mittlere Länge 0·8 Millim.

*T. valde et aequaliter arenosa, oblonga, plerumque plus minusve cochleate torta, ad partem superiorem paullum accrescens — infra perverse piramidalis, superne oblique detruncata. Loculi prominentes camerati, subalti ad suturam inferam decliviores — primo tritexti cochleate structi, suturis fere horizontalibus profundis notati — sequentes alternantes altiores plerumque plus minusve subglobosi. Apertura transverse depressa fissura infimam partem frontis septalis ultimi loculi perforans.*

Typische Form. Das gewöhnlich nach oben zu im Ganzen nicht sehr verbreiterte Gehäuse verlängert, mehr oder weniger schraubenförmig gedreht; unten verkehrt pyramidenförmig, aber schief abgeschnitten. Die gewölbten ziemlich hohen Kammern nach dem unteren Rande meist merklich rascher als nach oben abfallend, in dem unteren Theile in dreizeiliger Spirale angeordnet, durch tiefe, scharfe, meist sehr wenig schräge Näthe getrennt. Die folgenden zweizeiligen nicht selten ebenfalls etwas schraubenförmig aufgebauten Kammern meist stärker gewölbt, durch beinahe horizontale, tiefe, scharfe Näthe geschieden. Die Mündung eine niedrige, ziemlich breite quere Spalte im Unterrande der Septalfläche der letzten Kammer. Die Schale dünn, meist sehr wenig rauh, von kleinen, gleichmässigen mit viel, manchmal beinahe überwiegender, Kalkmasse verbundenen Kieselkörnern gebildet.

Abänderungen. Die Individuen dieser Art sind besonders in der Hauptform nicht unbedeutenden Veränderungen unterworfen, die, wenn sie auch blos in Schwankungen der quantitativen Verhältnisse begründet sind, denselben doch ein ganz verändertes Ansehen zu geben vermögen. Manchmal ist der dreizeilige Untertheil überwiegend entwickelt, mehr oder weniger gedreht, sehr selten die Kanten ganz gerade; diese Formen werden dick, gedrungen, oder der untere Theil ist beinahe verkümmert, die zweizeilige Anordnung überwiegt, das Gehäuse wird lang schlank. Auch die einzelnen Kammern können mehr oder weniger gewölbt, im Untertheile des Gehäuses sogar ziemlich flach werden, mit dem Alter mehr oder minder rasch an Grösse zunehmen; die gerundete, etwas unter der Mitte der Seiten gelegene Kante mehr oder weniger entwickelt sein oder auch dagegen ganz verschwinden. Auch die Mündung ist manchmal höher und kurz, statt wie gewöhnlich lang und spaltenförmig.

Vorkommen. Nicht selten, sowohl in dem oberen als auch unteren Thone von Kar Nikobar.

Verwandtschaft. Die nächste Verwandtschaft zeigt diese Form mit der nächstfolgenden *G. vera* m., so dass man die Nothwendigkeit ihrer specifischen Trennung wohl in Zweifel setzen konnte, um so mehr als sich Übergangsformen finden, bei denen sich kaum entscheiden lässt, zu welcher Art sie zu rechnen wären. Nichts desto weniger ist aber die Scheidung beider darin begründet, dass sie zwei im Ganzen bestimmte parallele Reihen, mit beinahe gleicher Anzahl von Repräsentanten bilden, die allerdings an den Grenzen zusammenfliessen; jedoch meist in ihren typischen, wohl trennbaren Extremen entwickelt sind.

## GAUDRYINA UVA m.

### TAF. IV. FIG. 13. Mittlere Länge 1 Millim.

*T. in toto perverse pyramidalis nonnunquam plus minusve cochleate texta superne lata infra usque ad loculum embrionalem aequaliter deminuta — plerumque multo majore parte tritexta loculis declivibus, supra cameratis, ad suturam inferam obtuso margine plus minusve praecipitibus, praecipue ad circuitum accrescentibus, alia super aliam plurimum perspicue squamatim subpositis constituta. Loculi partis distichi plerumque altiores et convexiores, fere horizontalibus acutis profundisque suturis notati. Apertura magna transversa paulum alta obtuse quadrilatera in infima parte frontis septalis ultimi loculi sita. Putamen paulum crassum granulis siliceis parvis subaequalibusque, pauca materia calcaria intergerina conglutinatis constitutum.*

Typische Form. Das Gehäuse ist kurz, im Ganzen verkehrt pyramidenförmig mit dem durchschnittlichen Verhältnisse der Höhe zur grössten Breite wie 4 zu 3; die Endflächen stumpfwinkelig zusammenstossend. Die ziemlich niedrigen, in ihrem Obertheile gleichmässig gewölbten, vorzugsweise in der Richtung von innen nach aussen anwachsenden Kammern mit gerundeter Kante rasch zu dem unteren Saume abfallend, im Anfange dichter gedrängt dreizeilig angeordnet, später höher, zweizeilig aufgebaut, mit meist merklichen hervorragenderen Seiten als es bei den ersteren der Fall ist. Alle sind durch gerade tiefe scharfe etwas nach aussen abfallende Näthe getrennt. Auch bei dieser Art macht sich häufig die Tendenz zu spiraler Drehung bemerklich, doch fehlt sie auch nicht selten ganz, wo dann die einzelnen Kammerreihen durch tiefe, gerade Furchen getrennt erscheinen. Die an dem Unterrande der Septalfläche der letzten Kammer gelegene, quere Mündung ist ziemlich gross, länglich viereckig. Die Schale meist etwas rauh, doch feinkörnig, von kleinen beinahe gleichmässigen, mit nicht viel kalkiger Bindemasse zusammengeklebten Kieselkörnern gebildet.

Abänderungen. Auch diese Form ist wie die vorhergehende nicht unbedeutenden Veränderungen unterworfen, doch liegen sie bei derselben grösstentheils blos in der verschiedenen Höhe der einander mehr oder weniger umfassenden Kammern und dem mehr oder minder deutlich vorwiegenden, rascheren Anwachsen in der Richtung von Innen nach Aussen; auch ist die spirale Wendung, wie bereits erwähnt, nicht sehr beständig.

Vorkommen. Nicht selten in beiden Thonlagen von Kar Nikobar.

Verwandtschaft. Ausser der bereits erwähnten Verwandtschaft mit *G. baccata* zeigt diese Form auch eine auffallende Ähnlichkeit mit *G. globulifera* Reuss (Zeitschr. d. geol. Ges. IV, 1. Heft, pag. 18) aus dem Septarienthone von Görzig, und besonders sind es die Formen, bei denen die spirale Wendung mangelt, welche, wenn eine grössere Aufgetriebenheit der Kammern noch hinzukömmt, sich von derselben kaum unterscheiden liessen, wenn nicht der untere kantenartige Abfall der Kammerseiten da wäre, der sich selbst im äussersten Falle doch wenigstens durch ein starkes Herabrücken der grössten Kammerbreite ausspricht.

## II. Foraminiferen mit compacter porcellänartiger Kalkschale.

## MILIOLIDEA.

### BILOCULINA LUCERNULA m.

Taf. IV. Fig. 14. Mittlere Länge 0·7 Millim.

*T. paullum nitida, putamine subcrassa, in extremis lineamentis elliptica, supra infraque coartata. Loculi tergo concamerati, amosi fere semiglobosi — ultimus angusta fronte ventrali in toto summo ad imum plus minusve aequaliter subconcava ad marginem hebetatum subdeclive, supra infraque prona corrotundata partem dorsalem loculi inferioris complectitur. Collum subproductum, superne coartatum ventrem versus declive abscisum, summam aperturam parvam rotundam, dente malleiformi subobstructam continens.*

Typische Form. Das Gehäuse im Umrisse elliptisch an beiden Enden etwas verengert. Die hoch gewölbten, im Alter beinahe halbkugligen Kammern mit mehr oder weniger, im Ganzen von oben nach unten etwas concaver, ziemlich schmaler, unbedeutend nach aussen abfallender, sehr flach gewölbter Bauchfläche, welche mit gerundeter Kante in die Rückenfläche übergeht. Der vorgebeugte Ober- und Untertheil der letzten Kammer umfasst die Enden der vorletzten, allein sichtbaren, die blos mit ihrem gewölbten Rückentheile hervorragend, von einer deutlichen, winkeligen Nath umgrenzt wird. Die Mündung an dem Ende des etwas ausgezogenen, nach oben schwach verengerten Halses gelegen, klein, rund, mit einem kleinen, hammerförmigen Zahne versehen. Die Schale matt, ziemlich dick, im verwitterten Zustande striemig.

Abänderungen. Die Varietäten dieser Form sind weniger ausgesprochen in der veränderten Gestalt der einzelnen Kammern, die, höchstens mit Ausnahme der grösseren oder geringeren Aufgetriebenheit der bedeutenderen oder geringeren Länge sehr constant ist, als vielmehr blos in der Art des Anschlusses der einzelnen Kammern begründet. Eines der extremsten Vorkommnisse dieser Art ist die auf Taf. I, Fig. 17 abgebildete Triloculinenform, die besonders mit der von Williamson in seiner Bearbeitung der recenten Foraminiferen von Grossbritannien (On the rec. Foraminif. of Great Brit. pag. 84, Fig. 180 und 181) als *Miliolina trigonula* beschriebene und abgebildete Form von *Tril. trigonula* d'Orbigny so sehr übereinstimmt, dass, wenn sie sich nicht eben als blosse Varietät von *Bil. lucernula* herausstellen würde, man sie beinahe damit vereinigen könnte. Die Vereinigung mit der erwähnten Biloculinenform ist nämlich darin begründet, dass sich Formen finden, die einander nicht vollständig umfassen und daher umgeben sind mit einer tiefen, von den spitzwinkelig zusammengeneigten Bauchflächen beider sichtbaren Kammern gebildeten Nath. Nun aber zeigt sich dieses Verhältniss manchmal auf einer Seite stärker als auf der anderen, und führt so zuletzt zu der angeführten Triloculinenform.

Vorkommen. Nicht ganz selten in beiden Thonlagen von Kar Nikobar.

Verwandtschaft. Die Formen dieser Art zeigen eine nicht unbedeutende Ähnlichkeit mit der von d'Orbigny in den (Ann. d. sc. nat. 1826, pag. 297, Nr. 1, Taf. 16, Fig. 1—4) beschriebenen und abgebildeten *Biloculina bulloides*, weniger mit dem unter demselben Namen ausgegebenen Modell Nr. 90, doch unterscheidet sie sich sehr wohl von derselben durch die mehr gegen die Enden gerückte Verschmälerung, die engere Bauchfläche und den deutlichen Hals.

## BILOCULINA MURRHINA m.

TAF. IV. FIG. 15. Mittlere Länge 0·55 Millim.

*T. crassula breviter elliptica, juvenilis oblonga, adulta transversa. Pars media loculorum inflata sublata ad marginem extensum, acutum subtus arcuate exsectum molliter deplanata. Frons ventralis lata, excepto collo et infima parte plana, sutura acuta lineari terminata. Sola camerata pars penultimi loculi eminens, excepta parte infima et suprema semiturgida concentrica costa laminosa erecta ornata. Apertura parva subrotunda transverso sublunari dente clathrata, collum breve submetale horizontaliter desectum perforans. Putamen illucidum nitidum.*

Typische Form. Das Gehäuse ist mässig dick, im Ganzen kurz elliptisch und zwar derart, dass bei den jüngeren Formen die Längsachse mit jener der Ellipse übereinstimmt, während bei den ausgebildeten gerade der umgekehrte Fall eintritt. Die Kammern sind in der Mitte gleichmässig gewölbt, anfangs ziemlich rasch, weiter allmälig gegen den beinahe flügelartig verschärften Rand abfallend. Dieser ist im Untertheile der letzten Kammer bogenförmig ausgeschnitten, an beiden Enden des Bogens zu kurzen Spitzen ausgezogen. Die Bauchfläche der letzten Kammer beinahe mit der Medianebene des Gehäuses zusammenfallend, flach, nur an dem kugelförmigen, ziemlich scharf abgesetzten Halse und dem etwas verdickten unteren Ende erhoben. Die blos mit der mittleren gewölbten Partie hervorragende vorletzte Kammer, mit Ausnahme des oberen und unteren Endes, von einer etwas vom Rande entfernten, concentrischen, schief abstehenden, mehr oder weniger entwickelten Randleiste umgeben, welche sich auch manchmal ganz ähnlich an dem Rücken der letzten Kammer vorfindet. Die Mündung klein, rundlich mit einem queren hammerartig angesetzten halbmondförmigen Zahne versehen, an dem gerade abgestutzten Ende des kurzen conischen Halses gelegen.

Abänderungen. Diese Art ist in ihrem Gesammtcharakter sehr constant, so dass sich keine irgend bemerkbar charakterisirte Varietäten finden.

Vorkommen. Einzeln in dem oberen, seltener in dem unteren Thone von Kar Nikobar.

Verwandtschaft. Obwohl diese Art in ihrer elliptischen Hauptform, sowie auch in dem ausgerandeten Untertheile und den zugeschärften Rändern mit mehreren bekannten Formen Ähnlichkeit zeigt, so ist sie doch von allen durch Hals und Mündung, verbunden mit der Zahnform, sehr wohl unterscheidbar.

## QUINQUELOCULINA RUGOSA d'Orbigny. (Ann. sc. nat. 1826, pag. 303, No. 45.)

TAF. IV. FIG. 16. Mittlere Länge 0·8 Millim.

*T. rugida, ossi pruni comparabilis, subelliptica supra infraque subcontracta, ex obliquo corrotundate angulosa subelata, ad marginem obtuse angulosum plus minusve compressa. Loculi quinque conspicui subangusti, tres priores solo margine prominentes. Suturae plurimum obscurae, rarius lineares, conspicuae. Loculus ultimus infra proclinatus in extremis lineamentis corrotundatus, affinem partem penultimi complectens — superne in collum subelongatum et acuminatum, aperturam parvulam rotundam, parvo simplici tenuique dente semiexpletam ferens, productus.*

Das raube unansehnliche Gehäuse einem Pflaumenkerne nicht unähnlich, von dem Elliptischen genähertem Umrisse, verengertem Vorder- und Hinterrande. Die Seiten winkelig gewölbt seltener gerundet, gegen den stumpfen Rand zu zusammengedrückt. Gewöhnlich fünf Kammern sichtbar, doch meist die Näthe derart verwischt, dass sich deren Grenzen schwer bestimmen lassen, obwohl die flach gewölbten Kammerseiten nicht sehr breit sind, und daher einen ziemlich bedeutenden Theil der drei ältesten der sichtbaren Kammern frei lassen. Die letzte Kammer nach unten ziemlich stark vorgebogen, im Umrisse gerundet, die Spitze der nächst jüngeren umfassend; die Form der letzteren im Obertheile des Gehäuses dem entsprechend modificirt. Die sehr kleine, mit einem geraden, einfachen Zahne versehene Mündung meist an dem Ende einer kurzen schnabelartigen Verlängerung gelegen.

Abänderungen. Diese Form ist in ihrem Gesammtcharakter sehr beständig und die vorhandenen Verschiedenheiten reduciren sich darauf, dass die Kammern manchmal etwas mehr oder weniger zusammengedrückt sind, wo dann gewöhnlich die drei jüngsten der sichtbaren stärker hervorragen und durch deutliche Näthe markirt werden; auch fehlt manchmal die hervorragende Mündungsspitze, das Oberende wird breiter, kurz abgestutzt. Alle übrigen Abänderungen werden blos durch die etwas veränderlichen Dimensionsverhältnisse hervorgebracht.

Vorkommen. Häufig in den Thonen beider Horizonte von Kar Nikobar.

Verwandtschaft. Die Nikobarenformen stimmen mit einer Art aus dem Subappenin von Coroncina in allen ihren Abänderungen so vollständig überein, dass ich nicht anstehe, sie damit zu identificiren; und da d'Orbigny in den Annales d. sc. natur. 1825, pag. 136, No. 24 und Prodrôme III. Bd., pag. 195, No. 574 eine *Quinqueloculina rugosa* aus demselben Horizonte anführt, welche Bezeichnung unter den angeführten Subappenin-Formen noch am ehesten auf unsere Art anwendbar wäre, so nehme ich diesen Namen dafür auf, obwohl es eben nur eine Vermuthung bleiben muss, dass die betreffende, bei Coroncina vorkommende Art gemeint war, da er diesen Fundort für seine *Q. rugosa* nicht angibt, auch weder eine Beschreibung noch Abbildung derselben liefert.

## QUINQUELOCULINA EBOREA m.

Taf. IV. Fig. 18 *a b c.* Mittlere Länge 0·5 Millim.

*T. brevis graniformis, lineae paullum ellipticae, latera parum camerata. Loculi quinque conspicui, tres veteriores plerumque margine tantum eminentes, duo juniores parum lati, latera plana vel paululum camerata, quae margine plus minusve perspicue erecto subito ad labra capsulae, late corrotundateque obtusa descendunt. Extremus loculus ab inferiore parte pronus aperturalem penultimi finem circumplectens, supra ad recipiendam loculi partem exmarginatus in extrema parte vix prolongata oblique obtusus. Apertura parvula dente crasso plane lunateque diffiso dentata. Capsula levis ovalis eborea.*

Typische Form. Kurz kernförmig von annähernd elliptischem Umrisse mit ziemlich flach gewölbten Seiten. Von den fünf sichtbaren Kammern ragen die drei ältesten blos mit einer Kante hervor, doch sind sie stets ziemlich weit entblösst, durch scharfe Näthe markirt. Die zwei letzten sind nicht sehr breit, an den Seiten etwas gewölbt, diese mit einer mehr oder weniger deutlich erhobenen Kante plötzlich gegen die breit und gerundet abgestutzten Ränder des Gehäuses abfallend, seltener in der Peripherie zur gerundeten Kante verschmälert. Die letzte Kammer im unteren Theile nach vorwärts übergreifend, den entsprechenden Theil der vorletzten umfassend, im oberen zur Aufnahme derselben etwas ausgerandet. Die Mündung klein, mit einem ziemlich dicken, flach halbmondförmig gespaltenen Zahne versehen, an dem etwas schief abgestutzten, nicht besonders hervorgehobenen Oberende der letzten Kammer gelegen.

Abänderungen. Obwohl dieselben meist blos darin bestehen, dass die Kammern etwas schmäler werden und die inneren stärker hervorragen, oder dass die Seite, an der die dritt- und viertletzte sichtbar sind, im Ganzen mehr hervortritt, das Gehäuse einen mehr dreieckigen Durchschnitt erhält, so geben sie doch der ganzen Form gleich ein ziemlich verändertes Aussehen, das noch merklicher wird, wenn die Seitenränder der abgestutzten Kanten des Gehäuses mehr zugerundet sind, was gewöhnlich an jener Seite, wo vier Kammern sichtbar sind, stärker der Fall ist. Ganz fehlen dieselben jedoch nie und sie sind im Vereine mit den breiten Rändern und der Gesammtform des Gehäuses stets ein gutes Kennzeichen dieser Art.

Vorkommen. Vereinzelt in den Thonen beider Horizonte von Kar Nikobar.

Verwandtschaft. In der Seitenansicht erinnert die vorliegende Form allerdings etwas an *Quinqueloculina peregrina* d'Orbigny aus den Wiener Tertiärschichten, doch ist sie von derselben so wie von einer ähnlichen noch unbeschriebenen Art aus dem Grobkalke von Paris bereits durch die breiten Ränder genügend unterschieden.

### III. Foraminiferen mit poröser Kalkschale.
#### A. Mit fein poröser Schale.
##### *a. Ovulitidea.*

##### OVULITES?
###### TAF. V. FIG. 26. Länge 0·6 Millim.

Eine höchst eigenthümliche Form, bei der es noch sehr zweifelhaft ist, ob es auch richtig sei sie zu *Ovulites* zu stellen. Es zeigen allerdings die beiden Öffnungen keine Bruchflächen die darauf hindeuten würden, dass es blos eine abgetrennte Kammer einer vielkammerigen Art sei, auch spricht die Structur der Schale nicht dafür, dennoch ist diese Möglichkeit nicht ganz ausgeschlossen, wesshalb ich sie auch vor der Hand unbenannt gelassen habe.

Das Gehäuse ist elliptisch an beiden Enden abgestutzt und von flach trichterförmig eingesenkten Öffnungen durchbohrt. Über die Schale laufen dünne seichte Längsrippen, die durch gleich breite Zwischenräume getrennt werden. Blos in den letzteren laufen gleichmässige Reihen ziemlich grosser Poren herab, die im oberen und unteren Theile der Schale etwas kleiner werden und in ganz ähnlicher Weise die glatten Innenwände des Gehäuses durchbohren. Die Schale ist dick, im Innern spongiös. Wie es scheint, wird sie durch Überlagerung verdickt, da sich concentrische Lamellen von derselben ablösen lassen.

##### *b. Rhabdoidea.*

##### LAGENA CAEPULLA m.
###### TAF. IV. FIG. 20 *a b.* Mittlere Länge 0·4 Millim.

*T. vitrea caepiformis ad inferiorem partem magis descendens in media haud raro paulum inflexa; ad partem superiorem exiens in collum longum lenissime decrescens. Super totam capsulam tenues rugae directae rarius flexae, ad perpendiculam erectae circumeunt plerumque latioribus intervallis separatae ad inferiorem partem pluribus rugis insertis auctae. In infima latere haud raro surgunt ad coronam tenerarum brevium spinarum, unde paullatim attenuatae ad inferiorem partem centralem in formam bullae errectam concurrunt.*

Typische Form. Das glasige, ziemlich dünnschalige Gehäuse zwiebelförmig, nach unten rascher als nach oben abfallend, in der Mitte der Unterseite nicht selten sogar etwas eingesenkt; nach oben in einen langen, sehr allmählig verdünnten Hals ausgezogen. Über das ganze Gehäuse laufen gerade, seltener etwas schraubenförmig gebogene, senkrecht erhobene, feine Rippen, die durch meist ziemlich breitere Zwischenräume getrennt werden und sich nach unten durch Einschiebung vermehren. An der Unterseite erheben sich dieselben nicht selten zu einem Kranze von feinen kurzen Spitzen, von denen aus sie allmählig verflacht, gegen den knopfförmig erhobenen unteren Centraltheil zusammenlaufen.

Abänderungen. Bei dieser Art sind mir keine nennenswerthen Verschiedenheiten vorgekommen.

Vorkommen. Ganz vereinzelt sowohl in dem unteren als oberen Thone von Kar Nikobar.

Verwandtschaft. In der Hauptform zeigt die Art von den Nikobaren eine sehr bedeutende Ähnlichkeit mit der *Lagena semistriata* Williamson (On the rec. Foram of Great Brit. pag. 6, Taf. I, Fig. 9) doch ist ihre Berippung so constant verschieden von der bei letzterer angegebenen, dass dieses Merkmal wohl als ein unterscheidendes gelten kann. Von *Lagena striata* d'Orbigny (Voy. dans l'Amerique merid. Foraminif. pag. 21, Taf. XI, Fig. 12), der sie in der Entwicklungsform ihrer Rippen etwas näher steht, ist sie durch die abgeflachtere Unterseite und die mehr ausgesprochene Zwiebelform wohl unterschieden.

## LAGENA GRACILIS Williamson.

Taf. IV. Fig. 21 a u. b. Mittlere Länge 0·49 Millim.

Williamson in Annals and mag. of nat. hist. London 2. ser. Vol. I. pag. 13, Taf. 1, Fig. 5.
Parker und Jones l. c. 2. ser. XIX, pag. 6, Taf. 11, Fig. 24.
Reuss die Foraminif. Familie der Lageniden XLVI. Bd. d. Sitzgsber. Akad. Wissensch. in Wien, pag. 331, Taf. 4 Fig. 58—66 und Taf. V, Fig. 62.

Unsere Art stimmt in der spindelförmigen Gestalt, der Vertheilung und Zahl der Rippen, so wie in der Variabilität derselben so vollständig mit *L. gracilis* überein, dass ich nicht anstehe sie damit zu vereinigen, obwohl die Spitze an keinem der gefundenen Exemplare verlängert, sondern stets stumpf, meist etwas callös verdickt ist.

## LAGENA FORMOSA.

Taf. IV. Fig. 19 b und c. Mittlere Länge 0·8 Millim.

*T. vitrea splendida ovalis rarius elliptica, latera plus minusve camerata conjuncta in marginem obtuse angulatum et ora lata plana in extremis lineis piriformi circumclusum. Praeterea haud raro in utroque latere altera parallela lamella reperitur quae totam paene capsulam praeter collum et infimas partes ambit. Apertura sita in extrema tenui siphoniformi prolatione corporis principalis, ab ora alaria item complexa, foras tenuis et in formam latae rimae, introrsus ad fistulam praeceps angustata, incisa in prostomatiformi parabolice compressa densatione foras corrotundata, introrsus paene ad perpendiculum descendente, lateribus praeceps attenuatis alte decurrens in margine orae alariae. Margo ipse formatus duobus lamellis separatis per subspissas radiatas directas taenias, nonnunquam in infima parte inflatus caeca quasi repetitione cuspidis compresse conica, basi ad capsulam adjuncta. Fistulae eo modo formatae cum corpore principali plerumque conjunctae sunt majoribus aperturis rarius solis venis foraminalibus transeuntibus inter se conjunguntur. Hae venae foraminales tenuissimae, vermiculate curvatae, omnino haud spissae, versus marginem et collum — ubi partim in pariete loculi continuuntur — in formam fasciculorum conjunctae. Ora alaria item parvulis foraminibus cum foraminibus corporis principalis recta via conjunctis perforata.*

Typische Form. Das glasig glänzende Gehäuse oval, seltener elliptisch mit meist ziemlich stark gewölbten Seiten, die sich in mehr oder weniger stumpfwinkeligen Rändern vereinigen und von einem breiten, flachen, im Umrisse birnförmigen Flügelsaume umfasst werden. Ausser demselben findet sich nicht selten noch beiderseits eine zweite parallel abstehende Lamelle, die etwas von demselben entfernt, mit Ausnahme des Halstheiles und des unteren Endes, beinahe um das ganze Gehäuse herumläuft. Die an dem Ende einer dünnen, flaschenhalsartigen, von dem Flügelsaume ebenfalls umfassten Verlängerung des Hauptkörpers gelegene Mündung nach aussen seicht und breit spaltenförmig, nach innen zur gerundeten Röhre rasch verengert. Sie liegt in einer mundstückartigen parabolischen, zusammengedrückten, nach aussen gerundeten, nach innen senkrecht abfallenden Verdickung, die mit rasch verdünnten Seiten an dem Rande des Flügelsaumes ziemlich weit herabgreift. Der Saum selbst ist von zwei dünnen Blättchen gebildet, die durch ziemlich dicht stehende radiale senkrechte Leisten getrennt werden. In seinem untersten Theile ist derselbe nicht selten mit einer gewissermassen blinden Wiederholung der Spitze versehen, welche von mehr oder weniger flachen Paraboloidsegmenten gebildet wird, die mit ihrer Basis sich an die Mittelkapsel anschliessen, an den Rändern dagegen unmerklich in den Flügelsaum übergehen. Die durch die oben erwähnten Radialplättchen gebildeten Röhren des Saumes communiciren mit dem Hauptkörper meist durch grössere Öffnungen, seltener wird die Verbindung blos durch die herüberlaufenden Porencanäle vermittelt. Diese sind äusserst fein, meist etwas wurmartig gekrümmt, im Ganzen nicht sehr dicht gestellt, blos gegen den Rand zu und besonders in der Halsregion, wo sie theilweise in der Kammerwand fortlaufen, bündelartig vereinigt. Der Flügelsaum ebenfalls fein porös, die Poren desselben mit jenen des Hauptkörpers in unmittelbarer Verbindung.

Abänderungen. Diese sind bei der vorliegenden Art nicht ganz unbedeutend, doch bei den Jugendformen viel merklicher als bei den ausgewachsenen, die gewöhnlich in der angegebenen typischen Form entwickelt sind. Es fehlen jedoch auch bei diesem Entwicklungszustande einzelne bemerkenswerthe Verschiedenheiten nicht, und zwar zeigen sie sich hauptsächlich in der Bildung des Saumes und der Spitze. Bei ersterem können die Lamellen eng an einander liegen oder weit von einander abstehen, deutliche oder kaum merkliche Radialröhren einschliessen; auch ist derselbe manchmal an dem unteren Rande etwas ausgeschnitten, an den Seiten des Ausschnittes zu kurzen Spitzen vorgezogen, welche Formen dann den Übergang zu der noch zu beschreibenden *L. seminiformis* m. bilden. Was die Spitze betrifft, so fehlt manchmal die angegebene callöse Verdickung des Mündungsrandes, auch ist die Mündungsröhre nicht selten statt von einer einzelnen Centralröhre, von einem ganzen Bündel derselben durchzogen. In einzelnen Fällen, und zwar wie es scheint, immer nur bei den schlankeren Formen ist die Röhre stark verlängert, dünn, ebenfalls an dem Ende ohne Verdickung, wie die Taf. V, Fig. 21 abgebildete, und diese zeigen dann viel Ähnlichkeit mit *Lagena lagenoides* Williamson (On the rec. Foraminif. of Great Brit. pag. 11, Taf. I, Fig. 25 und 26) und besonders mit der Fig. 25 abgebildeten Form, wogegen an dem Randsaume von Fig. 26 Radialstreifen angegeben sind, die wohl auf ähnliche Structurverhältnisse hindeuten, wie sie die Nikobarenformen zeigen. Was die Jugendformen von *Lagena formosa* betrifft, so sind manche von beinahe rundem Umrisse, andere wieder länglich; die einen besitzen bereits einen ziemlich entwickelten Flügelsaum, während er anderen beinahe vollständig fehlt, welch letztere in diesem Falle nicht selten viel Ähnlichkeit mit *Lagena marginata* Walk. zeigen. Es ist jedoch nicht ganz sicher, ob nicht einzelne der angeführten Formen selbstständigen Gruppen angehören, und es wird sich dies blos durch die Untersuchung eines umfangreichen Materiales entscheiden lassen.

Vorkommen. Einzeln sowohl in dem oberen als auch unteren Thone von Kar Nikobar.

Verwandtschaft. Ausser der eben erwähnten Verwandtschaft mit *Lagena marginata* Walk. selbst und der *Lagena lagenoides* Williamson, lässt sich ein Anschluss an alle Lagenen der Gruppe der *L. marginata* nicht verkennen, und es ist blos die verschiedene Auffassung des Artenbegriffes, die mich hindert, sie, dem Vorgange Williamson's entsprechend, derselben Art als blosse Varietät unterzuordnen.

## LAGENA SEMINIFORMIS m.

### Taf. V. Fig. 21. Mittlere Länge 0·47 Millim.

*T. in ipsa capsula corrotundatis lineis, lateribus subcameratis supra in collum fistuliforme prolongata. prostomatiforme exiens. Tota capsula circumclusa ora lamellosa in toto extremo scalpelliformi in margine inferiore plus minusve arcuate exsecta. Apertura transversa fissura, intus praeceps coartata ad fistulam collarem. Putaminis structura ut in Lagena formosa.*

Typische Form. Das Gehäuse im Gesammtumrisse lang eiförmig an dem unteren Ende ziemlich stark ausgerandet. Die Centralkapsel von gerundetem Umrisse mit gewölbten, gegen die Ränder gerundet abfallenden Seiten, die allmählig in den breiten flachen Flügelsaum übergehen. Der Obertheil in einen langen gleichmässigen, etwas zusammengedrückten Röhrenhals verlängert, der in einen mundstückartigen Ansatz endigt. Nicht selten findet sich auch bei dieser Form die bei *L. formosa* erwähnte flach paraboloidische untere Fortsetzung der Kammer. Die Schalenstructur jener der *Lagena formosa* entsprechend.

Abänderungen. Diese Form scheint, so gering auch die Unterschiede sind, die sie von der *L. formosa* trennen, sehr beständig zu sein, es beschränken sich nämlich die vorhandenen Variationen darauf, dass die Radialröhrchen des Saumes, die jedoch stets viel feiner bleiben als bei *L. formosa*, mehr oder weniger entwickelt sind, oder die schon angegebene zusammengedrückt paraboloidische Fortsetzung der Centralkapsel vorhanden ist oder fehlt. Auch ist es in einem Falle vorgekommen, dass ich selbst mit der stärksten mir zu Gebote stehenden Vergrösserung keine Poren in der Schale zu entdecken vermochte.

Vorkommen. Selten. sowohl in dem oberen als unteren Thone von Kar Nikobar.

Verwandtschaft. Wie bereits erwähnt wurde, schliesst sich diese Form sehr nahe an *Lag. formosa* an und gehört so wie diese in die Gruppe der *Lagena margaritata* Walk.

## LAGENA CASTRENSIS m.

### Taf. V. Fig. 22. Mittlere Länge 0·57 Millim.

*T. in extremis lineis rotundata a lateribus subcompressa supra exiens in collum breve subcrassum. Ipsa capsula formata duobus plus minusve cameratis sectoribus, ornatis aequalibus pustuliformibus margaritis, in marginem exacuatum conjunctis. In circuitu — praeter frontem aperturalem — ora ulaeformis circumit, a lateribus duae similes, quae tres inter se taeniis transverse directis junctae — saepe nullis paene intervallis —. Apertura rotunda in media fronte terminali ad perpendiculum obtuso. Foramina ut in Lagena formosa.*

Typische Form. Das Gehäuse im Umrisse gerundet, im Ganzen etwas seitlich zusammengedrückt, nach oben zu in einen kurzen, ziemlich dicken Hals verlängert. Die Centralkapsel von zwei mehr oder weniger gewölbten Kugelsegmenten gebildet, die mit gleichmässig vertheilten pustelartigen Erhöhungen besetzt, sich in einem zugeschärften Rande vereinigen. Rings um den Centraltheil läuft ein dicker, gegen ersteren beinahe überwiegender Rand, der von drei Lamellen gebildet wird, deren eine an der Peripherie herumgeht und bis an den Rand der Mündungsfläche hinaufgreift, die beiden anderen etwas nach innen gerückt mit der ersteren parallellaufen. Alle drei sind durch dicke Querlamellen verbunden, die überdies noch eine spongiöse Ausfüllung zwischen sich aufnehmen, welche nicht selten derart entwickelt ist, dass die Zwischenräume beinahe vollständig von derselben ausgefüllt werden. Die Mündung eine runde Öffnung in der Mitte der senkrecht abgestutzten Terminalfläche. Die Porenvertheilung jener der *Lagena formosa* entsprechend, doch die Poren durchschnittlich etwas gröber als es bei jener der Fall ist.

Abänderungen. Diese Form ist sehr beständig und mit Ausnahme des mehr oder weniger verlängerten Halses ist mir kaum irgend eine merklichere Abweichung vorgekommen.

Vorkommen. Einzeln in dem oberen Thone, selten in dem unteren, von Kar Nikobar.

Verwandtschaft. Auch diese Art schliesst sich nahe an die *Lagena formosa* m. an und stellt gewissermassen eine üppigere Entwickelung dieses Typus dar, indem Kapselschale und Flügel sich bedeutend verdicken, doch ist sie in ihrer Eigenartigkeit so beständig, dass eine Abtrennung vollständig gerechtfertigt erscheint.

## FISSURINA STAPHYLLEARIA m.

Taf. V. Fig. 24. Mittlere Länge 0·7 Millim.

*T. in extremis lineis piriformis a lateribus subcompressa, ad marginem rotundatum angustata supra prolongata in cuspidem crassam parabolice lineatam in intersectione ellipticam, transitu paene occulto. In parte inferiore utrimque fere semper tubera duo subcrassa corniculata surgunt — rarius unum complurave minora minus regularia adjuncta. — Apertura fissura lata terminalis, intus sensim in fistulam collarem coartata. Putamen tenuibus spissis aequabilibus venis foraminalibus perforatum.*

Typische Form. Das Gehäuse ist im Umrisse birnförmig, etwas seitlich zusammengedrückt, im Rande zur gerundeten Kante verschmälert. Nach oben verlängert sich dasselbe in eine dicke Spitze von parabolischem Umrisse und elliptischem Durchschnitte, die sich allmälig und unmerklich aus dem unteren Theile erhebt. An beiden Seiten des Untertheiles finden sich stets zwei ziemlich kräftige hörnchenartige Fortsätze, denen sich nur selten noch eine oder mehrere weniger regelmässige zugesellen. Die Mündung eine breite Terminalspalte, die sich nach innen allmälig zur Halsröhre zusammenzieht. Die Schale ist ziemlich dick, von dichtstehenden äusserst feinen radial verlaufenden Capillarporen durchbohrt.

Abänderungen. Diese sind bei der vorliegenden Form ganz unbedeutend und beschränken sich darauf, dass die Mündungsspitze mehr oder weniger deutlich ausgesprochen, grösser oder kleiner sein kann; auch können sich, wie bereits erwähnt, die Stachelanhänge etwas vermehren, doch ist mir kein Fall vorgekommen, dass sie ganz gefehlt hätten.

Vorkommen. Einzeln, sowohl in dem oberen als unteren Thone von Kar Nikobar.

Verwandtschaft. Am nächsten steht unserer Form auch die *Fissurina globosa* Borne-mann (Zeitschr. d. deutsch. geol. Gesellsch. VII. Bd., 1855, pag. 317, Taf. XII, Fig. 4), doch unterscheidet sich dieselbe von der Nikobaren-Art sehr wohl durch ihren schneidig zusammen-gedrückten Oberrand.

## FISSURINA CAPILLOSA m.

Taf. V. Fig. 25. Mittlere Länge 0·35 Millim.

*T. in extremis lineis elliptica supra infraque subangustata a lateribus totis sub-compressa. Corpus principale formatus duobus sectoribus ellipsoidalibus in medio alte concameratis, circumclusis ora a lateribus extensa, supra infraque angustiore, in margine obtusa, canaliculo paene circumcurrente incisa. Apertura angusta fissurae-formis in extremo collo brevi compresso. Putamen perforatum spissis foraminibus forus in tenuissimus fistulas capillaceas continuatis.*

Das Gehäuse im Umrisse elliptisch nach oben und unten zu etwas verengert, von den Seiten im Ganzen zusammengedrückt. Der Hauptkörper von zwei Ellipsoiden gebildet, die in der Mitte ziemlich hoch gewölbt, in gerundeter etwas ausgezogener Kante vereinigt sind, und von einer in den Seiten nach aussen erweiterten, oben und unten schmäleren Saume umfasst werden. Dieser ist im Rande abgestutzt und von einer beinahe ringsherum laufenden Rinne ein-geschnitten. Die schmale schlitzähnliche Mündung an dem Ende des zusammengedrückten kurzen Halses gelegen. Die Schale von ziemlich dichtstehenden Poren durchbohrt, die sich nach aussen als sehr feine haarartige Röhrchen fortsetzen.

Abänderungen. Diese Art ist blos in wenigen Exemplaren gefunden worden, die einzig darin verschieden sind, dass die Haarbekleidung einmal schwächer, das andere Mal stärker entwickelt war.

Vorkommen. Sehr vereinzelt in der oberen Thonlage von Kar Nikobar.

Verwandtschaft. Auch diese Art scheint der *Lagena fosmosa* sehr nahe zu stehen, mit der sie in der Schalenbeschaffenheit bedeutende Ähnlichkeit besitzt.

## NODOSARIA LEPIDULA m.

Taf. V. Fig. 28. Mittlere Länge 0·9 Millim.

*T. vitrea tennis, infra aequabiliter in cuspidem coartata. Loculi X vel XV plerumque sphaeroidales infra magis quam supra coartati, acutis rectis suturis sepa-rati — rarius magis prolongati — ovales profundis plerumque incissuris separati — rarius densi in parte inferiore. Prope maximam diametron loculorum X vel XII rugae decurrunt breves acutae supra praeceps attenuatae, infra in coronam spinarum surgentes — rarius prolongatae vel praeterea densi tenues pili. Apertura parva, papillarum corona circumdata. Putamen perforatum foraminibus densis tenuibus.*

Typische Form. Das glasartige, ziemlich dünnschalige Gehäuse verlängert, nach unten zu gleichmässig zur Spitze verschmälert. Die 9—15 meist dem kugligen genäherten, durch scharfe horizontale Näthe getrennten Kammern, nach unten etwas rascher als nach oben zusam-mengezogen, seltener mehr verlängert, ausgesprochen eiförmig. Sie sind meist durch ziemlich tiefe Einschnürungen getrennt, seltener gedrängt, was dann, wenn es auch der Fall ist, doch blos im Untertheile stattfindet. In der Region des grossen Durchmessers laufen an den Kammern

10—12 kurze gerundete erhobene Rippen herab, die sich nach oben rasch verflachen, nach unten dagegen als ein Kranz abstehender Stacheln loslösen. Seltener sind diese Rippen mehr verlängert oder auch ausser denselben noch feine dichtstehende Haare vorhanden. Die Mündung klein, von einem Papillarkranze umgeben. Die Schale von ziemlich dichtstehenden Poren durchbohrt.

Abänderungen. Diese Art umschliesst einen grossen Formenkreis, bei dem es schwer hält, die Grenzen genau zu bestimmen. Was vor Allem jene Varietäten betrifft, die sich näher an die typische Entwickelungsform anschliessen, so sind diese stets nodosadienartig, gerade, gleichmässig zur unteren Spitze verschmälert, und sie variiren meist blos darin, dass die unteren Kammern niedriger, breiter und nicht selten beinahe flach werden. Die Stachelkränze sind in diesem Falle meist viel unregelmässiger oder lösen sich sogar in eine gleichmässige Behaarung auf; auch sind solche Individuen meist grösser und derber als die normal entwickelten. Im Gegensatze zu der oben erwähnten Formenreihe kommt auch eine andere Art der Entwicklung vor, jedoch seltener, hat aber dagegen einen weit mehr veränderten Gesammthabitus zur Folge, als es bei den Varietäten der ersteren Art der Fall ist. Diese Reihe ist dadurch ausgezeichnet, dass die Einschnürungen, welche die Kammern trennen, tiefer greifen, auch die einzelnen Kammern mehr oder weniger statt der kugelähnlichen Gestalt eine eiförmige erhalten. In den extremsten Fällen sind dann die länglichen Kammern durch dünne, kurze, allmählig in die Kammerenden übergehende Röhren verbunden. Diese Formen bleiben auch in diesem Falle nicht immer nodosarienartig gerade, sondern, als ob sie nicht mehr genügend Halt behalten würden, zeigen denselben meist eine mehr oder minder bedeutende gleichmässige Krümmung, und schliessen sich so näher an die *Dentalina consobrina* d'Orbigny aus dem Wiener Tertiärbecken an. Eine dieser Entwickelungsrichtung angehörige Form ist Taf. V. Fig. 27 abgebildet.

Ob die äusserst kleinen, durchschnittlich blos 0·2 Millim. langen Nodosarienformen, die ausser den etwas länglichen Kammern ganz mit dem Typus der oben beschriebenen übereinstimmen, ebenfalls zu *Nodos. lepidula* gestellt werden sollen, wage ich nicht zu entscheiden.

## NODOSARIA ARUNDINEA m.
### TAF. V. FIG. 43. 44 und 45.

*T. cannaeformis, tenuis supra paene nihil in latitudinem accrescens, levigata perlonga fuisse videtur sed propter proceritatem ita fragilis, ut perraro plures quam duo loculi cohaerentes reperiantur. Loculi longi, cylindrici, octies vel duodecies longiores quam latiores, in finibus praeceps ad suturas, acutas horizontales descendentes. Apertura ignota.*

Typische Form. Das stabförmige, sehr dünne, nach oben zu im Ganzen unmerklich an Breite zunehmende Gehäuse scheint sehr lang gewesen zu sein (es finden sich Bruchstücke bis zu 4 Millim. Länge), doch war es seiner grossen Dünne wegen so zerbrechlich, dass es nur in den äussersten Fällen gelingt, mehrere Kammern im Zusammenhange zu erhalten. Diese sind lang cylindrisch, durchschnittlich 8—12 mal länger als breit, an den Enden ziemlich rasch, doch mehr oder weniger gerundet gegen die nächst älteren abfallend, durch horizontale Näthe getrennt. Mündung unbekannt. Ob das unten gezeichnete Stück dazu gehört, ist noch zweifelhaft.

Abänderungen. Diese Form variirt insoferne, als vor Allem die Höhe der Kammern noch eine weit bedeutendere sein kann, als sie für die typischen Formen angegeben wurde, auch sind dieselben manchmal lang spindelförmig, doch sehr selten so bedeutend aufgetrieben, wie das Fig. 38 abgebildete Bruchstück.

Vorkommen. Häufig in beiden Thonlagen von Kar Nikobar.

Verwandtschaft. Unsere Form steht jedenfalls der *Nodosaria longicosta* d'Orb. (For. de Vienne, pag. 32, Taf. I, Fig. 10) sehr nahe, so dass man wohl in Zweifel sein kann, ob eine Trennung von derselben gerechtfertigt sei, doch ist sie von der letzteren dadurch unterschieden, dass ihre Enden nie so scharf und plötzlich nach unten abfallen, wie es bei dieser der Fall ist.

## NODOSARIA PERVERSA m.
### Taf. V. Fig. 29. Mittlere Länge 0·9 Millim.

*T. tenuissima, stilo similis, extremi loculi mirum in modum plerumque sensim latitudine decrescentes. Loculi fere altiores quam latiores paene cylindrici, contra suturas acutas profundas praeceps corrotundateque descendentes. Loculus embrionalis plus minusve piriformis, infra contractus in cuspidem vix eminentem sed acutam separatus a loculo affini latiore corrotundatioreque incissura quam ceteri. Supremus loculus supra in longum collum extractus, in fine apertura parva circumdata tenui radiorum corona. Putaminis structura parvulis foraminibus.*

Typische Form. Das sehr dünnschalige glasartige Gehäuse stiftähnlich, nach oben zu meist wieder verschmälert, was ihm ein ganz eigenthümliches Aussehen verleiht. Die Kammern durchschnittlich etwas höher als breit, beinahe cylindrisch, gegen die scharfen tiefen Näthe rasch und gerundet abfallend. Die Embryonalkammer meist mehr oder weniger deutlich birnförmig, nach unten zur kurzen feinen Stachelspitze rasch zusammengezogen. Die letzte Kammer nach oben allmälig in eine verlängerte Halsröhre ausgezogen, die an ihrem Ende die kleine, von einem feinen Strahlenkranze umgebene Mündung trägt. Über das ganze Gehäuse laufen feine, ziemlich dicht gedrängte, wenig erhabene Rippchen. Die Schale fein porös.

Abänderungen. Die Formen dieser Art zeigen eine ziemlich bedeutende Neigung zu variren, die sich hauptsächlich darin ausspricht, dass die einzelnen Kammern nicht selten unregelmässig entwickelt erscheinen; bald die untersten beinahe gleich gross sind, nach oben mit einem Male sich kräftig entwickeln, ein andermal in bunter Reihe, die eine hoch, die andere niedrig aufgebaut sind; oder dass eine oder die andere Partie weit stärkere breitere Einschnürungen besitzt als es bei den normal entwickelten Formen der Fall ist. Trotzdem sind diese Formen stets sehr leicht zu kennen und insbesondere durch ihre dünne eigenthümliche Schale, die so sehr an jene der Uvigerinen erinnert, charakterisirt.

Vorkommen. Nicht ganz selten, sowohl in dem oberen als unteren Thone von Kar Nikobar.

Verwandtschaft. Diese Art ist in ihrem Gesammthabitus so eigenthümlich, dass sich nicht leicht eine Dentalinenform findet, die einen näheren Vergleich mit derselben zulassen würde.

## NODOSARIA DECEPTORIA m.
### Taf. V. Fig. 30. Mittlere Länge 1·3 Millim.

*T. oblonga ad partem inferiorem paululum angustata infra vix conspicue inflata. Loculi elliptici subplani in utroque fine suturis conspicuis horizontalibus corrotundate angulose conjuncti. Super totam capsulam decurrunt costulae directae vel flexae filiformes, intervallis majoribus separati. Loculus embrionalis infra breve corrotundateque coartatus. Apertura parvula radiata.*

Typische Form. Das Gehäuse mehr oder weniger verlängert, im Ganzen nach oben sehr allmälig erweitert, im Anfangstheile wenig merklich aufgetrieben, nach oben und unten ziemlich rasch zur stumpfen Spitze verschmälert. Die Kammern wenig gewölbt, elliptisch, durch gerundet winklige Einschnürungen getrennt. Die Näthe horizontal, deutlich. Über das ganze Gehäuse laufen gerade fadenförmige Rippen, die meist von merklich breiteren Zwischenräumen getrennt werden. Die kleine fein gestrahlte Mündung an dem Ende einer warzenartigen Erhöhung der letzten Kammer gelegen. Die Schale glasartig, mässig dick, gleichmässig porös. Die gefundenen Exemplare machen den Eindruck als ob diese Art noch einer weit bedeutenderen Entwicklung fähig wäre.

**Abänderungen.** Diese Art, welche im Allgemeinen durch ihre dem cylindrischen genäherte Gestalt und die zugestutzten Enden ausgezeichnet ist, variirt, wie bereits erwähnt wurde, etwas in der Berippung, auch wachsen die Kammern in Betreff ihrer Höhe nicht immer regelmässig an, wodurch jedoch die Gesammtform nicht wesentlich alterirt wird.

**Vorkommen.** Einzeln sowohl in dem oberen als unteren Thone von Kar Nikobar.

**Verwandtschaft.** Einige, wenn auch ziemlich entfernte Ähnlichkeit zeigt diese Art mit den weniger typisch entwickelten Formen der *D. perversa*, doch ist sie bereits durch ihre dickere Schale und weniger dicht stehenden stärkeren Rippen von derselben stets leicht zu unterscheiden.

## NODOSARIA INCONSTANS m.
TAF. V. FIG. 31. Mittlere Länge 0·2 Millim.

*T. in latitudinem sensim accrescens supra infraque corrotundata. Loculi haud raro inaequales, seriae similes, plerumque altiores quam latiores, suturis acutis horizontalibus separati — rarius superiores profundioribus incissuris disjuncti. Loculus embrionalis plerumque paulo altior quam sequentes vix latior: super omnes currunt spissae — rarius latioribus intervallis separatae — filiformes tenuissimae rugae — saepius in parte inferiore loculi infimi exientes in coronam spinarum brevium tenuissimarum. Loculus finalis in parte superiore corrotundatus cuspide absolute errecta verrucaeformi acuatus, in fine apertura parva circumdata corona levium impressionum. Putamen subcrassum parvulis foraminibus perforatum.*

**Typische Form.** Das Gehäuse in der Breite langsam und gleichmässig anwachsend, oben und unten im Ganzen zugerundet. Die nicht selten etwas ungleichen Kammern tonnenähnlich, meist durchschnittlich etwas höher als breit (doch tritt auch nicht selten das umgekehrte Verhältniss ein), durch scharf eingeschnittene horizontale Näthe getrennt, die oberen manchmal durch eine tiefere Einschnürung geschieden. Die Embryonalkammer meist etwas höher als die nachfolgende, doch kaum breiter, nach unten zusammengezogen. Über das ganze Gehäuse laufen feine, ziemlich dicht stehende, gerade durch seltener merklich breitere Zwischenräume getrennte, fadenartige Rippen, die manchmal in dem Untertheile mit einem Kranze feiner Spitzen endigen. Die Endkammer im oberen Theile zugerundet mit einer ziemlich deutlich abgesetzten warzenartigen Spitze versehen, die an ihrem Ende von der kleinen, gestrahlten Mündung durchbohrt ist. Die Schale mässig dick, fein porös.

**Abänderungen.** Die vorliegende Form ist in ihrem Gesammteindrucke nicht unbedeutend veränderlich. Einmal ist das Gehäuse nach unten ziemlich bedeutend verschmälert, ein andermal dem cylindrischen genähert. Die einzelnen Kammern sind in manchen Fällen, besonders im oberen Theile, mehr oval, durch tiefere Einschnürungen als gewöhnlich getrennt, die Rippen beinahe grösstentheils ungleich.

Vorkommen. Nicht selten in der oberen Thonlage von Kar Nikobar.

Verwandtschaft. Diese Form steht der vorhergehenden ziemlich nahe, doch ist sie stets kleiner, nach unten mehr verschmälert, ihre Kammern durch schärfere Näthe getrennt.

## NODOSARIA MACULATA m.
### Taf. V. Fig. 33. Mittlere Länge 1·4 Millim.

*T. formata IV—V ovalibus loculis in latitudinem sensim, in altitudinem praeceps accrescentibus, separatis per rotundas, subprofundas incissuras. Singuli loculi altiores quam latiores, horizontalibus filiformibus vix conspicuis suturis notati. Loculus embrionalis corrotundatus paulo latior breviorque quam sequentes — raro in latere inferiore spina brevis tenuis. — Apertura in nullo, quod reperi, exemplari serrata. Putamen crassum splendidum densis tenuibus venis foraminalibus perforatum, videtur maculatum rarifuscis regularibus maculis inspersis, in uno exemplari inventis, secundum naturam non postea ortis.*

Typische Form. Das Gehäuse von vier bis sechs eiförmigen, allmälig in der Breite, ziemlich rasch in der Höhe anwachsenden Kammern gebildet, die durch gerundete, ziemlich tiefe Einschnürungen getrennt werden. Die einzelnen Kammern höher als breit, durch horizontale fadenartige, kaum bemerkbare Näthe markirt. Die Embryonalkammer gerundet, etwas breiter und kürzer als die nachfolgende, blos in seltenen Fällen an ihrer Unterseite mit einem kurzen feinen Stachel versehen. Die Mündung an keinem der gefundenen Exemplare erhalten. Die dicke, glänzende, von dichten, feinen, radialen Haarröhrchen durchbohrte Schale scheint gefleckt gewesen zu sein, da sich graubraune regelmässige Flecken an einem der Exemplare finden, die ihrer Beschaffenheit nach kaum erst später entstanden sein können.

Abänderungen. Diese beschränken sich bei dieser Art darauf, dass die Kammern manchmal etwas länger werden und ungleichmässiger entwickelt sind als es bei den typischen Formen der Fall ist.

Vorkommen. Einzeln in den Thonen beider Horizonte von Kar Nikobar.

Verwandtschaft. Diese Art zeigt eine nicht unbedeutende Ähnlichkeit mit mehreren behaarten Formen, ist jedoch durch ihre glatte dicke Schale sehr wohl kenntlich.

## NODOSARIA HOCHSTETTERI m.
### Taf. V. Fig. 32. Länge 0·8 Millim.

*T. supra paulatim accrescens infra tenui cuspide acuata, formata VI—VIII loculis in altitudinem valde accrescentibus, in parte superiore ovalibus, separatis per incissuras subprofundas, in parte inferiore cylindricis. Suturae horizontales profundae acutae. Loculus embrionalis paulum major quam sequentes, ellipticus. Super totam capsulam VIII vel XII rugae absolute errectae surgunt (duabus crassis fere una tenuior inserta est). In loculis superioribus prope maximam loculorum diametron breves spinae deflectunt, infra solutae, supra paulatim in rugas transeuntes — rarius rugis omnino deficientibus major spinarum multitudo, nonnunquam super totam partem inferiorem loculorum, et saepe foramina putaminis foras prolongata in tenues pilos. Apertura in nullo, quod reperi exemplari bene serrata.*

Typische Form. Das Gehäuse verlängert, nach oben sehr allmälig anwachsend, im untersten Theile etwas aufgetrieben und mit einer kurzen dünnen Stachelspitze versehen. Die acht, meist etwas höher als breiten, in ersterer Dimension ziemlich rasch anwachsenden Kammern im oberen Theile eiförmig, durch ziemlich tiefe Einschnürungen getrennt, im unteren beinahe cylindrisch. Die Näthe scharf, horizontal. Die Embryonalkammer etwas grösser als die nachfolgende elliptisch. Über das ganze Gehäuse laufen 8—12 abgesetzte, erhobene Rippen, von denen gewöhnlich zwei stärkere eine schwächere zwischen sich aufnehmen. An den oberen Kammern heben sich in der Region der grössten Kammerbreite kurze Stacheln von denselben ab, die nach unten frei abstehen, nach oben allmälig in deren Rand übergehen. Selten fehlen die Rippen ganz, und es findet sich eine grössere Menge der Stacheln, die sogar manchmal die untere Partie der Kammer ziemlich dicht bedecken; auch sind in diesem Falle die Poren der Schale meist zu feinen Haaren verlängert. Die Mündung an keinem der gefundenen Exemplare vollständig erhalten.

Abänderungen. Mit Ausnahme der bereits angedeuteten Verschiedenheiten, der grösseren oder geringeren Höhe der Kammern, und etwa noch der Tiefe der Einschnürungen, sind diese Formen sehr beständig und trotz der angegebenen Variationen stets kenntlich.

Vorkommen. Einzeln sowohl in dem oberen als unteren Thon von Kar Nikobar.

Verwandtschaft. Obwohl diese Form der *Nodosaria tepidula* m. jedenfalls sehr nahe steht, so lässt sie sich doch bereits durch ihre mehr oder weniger verdickte Embryonalkammer stets von derselben leicht unterscheiden.

## NODOSARIA TYMPANIPLECTRIFORMIS m.

### Taf. V. Fig. 34. Mittlere Länge 2·2 Millim.

*T. formata IV—VI loculis, procera supra infraque corrotundata. Loculus embrionalis rotundatus vel breve ellipsoidalis latior quam sequentes: ceteri loculi in latitudinem vix in altitudinem praeceps accrescentes, elliptici, fere duplo vel quadruplo altiores quam latiores, acutis horizontalibus suturis separati. Apertura parva rotunda circumdata corona incissurarum. Putamen crassum, densis tenuibus foraminibus radiatis perforatum.*

Typische Form. Das von vier bis sechs Kammern gebildete Gehäuse meist ziemlich schlank, oben und unten zugerundet. Die Embryonalkammer kugelförmig oder ellipsoidisch, breiter als die nächstfolgende; die übrigen in der Breite kaum, in der Höhe rasch anwachsend, im Umrisse elliptisch, durchschnittlich zwei bis viermal so hoch als breit, durch horizontale linienförmige Näthe getrennt. Diese werden durch die Kammerenden gebildet, welche mit stumpfen, in der grössten Tiefe gerundeten, einspringenden Winkeln aneinander stossen. Die Mündung klein, rund, mit einem Kranz von Einschnitten umgeben. Die Schale ziemlich dick, fein und radial porös, meist ziemlich glatt, doch auch manchmal fein behaart.

Abänderungen. Im Ganzen ist diese Art sehr beständig und variirt mit Ausnahme der bereits angegebenen Verschiedenheiten, blos etwas in der grösseren oder geringeren Höhe und Aufgetriebenheit der Kammern.

Vorkommen. Einzeln in den Thonen beider Horizonte von Kar Nikobar.

Verwandtschaft. Im Ganzen steht diese Form der vorhergehenden jedenfalls sehr nahe, doch ist sie durch die deutlich winkligen Einschnürungen, die durchschnittlich grössere Höhe der Kammern und die Beschaffenheit der Schalenoberfläche von derselben wohl unterschieden.

## NODOSARIA RECTA m.

TAF. V. FIG. 35. Mittlere Länge 2·8 Millim.

*Testae maximum fragmentum quod reperi formatum VIII loculis supra vix in latitudinem accrescentibus. Loculi oblongi oblique piriformes infra magis coartati quam supra a tergo magis concamerati quam a latere ventrali. Suturae directae linciformes sitae in infimis incissuris rotundatis. loculos separantibus, et in tergo profundioribus quam in latere ventrali. Apertura paulum lateri ventrali appropinquata subgrandis circumdata cono obliquo nassaeformi parvulis radiis formato.*

Typische Form. Das Gehäuse des grössten der gefundenen Bruchstücke von acht Kammern gebildet, nach oben kaum an Breite zunehmend, was wohl für eine ziemliche Länge sprechen würde. Die Kammern länglich, schief birnförmig, nach unten rascher verschmälert als nach oben, im Rücken stärker gewölbt als auf der Bauchseite. Die geraden, feinen, wenig markirten Näthe liegen in der Tiefe der gerundeten Einschnürungen, die auf der Rückenseite tiefer eingreifen als auf der Bauchseite. Die Mündung ist excentrisch, ziemlich gross, an dem Ende einer fischreussenähnlichen, schief kegelförmigen Erhöhung gelegen.

Abänderungen. An die eben beschriebene Form schliessen sich andere, in dem Gesammteindrucke ähnliche an, die zwar in der Wölbung mit derselben übereinstimmen, jedoch schiefe Näthe besitzen, auch kürzer zu sein scheinen und möglicher Weise einer besonderen Art angehören.

Vorkommen. Sehr selten in dem oberen Thone von Kar Nikobar.

Verwandtschaft. Unter den bereits bekannten Formen weiss ich keine, welche einen näheren Vergleich mit der vorliegenden zulassen würde, indem ihr stabförmiger Aufbau verbunden mit der Form der Kammer sie von allen anderen leicht unterscheiden lässt.

## NODOSARIA FISTUCA m.

TAF. V. FIG 37. Mittlere Länge 0·8—1·2 Millim.

*T. clavata supra plus minusve praeceps in latitudinem et in altitudinem — saepe etiam magis praeceps — accrescens. Loculi elliptici plerumque in parte conspicua infra paulum angustiores quam supra, suturis horizontalibus acutis separati. Loculus embrionalis infra dilatatus ad cuspidem centralem — raro praeeminentem — praeceps contractus. Apertura subgrandis rotunda. in nullo quod reperi. exemplari tota servata. Putamen vestitum pilis tenuibus vel subcrassis.*

Typische Form. Das Gehäuse nicht sehr verlängert. Die Kammern nach oben zu ziemlich rasch in der Breite. eben so, ja manchmal noch schneller in der Höhe anwachsend. Dieselben sind im Ganzen elliptisch, jedoch der sichtbare Theil der älteren nach unten meist merklich schmäler als nach oben. Die Embrionalkammer eiförmig, etwas breiter als die nächstfolgende. nach unten rasch zur Spitze zusammengezogen, die sich nur selten in einen kurzen feinen Stachel fortsetzt. Die Näthe horizontal, scharf. Die Mündung ziemlich gross, rund, jedoch an keinem der gefundenen Exemplare unbeschädigt erhalten. Die Schale ziemlich dünn mit feinen oder gröberen Porenhaaren bekleidet.

Abänderungen. Obwohl so zu sagen der Stock dieser Formen in seinem Gesammtcharakter sehr beständig ist, so schliesst sich doch unmittelbar an denselben eine Reihe von Formen an, bei denen entweder das eine oder das andere Merkmal, manchmal aber auch beinahe

alle weniger hervortreten als es bei den typisch entwickelten Formen der Fall ist. Eine Abänderung dieser Art wird durch die auf Taf. V, Fig. 36 abgebildete Form repräsentirt. Der Charakter der Umrisslinien ist sich im Ganzen gleich geblieben, doch gewissermassen abgeschwächt,
die Wölbungen sind schwächer, selbst die Porenhaare feiner, so zwar dass sie für den ersten
Augenblick einen von der typischen Form ganz verschiedenen Eindruck macht; doch bietet sie
bei näherer Betrachtung blos quantitative Unterschiede, die zur specifischen Trennung nicht
ausreichen.

Vorkommen. Einzeln in den Thonen beider Horizonte von Kar Nikobar.

Verwandtschaft. Durch ihre keulenförmige Gestalt, verbunden mit dem constanten Merkmale der Behaarung ist diese Art von allen bekannten Dentalinenformen leicht zu unterscheiden.

## NODOSARIA PYRULA d'Orb.
### Taf. V. Fig 38. Mittlere Länge 1·5 Millim.

*T. valde splendida prolongata, formata loculis ellipticis, supra infraque per
fistulas conjunctivas, capsulis aequales sensim contractis. Suturae horizontales tenues,
vix conspicuae. Apertura ignota.*

Typische Form. Das Gehäuse ist verlängert, von gerundet spindelförmigen, beiderseits in flaschenhalsartige, röhrenförmige Einschnürungen auslaufenden Kammern gebildet.
Die Nähte horizontal, sehr fein, kaum bemerkbar Die Embryonalkammer des einzigen gefundenen Exemplares durch eine weit dickere Röhre mit der nächstfolgenden verbunden als es bei den
übrigen der Fall ist, doch ist es wahrscheinlich, dass dies nicht der normalen Entwicklung entspricht.

Vorkommen. In dem unteren Thone von Kar Nikobar.

Verwandtschaft. Mit Ausnahme des erwähnten Verhältnisses der Embryonalkammer
zeigt unsere Form eine so bedeutende Ähnlichkeit mit der von Williamson in seinen Bearbeitung der recenten Foraminiferen von Grossbritannien pag. 15, Taf. II, Fig. 39 als *Nodosaria
pyrula* d'Orb. beschriebenen und abgebildeten Art, dass ich nicht umhin kann, sie damit zu
vereinigen.

## NODOSARIA POLYSTOMA m.
### Taf. V. Fig. 39. Mittlere Länge 2·7 Millim.

*T. parum splendida, formata VI vel VII loculis, supra prolongata, infra sensim
acuata in fine corrotundata. Loculi in latitudinem leniter in altitudinem praeceps accrescentes fere duplo vel triplo altiores quam latiores in extremis lineis totis oblongo tra-
pezoidales, lateribus a margine obtuso rotundato, prope maximam latitudinem in
media inferiore parte sito, ad suturas utrimque conice coartatis. Loculus embryonalis
parvus infra rotundatus vix ab insequente distinctus. Apertura in fine rotundato
loculi supremi, formata duobus circulis alternantibus perforationum, parvulam aperturam centralem circumcoronantium.*

Typische Form. Das wenig glänzende, manchmal auch sehr fein und kurz behaarte
Gehäuse nach oben und unten, im Ganzen ziemlich langsam zugespitzt, die Enden zugerundet.
Die in der Breite allmälig, in der Höhe rasch anwachsenden Kammern durchschnittlich 2 bis
3mal höher als breit, von im Ganzen beinahe trapezoidalem Umrisse, indem von der, in der
Region der grössten Breite gelegenen, stumpfen, gerundeten Kante (die etwa an dem unteren
Ende des dritten Viertheiles der Kammern sich befindet) die Seiten sich gerundet kegelförmig

gegen die beiderseitigen Näthe verschmälern. Die Embryonalkammer klein, unten zugerundet, von der nächstfolgenden kaum verschieden. Die Mündung an dem gerundeten Oberende der letzten Kammer gelegen. von zwei alternirenden Kreisreihen von Durchbohrungen gebildet, welche die kleine terminale Centralöffnung umgeben.

Vorkommen. Selten in dem oberen Thone von Kar Nikobar.

Verwandtschaft. Schon durch ihre Mündung ist diese Art von allen bekannten Nodosarien-Formen wohl unterschieden, doch ist es allerdings noch fraglich, ob dieses Merkmal auch constant sei, oder ob dasselbe nicht auf Rechnung einer abnormen Entwicklung der wenigen gefundenen Exemplare zu setzen wäre; übrigens ist sie aber auch durch ihre Gesammtgestalt von den bereits bekannten Formen dieser Gattung wohl unterschieden.

## NODOSARIA SETOSA m.

### Taf. V. Fig. 40. Mittlere Länge 1·5 Millim.

*T. formata V—VI loculis, supra in latitudinem paulum accrescens, in fine utroque corrotundata. Loculi — quorum altitudo ad latitudinem fere ut III ad II — in altitudinem aequaliter accrescentes, elliptici. Loculus embryonalis parabolicus, cuspide ad infra versa. Incissurae inter loculos non profundae, angulatae, corrotundatae in suturis horizontalibus tenuibus vix conspicuis. Apertura parva rotunda radiata; putamen subcrassum, ornatum spinis fistulatis plerumque subcrassis.*

Typische Form. Das Gehäuse von 5—6 Kammern gebildet, nach oben zu wenig an Breite zunehmend, an beiden Enden zugerundet. Die Kammern, deren Höhe sich zur Breite durchschnittlich wie 3 zu 2 verhält, in der Höhe ziemlich gleichmässig anwachsend, elliptisch. Die Embryonalkammer mit nach unten gekehrter Spitze kurz, zugerundet, kegelförmig, im oberen Theile einfach gerundet. Die Einschnürungen zwischen den Kammern nicht sehr tief, gerundet winklig. Die Näthe horizontal. fein, wenig bemerkbar. Mündung klein, rund, gestrahlt. Die Schale mässig dick, mit meist ziemlich starken Stachelhaaren besetzt.

Abänderungen. Es finden sich zwar ganze Reihen von Formen, die sich durch ihre constante Behaarung und die elliptischen Kammern an die vorliegende anschliessen würden, doch zeigen sie alle einen so verschiedenen Gesammthabitus, dass man blos einen kleinen Kreis, höchstens in der Höhe der Kammern, und der Tiefe der Einschnürungen variirender Formen, zu unserer Art rechnen darf.

Vorkommen. Einzeln sowohl in dem oberen als unteren Thone von Kar Nikobar.

Verwandtschaft. Die meiste Ähnlichkeit hat auch unsere Art mit *N. aculeata* d'Orb. (Foraminif. de Vienne, pag. 35. Taf. I, Fig. 26) und *N. conspurcata* Rss. (Zeitschr. d. deutsch. geol. Gesellsch. III. Bd. 1851, pag. 50. Taf. III, Fig. 3) doch ist sie von beiden bereits durch die oben stets zugerundete Endkammer leicht zu unterscheiden.

## NODOSARIA THOLIGERA m.

### Taf. V. Fig. 41. Länge 0·7 Millim.

*T. oblonga formata loculis V cameratis infra magis quam supra contractis, fere latioribus quam altioribus, separatis per incissuras angulatas rotundatas. Suturae in angustissimo incissurarum loco sitae, specilliformes tenues sed expressae; super has brevia rugarum rudimenta in longitudinem currunt saepe in latera loculorum depla-*

*nata. Loculus embryonalis rotundatus; loculus finalis cuspide conica paulum producta. Apertura parva radiata.*

Typische Form. Gedrungen, von fünf gewölbten, nach unten stärker als nach oben zusammengezogenen, durchschnittlich unbedeutend breiteren als hohen Kammern gebildet, die durch winklige, gerundete Einschnürungen getrennt werden. Die Näthe an der engsten Stelle derselben gelegen, fadenförmig, fein, doch deutlich; über dieselben laufen kurze, rudimentäre längslaufende Rippen, die sich sehr bald in die Kammerwände verflachen. Die Embryonalkammer gerundet, die Endkammer mit einer ausgezogenen, kegelförmigen Spitze versehen. Mündung klein gestrahlt.

Abänderungen. Die wenigen Exemplare, die gefunden wurden, zeigen keine auffallenderen Verschiedenheiten.

Vorkommen. Sehr selten in dem oberen Thone von Kar Nikobar.

Verwandtschaft. In der Gesammtgestalt zeigt *Lingulina rotundata* d'Orb. aus den Wiener Tertiärschichten eine nicht unbedeutende Ähnlichkeit mit unserer Art, doch unter den Nodosarien ist mir keine Form bekannt, die sich an dieselbe näher anschliessen würde.

### NODOSARIA TOSTA m.

Taf. V. Fig. 42. Mittlere Länge 2·3 Millim.

*T. valde prolongata, supra in latitudinem paene nihil, in longitudinem loculorum praeceps accrescens. Loculus embryonalis brevis fusiformis, latior quam insequens; reliqui paene cylindrici versus suturas acutas horizontales paululum contracti. Super capsulam in longitudinem V—VIII altae acutae deflexae lamellosae costae nonnunquam paucis insertis costis auctae. Putamen subcrassum tenuissimis foraminibus perforatum. Apertura ignota.*

Typische Form. Das Gehäuse sehr verlängert, dünn, nach oben zu blos ganz allmählig und unmerklich verdickt. Die Kammern beinahe cylindrisch, gegen den oberen und unteren Theil sehr schwach verengt, durchschnittlich etwa viermal so hoch als breit, durch gerade, scharfe, horizontale Näthe getrennt. Die Embryonalkammer im Ganzen elliptisch, etwas breiter als die nächstfolgende. Über das ganze Gehäuse laufen der Länge nach 5 bis 8 hohe, scharfe, verbogene, nicht selten sogar lamellenartige Rippen, die sich manchmal durch Einschiebung vermehren. Die Schale mässig dick, von sehr feinen Radialporen durchbohrt.

Abänderungen. Im Ganzen scheint diese Form sehr beständig zu sein und höchstens etwas in der Höhe der Kammer und der oft sehr bedeutenden Entwicklung und Zahl der Rippen zu variiren. Fraglich ist noch, ob derselben, in Berippung und Schlankheit des Gehäuses sehr ähnliche Formen, die sich jedoch nach unten ziemlich rasch und gleichmässig verschmälern, ebenfalls hieher zu zählen sind, oder bereits einer anderen Art angehören.

Vorkommen. Einzeln in den Thonen beider Horizonte von Kar Nikobar.

Verwandtschaft. Diese Form ist durch die Stärke und Art der Berippung, bei so bedeutender Schlankheit allen bekannten Dentalinenformen gegenüber wohl gekennzeichnet.

### NODOSARIA GLANDIGENA m.

Taf. V. Fig. 46. Mittlere Länge 0·9 Millim.

*T. compacta formata IV loculis (exemplaria autem quae reperi, imperfecta videntur) subcameratis et praeter ultimum et primum infra paulum angustatis. Loculus*

28*

*embryonalis infra rotundatus supra paulatim pronus ad suturam. Loculus finalis ad
suturam praeceps et rotundate contractus. Incissurae subprofundae, angulatae, suturae
profundae acutae. Apertura rotunda laevigata. Putamen parvulis foraminibus.*

Typische Form. Das Gehäuse bei den gefundenen Exemplaren, die jedoch nicht
vollendet gewesen zu sein scheinen, gedrungen, von vier Kammern gebildet, deren Höhe sich
zur Breite durchschnittlich wie vier zu drei verhält. Dieselben sind ziemlich gewölbt und mit
Ausnahme der ersten und der letzten nach unten etwas verschmälert, die Embryonalkammer
zur Nath rasch und gerundet zusammengezogen, nach oben allmählig konisch verschmälert,
in der Spitze gerundet. Die Einschnürungen mässig tief, winkelig, die Näthe tief, scharf.
Die Schale mässig dick, fein porös.

Abänderungen. Diese sind bei der vorliegenden Art in so ferne nicht unbedeutend,
als die Kammern gewöhnlich nicht gleichmässig anwachsen, bald die eine oder die andere
zurückbleibt, eine andere dagegen stärker entwickelt ist als ihrer Stellung in der Reihe entsprechend wäre; auch wechselt die Tiefe der Einschnürungen ziemlich stark. Trotzdem lässt
jedoch die Gestalt der einzelnen Kammern diese Art stets leicht erkennen.

Vorkommen. Nicht ganz selten in den Thonen beider Horizonte von Kar Nikobar.

## NODOSARIA KOINA m.
### Taf. V. Fig. 47. Mittlere Länge 1·6 Millim.

*T. vitrea, splendida, levigata, parum prolongata, infra sensim et aequaliter
angustata. Loculi camerati et vel supra vel infra magis inflati, omnino aeque lati ac
alti, suturis acutis horizontalibus separati. Loculus embryonalis plerumque paulum
major quam insequens. Loculus terminalis supra obtuse acutatus. Apertura parva
simpliciter rotunda vel vix conspicue radiata.*

Typische Form. Das glasartige glänzende, oben und unten zugespitzte Gehäuse mässig
verlängert. Die Kammern gewölbt, mit scharfen horizontalen Näthen aneinander stossend,
durchschnittlich deren Höhe der Breite gleich. Die Embryonalkammer etwas grösser als die
nächstfolgende, nach unten kurz paraboloidisch zugespitzt. Die Endkammer meist von ähnlicher
Form, jedoch im umgekehrten Sinne von einfachen runden oder auch undeutlich gestrahlten
Öffnungen durchbohrt.

Abänderungen. Diese sind bei der vorliegenden Art nicht unbedeutend und werden
besonders dadurch hervorgebracht, dass die Kammern nicht nur häufig in Betreff der Grössen-
zunahme (in der Richtung nach oben) unregelmässig entwickelt sind, sondern auch, und beinahe
noch mehr, durch den Umstand, dass dieselben bald im oberen, bald im unteren Theile stärker
aufgebläht erscheinen.

Vorkommen. Einzeln in den Thonen beider Horizonte von Kar Nikobar.

Verwandtschaft. Die nächste Verwandte hat diese Art jedenfalls in der vorhergehenden,
der sie, sowohl was Glanz als was die Schalendicke betrifft, so wie auch in der Porenvertheilung
sehr ähnelt; doch ist die letztere zu gross, als dass man sie für eine embryonale Entwicklung
der vorliegenden halten könnte.

## NODOSARIA GOMPHIFORMIS.
### Taf. V. Fig. 48. Mittlere Länge 1·1 Millim.

*T. perloculosa, prolongata, infra paulatim angustata, supra breviter acuata.
Loculi primi parum camerati, humiles densi, sub finem capsulae camerati, plus minusve*

*piriformes, praeceps in altitudinem accrescentes: ultimus loculus sphaeroidalis, vel plus minusve longe ovalis. Suturae horizontales, ab initio lineares, vix conspicuae, supra notabiles, profundae acutae. Supra totam capsulam tenues, ad perpendiculum erectae rugae currunt, in primis loculis plerumque eminente fine exientes, in ultimis autem haud raro sensim dilabentes, quorum tum in loco aequabiles capilli foraminales reperiuntur. Apertura parva, radiata.*

Typische Form. Das vielkammerige Gehäuse verlängert, nach unten allmälig verschmälert, oben kurz zugespitzt. Die Kammern im Anfange sehr wenig gewölbt oder selbst ganz flach, niedrig, gedrängt, gegen das Ende des Gehäuses mehr oder weniger aufgeblasen, rasch an Höhe zunehmend. Die letzte Kammer ist dem kugligen genähert, birnförmig oder auch mehr oder weniger länglich oval. Die horizontalen Näthe im Anfange linear, nicht sehr bemerkbar, nach oben zu deutlich, tief, scharf. Über das ganze Gehäuse laufen dünne, senkrecht erhobene Rippen, die an den ersten Kammern meist mit hervorstehenden Enden auslaufen, bei den letzten dagegen sich nicht selten allmälig verlieren, und in diesem Falle oft von gleichmässig vertheilten Porenhaaren ersetzt werden. Die Mündung ist klein und gestrahlt.

Abänderungen. Diese werden meistens dadurch hervorgebracht, dass die Kammern besonders im oberen Theile höher werden als es bei den typischen Formen der Fall ist. Auch ist manchmal das Gehäuse unten etwas dicker, als bei dem gezeichneten Individuum, weniger deutlich zugespitzt. Die Rippen wechseln auch nicht unbedeutend und sind manchmal rasch, ein andermal mehr allmälig erhoben, mehr oder weniger gedrängt

Vorkommen. Einzeln sowohl in dem oberen als auch unteren Thone von Kar Nikobar.

Verwandtschaft. Die nächste Verwandtschaft hat diese Art mit der *Nodosaria inconstans*, von der manche Formen, die nach unten stärker als gewöhnlich verschmälert sind, Exemplaren der vorliegenden Art, die im unteren Theile mehr als gewöhnlich stark sind, sehr ähnlich sehen können, doch sind die letzteren stets durch die grosse Zahl der Kammern und durch die, wenn auch nicht immer stark markirte untere Spitze wohl kenntlich.

## NODOSARIA HOLOSERICA m.

TAF. V. FIG. 49. Mittlere Länge 1·3 Millim.

*T. formata III vel IV loculis, paene aequalibus in formam sphaerae cameratis, per latas profundas, rotundatas incissuras separatis. Suturae vix conspicuae, horizontales, lineares. Loculus terminalis cuspide erecta siphonali acuatus. Tota capsula tenuissimis capillis foraminalibus consita.*

Typische Form. Das Gehäuse von drei, höchstens vier beinahe gleich grossen, kuglich gewölbten Kammern gebildet, die durch breite, ziemlich tiefe, gerundete Einschnürungen von einander getrennt werden. Die Näthe sind kaum bemerkbar, horizontal, linienförmig, die Endkammer mit einer erhobenen Siphonalspitze versehen. Das ganze Gehäuse ist mit sehr feinen Porenhaaren bedeckt.

Abänderungen. Die wenigen gefundenen Exemplare zeigen keine bemerkenswerthen Verschiedenheiten.

Vorkommen. Einzeln in den Thonen beider Horizonte von Kar Nikobar.

Verwandtschaft. Diese Form erinnert sehr an die *Dentalina conspurcata* (Reuss, Zeitschrift d. deutsch. geol. Gesellsch. Bd. III, 1851, pag. 59, Taf. 3, Fig. 3), doch ist sie von derselben durch die stets gerundete Embryonalkammer und die weit feinere Behaarung sehr wohl unterschieden.

## NODOSARIA SUBRADICULA m.

TAF. V. FIG 50. Mittlere Länge 1·5 Millim.

*T. subbrevis, infra paullatim angustata, ab utroque fine in cuspidem extracta. Loculi — fere quatuor — concamerati, paene phaeroidales. saepe maxima latitudo ad infra paululum depressa. Incissurae separantes subprofundae, angulatae, in imis cavis suturae acutae, horizontales. Super totam capsulam tenuissimae, directae rugae (seu costulae) currunt, latioribus intervallis separatae, haud raro in latere inferiore loculi ultimi quasi corona spinularum tenuium finalium eminentes, circa spinam centralem tenuem surgentes. Apertura posita in fine fistulae siphonalis, plus minusve prolongatae, saepe perprolongatae. Putamen subcrassum, densum, foraminibus parvulis perforatum.*

Typische Form. Das Gehäuse ziemlich kurz, nach unten langsam verschmälert, an beiden Enden zur Spitze ausgezogen. Die vier, höchstens fünf Kammern, aus denen es gewöhnlich besteht, gewölbt, beinahe kuglig, mit meist unmerklich nach unten gerücktem grösstem Breitedurchmesser. Die trennenden Einschnürungen ziemlich tief, winkelig. Die Näthe scharf, horizontal. Über das ganze Gehäuse laufen feine gerade Rippen, die durch meist etwas breitere Zwischenräume getrennt werden und nicht selten an der Unterseite der letzten Kammer als ein Kranz feiner Endspitzen hervorragen, die sich rings um den dünnen Centralstachel erheben. Die Mündung an dem Ende einer verlängerten, nach oben langsam verengerten Halsröhre gelegen, zu der sich der obere Theil der letzten Kammer zusammenzieht. Die Schale mässig dick, dicht und fein porös.

Abänderungen. Im Ganzen ist diese Form sehr beständig und selbst die etwas abweichenden Formen lassen sich stets leicht erkennen. Am häufigsten kommt es vor, dass blos zwei Kammern gebildet werden und solche Formen sehen dann der von Williamson in seinen Foraminif. of Great Britain. Taf. II, Fig. 36 abgebildeten Form ausnehmend ähnlich, wie überhaupt unsere Form von der englischen, an dem betreffenden Orte pag. 15 beschriebenen kaum abzutrennen sein wird. Wenn ich trotzdem die Nikobarenform neu benenne, so geschieht dies blos desshalb, weil sich die von Williamson gebrauchte Linneische Bezeichnung auf eine glatte Form bezieht, die mit der vorliegenden blos eine sehr entfernte Ähnlichkeit besitzt. (Linné ed. Gmelin Tom. I, pars VI, pag. 3373 „N. testa oblonga ovata articulis torosis glabris.") Auch die von Linné citirten Abbildungen bei Ledermüller (mikr. Augenerg.) Taf. 8, Fig. e und Taf. 4, Fig. s wie bei *Plancus* (de conch. min. not. Taf. I, Fig. 5), so wie jene von Montagu *(Testacea Brittanica* Taf. VI, Fig. 4 und Taf. XIV, Fig. 6 weisen auf Formen, die mit unserer keineswegs übereinstimmen).

Vorkommen. Nicht selten sowohl in dem oberen als unteren Thone von Kar Nikobar.

Verwandtschaft. Die vorliegende Art besitzt, trotzdem sie sehr wohl markirt ist, dennoch einen ziemlich ausgedehnten Verwandtschaftskreis; so zeigen vor Allem die von Ledermüller l. c. Taf. 4, Fig. x und Taf. VIII, Fig. f trefflich abgebildeten Formen, die im Subappenin von Sienna nicht selten sind, eine nicht unbedeutende Ähnlichkeit mit unserer Art, von der sie sich jedoch durch ihre mehr oder weniger ausgesprochen elliptischen Kammern und die geringere Grösse unterscheiden. Auch *Nodos. tenuicostata* Costa (Palaeontologia del regno di Napoli pag. 160, Taf. XII, Fig. 5 und Taf. XVI, Fig. 8—13), die möglicherweise mit der eben erwähnten identisch ist, zeigt viel Ähnlichkeit, ist jedoch durch die Form ihrer Kammern wohl unterschieden. *Nodosaria spinicosta* d'Orbigny (For. d. Vienne pag. 37, Taf. I, Fig. 32, 33), die in der Hauptform unserer Art beinahe noch näher steht als die vorhergehenden, ist durch ihr charakteristisches Relief von derselben deutlich verschieden.

## NODOSARIA TORNATA m.

TAF. V. FIG. 51. Mittlere Länge 0·78—1·1 Millim.

*T. splendida, paulum prolongata — si regularis et perfecta est, quod non semper accidit — formata loculis, cameratis, humilibus, supra vix in latitudinem accrescentibus. Suturae profundae, acutae, horizontales. Loculus embrionalis paulo major quam insequens, infra angustatus. Loculus terminalis compressus, in formam sphaerae rotundatus, in medio latere superiore perforatus apertura parva rotunda, levigata. Putamen subtenue, parvulis foraminibus.*

Typische Form. Das Gehäuse glänzend, mässig verlängert, wenn es regelmässig entwickelt ist, was nicht immer der Fall ist, von gewölbten im Ganzen niedrigen, nach oben zu kaum an Breite zunehmenden Kammern gebildet. Die Nähte sind tief scharf horizontal. Die Embryonalkammer ist etwas grösser, als die nächstfolgende, nach unten zu etwas verschmälert. Die Endkammer gedrückt, kuglig, in der Mitte der Oberseite von der kleinen runden, glatten Mündung durchbohrt. Die Schale ist ziemlich dünn und porös.

Abänderungen. Diese sind bei der vorliegenden Form nicht selten, indem blos die untersten Kammern typisch entwickelt sind, die oberen sich nach Art jener der *Dentalina koina* jedoch mehr oder weniger unregelmässig entwickeln, auch meist ungleich grösser sind als die unteren. Manchmal wird in diesem Falle die oberste Kammer konisch zugespitzt, die Mündung gross, von einem Stäbchenkranze umgeben.

Vorkommen. Nicht selten in den Thonen beider Horizonte von Kar Nikobar.

Verwandtschaft. Unter den bereits bekannten Formen steht jedenfalls *Nodosaria ambigua* Neugeboren (Foraminif. von Ober-Lapugy. Abhandl. d. Akad. d. Wissensch. Wien 1856, pag. 7, Taf. I, Fig. 13—16) der Nikobarenform am nächsten, unterscheidet sich jedoch von derselben bereits sehr wohl durch die niedrigeren Kammern und die im Allgemeinen tieferen schärferen Nähte.

## NODOSARIA EXILIS m.

TAF. V. FIG. 52. Mittlere Länge 1·0 Millim.

*T. prolongata, procera, infra sensim angustata. Loculi longi, elliptici, supra praeceps in altitudinem accrescentes, parum camerati, separati suturis horizontalibus. Loculus embrionalis infra rotundatus. Finis ultimi loculi in nullo exemplari meo servatus erat. Apertura parva, tenuibus radiis radiata. Putamen tenue, foraminibus pertenuibus perforatum.*

Typische Form. Das Gehäuse verlängert, schlank, und allmälig nach unten verschmälert. Die langen elliptischen Kammern nehmen nach oben rasch an Höhe zu, sind wenig gewölbt, und durch scharfe horizontale Nähte getrennt. Die Embryonalkammer unten geründet, das Ende der letzten Kammer an keinem Exemplare erhalten. Die Mündung ist klein, fein gestrahlt. Die Schale dünn, sehr fein porös.

Abänderungen. Diese Art wurde blos in wenigen Exemplaren gefunden, die mit einander sehr übereinstimmen.

Vorkommen. Sehr vereinzelt in dem oberen Thone von Kar Nikobar.

Verwandtschaft. Eine sehr nahe Verwandte besitzt unsere Form in der *Dentalina gracillima* Costa (Palaeontologia del regno di Napoli Taf. 16, Fig. 22), doch scheinen bei letzterer die Kammern im Obertheile noch rascher und weniger regelmässig angewachsen als bei der Nikobarenform. Leider wurde keine Beschreibung derselben gegeben.

## NODOSARIA INSECTA m.

### TAF. V, FIG. 53 u. 54. Mittlere Länge 1 Millim.

*T. splendida, laevigata, plus minusve prolongata, paululum curvata supra aut sensim aut paene nihil in latitudinem accrescens. Loculi fere — si formam normalem spectas — camerati, breviter elliptici, separati incissuris angulatis, profundis ut in figura 54 —: plerumque autem pars major minorve capsulae inferioris formatur loculis, plus minusve cylindricis, in ipsa sutura ad eam pronis — ut est in figura 53. Suturae horizontales, subacutae. Loculus embryonalis rotundatus, infra prolongatus in spinam subcrassam, absolute erectam. Loculus terminalis oblique paraboloidalis, vel rotundatus et in fistulam siphonalem extractus. Putamen crassum, tenuibus et densis foraminibus perforatum.*

Typische Form. Das glatte glänzende Gehäuse ist mehr oder weniger verlängert, etwas gebogen, nach oben zu entweder langsam oder beinahe gar nicht an Breite zunehmend; bei gewissermassen nach dem reinen Grundtypus entwickelten Formen sind die Kammern gewölbt, kurz elliptisch, durch winklige tiefe Einschnürungen getrennt, wie es in Fig. 52 sichtbar ist; gewöhnlich jedoch ist eine grössere oder geringere Partie des Untertheiles von mehr oder weniger cylindrischen, an den Enden rasch gegen die Nath einfallenden Kammern gebildet, wie in Fig. 51. Die Näthe sind horizontal, ziemlich tief und scharf. Die Embryonalkammer ist gerundet, nach unten in einen starken abgesetzten Stachel verlängert. Die Endkammer schiefparabolidisch, oder auch blos gerundet und in eine Siphonalröhre ausgezogen. Die Schale dick, fein und dicht porös.

Abänderungen. Mit Ausnahme der bereits erwähnten, allerdings sehr bedeutenden Verschiedenheiten, die zwischen den angegebenen Grenzen liegen, ist diese Form sehr beständig und durch den starken Glanz der Schale und den kräftigen Stachel, der meist aus einer callösen Verdickung des unteren Theiles der Embryonalkammer sich erhebt, ausgezeichnet.

Vorkommen. Nicht ganz selten in dem oberen und unteren Thone von Kar Nikobar.

Verwandtschaft. Diese Art ist, besonders in der gewöhnlichen Form der Entwicklung, so eigenthümlich, dass sie nicht leicht einen genaueren Vergleich mit bereits bekannten Formen zulässt.

## NODOSARIA CRASSITESTA m.

### TAF. V. FIG. 55. Mittlere Länge 3·3 Millim.

*T. prolongata, paulum incurvata, in parte superiore fere angustata, supra infraque perobtuse acuata. Loculi paulatim et aequaliter in altitudinem accrescentes, obliqui latiores quam altiores, parum camerati. Super totam capsulam in longitudinem currunt rugae, suberectae, flexae, pluribus rugis insertis auctae, paulum latioribus intervallis,*

*— in quae sensim exeunt et dilabuntur —, separatae. Suturae tenues vix conspicuae. Apertura parva, tenuissimis radiis radiata, postica in fine loculi terminalis, in formam papillae prolongati. Putamen crassum, tenuibus foraminibus capillaceis perforatum.*

Typische Form. Das etwas gebogene Gehäuse ist verlängert, im oberen Theile gewöhnlich etwas verschmälert, oben und unten sehr stumpf zugespitzt. Die Kammern allmälig und gleichmässig in der Höhe zunehmend, schief, breiter als hoch, wenig gewölbt. Über das ganze Gehäuse laufen, von etwas breiteren Zwischenräumen, in die sie allmälig übergehen, getrennte, erhobene, verbogene Längsrippen, die sich manchmal durch Einschiebung vermehren. Die Nähte sind seicht, schwer bemerkbar. Die Mündung klein und sehr fein gestrahlt, an dem Ende einer warzenartigen Verlängerung der Endkammer gelegen. Die Schale ist dick und feinröhrig.

Abänderungen. Diese beschränken sich darauf, dass einzelne Formen schlanker sind als die abgebildete. Doch behalten sie stets den Hauptcharakter derselben.

Vorkommen. Selten in den Thonen beider Horizonte von Kar Nikobar.

Verwandtschaft. Unter den bereits bekannten Formen steht unserer Art jedenfalls die *Dentalina divergens* (Reuss, zur Fauna der deutschen Oberoligoc. Bd. L. der Sitzgsber. Akademie d. Wissensch. in Wien pag. 22, Taf. IV, Fig. 10) sehr nahe, sowohl was die verhältnissmässig dicke Gestalt, als auch die Art der Berippung betrifft, doch unterscheidet sie sich von derselben durch die schwächere Biegung und den schrägen Abfall der Kammern.

## NODOSARIA SKOBINA m.

TAF. V. FIG. 56. Mittlere Länge 1·2 Millim.

*T. longa, perverse fusiformis infra paulatim acuata. Loculi humiles sensim accrescentes, parum camerati sub finem magis notati perverse oviformes profundis suturis separati. Suturae horizontales profundae acutae. Super totam capsulam rugae currunt sensim erectae rarius magis absolute surgentes aequabiles irregulariter flexae paullum latioribus intervallis separatae. Apertura in fine loculi terminalis plus minusve paraboloidalis posita parva tenuibus radiis radiata. Putamen subcrassum foraminibus capillaceis perforatum.*

Typische Form. Das Gehäuse verlängert, im Ganzen etwas ungleich spindelförmig, nach unten allmählig, zuletzt mit zunehmender Raschheit zugespitzt. Die Kammern eiförmig, deren Aussenflächen im unteren Theil des Gehäuses unmerklich oder gar nicht gewölbt, im oberen dagegen meist ziemlich gerundet sind. Sie sind durchschnittlich weniger hoch als breit, im unteren Theil der Schale merklich gedrängter, als in dem oberen. Die Nähte deutlich, horizontal. Über das ganze Gehäuse laufen allmälig erhobene, seltener mehr scharf abgesetzte, ziemlich gleichmässig vertheilte, unregelmässig verbogene Rippen, die durch etwas breitere Zwischenräume getrennt werden. Die Mündung an dem Ende der paraboloidischen Endkammer gelegen, fein gestrahlt. Die Schale mässig dick, fein radial porös.

Abänderungen. Diese sind bei der vorliegenden Form nicht sehr bedeutend und beschränken sich darauf, dass die Kammern bald etwas länger bald kürzer sind als bei der Normalform, auch nicht selten in der oberen Partie des Gehäuses ziemlich abgeschnürt erscheinen.

Vorkommen. Vereinzelt in dem unteren Thone von Kar Nikobar.

Verwandtschaft. Diese Art steht, was Beschaffenheit und Verzierung der Schale betrifft, der vorhergehenden ziemlich nahe, doch unterscheidet sie sich von derselben durch den stärker zugespitzten Untertheil, der sogar manchmal einen kurzen Stachel trägt, vor Allem jedoch durch die weit geringere Grösse. Grösser noch ist jedoch die Verwandtschaft mit *Nodosaria gomphiformis* und manche Formen beider Arten streifen jedenfalls sehr nahe aneinander, doch hat letztere stets eine dünnere Schale und niedrigere zahlreichere Kammern.

## NODOSARIA STIMULEA m.

### Taf. VI. Fig. 57. Mittlere Länge 5·4 Millim.

*T. procera valde prolongata vix curvata X—XII loculis formata. Loculi primordiales altero tanto altiores quam latiores, subcamerati, convexitas a tergo supra lenissime, in latere inferiore loculorum magis ad loculos prona et declivis a fronte aut planior et aequalis aut supra convexior quam infra. Loculus embrionalis prae ceteris non eminens infra in teneram spinae cuspidem prolongatus. Loculus terminalis longus oblique paraboloidalis. Apertura parva radiata. Suturae obliquae profundae acutae. Putamen subcrassum tenuibus spissis foraminibus.*

Typische Form. Das Gehäuse ist sehr verlängert unmerklich gebogen, in der Richtung nach oben sehr wenig an Dicke zunehmend. Die 10—12 Kammern, aus denen es im ausgebildeten Zustande besteht, sind durchschnittlich zweimal so hoch als breit, etwas gewölbt, und zwar derart, dass auf der Bauchseite die Wölbung nach oben allmälig, nach unten rascher gegen die Naht abfällt; während auf der Rückenseite das umgekehrte Verhältniss stattfindet; seltener entspricht der beiderseitige Umriss mehr einem gleichseitigen Bogen. Die Embryonalkammer, welche aus der Reihe der übrigen nicht heraustritt, ist nach unten in einen dünnen Stachel verlängert, die letzte Kammer nicht selten verhältnissmässig länger als die übrigen, etwas schief paraboloidisch. Die Nähte schief und scharf. Die Mündung klein, gestrahlt. Die Schale mässig dick, von dichten feinen Radialporen durchbohrt.

Abänderungen. Ausser der bereits erwähnten Variante, dass der Längsumriss der Kammer einen mehr oder weniger gleichmässigen Bogen darstellt, kommt es auch manchmal vor, dass diese Wölbung, besonders im unteren Theil des Gehäuses, sehr schwach wird, oft beinahe verschwindet, wodurch derartige Formen ein sehr verändertes Ansehen erhalten, doch bleiben sie stets durch die geringe Biegung des Gehäuses, die etwas schiefen Nähte und die Form der Endkammer kenntlich.

Vorkommen. Einzeln in dem untern Thone von Kar Nikobar.

Verwandtschaft. Obwohl die vorliegende Form mit keiner der bisher bekannten eine nähere Übereinstimmung zeigt, so lässt sie sich doch noch am ehesten mit der *Dentalina elegans* d'Orb. (Foram. de Vienne pag. 45, Taf. I, Fig. 52—56) vergleichen, von der sie sich jedoch durch die höheren Kammern, die schiefen Näthe und die stets geringere Biegung wohl unterscheidet.

## NODOSARIA INTERTENUATA m.

### Taf. VI. Fig 58. Mittlere Länge 0·9 Millim.

*T. fragilissima prolongata procera vix curvata supra infraque acuata. Loculi quatuor sensim et aequaliter accrescentes triplo tanto altiores quam latiores, fusiformes, in superiore parte latiores, subcamerati. Incissurae profundae plane angulatae. Suturae tenuissimae horizontales. Apertura parvula tenuissime radiata, sita in fine superiore loculi ultimi aequaliter ad cuspidem coartati. Putamen subtenue parvulis foraminibus.*

Typische Form. Das Gehäuse verlängert, schlank, unmerklich gebogen, oben und unten in eine Spitze auslaufend. Die vier langsam und gleichmässig anwachsenden Kammern durchschnittlich etwa dreimal so hoch als breit, mässig gewölbt, spindelförmig, mit etwas nach oben gerücktem grösstem Breitendurchmesser. Die Einschnürungen zwischen den Kammern tief, doch flachwinklig. Die Nähte sehr fein horizontal. Die Mündung sehr klein und fein gestrahlt, an dem Ende der Siphonalspitze gelegen, zu welcher sich die letzte Kammer zusammenzieht. Die Schale dünn fein porös.

Abänderungen. Es wurden blos wenige Exemplare gefunden, die keine auffallenden Vers chiedenheiten zeigen.

Vorkommen. Selten im unteren Thone von Kar Nikobar.

Verwandtschaft. Was besonders die Form der Kammern betrifft, so schliesst sich unsere Art sehr nahe an die *Nodosaria Mariae* d'Orb. (Foram. de Vienne pag. 33, Taf. I, Fig. 15 und 16), doch fehlt ihr die dort erwähnte Streifung an dem Untertheile der Kammern, so wie auch die Gesammtform der Kammern doch nicht so streng spindelförmig ist als bei letzterer Art. Durch die Länge der Kammern, die Biegung des Gehäuses und den unteren Stachel schliesst sich unsere Form ebenfalls ziemlich nahe an die *Dentalina spinigera* Neugeb. (Denkschr. d. kais. Akad. d. Wissensch. Wien 1856, Separatabdruck pag. 22, Taf. III, Fig. 16) an, von der sie sich dagegen durch das deutlichere Anwachsen und die bedeutendere Dicke der Kammern wohl unterscheidet.

## NODOSARIA PROTUMIDA m.

### Taf. VI. Fig. 59. Mittlere Länge 1·3 Millim.

*T. in formam clavae formata curvata infra praeceps angustata. Loculi partis primordialis humiles, plani posteriores camerati — a tergo magis quam a latere ventrali. — Loculus terminalis plus minusve conspicue inflatus. Super totam capsulam, praeter loculum ultimum et nonnunquam penultimum rugae currunt, altae declives aequabiles quidem, sed irregulariter incurvatae plerumque pluribus rugis insertis auctae. Apertura posita in fine loculi terminalis in formam siphonis prolongati, paulum lateri appropinquati, circumdata corona papillarum. Putamen vitreum tenue tenuibus foraminibus perforatum.*

Typische Form. Das Gehäuse mässig verlängert, etwas gebogen, unten zugespitzt, nach oben rasch und meist ziemlich gleichmässig anwachsend, blos zu Ende mehr aufgetrieben. Die Kammern im Anfangstheile beinahe flach, die folgenden gewölbt, die letzte, selten auch die vorletzte stark aufgebläht. Die Endkammer in der Richtung nach oben gerundet konisch zusammengezogen in eine Röhrenverlängerung auslaufend, welche an ihrem Ende die von kleinen Knöpfchen umgebene Mündung trägt. Beinahe über das ganze Gehäuse, doch meist mit Ausnahme der letzten Kammer, oder doch eines Theiles derselben, laufen feine, dachförmige, stets etwas spiral gebogene, nicht sehr regelmässige Rippen, die durch etwas breitere Zwischenräume getrennt werden, und sich nach oben zu durch Einschiebung, seltener durch Spaltung, vermehren. Dieselben stehen an ihrem unteren Ende mehr oder weniger deutlich ab, wodurch der unterste Theil des Gehäuses einen sägeförmigen Umriss erhält. Die Schale dünn, fein porös.

Abänderungen. Diese sprechen sich besonders darin aus, dass der Grad der Zunahme an Dicke, in der Richtung nach oben, nicht unbedeutend variirt, auch fehlt in einzelnen Fällen die Siphonalspitze; im Übrigen ist jedoch die vorliegende Art sehr beständig und stets leicht wieder zu erkennen.

Vorkommen. Einzeln in den Thonen beider Horizonte von Kar Nikobar.

Verwandtschaft. Diese Art ist in ihrem Gesammthabitus so eigenthümlich, dass sie nicht leicht einen näheren Vergleich mit irgend einer bekannten Form zulässt.

## NODOSARIA FUSTIFORMIS m.

### Taf. VI. Fig. 60. Mittlere Länge 4·9 Millim.

*T. laevigata splendida valde prolongata paulum curvata, formata XIV—XVI loculis. Loculi camerati, ab initio paulum latiores quam altiores in altitudinem magis praeceps accrescentes, ut in parte superiore altiores quam latiores sint. Loculi superiores magis concamerati, seriaeformes infra paulo magis inflati quam supra. Loculus embrionalis ellipticus, infra contractus, rarius tenui cuspide acuatus, paulo magis inflatus quam insequens et major. Loculus ultimus plerumque paulum angustior quam antecedentes plus minusve piriformis, versus marginem inferiorem praeceps descendens: supra paraboloidaliter acuatus; in ejus fine apertura parum excentrica, parvula radiata. Putamen crassum tenuissimis venis foraminalibus radiatis perforatum.*

Typische Form. Das Gehäuse ist von 15 bis 16 Kammern gebildet, stark verlängert, wenig gebogen, nach oben langsam und gleichmässig an Dicke zunehmend, an beiden Enden ziemlich rasch zusammengezogen. Die Kammern tonnenähnlich, besonders im oberen Theile des Gehäuses, ziemlich gewölbt, mit nicht selten etwas nach unten gerücktem grösstem Durchmesser; durchschnittlich etwas höher als breit, durch tiefe, scharfe, horizontale Näthe getrennt. Die Embryonalkammer nach unten kurz zugespitzt, wenig grösser und breiter als die nächstfolgende. Die Endkammern paraboloidisch an ihrem terminalen Ende von der sehr kleinen, mit einem feinen Strahlenkranze umgebenen Mündung durchbohrt. Die Schale glatt, ziemlich dick, von feinen Radialporen durchbohrt.

Abänderungen. Das seltene Vorkommen dieser Form liess es nicht anders erwarten, als dass sich bisher keine bemerkenswerthen Verschiedenheiten bei derselben gefunden haben.

Vorkommen. Selten in dem oberen Thone von Kar Nikobar.

Verwandtschaft. Die nächste Verwandte hat unsere Form jedenfalls in der *Dentalina praelonga Costa* (Palaeontologia del Regno di Napoli pag. 167, Taf. XII, Fig. 21—27), doch unterscheidet sie sich von derselben durch ihre bedeutendere Grösse, die geringere und gleichmässigere Biegung und etwas raschere Dickenzunahme. Auch *Dentalina elegans* d'Orbigny (Foraminif. de Vienne pag. 45, Taf. I, Fig. 52—56) zeigt eine nicht unbedeutende Ähnlichkeit mit unserer Art, doch sind deren Kammern verhältnissmässig länger als bei letzterer, auch ist die längliche Embrionalkammer verhältnissmässig grösser, mit einem weit stärkeren Stachel versehen.

## NODOSARIA TAURICORNIS m.

### Taf. VI. Fig. 61. Mittlere Länge 3·2 Millim.

*T. splendida crassa, supra paulatim, versus inferiorem cuspidem praeceps angustata. Loculi obliqui, latiores quam altiores praeter duo vel tres ultimos, camerati ventro magis quam a latere dorsali, separati incissuris corrotundatis; in parte inferiore*

subplani. Suturae perspicuae haud acutae. Apertura in nullo quod reperi exemplari
servata est. Putamen fistulis foraminalibus densissimis radiatis tenuissimis perforatum.

Typische Form. Das Gehäuse verlängert, gebogen, jedoch im unteren Theile weit
stärker als im oberen, in der letzteren Partie allmälig an Dicke zunehmend, unten mit zunehmender Raschheit zur Anfangsspitze verschmälert. Die Kammern anfangs sehr schwach
gewölbt oder ganz flach, später besonders auf der Bauchseite ziemlich gewölbt, mehr oder
weniger schief. Die Näthe divergirend, tief scharf. Die Embrionalkammer nicht besonders
markirt, die Mündung unbekannt. Die von aussen glatte glänzende Schale dick, von dichten,
haarröhrchenähnlichen, radialen Porencanälen durchbohrt.

Abänderungen. Diese äussern sich hauptsächlich in der geringeren Dicke mancher
Formen den normal entwickelten gegenüber; auch ist in einzelnen Fällen die Wölbung von
Bauch und Rückenseite weniger differirend als es gewöhnlich der Fall ist.

Vorkommen. Sehr vereinzelt in den Thonen beider Horizonte von Kar Nikobar.

Verwandtschaft. Eine sehr nahe Verwandte hat unsere Form in der *Dentalina Ver-*
*neuilii* d'Orbigny (Foraminif. de Vienne pag. 48, Taf. II, Fig. 7, 8) und sie könnte selbst
möglicherweise damit identisch sein, doch so weit das vorhandene Vergleichsmateriale reicht,
scheint sie sich von letzterer durch die stets bemerkbare Verschiedenheit in der Wölbung
beider Seiten der Kammern, so wie durch die schiefen Nähte des Obertheiles constant zu
unterscheiden.

## NODOSARIA COSTAI m.
### Taf. VI. Fig. 62. Mittlere Länge 2·1 Millim.

*T. valde prolongata aequaliter curvata procera, infra paulatim angustata.*
*Loculi aequaliter accrescentes oblongi duplo altiores quam latiores paulum camerati.*
*Loculus embrionalis subinflatus paulum major quam insequens infra conice cuspidatus.*
*Suturae horizontales subacutae. Apertura parva in fine paulum erectae cuspidis ex-*
*centricae loculi finalis. Putamen subtenue.*

Typische Form. Das Gehäuse verlängert, schlank, mässig gebogen. Die Kammern
durchschnittlich etwas mehr als zweimal so hoch als breit, nicht sehr gewölbt, lang tonnenförmig,
auf der Bauchseite etwas stärker aufgetrieben als auf der Rückenseite. Die Nähte horizontal,
ziemlich tief und scharf. Die Embrionalkammer etwas grösser und dicker als die nächstfolgende,
nach unten in eine kurze Stachelspitze verlängert. Die Endkammer nicht besonders ausgezeichnet,
an ihrem Ende die seitliche, strahlenförmig eingeschnittene, deutlich abgesetzte, ziemlich
grosse Spitze tragend. Die Mündung klein, die Schale mässig dick.

Abänderungen. Diese beschränken sich darauf, dass in einzelnen Fällen die Länge der
Kammern geringer ist als bei den normalen Formen, auch sind dieselben besonders in dem
unteren Theile des Gehäuses manchmal beinahe flach, und mehr oder weniger blos durch die
durchscheinenden Scheidewände markirt.

Vorkommen. Selten in dem oberen Thone von Kar Nikobar.

Verwandtschaft. Die meiste Ähnlichkeit hat unsere Form mit der *Dentalina scripta*
d'Orbigny (Foraminif. de Vienne pag. 51, Taf. II, Fig. 21—23), doch ist sie stets glatt, der
grösste Durchmesser der Kammern nicht nach unten gerückt.

## NODOSARIA INSOLITA m.

### Taf. VI. Fig. 63. Mittlere Länge 1·8 Millim.

*T. haud longa, infra praeceps et aequaliter angustata, formata loculis humilibus, valde cameratis, qui in medio, erecti, angulo obtuse corrotundato ad suturas descendunt. Loculus embrionalis paulum oblongus non eminens. Apertura simpliciter rotunda. Putamen subcrassum splendidum, tenuissimis venis foraminalibus radiatis perforatum.*

Typische Form. Das Gehäuse mässig verlängert, nach oben ziemlich rasch und gleichmässig an Breite zunehmend. Die Kammern des Untertheiles etwas länger als hoch, die oberen jedoch merklich niedriger, alle stark gewölbt, durch tiefe, scharfe, horizontale Näthe getrennt. Die Embryonalkammer nicht besonders ausgezeichnet. Die Endkammer und die vollständige Mündung unbekannt.

Abänderungen. Diese Form scheint sehr beständig zu sein, denn mit Ausnahme kleiner Unregelmässigkeiten in der Entwicklung der einzelnen Kammern sind mir keine besonderen Verschiedenheiten vorgekommen.

Vorkommen. Einzeln in dem oberen Thone von Kar Nikobar.

Verwandtschaft. Diese Art schliesst sich sehr nahe an die *Nodosaria ambigua* Neug. (die Foraminiferen von Ober-Lapugy. Aus dem XII. Bande der Denkschriften d. kais. Akad. d. Wissensch. Wien, 1856, Separatabdruck pag. 7, Taf. I, Fig. 13—16), doch unterscheidet sie sich von derselben durch die stets raschere Verschmälerung zur Anfangsspitze, die niemals so dick ist, wie sie für die letzteren Formen angegeben wird.

## NODOSARIA HIRCICORNUA m.

### Taf. VI. Fig. 64. Mittlere Länge 2·3 Millim.

*T. prolongata, arcuata, ad supra leniter accrescens, declivis nonnunquam tamen ad partem finalem iterum paululum contracta. Loculi declives, aequaliter accrescentes in inferiore parte, latiores quam altiores, in superiore magis lati; a tergo vix camerati, a latere ventrali in parte inferiore magis inflati. Loculus embrionalis paulum longior quam insequens, infra in cuspidem subtenuem exiens. Suturae obliquae, profundae. Super totam capsulam rugae erectae declives subflexae decurrunt vix latioribus intervallis separatae, nonnunquam fissione aut intercalatione auctae. Apertura in fino cuspidis erectae paene in margine dorsali sita, in media corona papillarum. Putamen subcrassum spissis foraminibus.*

Typische Form. Das Gehäuse von 12—13 Kammern gebildet, schlank bogenförmig gekrümmt, nach unten in einen ziemlich starken Stachel auslaufend. Die Kammern sind schief, gleichmässig anwachsend, im unteren Theile weniger hoch als breit, im oberen die Breite überwiegend. Dieselben sind auf der Rückenseite sehr schwach gewölbt, die Bauchseite, besonders bei den jüngsten Kammern, im Untertheile ziemlich aufgebläht. Die Näthe tief, schief, scharf. Die Oberfläche des Gehäuses, doch meist mit Ausnahme der letzten Kammern, ist mit längslaufenden, meist unregelmässig spiral verbogenen, dachförmigen Rippen geziert, die durch gleichbreite Zwischenräume getrennt werden, und sich nach oben durch Einschiebung vermehren. Die Embryonalkammer etwas dicker als die nächstfolgende. Die Endkammer schief birnförmig, mit erhobener gerundeter Spitze, welche die kleine, randständige, von Papillen umgebene Mündung trägt. Die Schale ziemlich dick, dicht radial porös.

Abänderungen. Die wenigen gefundenen Individuen zeigen keine auffallenden Verschiedenheiten.

Vorkommen. Selten in dem unteren Thone von Kar Nikobar.

Verwandtschaft. Unter den bekannten Formen ist wohl eine derjenigen, die sich noch am ehesten mit der vorliegenden Art vergleichen lassen, die *Dentalina acicularis* Costa (Palaeontologia del regno di Napoli pag. 170, Taf. XII, Fig. 24), doch ist sie nach unten weit stärker zugespitzt, die Kammern weniger gewölbt.

## NODOSARIA HISPIDA m.

### TAF. VI. FIG. 65. Mittlere Länge 1·6 Millim.

*T. sublonga in parte superiore vix latescens in parte inferiore ad cuspidem initialem celeriter contracta. Loculi ab initio plani vix conspicuis suturis horizontalibus separati posteriores plus minusve inflati praeceps accrescentes suturibus profundis acutis notati. Apertura in nullo, quod reperi, exemplari servata. Putamen subcrassum pilis crassis consitum.*

Typische Form. Das Gehäuse verlängert, im überwiegenden oberen Theile beinahe vollständig gerade, kaum an Breite zunehmend, in dem unteren gebogen, rasch zur Anfangsspitze verschmälert. Die Kammern des unteren Theiles flach, kaum unterscheidbar, die folgenden tonnenförmig, ziemlich gewölbt, in der Höhe rasch anwachsend, durch tiefe scharfe, horizontale Näthe getrennt. Die Endkammer eiförmig nach oben paraboloidisch zugespitzt. Die Mündung an keinem der gefundenen Exemplare vollständig erhalten. Die Schale mässig dick, mit ziemlich dichtstehenden dicken Stachelhaaren bedeckt.

Abänderungen. Soweit sich solche bei den wenigen gefundenen Exemplaren zeigten, scheinen sie sich darauf zu beschränken, dass der Grad der Verschiedenheit des oberen und unteren Theiles des Gehäuses etwas schwankt.

Vorkommen. Selten in dem oberen Thone von Kar Nikobar.

Verwandtschaft. Am ehesten lässt sich unsere Form noch mit der *Dentalina pilosa* Reuss (die marinen Tertiärschichten Böhmens XXXIX. Bd. d. Sitzungsber. d. kais. Akad. d. Wiss. Wien 1860, pag. 5, Taf. III, Fig. 1) vergleichen, mit der sie die stachelige Oberfläche und die tonnenförmige Gestalt der Kammern gemein hat; doch ist letztere nach unten weit weniger scharf zugespitzt, deren Kammern weit gleichmässiger anwachsend.

## NODOSARIA EQUISETIFORMIS m.

### TAF. VI. FIG. 66. Mittlere Länge 2·1 Millim.

*T. longiscata in toto ad supra leniter accrescens in parte infima tamen ad loculum embrionalem iterum paulum accrescens. Loculi vix in latitudine praeceps in altitudine accrescentes, ab initio subplani, posteriores paulum et aequaliter inflati, suturis horizontalibus subacutis separati. Loculus embrionalis paulum major quam insequens ad infra conice cuspidatus. Loculus ultimus in fine paraboloidali apertura minuta rotunda radiata perforatus. Super totam capsulam rugae decurrunt filiformes paulo latioribus intervallis separatae. Apertura subcrassa parvulis spissis foraminibus.*

Typische Form. Das Gehäuse verlängert, wenig gebogen, im Ganzen nach oben sehr wenig an Breite zunehmend, in der untersten Partie gegen die Anfangsspitze wieder etwas verdickt. Die Kammern in der Höhe ziemlich rasch und gleichmässig anwachsend, mässig gewölbt, tonnenförmig, durch ziemlich scharfe, horizontale Näthe getrennt. Die Embryonalkammer etwas grösser und dicker als die nächstfolgende, nach unten kurz und gerundet, konisch zugespitzt. Die Endkammer nach oben paraboloidisch zugespitzt, an ihrem terminalen Ende die kleine gestrahlte Mündung tragend. Über das ganze Gehäuse laufen der Länge nach dünne, fadenförmige, mehr oder weniger gerundete Rippen, die durch kaum breitere Zwischenräume getrennt werden. Die Schale mässig dick, von dicht gedrängten feinen Radialporen durchbohrt.

Abänderungen. Jene Formen, die sich an die typischen anschliessen, sind wenig veränderlich, blos in der grösseren und geringeren Schlankheit, einzelne individuelle Abnormitäten ungerechnet, verschieden. Fraglich ist dagegen, ob eine Reihe von Formen, die mit den eben erwähnten die Gestalt der Kammern und die Berippung gemein haben, sich jedoch nach unten mit etwas zunehmender Raschheit zur Spitze verschmälern, ebenfalls hieher zu zählen wären. Letztere schliessen sich sehr nahe an die *Dentalina pungens* Reuss (Zeitschr. d. deutsch. geol. Gesellsch. 1851, pag. 64, Taf. III, Fig. 13) von Hermsdorf, mit der sie möglicher Weise zu vereinigen sein werden.

Vorkommen. Nicht ganz selten in den Thonen beider Horizonte von Kar Nikobar.

Verwandtschaft. Die vorliegende Form zeigt in der Gesammtform eine nicht unbedeutende Ähnlichkeit mit der *Nodosaria taureiformis*; doch ist sie durch die Höhe der Kammern und die gerippte Oberfläche von derselben stets leicht zu unterscheiden.

## NODOSARIA NEUGEBORENI m.

### Taf. VI. Fig. 67. Mittlere Länge 1·5 Millim.

*T. elongata paulum curvata ad supra leniter latescens. Loculi plus minusve divergentes, obliqui, in altitudine praeceps accrescentes, in parte ventrali paulum arcuati, suturis acutis separati. Loculus finalis oblique paraboloidis. Apertura parva, rotunda, radiata, paene in margine dorsali sita. Putamen subtenue parvulis spissis foraminibus.*

Typische Form. Das Gehäuse verlängert, im Untertheile merklich, im oberen kaum gebogen, wenig an Breite zunehmend. Die Kammern mehr oder weniger divergirend, schief, anfangs niedrig, nach oben rasch an Höhe zunehmend, im Rücken kaum, auf der Bauchseite schwach gewölbt. Die Näthe deutlich, ziemlich tief und scharf. Der Embryonaltheil durch die starke Divergenz der Kammern meist ziemlich marginulinen-ähnlich sehr rasch und gerundet zur Spitze verschmälert. Die letzte Kammer schief eiförmig, mit abgesetzter ziemlich grosser, radial gefurchter Spitze, welche die kleine, nicht selten beinahe randständige Mündung trägt.

Abänderungen. Diese sind bei der vorliegenden Form ziemlich bedeutend. Die Biegung des Gehäuses ist manchmal grösser als bei der gezeichneten Form, ebenso dagegen nicht selten wieder geringer. Die Divergenz der Kammern sowie die Schrägheit derselben wechselt ebenfalls nicht unbedeutend, sowie auch der Grad der Höhenzunahme bei denselben nicht immer der gleiche ist.

Vorkommen. Einzeln sowohl in dem oberen als unteren Thone von Kar Nikobar.

Verwandtschaft. Eine sehr nahe Verwandte hat unsere Form in der *Dentalina Römeri* Neugeb. (die Stichostegier von Ober-Lapugy. Separatabdruck aus den Abhandl. d. k. Akad. Wiss. Wien 1856, pag. 18, Taf. II, Fig. 13—17), und es wäre sogar möglich dass sie mit derselben identisch ist, doch scheint sie sich durch das stumpfere Unterende und die ausgezogene Spitze der letzten Kammer constant von derselben zu unterscheiden.

## NODOSARIA ELEGANS d'Orb.

TAF. VI. FIG 68. Mittlere Länge 1·1 Millim.

*Dentalina elegans* d'Orb. Foraminif. de Vienne, pag. 45, Tab. I, Fig. 52—56.

*T. splendida laevigata procera paulum curvata formata XII—XV loculis seriaeformibus, infra subdensatis per horizontales profundas acutas suturas conjunctis. Loculus embryonalis subdensatus infra in spinam prolongatus. Loculus terminalis subpiriformis cuspide erecta, rotundata paulum excentrica. Apertura parva radiata. Putamen subcrassum densum spissis foraminibus.*

Typische Form. Das glatte glänzende Gehäuse lang, schlank, etwas gebogen, von 12· bis 15 tonnenähnlichen, nach unten meist etwas verdickten Kammern gebildet, die in horizontalen, tiefen Näthen zusammenstossen. Die Embrionalkammer etwas verdickt, nach unten in einen Stachel verlängert. Die Endkammer mit erhabener, gerundeter, etwas excentrischer Spitze, die Mündung klein, gestrahlt. Die Schale ziemlich dick, fein porös.

Vorkommen. Einzeln in den Thonen beider Horizonte von Kar Nikobar.

Verwandtschaft. Die vorliegende Form stimmt so sehr mit der angegebenen d'Orbigny'schen Art überein, dass ich glaube, sie unbedenklich damit vereinigen zu können.

## NODOSARIA STILIFORMIS m.

TAF. VI. FIG. 69. Mittlere Länge 2·2 Millim.

*T. procera tenuis valde prolongata infra paulatim et aequaliter angustata in cuspidem tenuem. Loculi in altitudinem praeceps accrescentes fere duplo vel duplo et dimidio altiores quam latiores paulum camerati, separati suturis plerumque rotundatis. Super totam capsulam sex vel novem costae currunt, altae, sensim erectae curvatae separatae intervallis rotundatis, immissis. Suturae conspicuae, horizontales. Apertura in nullo, quod reperi exemplari tota servata. Putamen subcrassum parvulis foraminibus.*

Typische Form. Das Gehäuse ist beinahe gerade, schlank, dünn, stark verlängert, nach unten zu allmälig und gleichmässig zur Spitze verschmälert. Die Kammern in der Höhe rasch anwachsend, durchschnittlich zwei bis dritthalbmal höher als breit, schwach gewölbt, lang tonnenförmig, durch zwar deutliche, doch nicht scharfe, horizontale Nähte geschieden. Über das ganze Gehäuse laufen der Länge nach 6 bis 9 hohe, allmälig erhobene, etwas gebogene Rippen, die durch gerundet eingesenkte Zwischenräume getrennt werden. Die Mündung und Endkammer an keinem der gefundenen Exemplare vollständig erhalten. Die Schale mässig dick, fein porös.

Abänderungen. Diese zeigen sich besonders in der Berippung, indem die Rippen manchmal hoch lamellenartig, ein andermal mehr ausgesprochen dachförmig sich erheben; im übrigen ist jedoch die Gesammtform sehr beständig und blos in dem Grade der Schlankheit etwas varirend.

Vorkommen. Einzeln in dem oberen, sowohl als unteren Thone von Kar Nikobar.

Verwandtschaft. Die vorliegende Art schliesst sich ziemlich nahe an die bei der *Nodosaria equisetiformis* erwähnte Varietät mit zugespitztem Unterende an, doch ist letztere nie so gleichmässig zur Anfangsspitze verschmälert, wie die Formen der ersteren.

## NODOSARIA GRACILESCENS m.

Taf. VI. Fig. 70. Mittlere Länge 0·6 Millim.

*T. paulum prolongata, in latere ventrali procedente eminens, a tergo multo planior, infra sensim et aequaliter coacuata. Loculi valde obliqui a latere ventrali et infra magis inflati, quam in tergo subplane camerato. Suturae perobliquae, profundae acutae. Apertura posita in fine loculi terminalis, prolongati in longam cuspidem lateri appropinquatam, parvula, plerumque circumdata corona pupillarum tenuium. Putamen vitreum, parvulis foraminibus.*

Typische Form. Das Gehäuse mässig verlängert, etwas gebogen mit vortretender Bauch- nicht sehr concaver Rückenseite, nach unten allmälig und ziemlich gleichmässig, mit wenig merklich zunehmender Raschheit, verschmälert. Die Kammern sind sehr schief, auf der Bauch- seite, und besonders der unteren Partie derselben etwas aufgebläht, auf der Rückenseite weit weniger gewölbt. Die Nähte tief, scharf. Die Embrionalkammer mit einer dünnen Stachelspitze versehen. Die Endkammer nach oben allmälig zur dünnen Röhrenspitze ausgezogen, die an ihrem Ende die kleine, von einem Papillenkranze umgebene Mündung trägt. Die Schale dünn, glasartig, fein porös.

Abänderungen. Die Formen, welche man als bestimmt zu der vorliegenden Art gehö- rig betrachten kann, scheinen sehr beständig zu sein, doch kommen noch andere vor, die in der Gesammtform sehr ähnlich sind, doch sich nach unten schärfer zuspitzen auch mit flachen Rip- pen versehen sind, und bei denen es noch zweifelhaft ist ob sie eine selbstständige Art repräsen- tiren, oder blos eine besondere Entwicklungsform der vorliegenden bilden.

Vorkommen. Sehr selten in dem oberen Thone von Kar Nikobar.

Verwandtschaft. In der Gesammtgestalt erinnert unsere Form nicht unbedeutend an die *Dentalina tegumen* Reuss aus der Kreide, doch ist sie von derselben durch die weit schie- feren Nähte, und die nicht verdickte Anfangsspitze, sowie die Grösse bereits wohl unterscheidbar.

## NODOSARIA BREVICULA m.

Taf. VI. Fig. 71. Mittlere Länge 0·9 Millim.

*T. brevis formata tribus vel quatuor loculis, supra rotundata, infra spina abso- lute surgente, plerumque incurvata acuata. Loculi camerati supra paulum accre- scentes, suturis profundis horizontalibus notati. Loculus embrionalis subglobosus inse- quentes elliptici, incissuris corrotundate angulosis separati. Loculus finalis supra in brevem cuspidem magna rotunda apertura perforatam exiens. Putamen subtenue.*

Typische Form. Das Gehäuse kurz, gerade, von drei bis vier Kammern gebildet. Diese sind elliptisch, in der Breite kaum, in der Höhe ziemlich rasch anwachsend, durch ziemlich tiefe, gerundet winklige Einschnürungen getrennt. Die Nähte horizontal, deutlich, scharf. Die Embrionalkammer beinahe oder vollständig kuglig, in der Mitte ihrer Unterseite mit einem scharf abgesetzten dünnen, meist etwas gebogenen Stachel versehen. Die Endkammer zieht sich nach oben zur kurzen, röhrenförmigen erhobenen Spitze zusammen, die von der grossen, run- den, glatten Mündung durchbohrt ist. Die Schale ziemlich dünn.

Abänderungen. Die wenigen gefundenen Exemplare stimmen sehr mit einander überein.

Vorkommen. Selten in dem Thone beider Horizonte von Kar Nikobar.

Verwandtschaft. Es ist mir keine Form bekannt, die sich an die vorliegende näher anschliessen würde.

## NODOSARIA ADOLPHINA d'Orb.
### Taf. VI. Fig. 72. Mittlere Länge 1·1 Millim.

*Haec Dentalinae forma et longa procera; testae figura et loculorum forma et ornatus genere adeo similis est formae quam d'Orbigny protulit loco supra citato, ut cum illa non conjungi non possit.*

Typische Form. Die Nikobarenform zeigt eine so grosse Übereinstimmung mit der erwähnten d'Orbigny'schen Art, dass ich, trotzdem sie in der Bildung der Embrionalkammer abweicht, sie dennoch nicht glaube von derselben trennen zu dürfen. Der Stachel nämlich in den die d'Orbigny'sche Form nach unten ausgeht, fehlt bei unserer Form vollständig, auch ist bei letzterer die Embrionalkammer nicht grösser als die nächstfolgende.

Abänderungen. Nach Bruchstücken zu urtheilen, die jedoch im Gesammtcharakter sich ganz an die typischen Formen anschliessen, scheint diese Form auch ganz glatt vorzukommen, dagegen in anderen Fällen die Zahl der Stachel sich nicht unbeträchtlich zu vermehren. Auch die Tiefe der trennenden Einschnürungen scheint einem nicht unbedeutenden Wechsel unterworfen zu sein.

Vorkommen. Die typische Form sehr selten im oberen Thone von Kar Nikobar die Abänderungen vereinzelt in den Thonen beider Horizonte.

Verwandtschaft. Besonders in manchen Varietäten schliesst sich diese Form sehr nahe an die *Nodosaria lepidula* m. und in manchen Fällen ist es nicht leicht zu entscheiden, in welche der beiden Gruppen man eine oder die andere Form einreihen soll.

## NODOSARIA sp.
### Taf. VI. Fig. 73. Mittlere Länge 1·9 Millim.

Typische Form. Obwohl von der abgebildeten Form blos Bruchstücke gefunden wurden, so wollte ich sie ihres eigenthümlichen Ansehens wegen nicht ganz übergehen. Die vorhandenen Kammern sind beinahe alle gleich gross, annähernd kuglig, etwas gedrückt; durch tiefe Einschnürungen geschieden. Besonders der Untertheil der Kammern ist mit ziemlich dichtstehenden, starren, abwärts gekehrten Stachelhaaren bedeckt. Die Mündung ziemlich gross, an dem Ende einer ganz kurzen, röhrenartigen Fortsetzung der letzten Kammer gelegen, die beiläufig in der Mitte von einem kragenartigen Saume umfasst wird. Es schliesst sich diese Form jedenfalls ziemlich nahe an die vorhergehende, doch genügen die vorhandenen Bruchstücke nicht einen näheren Vergleich darauf zu gründen.

Vorkommen. Selten in den Thonen beider Horizonte von Kar Nikobar.

## NODOSARIA SUBTERTENUATA m.
### Taf. VI. Fig. 74. Mittlere Länge 0·5 Millim.

*T. sublonga claviformis laevigata vel tenuibus pilis foraminalibus consita. Loculi camerati superiores in altitudine praeceps accrescentes, angulosis subprofundis incissuris separati. Suturae acutae horizontales. Loculus embrionalis paulum major quam insequens. Loculus ultimus supra cuspidem tenuem ferens in fine apertura minuta perforatam. Putamen tenue.*

Typische Form. Das Gehäuse mässig verlängert, keulenförmig, glatt, oder mit feinen Porenhaaren bedeckt. Die Kammern gewölbt, in der Höhe viel rascher als in der Breite zunehmend, durch mässig tiefe, winklige Einschnürungen getrennt. Die Näthe horizontal, tief, scharf. Die Embrionalkammer etwas breiter, grösser als die nächstfolgende, kuglig. Die Endkammer elliptisch, an ihrem terminalen Ende mit einer dünnen, abgesetzten Stachelröhre versehen, welche die kleine, glatte Mündung trägt. Die Schale dünn, glasartig.

Abänderungen. Die wenigen gefundenen Exemplare zeigen keine besondere Verschiedenheiten.

Vorkommen. Selten in den Thonen beider Horizonte von Kar Nikobar.

Verwandtschaft. Die vorliegende Form zeigt eine nicht unbedeutende Ähnlichkeit mit der *Nodosaria protumida* m. doch ist sie von derselben durch ihre weit geringere Grösse bereits leicht zu unterscheiden.

Ausser den hier beschriebenen Nodosarienarten findet sich in den mir übergebenen Proben noch eine ganze Reihe theils in Bruchstücken, theils zu vereinzelt vorkommenden Formen, die jedoch der ungenügenden Anhaltspunkte zur genaueren Bestimmung wegen übergangen werden müssen. Hier dürfte es wohl auch am Platze sein, der Taf. V, Fig. 23 abgebildeten Form zu erwähnen, die zwar möglicher Weise eine *Lagena* sein kann, was sich jedoch nicht mit genügender Sicherheit entscheiden liess, wesshalb ich ihre Beschreibung erst hier gebe.

Das Gehäuse ist annähernd kuglig oder von kurz elliptischem Umrisse, nach oben zur kurzen, mehr oder weniger deutlichen Spitze ausgezogen, im unteren Theile entweder einfach gerundet, oder auch manchmal etwas eingesenkt, in der Mitte mit einer kleinen knopfartigen Erhabenheit versehen. Über das ganze Gehäuse laufen 18—24 dachförmige, doch eben so oft scharf abgesetzte Rippen, die meist durch etwas breitere Zwischenräume geschieden werden, und sich im untersten Theile des Gehäuses als ein Kranz vorragender Spitzen ablösen. Die Mündung glatt, oder fein gestrahlt, nicht selten auf einem gerundeten Hügel gelegen, der mittelst eines Absatzes in den Hals übergeht. Dieser Absatz, der sich allerdings nicht immer findet, ist es nun, welcher der Möglichkeit Raum gibt, dass man es blos mit den Kammern einer stark eingeschnürten Nodosarie zu thun habe, etwa ähnlicher Art wie jene, der das Taf. VI, Fig. 75 abgebildete Bruchstück angehören dürfte.

Vorkommen. Vereinzelt in den Thonen beider Horizonte von Kar Nikobar.

### FRONDICULARIA FOLIACEA m.
#### Taf. VI. Fig. 76. Mittlere Länge 1·2 Millim.

*T. plana foliacea, paene elliptica, finibus subacutis, lateribus plerumque aequalibus — in formis adultis maxima latitudo saepe valde ad infra depressa. Loculus embrionalis ellipticus — aliquando sub insequente loculo dilabens — paulum erectus, tenuissimis rugis in longitudinem ornatus ceteri aequaliter accrescentes initio haud raro toti circumambientes, posteriores subalte dependentes aut in interiore latere magis proni quam in exteriore — haud raro impressio tenuis invenitur in reversione interiore, paulum dilatata; latera rotundata. Suturae perspicuae, profundae. Apertura fissura terminalis tenuis obliqua. Putamen tenue spissis foraminibus.*

Typische Form. Das Gehäuse flach von annähernd elliptischem oder ovalem Umrisse, gerundet zugespitztem, doch zuletzt stumpfem Oberende. Bei jungen Exemplaren der untere Theil im Umrisse dem oberen ähnlich, bei älteren mehr oder minder breit gerundet. Die

Embryonalkammer kreisförmig, oder elliptisch, klein, wenig erhoben mit sehr feinen Längslinien geziert; manchmal mit der nächstfolgenden beinahe vollständig zusammenfliessend. Die folgenden Kammern umfassen anfangs den unteren Theil der nächst jüngeren vollständig, später greifen sie blos mehr oder weniger tief an denselben herab. Sie sind ziemlich breit, entweder gleichmässig gewölbt oder, besonders im mittleren Theile, etwas rascher gegen die innere Nath abfallend, auch findet sich manchmal an der Umbiegungsstelle eine seichte Impression. Die Näthe sind scharf, tief. Die Mündung eine quere Spalte an dem terminalen Ende. Die Schale dünn, von dichten, äusserst feinen Porenkanälen durchbohrt.

Abänderungen. Mit Ausnahme der bereits erwähnten Verschiedenheiten in der Breite der Formen, die besonders durch die verschiedenen Alterszustände bedingt werden, haben sich keine bemerkenswerthen Verschiedenheiten gefunden.

Vorkommen. Selten in dem oberen sowohl als unteren Thone von Kar Nikobar.

Verwandtschaft. Die nächste Verwandte hat unsere Form in der *Frondicularia whaingaroica* Stache (die Foraminiferen der tertiären Mergel des Whaingaron-Hafens pag. 210, Taf. XXII, Fig. 43), doch ist sie nach unten nie scharf zugespitzt; die Kammern breiter, die mittlere Impression ganz fehlend, oder doch weitaus geringer als sie bei letzterer gezeichnet wurde.

### GLANDULINA LABIATA m.
TAF. VI. FIG. 77. Mittlere Länge 1·3 Millim.

*T. splendida laevigata crassa breve fusiformis, ellipsoidalis, supra infraque paulum contracta. Loculi vetustiores parva tantum parte eminentes tenuibus suturis linearibus horizontalibus notati. Apertura paulum immissa parce lunata curvata, dente rotundato dentata. Putamen subtenue tenuissimis foraminibus.*

Typische Form. Das glatte, glänzende Gehäuse ist dick spindelförmig, dem elliptischen genähert, oben und unten etwas zusammengezogen. Die älteren Kammern sehen blos mit einem nicht sehr bedeutenden Theile hervor und sind durch kaum merkliche horizontale Näthe geschieden. Die Mündung terminal, halbmondförmig oder gerundet winklig, mit einem etwas hervorragenden Zahne versehen. Die Schale dünn, sehr fein und dicht porös.

Abänderungen. Die vorliegende Art variirt etwas in der Länge und Breite, auch kommt es nicht ganz selten vor, dass sich der untere Theil ziemlich stark zuspitzt, doch wird sie durch die Mündungsverhältnisse stets sehr wohl charakterisirt.

Vorkommen. Einzeln sowohl in dem oberen als unteren Thone von Kar Nikobar.

Verwandtschaft. In der Allgemeingestalt, so wie auch in dem Verhältnisse wie die Kammern von den nächstjüngeren umfasst werden, steht unsere Art der *Glandulina inflata* Bornemann (die fossilen Foraminiferen von Hermsdorf, Zeitschrift deutsch. geol. Gesellsch. VII. Bd. 1855, pag. 320, Taf. XII, Fig. 6) ausnehmend nahe, doch ist es auch hier die Mundöffnung, die sie von derselben constant unterscheidet.

### GLANDULINA SOLITA m.
TAF. VI. FIG. 78. Mittlere Länge 1 Millim.

*T. splendida oblonga ovalis. Loculi subcamerati suturis profundis horizontalibus separati, adultiorum aliquantum magna pars inferiori parti juniorum inclusa. Loculus finalis conice exiens apertura terminali magna radiata perforatus. Putamen subtenue.*

Typische Form. Das Gehäuse ist länglich, eiförmig, nach oben im Ganzen etwas konisch zugespitzt. Die Kammern mässig gewölbt, ein ziemlich bedeutender Theil derselben sichtbar. Die Näthe horizontal tief, scharf. Die Endkammer nach oben etwas ausgezogen mit dicker Spitze, welche von der mässig grossen terminalen von einem Kreise radialer Einschnitte umgebenen Mündung durchbohrt wird. Die Schale mässig dick, mit glatter, glänzender Aussenfläche.

Abänderungen. Im Ganzen ist die vorliegende Form ziemlich beständig und variirt blos etwas in der Höhe der Kammern und deren grösseren oder geringeren Wölbung.

Vorkommen. Sehr vereinzelt in den Thonen beider Horizonte von Kar Nikobar.

Verwandtschaft. Eine, unserer Art ziemlich nahestehende Form ist die *Glandulina discreta* Reuss (Neue Foraminiferen des Wiener Tertiärbeckens Abhandl. d. Akad. Wissensch. Wien 1. Bd. 1850 pag. 366, Taf. XLVI, Fig. 3), mit der sie auch die Neigung der oberen Kammern theilt, weniger zu umfassen und mehr Nodosarienartig auf einander zu folgen; doch ist die Art aus dem Wiener Becken im Untertheile schärfer zugespitzt, die Kammern daselbst von den nachfolgenden weit stärker umfasst, als es bei jener von den Nikobaren der Fall ist.

## PLEUROSTOMELLA ALTERNANS m.
### Taf. VI. Fig. 79 und 80. Mittlere Länge 1·1 Millim.

*T. duobus formis typicis repraesentata, inta sensim in se transeuntibus, ut eas discernere non possim. Altera series formarum, infra paulatim et aequaliter angustatae X vel XII loculis formatae paululum altioribus quam latioribus, plerumque valde concamerutis — inflatio maxima infra et extra — separatis suturis haud valde obliquis, rotundatis. Ultimus loculus in latere inferiore plani septalis plerumque suturam habet visibilem decurrentem, quasi loculorum latera ab initio non tota circumeant, et postea eorum fines ferruminentur. Pars superior paulatim immissa, circumclusa margine supra magis notate eminente. Apertura magna paululum infra marginem posita obliqua, supra arcuata, infra formata tribus minoribus curraturis — raro pluribus et irregularibus exmarginationibus. Alteri typi formae magis cylindratae: in parte superiore haud raro minore diametro quam in media. Loculi oblongi minus sed aequalius camerati suturis perobliquis separati. Putamen subcrassum parvulis spissis radiatis venis foraminalibus.*

Typische Form. Die Formen dieser Art sind nach zwei in ihren Extremen allerdings sehr verschiedenen Typen entwickelt, die scharf zu scheiden mir bisher nicht gelang, weshalb ich sie zusammen behandle. Die eine Formenreihe verschmälert sich nach unten allmälig und gleichmässig, und wird im ausgebildeten Zustande von 10—12 Kammern gebildet, deren Breite nur wenig von der Höhe übertroffen wird. Sie sind meist stark gewölbt, die grösste Aufgetriebenheit entschieden nach unten und aussen gedrängt. Die Näthe sind schief, besonders in den Seiten des Gehäuses vertieft, gerundet, seltener mässig scharf. Die letzte Kammer zeigt meist an der Mitte des Unterendes ihrer Septalfläche eine grösstentheils stark verwischte, herablaufende Nath, als ob die Kammerwände anfangs nicht vollständig herumgegangen wären, und deren Enden sich erst später durch zwischen gelagerte Masse vereinigt hätten. Der obere Theil der Septalfläche senkt sich allmälig ein und wird von dem nach oben immer deutlicher hervortretenden Rande umfasst. Die Mündung ist gross, etwas unter dem Rande gelegen, quer, oben einfach bogenförmig, im unteren Theile von drei Bögen ausgeschnitten, seltener mit noch mehr und dann meist etwas unregelmässigen Ausrandungen.

Die Formen des anderen Typus sind mehr walzen-spindelförmig, deren Kammern länglich, weniger, dagegen gleichmässiger gewölbt, die Näthe sehr schief. Das untere Ende des Gehäuses ist dicker als bei den vorerwähnten Formen, das Ende dagegen gewöhnlich schmäler als die Mitte. Die Schale beider Formenreihen ist mässig dick, nach Art der meisten Nodosarien von dicht liegenden, feinen, radialen Porenröhrchen durchbohrt, die Aussenfläche glatt glänzend.

Abänderungen. Obwohl innerhalb der angegebenen Grenzen die Veränderlichkeit der Formen eine bedeutende ist, so bleiben sie im Ganzen ihrem Hauptcharakter stets treu, und es haben sich keine Abänderungen gefunden, die verdienen würden besonders hervorgehoben zu werden.

Vorkommen. Nicht besonders selten in den Thonen beider Horizonte von Kar Nikobar.

Verwandtschaft. Unter den bekannten Pleurostomellenformen steht die *P. fusiformis* Rss. (Sitzungsberichte der Akad. Wissenschaft. Wien 1860, pag. 205, Taf. VIII. Fig. 1) aus dem Minimusthone von Rheine, unserer Art, und besonders der zuerst beschriebenen Varität ziemlich nahe, doch unterscheidet sich dieselbe sehr wohl dadurch, dass ihre Kammern sowie auch die der l. c. pag. 60, Taf. VIII, Fig. 2 aus dem Senon angegebene *Pl. subnodosa* Rss. blos abwechselnd nach einer und der andern Seite geneigte Näthe besitzen, während die Kammern unserer Art beinahe immer vollständig alterniren.

## PLEUROSTOMELLA BREVIS m.

### Taf. VI. Fig. 81. Mittlere Länge 0·81 Millim.

*T. brevis, lineis paene ellipticis infra nonnunquam conice acuminata. Loculi quinque vel sex valde accrescentes, camerati, aequaliter alternantes, separati suturis profundis, acutis, rectis vel paulum pronis. Frons septalis loculi ultimi plus minusve immissa, corrotundata margine, in formam valli erecto in latera sensim transiente. In media suprema parte hujus frontis rima recte descendens, duabus taeniis conjuncta, quarum marginem summum circumflexa plerumque paulum continuatur. Putamen subcrassum, tenuibus radiatis foraminibus perforatum.*

Typische Form. Das Gehäuse ist kurz, gedrungen von annähernd elliptischem Umrisse mit etwas verschmälerten Enden, deren unteres manchmal zugespitzt erscheint. Die 5—6 rasch anwachsenden, gewölbten Kammern, von denen es gebildet wird alterniren gleichmässig und werden durch tiefe, scharfe, horizontale, oder wenig abschüssige Näthe getrennt. Die Septalfläche der letzten Kammer ist mehr oder weniger eingesenkt, von einem wallartig erhobenen Rande umgeben, der allmälig in die Seitenflächen übergeht. In der Mitte der obersten Partie dieser Fläche befindet sich die senkrecht herablaufende Mündungsritze, die beiderseits von zwei schwachen, gerundeten Leisten begleitet wird, und nicht selten auch deren obere Ränder umschliesst. Die glatte, glänzende Schale ist wie jene der vorhergehenden Art von dicht liegenden radialen Capillarporen durchbohrt.

Abänderungen. Obwohl die vorliegende Form im Gesammtcharakter sehr beständig ist, und nicht leicht verkannt werden kann, so variirt sie doch nicht ganz unbedeutend, theils in der grösseren oder geringeren Gedrungenheit, den als typisch hervorgehobenen Formen gegenüber, theils auch in der bereits angedeuteten Gestalt des Unterendes das manchmal zugerundet, ein andermal scharf zugespitzt vorkommt, sowie auch alle Mittelformen zwischen beiden sich finden.

Vorkommen. Nicht ganz selten in den Thonen beider Horizonte von Kar Nikobar.

Verwandtschaft. Die schlanksten Formen der vorliegenden Art schliessen sich ziemlich nahe an die kürzesten der Reihe *b* von der vorhergehenden Art an, doch in allen Fällen, die ich beobachten konnte, waren sie bereits durch die Mündungsverhältnisse leicht zu unterscheiden.

## MARGINULINA SUBCRASSA m.

### Taf. VI. Fig. 82. Mittlere Länge 1·1 Millim.

*T. brevis subcrassa rotundata in parte inferiore paulum prona inflexa. Loculi toti paulum camerati, latiores quam altiores aequaliter accrescentes, supplanis conspicuis subobliquis, paulum divergentibus suturis conjuncti. Loculus terminalis ventruosus breviter parabolice contractus versus cuspidem ad tergum versum, subgrandem. Apertura parva radiata. Putamen subtenue parvulis foraminibus.*

Typische Form. Das Gehäuse ist kurz, dick, mit gerundetem Querschnitt, etwas nach vorne gebogenem Unterende. Die Kammern sind im Ganzen sehr wenig gewölbt, blos die letzten manchmal etwas aufgetrieben. Sie sind durchschnittlich breiter als hoch, durch wenig schiefe, etwas divergirende, deutliche, doch nicht sehr scharfe Näthe getrennt. Die letzte Kammer zieht sich nach oben zur ziemlich dicken, etwas gegen den Rücken gerückten Spitze zusammen, die von der kleinen gestrahlten Mündung durchbohrt wird. Die Schale mässig dick, fein porös.

Abänderungen. So weit sich aus den wenigen gefundenen Exemplaren ersehen lässt, so scheint diese Form hauptsächlich in der mehr oder weniger ausgeprägten Gedrungenheit zu variiren, so wie auch etwas in dem Grade der Geneigtheit ihrer Kammern.

Vorkommen. Sehr vereinzelt in den Thonen beider Horizonte von Kar Nikobar.

Verwandtschaft. Die vorliegende Form schliesst sich sehr nahe an die *Marginulina glabra* d'Orbigny (Modèle 55) an, doch ist letztere stärker gebogen und besitzt im Allgemeinen niedrigere gewölbtere Kammern.

## MARGINULINA SUBTRIGONA m.

### Taf. VI. Fig 83. Mittlere Länge 1 Millim.

*T. prolongata, diametro elliptica, recta vel vix curvata plerumque in parte inferiore, margine a tergo paene recto, a ventre concavo. Loculi obliqui, initio plani vel paululum camerati posteriores magis inflati. Loculus terminalis plano ventrali valde camerato, supra paulatim et aequaliter contractus ad cuspidem crassam ad tergum versam. Apertura parva rotunda radiata. Putamen crassum, tenuibus foraminibus perforatum.*

Typische Form. Das Gehäuse mässig verlängert, im Umrisse mehr oder weniger deutlich dreieckig, mit elliptischem Durchschnitte, beinahe gar nicht gewölbtem Rücken und geradem, oder selbst etwas concavem Bauchrande, der mit der gewölbten Septalfläche der letzten Kammer unter einem gerundeten, doch deutlichen Winkel zusammenstosst. Die anfangs ziemlich niedrigen, schief stehenden Kammern rasch anwachsend, im Untertheile meist kaum merklich gewölbt, die letztere ziemlich aufgebläht. Die Näthe scharf, wenig oder gar nicht divergirend. Die Endkammer der ausgebildeten Gehäuse meist merklich grösser als die übrigen mit schief kegelförmigem Obertheile, der an seinem oberen Ende die dicke, beinahe randständige Mündungsspitze trägt. Die Mündung klein, von einem Strahlenkranze umgeben. Die Schale mässig dick, fein und dicht radial porös.

Abänderungen. Obwohl die Verschiedenheiten, die sich bei der vorliegenden Art gezeigt haben nicht allzu bedeutend sind, so verändern sie doch deren allgemeines Ansehen nicht selten dennoch derart, dass es nicht immer leicht ist sie wieder zu erkennen. Vor allem ist es die verschiedene Raschheit des Anwachsens der Kammern, in der seitlichen Ausdehnung, die den Habitus sehr verändert, besonders wenn die oberen noch dazu etwas zurückbleiben; auch die grössere Schiefe der Näthe, den typischen Formen gegenüber, verändert das Aussehen nicht unbedeutend.

Vorkommen. Einzeln in den Thonen beider Horizonte von Kar Nikobar.

Verwandtschaft. Eine, unserer Art ziemlich nahe stehende Form, ist die *Marginulina similis* d'Orbigny (Foraminifères de Vienne pag. 76, Taf. III, Fig. 15), doch ist deren Rückenrand weit stärker gebogen, die Kammern, wie es scheint weit gedrängter als bei der Nikobarenart, auch die Wölbung der Endkammer gleichmässiger, als es mir bei letzterer vorgekommen ist.

## CRISTELLARIA ·PERPROCERA m.
### Taf. VI, Fig. 84. Mittlere Länge 1·3 Millim.

*T. admodum prolongata si forma exculta est; supra paululum infra magis curvata, margine a ventre et a tergo paene parallelo — in crassitudinem aliquantum accrescens — lateribus subcameratis, a fronte et a tergo descendentibus, ad lineam corrotundatam conjunctis, sed in parte superiore — praecipue in latere ventrali — dilabentibus, in quem locum latior marginatio succedit. Loculi fere humiliores quam latiores, oblique divergentes, ab initio plani, deinde camerati. Suturae perspicuae. Loculus terminalis haud raro paulum major quam penultimus latere ventrali camerato, supra coartatus ad cuspidem, paraboloidalem, paulum pronam. Apertura suboblonga circumdata radiorum corona. Putamen subcrassum.*

Typische Form. Das Gehäuse ist im ausgebildeten Zustande sehr verlängert, im oberen Theile sehr wenig, im unteren merklich gebogen, mit beinahe parallelem Bauch- und Rückenrande. In der untersten Partie ist dasselbe mehr oder weniger zusammengedrückt, mit mässig gewölbten, zu den gerundeten Randkanten gleichmässig geneigten Seiten; später werden dieselben gewölbter, die Randkanten weichen einer, nicht selten auf der Bauchseite breiteren Rundung, die anfangs flachen, niedrigen Kammern wölben sich zuletzt, und werden höher als breit. Die Endkammer meist ziemlich aufgebläht, mit nicht besonders markirter Septalfläche, etwas nach vorne gerückter, meist ziemlich dicker Spitze, kleiner, etwas in der Zusammendrückungsebene des Gehäuses verlängerter Mündung, die von einem Strahlenkranze umgeben ist. Die Näthe schwach gebogen, divergirend, deutlich. Die Schale mässig dick.

Abänderungen. Im Ganzen ist die vorliegende Form sehr beständig und varirt höchstens in der verhältnissmässig etwas grösseren oder geringeren Dicke des Untertheiles, so wie auch darin, dass deren Anfangstheil einmal etwas gebogene Näthe besitzt, ganz einer typischen *Cristellarie* entspricht, und beinahe immer einen halben Umgang ausmacht. ein anderes Mal die Kammern dieser Partie blos fächerförmig auseinander gehen.

Vorkommen. Nicht ganz selten in den Thonen beider Horizonte von Kar Nikobar.

Verwandtschaft. Die nächst verwandte Form mit unserer Art ist jene, die Parker und Jones in den Annals and Magazins of Natural history pag. 289, Taf. X, Fig. 1 als *Cristellaria calcar* Linné aufführen und die ich sogar für identisch mit der Nikobarenform zu halten geneigt bin; sie jedoch mit der typischen *Cistellaria calcar* Linné zu vereinigen, dazu vermag ich mich nicht zu entschliessen, denn es gibt der constanten Charaktere genug, welche diese Species bezeichnen und begrenzen, wenn man nicht vereinzelte Vorkommnisse als Bindeglieder gelten lässt. Auch *Marginulina tenuis* Bornemann (Zeitschr. d. deutsch. geol. Gesellsch. Bd. VII., pag. 326, Taf. XIII, Fig. 14) ist in der Seitenansicht unserer Art ausnehmend ähnlich, doch scheint sie stets im Ganzen weit mehr aufgebläht zu sein, als es bei letzterer der Fall ist.

## CRISTELLARIA INSOLITA m.

### Taf. VI. Fig. 85. Mittlere Länge 1·2 Millim.

*T. paulum prolongata, paene scalpelliformis, margine frontali et infero exmarginato, subprotracto, planis marginalibus a ventre et a tergo subacutis vel lateribus in medio subimpressis, ad tergum convergentibus. Loculi humiles divergentes, in formam S curvati, sensim in altitudinem accrescentes. Frons septalis ultimi loculi lata et plane camerata margine rotundato transiens in latera. Apertura parva, rotunda radiata. Putamen subtenue.*

Typische Form. Das Gehäuse mässig verlängert, mit annähernd lanzettlicher Seitenansicht. Die Seiten sehr wenig gewölbt, ja selbst eingedrückt, im beinahe gleichmässig gebogenen, gerundet winkeligen Rückenrande zusammenlaufend. Die Bauchseite ebenfalls gerundet winkelig, doch breiter, mit etwas concavem Umrisse. Die Kammern niedrig, schief, divergirend, S-förmig geschwungen, langsam in der Höhe zunehmend. Die Septalfläche der letzten Kammer breit und flach gewölbt, mit gerundeter Kante in die Seiten übergehend. Die Näthe meist tief, scharf. Die Mündung klein, rund, gestrahlt, im Carinalwinkel gelegen. Die Schale mässig dünn, glatt.

Abänderungen. Obwohl sich ziemlich viele Formen gefunden haben, die sich mehr oder weniger an die eben beschriebene anschliessen, meist fast blos durch den breiteren Untertheil unterschieden sind, so halte ich es doch für angemessen, blos jene Gruppe zu der vorliegenden Species zu zählen, deren Individuen höchstens in der Dicke und Breite des ganzen Gehäuses etwas variiren, im Gesammthabitus aber sehr constant bleiben.

Vorkommen. Einzeln sowohl in dem unteren als oberen Thone von Kar Nikobar.

Verwandtschaft. Eine sehr nahe Verwandte hat unsere Art in der *Cristellaria cymboides* d'Orbigny (Foraminif. de Vienne pag. 85, Taf. III, Fig. 30) und besonders in der Seitenansicht dürfte es wohl manchmal schwer halten, die Formen beider Arten zu unterscheiden, doch scheint der mehr oder weniger elliptische Durchschnitt und die gleichmässig und hoch gewölbte Septalfläche der letzten Kammer die d'Orbigny'sche Art der unseren gegenüber genügend zu charakterisiren.

## CRISTELLARIA POLITA m.

### Taf. VI. Fig. 86. Mittlerer Hauptdurchmesser 1 Millim.

*T. rotunda, subcamerata, lateribus corrotundate conicis — in adultis formis umbilico eminente ora alaria tenui sensim extracta. Loculi sex vel septem unius circuitus triangulares, recurvati, angulis exteris rotundatis orbem centralem attingentibus; ad tergum continuati in tenuem lamellam carinaeformem, plerumque eminentem supra loculum antecedentem et in alam conformatam. Frons septalis a penultimo circuitu profunde incisa, paulum immissa margine rotundato transiens in latera. Apertura fissura oblonge rotunda ab angulo carinali decurrens, circumdata incissuris radiatis. Suturae tenues vix perspicuae. Putamen subtenue leve splendidum.*

Typische Form. Das Gehäuse kreisförmig, mässig gewölbt, mit einfach gerundeten oder im Nabel etwas erhobenen Seiten, die an der Peripherie rasch, doch ohne Absatz in den dünnen flügelartigen Saum übergehen. Die sechs bis sieben Kammern eines Umganges dreieckig, zurückgebogen, mit gerundetem Aussenwinkel, von dem aus sich die Lamelle, welche auf der Rückenfläche derselben in der Ebene des Gehäuses fortläuft, noch bis über die vorletzte Kammer hinaus fortsetzt. Diese einzelnen Lamellen, die sich bei jüngeren Individuen noch sehr wohl unterscheiden lassen, bilden in ihrem Zusammenhange den Flügelsaum. Die Näthe tangiren die Centralscheibe und sind etwas nach rückwärts gebogen, bei jüngeren Formen, wenn auch flach, so doch deutlich, bei ausgebildeten dagegen meist beinahe ganz verwischt. Die callös verdickte Nabelscheibe nicht erhoben, blos bei besonders alten Individuen manchmal etwas vorragend. Die Septalfläche der letzten Kammer, von der vorletzten tief ausgeschnitten, meist etwas eingesenkt, mit gerundeter Kante in die Seiten übergehend, doch auch manchmal an dieser Stelle beiderseits mit einer fadenförmigen herablaufenden Rippe versehen. Die Mündung eine längliche Spalte, die vom Carinalwinkel in der Septalfläche herabläuft, und besonders im oberen Theile von, dieselbe radienartig umgebenden Einschnitten, begleitet wird. Die Schale sehr fein und dicht porös, was selbst bei der Nabelschwiele, im Gegensatze zu den bei anderen Formen gemachten Beobachtungen, der Fall ist.

Abänderungen. Im Ganzen ist die vorliegende Form sehr beständig und es sind meist die Altersverhältnisse, welche die augenfälligste Veränderung des Habitus hervorrufen, indem durch die stärkere Verdickung der Schale die Schärfen der Jugendformen verwischt werden, auch die glasartige Durchsichtigkeit der Schale sich verliert. Ausserdem variirt diese Form etwas in der Dicke, seltener in der Zahl der Kammern eines Umganges, die manchmal, besonders bei ausgebildeten Exemplaren, etwas grösser ist als bei den typischen Formen. Auch die Septalfläche der letzten Kammer ist in einzelnen Fällen statt flach oder selbst etwas concav, schwach gewölbt, doch stets mit deutlichen, wenn auch gerundeten Seitenkanten.

Vorkommen. Einzeln in den Thonen beider Horizonte von Kar Nikobar.

Verwandtschaft. Die von Costa (Palaeontologia del regno di Napoli pag. 20. Taf. XIX, Fig. 1) als *Robulina festonata* var. *Robulinae clypeiformis* d'Orbigny beschriebene und abgebildete Form scheint eine nicht unbedeutende Ähnlichkeit mit unserer Art zu besitzen, jedoch weniger involut zu sein, so wie sie sich auch durch die angegebenen Nathrippen von letzterer unterscheidet. Auch die *Cristellaria gyroscalprum* Stache (Novara-Expedition Neuseeland. Abth. Palaeontol. Foraminiferen pag. 243, Taf. XXIII, Fig. 22) zeigt eine bedeutende Ähnlichkeit mit besonders alten Formen unserer Art, doch unterscheidet sie sich von derselben sehr wohl durch die weit dickere Nabelscheide und die Mündungsverhältnisse.

## CRISTELLARIA NIKOBARENSIS m.

TAF. VI. FIG. 87. Mittlerer Hauptdurchmesser 1·5 Millim.

*T. lenticularis, suborbicularis rarius paulum oblonga, utrinque corrotundate conica — in medio laterum umbone calloso nonnunquam aliquantum erecto. Latera in marginem subextensum crassum corrotundatum leviter exeunt. Loculi 9—11 unius circuitus subrecti radiantes, rarius subarcuati reflexi. Suturae plerumque vix conspicuae nonnunquam ultimae subprofundae acutae. Frons septalis ultimi loculi plana aut paulum camerata marginibus corrotundatis. Apertura fissura in summa parte frontis et angulo carinali incisuris radiatis circumdata. Putamen subcrassum spissis radiatis capellis foraminalibus.*

Typische Form. Das Gehäuse mässig gewölbt, im Ganzen annähernd kreisförmig oder, besonders bei älteren Formen, etwas länglich, mit gerundet kegelförmigen Seiten und etwas flügelartig ausgezogenem, jedoch dickem, gerundetem Rande. Die 9 bis 11 Kammern eines Umganges flach, schwach gebogen, seltener etwas gegen den Aussenrand zu, mehr oder weniger deutlich geknickt. Die anfangs undeutlichen, zuletzt nicht selten scharfen, eingesenkten Näthe tangiren die mässig grosse callöse Nabelscheibe, die meist etwas hervorragt. Die pfeilförmige Septalfläche der letzten Kammer flach, oder schwach gewölbt, mit gerundeten, doch deutlichen Kanten in die Seitenflächen übergehend. Die Mündung eine ziemlich dünne Spalte, die von dem Carinalwinkel ausgehend, sich noch etwas in die Septalfläche fortsetzt, und besonders in ihrem obersten Theile von radialen Einschnitten umgeben ist. Die Schale glatt, glänzend, von einer ähnlichen Structur wie die der vorhergehenden Art.

Abänderungen. Die vorliegende Form ist im Ganzen sehr beständig und variirt höchstens in der etwas grösseren oder geringeren Dicke, dem Umfange und der Erhebung der Nabelscheibe, und der manchmal mehr radial als tangential gestellten Näthe, so wie auch in einzelnen Fällen der Rand ziemlich scharf werden kann.

Vorkommen. Nicht selten sowohl in dem oberen, als unteren Thone von Kar Nikobar.

Verwandtschaft. Auch die vorliegende Art hat unter den bereits bekannten Formen so ziemlich ihre nächste Verwandte an der *Cristellaria gyroscalprum* Stache, der sie auch manchmal in der Grösse nahe zu kommen scheint, doch gelten dieselben Unterscheidungsmerkmale wie bei der vorhergehenden Art, so wie auch der stumpfe Kiel der ersteren dieselbe wohl in den allermeisten Fällen bereits genügend kenntlich unterscheidet.

## CRISTELLARIA CAELATA m.

### Taf. VII. Fig. 88. Mittlere Länge 2 Millim.

*T. plana suboblonga, margine interiore et exteriore paulum divergente; exterior margo ab initio paene rectus; vix curvatus, postrema linea spirali perspicua ad frontem involvitur; interiore concavus, paene in media testa, angulo rotundato transit in frontem septalem ultimi loculi, cujus extrema linea subcurvata cum margine in tergo posito, in formam acuti fornicis conjungitur; cochleae embrionales humiliores, divergentes, in toto ab utroque latere in formam collium errectae, supra paulatim deplanatae, ora alaria tenui circumdatae; ceterae item divergentes, obliquae, humiles planae, in sutura inferiore subcrassa tenia in longitudinem instructae; simili taenia in longitudinem instructae; similis taenia secundum margines a tergo sitos, intus valde decurrens extra sensim in margines exiens. Apertura parva, radiata in angulo carinali posita.*

Typische Form. Das Gehäuse sehr breit, säbelförmig flach. Der äussere Umriss bildet von dem Zusammenstossungspunkte der Bauchfläche und dem Rande der Anfangswindung an, längs des Rückens eine, mit sehr rasch zunehmendem Krümmungshalbmesser ansteigende Spirale. Beinahe in demselben Sinne, doch im Ganzen mit ersterer Umrisslinie divergirend, erhebt sich die Linie der Bauchkante, welche mit der mässig gewölbten, spitzbogenähnlich mit der Rückenkante zusammentreffenden Septalfläche der letzten Kammer, in einem gerundeten Winkel, zusammenstosst. Die niedrigen, ziemlich schnell in der Breite, weit weniger rasch in der Höhe zunehmenden, in weiter, offener Spirale aufgerollten Kammern, im Anfangstheile, wie es scheint vollständig eingerollt. Derselbe ist zu beiden Seiten des Gehäuses, besonders in dem Centrum der Spirale hügelartig erhoben, und verflacht sich nach oben allmälig; auch ist er von einem dünnen Flügelsaume umgeben, an dem die einzelnen Lamellen sich noch deutlich unterscheiden lassen, die jede einzelne Kammer zu dessen Bildung entsendet hat. Die Kammern des übrigen flachen Gehäuses schräge, divergirend, sehr wenig gewölbt, gebogen, mit etwas herablaufendem Bauchende. Sie sind an den Näthen mit ziemlich starken, erhobenen Leisten versehen, die sich an eine ähnliche, längs des gerundeten Rückens herablaufende, die denselben zugleich mitbilden hilft, anschliessen. Die im Carinalwinkel gelegene Spitze gross, deutlich abgesetzt, mit tiefen radialen Einschnitten. Die Mündung klein rund.

Abänderungen. Bei der äusserst geringen Zahl der gefundenen Individuen dieser Art lässt sich auf deren Beständigkeit oder Variabilität kein Schluss ziehen, doch wäre es nicht ganz unmöglich, dass mehrere grosse, flache, doch glatte und sehr breite Formen, die jedoch alle zu unvollständig erhalten waren, um einen genaueren Vergleich zuzulassen, sich an die typischen anschliessen würden.

Vorkommen. Sehr selten in dem oberen Thone von Kar Nikobar.

Verwandtschaft. Die vorliegende Form schliesst sich ziemlich nahe an manche Formen der *Cristellaria arcuata* Phil. (Beiträge zur Kenntniss der Tertiärversteinerungen des nordwestlichen Deutschlands 1843, pag. 5, Taf. I, Fig. 28) und Reuss (Sitzungsberichte der kais. Akademie der Wissenschaften Bd. XVIII, Separatabdruck pag. 39, Taf. 3, Fig. 34—36); doch scheint sich letztere durch die grössere und breitere Embryonalwindung constant zu unterscheiden.

## CRISTELLARIA (ROBULINA) CORONALUNAE Stache.

### Mittlerer Durchmesser 1 Millim.

Foraminiferen aus den tertiären Mergeln des Whaingaroa-Hafens. Nov.-Exp. Neuseeland pag. 250. Taf. XXIII, Fig. 29.

Mit Ausnahme der geringeren Grösse stimmen die Formen von Kar Nikobar so vollständig mit der von Stache gegebenen Beschreibung und Abbildung, dass ich unsere Art unbedenklich mit der neuseeländischen vereinigen zu können glaube, doch dürfte der bessere Erhaltungszustand der Nikobarenart einiges ergänzen lassen. Der breite Flügelsaum setzt sich nämlich auch nach vorne ziemlich weit fort und bildet über der Septalfläche der letzten Kammer einen nach vorne gezogenen, allmälig verschmälerten, zuletzt zugerundeten, ziemlich langen Vorsprung, dessen Oberrand in der Umfangsspirale liegt, der untere bogenförmig ausgerandet sich an die Septalfläche anschliesst.

Vorkommen. Sehr vereinzelt sowohl in dem oberen als unteren Thone von Kar Nikobar.

## CRISTELLARIA PEREGRINA m.

### TAF. VII. FIG. 89. Mittlere Länge 1 Millim.

*T. oblonga, lineis ellipticis, lateribus paulum cameratis, in medio fere deplanatis. Loculi quatuor ultimi circuitus soli perspicui valde accrescentes separati suturis immissis, paulum curvatis angulo paene recto concurrentibus. Totam testam ora alaria circumit, lata tennis, in qua, quod cujusque loculi proprium erat perspicitur. Apertura in summo loculo ultimo sita, simplex fistuliformis, paulum supra oram elata — raro in superiore parte ramosa. Putamen tenue vitreum.*

Typische Form. Das Gehäuse länglich, von annähernd elliptischem Umrisse, mässig gewölbten, in der Mitte meist etwas abgesetzten Seiten. Die vier Kammern des letzten Umganges, die allein sichtbar sind, rasch anwachsend, durch eingesenkte, wenig gebogene, unter beinahe einem rechten Winkel auf einander stossende Näthe getrennt. Um das Ganze läuft ein ziemlich breiter, dünner Flügelsaum, an dem sich noch deutlich der, jeder einzelnen Kammer zugehörige Theil erkennen lässt. Die Mündung auf der Höhe der Endkammer gelegen, einfach röhrenförmig wenig über den Saum erhoben, selten im oberen Theile verzweigt. Die Schale dünn, glasartig.

Abänderungen. Die wenigen gefundenen Exemplare zeigen keine auffallenden Verschiedenheiten.

Vorkommen. Sehr selten in dem oberen Thone von Kar Nikobar.

Verwandtschaft. Die vorliegende Form ist zu eigenartig, als dass sie einen näheren Vergleich mit irgend einer der bekannten Formen zulassen würde.

## POLYMORPHINIDEA.

### POLYMORPHINA LABIATA m.

Taf. VII. Fig. 90. Mittlere Länge 0·9 Millim.

*T. oblonga, lineis paene ellipticis, finibus plus minusve acutis. Loculi valde circumplectentes, cochleatim structi, plerumque subventrnosi, separati suturis perspicuis acutis. Apertura parva formata lunari rima, sub cuspide sita. Putamen tenue, vitreum, tenuibus foraminibus perforatum.*

Typische Form. Das Gehäuse länglich mit beinahe elliptischen Umrissen, mehr oder weniger zugespitzten Enden. Die Kammern stark umfassend, spiralig aufgebaut, meist etwas bauchig, durch deutliche, scharfe Näthe getrennt. Die Mündung klein, von einer halbmondförmigen, unter der Spitze gelegenen Spalte gebildet. Die Schale dünn, glasartig, fein porös.

Abänderungen. Die wenigen gefundenen Exemplare zeigen keine bemerkenswerthen Verschiedenheiten.

Vorkommen. Sehr vereinzelt in dem oberen Thone von Kar Nikobar.

Verwandtschaft. Es finden sich unter den bereits bekannten Polymorphinen-Arten mehrere, die in der Gesammtform sich sehr nahe an jene von Kar Nikobar anschliessen, doch scheint sich letztere durch die angegebenen Mündungsverhältnisse constant von denselben zu unterscheiden.

### BULIMINA INFLATA Seguenza.

Taf. VII. Fig. 91. Mittlere Länge. 0·55 Millim.

(Seguenza, Prime ricerche intorno ai rizopodi fossili delle argile pleistoceniche dei distorni di Catania, pag. 25, Taf. I, Fig. 10).

*T. brevis compressa, parte superiore corrotundata, inferiore rotunde conica. Loculi subcamerati frontibus septalibus laevibus, subinflatis, lateribus costatis infra valde decurrentibus, quorum costae tectiformes, acutae supra marginem inferiorem continuantur in spinas praeeminentes; cochleatim structi, terni singulos circuitus formantes, suturis acutis separati. Apertura fissura commatiformis, in summo plano ventrali loculi ultimi decurrens. Putamen tenue vitreum.*

Typische Form. Das Gehäuse kurz, gedrungen, mit zugerundetem Obertheile, gerundet konischem Untertheile. Die Kammern mässig gewölbt, nach unten rasch, ja manchmal sogar kantig abfallend, mit glatten etwas aufgeblähten Septalflächen, gerippten Seiten, deren dachförmige scharfe Rippen sich über den unteren Rand als vorstehende Stachel fortsetzen. Sie sind in dreizeiliger Spirale aufgebaut, durch tiefe, scharfe Näthe getrennt. Die Mündung eine commaförmige Spalte, die im obersten Theile der Bauchfläche der letzten Kammer herabläuft. Die Schale ziemlich dünn, glasartig.

Abänderungen. Mit Ausnahme der bereits erwähnten Verschiedenheiten und der etwas wechselnden Dicke ist die vorliegende Art sehr beständig.

Vorkommen. Einzeln in den Thonen beider Horizonte von Kar Nikobar.

Verwandtschaft. Die betreffende Nikobarenform stimmt so vollständig mit der l. c. von Seguenza aus dem Pleistocen der Umgebung von Catania beschriebenen und abgebildeten Art, dass ich nicht umhin kann, sie damit zu identificiren. Eine andere, ebenfalls sehr nahe Verwandte hat unsere Art überdies noch an der *Bulimina marginata* d'Orbigny (Tabl. meth. p. 269, Taf. XII, Fig. 10—12); beinahe aber mehr noch an der, zu derselben Art als *Bul. pupoides* var. *marginata* gezogenen Form, die Williamson in seiner Bearbeitung der recenten Foraminiferen von Grossbritannien (pag. 62, Taf. IV, Fig. 126 und 127); so wie Parker und Jones in den Annals and Magazine of nat. hist. 2 ser. vol. XIX, Taf. XI, Fig. 35—40 beschreiben und abbilden, und die sich blos durch die grössere Schlankheit des Gehäuses und bedeutendere Höhe der Kammern von der *B. inflata* unterscheidet, jedoch nichts desto weniger eine wohl abgeschlossene Gruppe bildet.

## UVIGERINA GEMMAEFORMIS m.
TAF. VII. FIG. 92. Mittlere Länge 0·7 Millim.

*T. oblonga, oviformis, intersectione paene circulari aut rotunde triquetra, infra aequaliter cuspidata, in fine superiore paulum deplanata. Loculi subcamerati, oblongi, paulum obliqui, — interdum plus minusve angulate ad latus demissi, sensim et aequaliter accrescentes, spira triplici structi, costas decurrentes, tectiformes, rotundatos, latis intervallis separatos habentes. Suturae incisae, rotundatae. Apertura sita in fine fistulae tenuis, in formam tubae dilatatae, surgentis ex plano vel paulum inciso vertigine ultimi loculi. Putamen subcrassum, tenuibus foraminibus.*

Typische Form. Das Gehäuse länglich eiförmig, von beinahe kreisförmigen oder gerundet dreikantigem Durchschnitte, im unteren Theile ziemlich gleichmässig zugespitzt, an dem oberen Ende jedoch etwas abgeflacht. Die mässig gewölbten, länglichen, etwas schrägen, manchmal mehr oder weniger deutlich winklig nach der Seite geknickten Kammern, langsam und gleichmässig anwachsend, in dreizeiliger Spirale aufgebaut, mit flachen, dachförmigen, gerundeten, durch breite Zwischenräume getrennten, herablaufenden Rippen versehen. Die Näthe vertieft, gerundet. Die Mündung an dem trompetenartig erweiterten Ende einer dünnen Röhre gelegen, die aus dem flachen oder etwas eingesenkten Scheitel der letzten Kammer emporsteigt. Die Schale mässig dick, fein porös.

Abänderungen. Obwohl gewissermassen der Grundstock der Formen dieser Art einen bestimmt ausgesprochenen Charakter zeigt, der genügend erscheint, um ihre Auffassung als besondere Species zu rechtfertigen, so lässt sich doch nicht läugnen, dass die mannigfachen Abänderungen, denen dieselbe in der Schärfe der Rippen und der grösseren oder geringeren Stumpfheit des Gehäuseuntertheiles unterworfen ist, eine nicht unbedeutende Zahl von Formen hervorbringt, die sich so nahe an manche Extreme der nächstfolgenden Art anschliessen, dass eine Grenze sich in manchen Fällen nur sehr prekär ziehen lässt.

Vorkommen. Einzeln in den Thonen beider Horizonte von Kar Nikobar.

Verwandtschaft. Die unserer Art jedenfalls am nächsten stehende Form ist die *Uvigerina striata* Costa (Palaeontologia del regno di Napoli pag. 266, Taf. XV, Fig. 2 A. C.), doch unterscheidet sie sich durch die niedrigeren, zahlreicheren Kammern und die dickere, weniger scharf abgesetzte Mündungsröhre.

## UVIGERINA NITIDULA m.
### Taf. VII. Fig. 93. Mittlere Länge 0·6 Millim.

*T. oblonga, elliptica, finibus fere deplanatis. Loculi camerati, fere latiores quam altiores — in parte inferiore magis humiles, spira triplici structi, saepe proni. Super eos costae tenues, filiformes, plerumque intervallis paulum latioribus separati decurrunt, in superiore parte nonnunquam vix conspicuae. In summo ultimo loculo fistula tenuis cylindrica surgit in fine dilatata in formam tubae, aperturam continens. Putamen tenue, vitreum, tenuibus densis foraminibus perforatum.*

Typische Form. Das Gehäuse länglich, elliptisch mit mehr oder weniger gerundet abgeflachten Enden. Die in dreizeiliger Spirale aufgebauten Kammern ziemlich gewölbt, nicht selten etwas nach vorne gebogen, länglich, blos im unteren Theile des Gehäuses niedrig, breit. Über das ganze Gehäuse laufen dünne, lamellose Rippen herab, die durch etwas breitere Zwischenräume getrennt werden, doch an den letzten Kammern manchmal fehlen. In einer herablaufenden Einsenkung der Endkammer erhebt sich die cylindrische Mündungsröhre, die sich im obersten Theile trompetenartig erweitert. Die Schale ziemlich dünn, von feinen dicht liegenden, radialen Porencanälen durchbohrt.

Abänderungen. Ausser den bereits erwähnten Varietäten der vorliegenden Art, die besonders dadurch, dass ihr Unterende weit weniger stumpf ist, als es die typischen Formen zeigen, sich an die vorhergehende Art anschliessen, finden sich noch Verschiedenheiten in der mehr oder minder dichten Berippung, der grösseren oder geringeren Wölbung der Kammern, auch scheint in einzelnen Fällen die Mündungsröhre zu fehlen, und die Mündung buliminenartig zu werden, doch könnte dies leicht auf Rechnung des Erhaltungszustandes zu setzen sein.

Vorkommen. Einzeln in den Thonen beider Horizonte von Kar Nikobar.

Verwandtschaft. In ihrer typischen Entwicklung ist die vorliegende Art ziemlich eigenartig und nicht leicht mit irgend einer der bereits bekannten Formen zu verwechseln.

## UVIGERINA CRASSICOSTATA m.
### Taf. VII. Fig. 94. Mittlere Länge 1·3 Millim.

*T. brevis, pressa oviformis, infra breviter cuspidata, interdum hebetata. Loculi magni, subcamerati, fere non altiores quam latiores, spira triplici structi. Super totam testam, praeter frontes septales conspicuas, crassae, sensim erectae, lamellosae, plerumque flexae costae, paulum latioribus intervallis separatae, supra insertis pluribus auctae. Suturae corrotundatae, parum conspicuae. Apertura in fine brevis fistulae, supra in oram catilliformem dilatatae, surgentis ex vertigine paulum inciso loculi ultimi. Putamen subcrassum, tenuibus, radiatis, crebris fistulis perforatum.*

Typische Form. Das Gehäuse kurz, gedrungen eiförmig, im Untertheile kurz zugespitzt, jedoch auch nicht selten abgestumpft. Die Kammern gross, mässig gewölbt, durchschnittlich eben so hoch als breit, in dreizeiliger Spirale aufsteigend. Über das ganze Gehäuse, mit Ausnahme der sichtbaren Septalflächen, laufen kräftige, allmälig erhobene, lamellenartige, meist etwas verbogenen Rippen, die durch wenig breitere Zwischenräume getrennt werden, und sich nach oben durch Einschiebung vermehren. Die Näthe gerundet, meist nicht sehr deutlich. Die Mündung an dem Ende einer kurzen Röhre gelegen, die an ihrem Ende sich in einen tellerartigen Saum ausbreitet, und sich aus dem, meist etwas eingesenkten Scheitel der letzten Kammer erhebt. Die Schale ziemlich dick, von feinen radialen, dicht liegenden Röhrchen durchbohrt.

Abänderungen. Die vorliegende Form ist sehr beständig und an ihren dicken Rippen bereits meist leicht kenntlich, nur in vereinzelten Fällen sind diese dünner, schärfer abgesetzt.

Vorkommen. Nicht ganz selten in den Thonen beider Horizonte von Kar Nikobar.

Verwandtschaft. Die vorherbeschriebene Art dürfte unter den bekannten, so ziemlich die nächste Verwandte der vorliegenden sein, doch wird man nur selten, und zwar beinahe blos bei den zuletzt erwähnten Abänderungen Anhaltspunkte zu einem genaueren Vergleiche erhalten.

## UVIGERINA HISPIDA m.

### Taf. VII. Fig. 95. Mittlere Länge 1·2 Millim.

*T. prolongata, paulum a latere compressa, supra valde, infra sensim angustata et hebetata. Loculi camerati, ab initio cochleate structi, parum eminentes, posteriores in formam circuli sectionum inflati, fere alternantes, extrinsecus crassis setis consiti, profundis, acutis suturis separati. Loculus terminalis in vertigine acuatus cuspide valde erecta, supra paulum angustata, aperturam magnam, laevigatam, rotundam continente. Putamen subcrassum, tenuibus, radiatis foraminibus perforatum, praeter setas ut crassas claviculas in testam continuatas.*

Typische Form. Das Gehäuse verlängert, etwas seitlich zusammengedrückt, nach oben rascher, nach unten allmälig verengert, mit abgestumpftem Unterende. Die gewölbten Kammern im Anfangstheile meist spiralig aufsteigend, wenig vorragend, später in Form von Kugelsegmenten stark aufgebläht, nicht selten beinahe regelmässig alternirend. Alle auf der Oberfläche mit ziemlich dicken Stachelhaaren bedeckt, durch tiefe scharfe Näthe getrennt. Die Endkammer auf ihrem Scheitel mit einer rasch erhobenen, doch nicht abgesetzten Spitze versehen, die sich nach oben etwas verengert und die grosse, glatte, runde Mündung trägt. Die Schale mässig dick, fein radial porös, mit Ausnahme der Stachelhaare, die sich als dichte Zapfen in die Schale fortsetzen.

Abänderungen. Einzelne individuelle Abweichungen abgerechnet, wie z. B. das nach oben raschere Breiterwerden des Gehäuses, oder das bedeutendere Heraustreten der Kammern an den Seiten, ist die vorliegende Art sehr beständig, und stets leicht wieder zu erkennen.

Vorkommen. Nicht selten sowohl in dem oberen als unteren Thone von Kar Nikobar.

Verwandtschaft. Unter den bereits bekannten Formen dürfte wohl keine unserer Art näher stehen als die *Uvigerina Orbignyana* Czižek (Haidinger's naturw. Abhandlungen Bd. II, pag. 147, Taf. XII, Fig. 16 und 17), doch ist sie von letzterer durch die niedrigeren Kammern und die scharf abgesetzte, dünne Mündungsröhre leicht zu unterscheiden. Auch die *Uvigerina gracilis* Rss. (Zeitschr. d. deutsch. geolog. Gesellsch. pag. 77, Taf. V, Fig. 39) zeigt eine bedeutende Ähnlichkeit mit unserer Art, von der sie sich jedoch durch das schlankere Gehäuse und die zahlreichen kleineren Kammern unterscheidet.

## UVIGERINA PROBOSCIDEA m.

Taf. VII. Fig. 96. Mittlere Länge 0·6 Millim.

*T. brevis, supra in cuspidem extracta, infra plus minusve sacciformis, magis magisque coacuata. Loculi cochleate structi, fere duobus vel tribus in uno circuitu, initio parum. deinde valde camerati, interdum hemisphaeridales, tenuibus spinis consiti. incisis. conspicuis, rotundis suturis separati. Loculus terminalis supra prolongatus in formam rostelli, plus minusve ad extra versi. in fine aperturam levigatam, rotundam continentis. Putamen praeter spinas tenuibus foraminibus perforatum.*

Typische Form. Das Gehäuse ziemlich kurz, nach oben zur Spitze ausgezogen, der grösstentheils mehr oder minder sackähnliche Untertheil gegen das untere Ende mit zunehmender Raschheit zugespitzt. Die Kammern spiralig aufgebaut, durchschnittlich zwei bis drei in einem Umgange. Sie sind anfangs nicht bedeutend, später stark gewölbt, manchmal beinahe halbkugelig; alle mit feinen Stachelhaaren bedeckt, durch vertiefte, deutliche, gerundete Näthe getrennt. Die Endkammer geht nach oben allmälig in eine dicke rüsselartige Verlängerung über, die meist mehr oder weniger nach aussen gerückt ist und an ihrem Ende die glatte, runde Mündung trägt. Die Schale mit Ausnahme der Stachel fein porös.

Abänderungen. Obwohl die vorliegende Art vielen individuellen Abänderungen unterworfen ist, indem die mittleren Kammern bald mehr, bald weniger zusammengeballt und gewölbt sind, die letzte nicht selten beinahe losgelöst ist u. ff., so wird dadurch der Gesammthabitus nicht wesentlich geändert, und es bleiben solche Formen doch meist leicht kenntlich. Nicht unbedeutend wird jedoch die Verschiedenheit, wenn, wie es in einzelnen Fällen vorkommt, die Kammern ziemlich regelmässig alterniren, das ganze Gehäuse weit länger, schlanker wird. Solche Formen ähneln dann sehr jenen der vorhergehenden Art, von der sie sich jedoch durch die bedeutend geringeren Dimensionen stets leicht unterscheiden lassen.

Vorkommen. Nicht selten in den Thonen beider Horizonte von Kar Nikobar.

Verwandtschaft. Die vorliegende Art zeigt eine so ausnehmende Ähnlichkeit mit einer noch nicht beschriebenen Form aus den Mukronatenthonen der alpinen Kreide von Traunstein, dass ich bis jetzt einen durchgreifenden Unterschied nicht zu finden vermochte.

## SHAEROIDINA AUSTRIACA d'Orb.

Taf. VII. Fig. 98. Mittlerer Durchmesser 0·9 Millim.

Foraminifères de Vienne pag. 284, Taf. XX, Fig. 19—21.

Die vorliegende Art schliesst sich mit Ausnahme der geringeren Entwicklung der Lippe in allen ihren Varietäten so nahe an die von Reuss aus den Schichten des österreichischen Tertiärbeckens (Denkschr. d. kais. Akad. d. Wissensch. I. Bd., 1850, pag. 387, Taf. LI, Fig. 3—19) beschriebenen und abgebildeten Formen dieser d'Orbigny'schen Art, dass sie wohl damit wird vereiniget werden müssen. Die Schale von ziemlich vereinzelt stehenden Poren durchbohrt.

Vorkommen. Einzeln in dem oberen, selten in dem unteren Thone von Kar Nikobar.

## SHAEROIDINA MURRHYNA m.

Taf. VII. Fig. 97. Mittlere Länge 1 Millim.

*T. si juvenilem spectas subglobosa, loculis plus minusve inflatis, in parte embrionali paene in formam circuli structis deinde plus minusve irregulariter conglomeratis in adultis formis soli tres vel quatuor ultimi loculi perspicui, subplanis rotundatis incissuris notati. Loculus finalis in formam brevis rostelli protentus in media fronte septali incissura immissa, foras corrotundata, in adversa parte labiata, perforatus. Putamen nitidum imperforatum.*

Typische Form. Das Gehäuse anfangs kuglig mit meist etwas blasenartig vorstehenden Kammern, die im Embryonaltheile beinahe in einer Ebene anwachsen, und stark umfassen, später mehr oder weniger unregelmässig geballt sind. Zuletzt die drei bis vier letzten Kammern allein sichtber, durch flach gerundete Einsenkungen getrennt, die jedoch manchmal beinahe vollständig verwischt sind. Die Endkammer etwas rüsselartig vorgezogen, in der Mitte ihrer Septalfläche mit einer commaförmigen Falte versehen, die sich gegen aussen etwas erweitert und abrundet, und die Mündungsspalte umfasst, die an ihrer vorderen Seite von einer lippenartig vorragenden Lamelle begleitet wird. Die Schale mässig dick, glatt, porzellanartig; auch gelang es mir nicht Schalenporen zu finden.

Abänderungen. Mit Ausnahme der durch die Alterzustände bewirkten Verschiedenheiten, die allerdings den Habitus ziemlich verändern, ist die vorliegende Form sehr beständig und an der porzellanartigen Schale und den Mündungsverhältnissen stets leicht kenntlich.

Vorkommen. Nicht gerade selten in den Thonen beider Horizonte von Kar Nikobar.

Verwandtschaft. Die vorliegende Art ist im ausgebildeten Zustande zu eigenartig, als dass sie einen näheren Vergleich mit irgend einer der bereits bekannten Formen zulassen würde.

## DIMORPHINA STRIATA m.

Taf. VII. Fig. 99 und Fig. 2. Mittlere Länge 0·9 Millim.

*T. prolongata, nodosariaeformis, loculis ab initio cochleate globosis, interdum ex spira duplici in simplicem transiens. Loculi latiores quam altiores, initio paulum deinde magis camerati, lateribus in suturas profundas, acutas, corrotundate et praeceps decidentibus. In medio vertigine deplanato loculi terminalis fistula aperturalis, tenuis, in fine tubaeforme dilatata. Loculus embrionalis infra interdum brevi tenui cuspide acuatus. Super totam testam costulae tenues, crebres, filiformes, paribus intervallis separatae, interdum infra ut tenuis spinula proëminentes. Putamen tenue, vitreum, tenuissimis, crebris foraminibus radiatis — illa spinula ut crassa clavicula in testam immissa.*

Typische Form. Das Gehäuse verlängert, im Allgemeinen nodosarienartig, die Anfangskammern jedoch spiralig geballt, welche Anordnung nicht selten zuerst in eine zweireihige und dann erst in die einreihige übergeht. Die merklich breiteren als höheren Kammern anfangs weniger, später ziemlich gewölbt, mit gegen die tiefen, scharfen Näthe rasch und gerundet abfallenden Seiten. Die Endkammer, mit abgeflachtem Scheitel, in dessen Mitte sich eine dünne, an dem Ende trompetenartig erweiterte Mündungsröhre erhebt. Die Embryonalkammer nach unten manchmal mit einem kurzen, dünnen Stachel versehen. Über das ganze Gehäuse laufen feine, dicht stehende, fadenförmige Rippchen, die durch gleichbreite Zwischenräume getrennt werden, und sich nach unten manchmal als feine Stachel loslösen. Die Schale dünn, glasartig, sehr fein und dicht radial porös; blos wenn sie im unteren Theile stachlig ist, die Stachel als dichte Zapfen in die Schalenmasse eingesenkt.

32 *

Abänderungen. Die meisten und auffallendsten Verschiedenheiten werden bei dieser Art dadurch hervorgebracht, dass eine oder die andere der Aufbauformen der Kammern sich stärker oder schwächer entwickelt als gewöhnlich, womit auch in Verbindung steht, dass die den nächst folgenden Kammern gegenüber meist nicht bedeutend breitere, sackförmige Zusammenhäufung der Kammern in einzelnen Fällen sehr bemerkbar wird, in anderen beinahe zurücktritt. Im Ganzen ist jedoch die vorliegende Form wohl charakterisirt, und meist leicht wieder zu erkennen.

Vorkommen. Nicht selten in den Thonen beider Horizonte von Kar Nikobar.

Verwandtschaft. Eine nicht unbedeutende Ähnlichkeit scheinen mit unserer Art manche Formen der *Nodosaria striatissima* Stache (Foraminiferen aus den tertiären Mergeln des Whaingaroa-Hafens, Novara-Expedition, Neu-Seeland, pag. 198, Taf. XXII, Fig. 25) zu besitzen, doch dürften sie sich schon durch die dickeren Rippen und die Mündungsröhre, abgesehen von dem Aufbaue der Embryonalkammern, genügend unterscheiden.

## TEXTILARIDEA.

### TEXTILARIA GLOBIGERA m.
#### Taf. VII. Fig. 100. Mittlere Länge 0·13 Millim.

*T. subprolongata, infra sensim et aequaliter angustata, supra oblique et obtusis angulis hebetata. Loculi globosi, aequaliter accrescentes, profundis, acutis, horizontalibus suturis separati. Loculus terminalis intus erectus, magna non lata apertura. Putamen pustulatum, crebris curvatis canalibus foraminalibus perforatum.*

Typische Form. Das Gehäuse mässig verlängert, nach unten allmälig und ziemlich gleichmässig verengert, oben schief und ziemlich stumpfwinkelig abgestutzt. Die kugelförmigen Kammern gleichmässig anwachsend, durch tiefe, scharfe, horizontale Näthe getrennt. Die Endkammer an ihrer Innenseite von einer ziemlich grossen, nicht sehr breiten Mündung ausgeschnitten. Die Schale aussen mit pustelartigen Erhöhungen, von zahlreichen, gekrümmten Porencanälchen durchbohrt.

Abänderungen. Diese scheinen bei der vorliegenden Form verhältnissmässig nicht sehr bedeutend zu sein, und sich vorzüglich auf die etwas wechselnde Divergenz der Seiten zu beschränken.

Vorkommen. Ziemlich häufig in den oberen, etwas seltener in dem unteren Thone von Kar Nikobar.

Verwandtschaft. Die vorliegende Art zeigt eine ausnehmende Ähnlichkeit mit der *Textilaria globifera* Reuss (böhm. Kreide I, pag. 39, Taf. 12, Fig. 23) und dürfte sich höchstens durch die etwas rauhe Oberfläche, und vielleicht durch die Art des Verlaufes ihrer Porencanäle von letzterer unterscheiden lassen.

### TEXTILARIA PRAELONGA m.
#### Taf. VII. Fig. 104. Mittlere Länge 1·6 Millim.

*T. longa, arta, marginibus a latere fere parallelis, recta vel paulum curvata. Latera rotundis angulis decidentia ad margines in fine loculorum undulatos — vel media paulum erecta. Loculi crebres, aequaliter et sensim accrescentes, simplices obliqui, saepius fornicati, paulum camerati, infra adversus marginem lateris inter-*

dum proniores quam supra. Suturae perspicuae non acutae. Apertura subparva quadrata, supra ultimam suturam septalem sita. Putamen subcrassum, asperum.

**Typische Form.** Das Gehäuse ist schmal, lang, gerade, mit beinahe parallelen Seitenrändern, oder auch manchmal etwas seitlich gebogen. Die Seitenflächen gegen die, durch die Enden der Kammern etwas wellenförmigen Kanten des Gehäuses, gerundet winkelig abfallend, oder auch längs der Mitte etwas erhoben. Die zahlreichen, im Ganzen ziemlich gleichmässig und langsam anwachsenden Kammern, einfach, schief, oder auch, und beinahe noch häufiger, etwas geschwungen, wenig gewölbt, nach unten, besonders gegen den Seitenrand zu, nicht selten rascher abfallend als nach oben. Die Näthe deutlich, doch nicht scharf. Die Mündung ziemlich klein, viereckig, unmittelbar über der letzten Septalnath gelegen. Die Schale mässig dick, etwas rauh.

**Abänderungen.** Die vorliegende Form ist ziemlich veränderlich, bald dünn, bandartig, bald merklich dick; das untere Ende ist bald lang, allmälig und bedeutend verschmälert, ein andermal ziemlich rasch verengert, zuletzt zugestumpft. Auch die Kammern können etwas gewölbt, nicht sehr niedrig; ein andermal niedrig, flach sein. Trotz dieser Verschiedenheiten ist jedoch die vorliegende Art im ausgebildeten Zustande bereits durch ihre auffallend verlängerte Gestalt leicht kenntlich.

**Vorkommen.** Sehr vereinzelt, sowohl in dem oberen als unteren Thone von Kar Nikobar.

**Verwandtschaft.** Die nächst verwandte Form, die möglicher Weise mit unserer Art identisch sein könnte, dürfte wohl die *Textilaria elongata* Forbes (Quart. journ. of the geol. society 1850, p. 350, Taf. XXIX, Fig. 2) aus dem Ototara Limestone sein, doch genügt die gegebene Abbildung und Beschreibung nicht, um deren Identität feststellen zu können. Auch *Textilaria attenuata* Reuss (Beitrag zur Kenntniss der tertiären Foraminiferenfauna. Sitzungsber. d. Akad. d. Wissensch. in Wien, XLVIII. Bd., p. 59, Taf. VII, Fig. 87), aus dem Septarienthon von Offenbach zeigt eine bedeutende Ähnlichkeit mit der Nikobarenart, doch unterscheidet sie sich von derselben bereits durch den stets vorhandenen, wenn auch nicht immer sehr deutlichen Flügelsaum.

## TEXTILARIA QUADRILATERA m.
TAF. VII. FIG. 103. Mittlere Länge 0·9 Millim.

*T. subprolongata, infra sensim, supra magis angustata, finibus corrotundatis, intersectione quadrata, marginibus in formam alarum protractis, lateribus rectangulis. Loculi subcamerati vel plani, cuneati, obliqui, currati, infra interdum detracti, in fine interiore lamna latior, rotundata. Suturae saepe taeniis rotundis, latis, paulum erectis notatae. Frontes plus minus cavatae, latera subcamerata, finibus loculorum subinflatis, suturis infra cameratis vel horizontalibus. Apertura magna, rotunde quadrata, supra summam suturam septalem. Putamen subtenue, sparsis majoribus foraminibus perforatum.*

**Typische Form.** Das Gehäuse mässig verlängert, nach unten allmälig, oben ziemlich rasch verschmälert, die Enden zugerundet. Der Durchschnitt vierkantig, mit flügelartig vorgezogenen Kanten, im Ganzen rechtwinkelig auf einander stehenden Seiten. Die etwas gewölbten oder auch fast flachen Kammern sind keilförmig, schief, gebogen, im unteren spitzen Ende nicht selten etwas herabgezogen; das Lumen des inneren Endes dagegen breiter, gerundet. Die Näthe nicht selten durch gerundete, ziemlich breite, etwas erhobene Leisten markirt. Die Hauptseiten des Gehäuses mehr oder weniger ausgehöhlt, die Nebenseiten meist etwas gewölbt, mit mässig aufgetriebenen Kammerenden, etwas nach oben gewölbten oder horizontalen Näthen. Die Mündung eine grosse, gerundet vierseitige Öffnung, etwas über der höchsten Septalnath gelegen. Die Schale ziemlich dünn, mit zerstreuten, verhältnissmässig grossen Durchbohrungen.

Abänderungen. Ausser in den bereits angegebenen Punkten variirt die vorliegende Art noch etwas in der Divergenz der Seiten und der Dicke, auch kommen Formen vor, die etwas spiralig gewendet, oder auch auf einer Seite breiter als auf der andern sind, doch markiren sie die flügelartig verdünnten Seiten stets so trefflich, dass man nicht leicht in die Gefahr kommt, dieselbe mit irgend einer anderen Form zu verwechseln.

Vorkommen. Ziemlich häufig in dem oberen Thone von Kar Nikobar und wie es scheint für denselben charakteristisch.

Verwandtschaft. Die vorliegende Art scheint der von Costa als *Textilaria tetraëdra* jedoch jedenfalls nicht ganz richtig abgebildeten Form (Palaeontol. del regno di Napoli p. 292. Taf. XXIII, Fig. 10 A. C.) ziemlich ähnlich zu sein, doch ist letztere jedenfalls durch den Mangel der Flügelsäume leicht von derselben zu unterscheiden. Auch *Textilaria laminaris* Costa (l. c. p. 294. Taf. XXIII, Fig. 15) scheint eine nicht unbedeutende Ähnlichkeit mit unserer Art zu besitzen, von der sie sich aber ebenfalls bereits durch das erwähnte Merkmal unterscheidet.

## BOLIVINA PUSILLA m.
### Taf. VII. Fig. 101. Mittlere Länge 0·35 Millim.

*T. prolongata. compressa, lateribus vix divergentibus, finibus infra rotundato supra rotunde angulato, lateribus vix cameratis, marginibus rotunde angulatis. Loculi humiles, crebres, alternantes, subcamerati, extra valde proni, paene recti, infra detracti. Suturae perspicuae, non profundae. Apertura fissura longa, arta, in ruga decurrente in media fronte septali. Putamen tenue, vitreum, subtenuibus, sparsis foraminibus perforatum; in superficie brevibus, decurrentibus, raro penetrantibus costulis decoratum.*

Typische Form. Das Gehäuse verlängert, zusammengedrückt, mit nicht sehr divergirenden Seiten, gerundetem Unter-, gerundet winkeligem Oberende, flach gewölbten Seitenflächen, gerundet winkeligen Randkanten. Die niedrigen, zahlreichen, regelmässig alternirenden, etwas gewölbten Kammern nach aussen ziemlich stark abfallend, beinahe gerade, blos an dem Unterende etwas herabgezogen. Die Näthe deutlich, doch nicht sehr tief. Die Mündung eine schmale, lange Spalte, die in einer, längs der Mitte der Septalfläche herablaufenden Falte liegt. Die Schale dünn, glasartig, mit ziemlich feinen, vereinzelten Durchbohrungen; auf der Oberfläche mit kurzen, herablaufenden, selten vollständig durchlaufenden Rippchen verziert.

Abänderungen. Die vorliegende Form variirt nicht unbedeutend, sowohl in der Dicke und Breite des Gehäuses und der Divergenz der Seiten; als auch in der Beschaffenheit der Schalenoberfläche, die manchmal beinahe glatt, ein andermal mit mehr oder weniger langen, erhobenen Rippen versehen ist.

Vorkommen. Nicht selten in dem oberen, seltener in dem unteren Thone von Kar Nikobar, doch ihrer Kleinheit wegen leicht zu übersehen.

Verwandtschaft. Die vorliegende Art zeigt eine auffallende Ähnlichkeit mit der recenten *Bolivina costata* d'Orbigny (Voyage dans l'Amérique méridionale pag. 62, Taf. VIII,

Fig. 8), von der sie sich jedoch durch die mehr keilförmige Gestalt, den Abfall der Kammern, und meist auch durch die Art der Berippung unterscheidet.

## BOLIVINA LIGULARIA m.

Taf. VII. Fig. 102. Mittlere Länge 06·8 Millim.

*T. subprolongata, ligulaeformis, lineis paene ellipticis, infra sensim angustata, finibus corrotundatis, intersectione elliptica. Loculi alternantes, paulum latiores. quam altiores, vix camerati, paulum proni, subcurvati, lamina infra lata rotundata, extra subangustata, detracta. Suturae planae, vix conspicuae. Putamen interdum planis vix conspicuis, directis, irregularibus costulis, tenue, vitreum, foraminibus majoribus, parum spissis perforatum. Apertura tenuis fissura in media ultima fronte septali.*

**Typische Form.** Das Gehäuse mässig verlängert, zungenförmig, im Hauptumrisse beinahe elliptisch, nach unten allmälig, jedoch wenig verschmälert. Die Enden zugerundet, der Durchschnitt ebenfalls elliptisch. Die regelmässig alternirenden, wenig breiter als hohen, kaum gewölbten, wenig abfallenden Kammern etwas gebogen, mit nach innen zu breitem, gerundetem Lumen, nach aussen etwas verengert und herabgezogen. Die Näthe meist sehr undeutlich, flach. Die Oberfläche der Schale manchmal mit sehr flachen, kaum bemerkbaren, längslaufenden, unregelmässigen, rippenartigen Erhöhungen versehen. Die Schale dünn, glasartig, mit verhältnissmässig ziemlich grossen, wenig dicht gestellten Durchbohrungen. Die Mündung eine schmale, in der Mitte der letzten Septalfläche herablaufende Spalte.

**Abänderungen.** Diese Art kommt zu selten vor, als dass sich besondere Verschiedenheiten hätten beobachten lassen.

**Vorkommen.** Sehr selten in dem oberen Thone von Kar Nikobar.

**Verwandtschaft** Die vorliegende Form scheint eine nicht unbedeutende Ähnlichkeit mit dem *Gramostomum phyllodes* Ehrenberg (Microgeologie Taf. XXVI) von Catolica zu besitzen, doch da sich bei letzterem die Dicke, die bei unserer Art ziemlich beträchtlich ist, nicht erkennen lässt, auch die Kammern niedriger, schiefer sind, wage ich es nicht beide zu identificiren. Auch eine in den Tertiärschichten von May vorkommende Bolivinen-Form zeigt eine nicht unbedeutende Ähnlichkeit mit unserer Art, doch ist sie kleiner, die Kammern niedriger, schiefer.

# GLOBIGERINIDEA.

## GLOBIGERINA CONGLOMERATA.

Taf. VII. Fig. 113. Mittlerer Hauptdurchmesser 0·6 Millim.

*T. sphaeralis, spira plus minusve perspicua, qua complures fere loculi finibus aequaliter cochleatis, pustulatis eminent. Loculi subplanae circuli sectiones, marginibus corrotundatis, ad intus versis. Apertura labiata formata per fissuras loculorum ultimi circuitus, profunde sita, circumdata planis decurrentibus loculorum, plus minusre notatis. Putamen crassum, fere non grandibus foraminibus.*

**Typische Form.** Das Gehäuse im Ganzen kuglig, mit meist mehr oder weniger deutlich ausgesprochener Spiralseite, an der eine grössere oder geringere Zahl der Kammern mit nicht selten ziemlich regelmässig spiral gestellten. blasenartig erhobenen Enden herausragt. Die Kammern haben die Form von meist ziemlich flachen Kugelsegmenten, deren Ränder zugerundet und etwas nach innen geschlagen sind. Die lappige Mündung wird durch die Spalten gebildet, welche die Kammern des letzten Umganges nach innen zu zwischen sich lassen. Sie liegt ziemlich tief, und ist von den mehr oder weniger deutlich markirten Abfallflächen der Kammern umgeben. Die Schale dicht doch nicht sehr grobporig, in letzterer Hinsicht jedoch etwas wechselnd.

Abänderungen. Wenn man von der, den Globigerinen überhaupt eigenthümlichen Veränderlichkeit absieht, so ist die vorliegende Form im Allgemeinen sehr beständig und an ihrer Kugelform, verbunden mit der tief gelegenen, von den flächig und schief einfallenden Innenseiten der Kammern umgebenen Mündung, wohl zu erkennen.

Vorkommen. Gemein in den Thonen beider Horizonte von Kar Nikobar.

Verwandtschaft. Eine nicht ganz unbedeutende Ähnlichkeit scheint unsere Form mit der von Bay lei (Microscopical forms in saundings made by the u. s. coast survey, in Smithsonian contribution to Knowledge vol. II, Abth. III, fig. 20—22) als *Globigerina rubra* d'Orb. abgebildete Form zu besitzen, doch wachsen bei letzterer die Kammern weit rascher an, wodurch die Form eine weniger kugelförmige Gestalt erhält.

## GLOBIGERINA SEMINULINA m.

Taf. VII. Fig. 112. Mittlerer Hauptdurchmesser 0·58 Millim.

*T rotundata, triquetra raro quadrata, prout ultimus circuitus ceteros complectens tribus vel quatuor loculis formatur. Loculi globosi, planis rotundatis incissuris separati. suturis tenuibus, linearibus, vix conspicuis. Apertura formata marginibus interioribus loculorum conspicuorum, in formam rimae distantibus, tumidis, interdum undulatis vel recte striatis, stellaeformis, loculorum suturas profunde incidit. Superficies putaminis crassi foraminibus magnis, crebribus cicatricosa — raro foraminum fines expleti vel tumidi, singulis tenuioribus capilliforme prolongatis.*

Typische Form Das Gehäuse gerundet drei-, seltener vierseitig; je nachdem der letzte, die übrigen vollständig umfassende Umgang, von drei oder vier Kammern gebildet wird. Dieselben sind kuglig. durch flache, gerundete Einschnürungen getrennt, mit feinen linienförmigen, meist jedoch fast ganz verwischten Näthen. Die Mündung wird von den spaltenartig klaffenden, etwas aufgeworfenen, nicht selten gewellten oder senkrecht auf die freie Wand gestreiften Innenrändern der sichtbaren Kammern gebildet, und schneidet sternförmig ziemlich weit in die Näthe derselben hinein. Die Oberfläche der sehr dicken Schale durch die Mündungen der grossen, dichtstehenden Durchbohrungen meist grubig, seltener die Enden der Röhren stärker ausgefüllt und etwas erhoben, einzelne derselben, die dann viel feiner sind, haarartig verlängert.

Abänderungen. Im Allgemeinen ist die vorliegende Form ziemlich beständig und durch die etwas ausgebogenen Ränder der Mündung, so wie die sehr flachen Einschnürungen zwischen den Kammern, wohl kenntlich, doch finden sich nicht ganz selten individuelle Unregelmässigkeiten, so z. B. dass die Endkammern zusammengedrückt oder wie immer ungestaltet sind, oder rotalienartig in einer Ebene fortlaufen, nach Innen ganz losgelöst sind u. ff.

Vorkommen. Sehr häufig in den Thonen beider Horizonte von Kar Nikobar.

## GLOBIGERINA BULLOIDES d'Orb.

Foraminifères de Vienne pag. 163, Taf. IX, Fig. 4—6.

Die vorliegenden Formen stimmen so sehr mit den verglichenen von Wien und Coroncina, dass ich nicht anstehe, sie damit zu identifiziren. Von der *Globigerina seminulina*, mit deren einzelnen Formen manche der oben erwähnten nicht unbedeutende Ähnlichkeit zeigen, unterscheidet sie sich sehr wohl durch die tiefen, scharfen Näthe und die regelmässige halbmondförmige, an der Innenseite der letzten Kammer gelegene Mündung.

Vorkommen. Häufig, sowohl in dem oberen als unteren Thone von Kar Nikobar.

## ORBULINA UNIVERSA d'Orb.

Mittlerer Durchmesser 0·7 Millim.

Die gröber und gleichmässig grubige Oberfläche unserer Formen dieser Art, jenen aus dem italienischen Subappenin gegenüber, die ich besonders vergleichen konnte, scheint doch kein genügend constantes Merkmal abzugeben, um sie darauf hin als selbstständige Art abtrennen zu können.

Vorkommen. Gemein in dem oberen, weniger häufig in dem unteren Thone von Kar Nikobar.

# DISCORBINIDEA.

## DISCORBINA SACHARINA m.

Taf. VII. Fig. 106. Mittlerer Hauptdurchmesser 1·3 Millim.

*T. plus minusve oblonga, lineis rotundatis, in latere spirae aequaliter subcamerata, ab umbilico decidens adversus marginem rotundatum, labiate exsectum, planum, obtuse conicum. Loculi non latiores quam altiores, a spirali latere valde accrescentes, ultimo circuitu V raro VII loculis formato, majore quam ceteros. Loculi rotunde tectiformes, proni ad profundas, acutas, radiatas suturas; in umbilico perspicuo, profundo maxime erecti, corrotundati, in marginibus lata, plana densatione lateris complexi, praeceps adversus loculos prona, in latere aperturali ad penultimum circuitum continuata. Apertura fissura tenuis, formata suturarum marginibus hiantibus loculi ultimi, a latere umbilicari paulum remota, plerumque incrustata. Putamen crassum praeter illum marginem, foramina ut in globigerinideis.*

Typische Form. Das Gehäuse von mehr oder weniger länglich gerundetem Umrisse, auf der Spiralseite gleichmässig, doch nicht bedeutend gewölbt, auf der Nabelseite gegen den etwas gerundet lappig ausgeschnittenen, flachen, stumpfkantigen Rand im Ganzen flach kegelförmig abfallend. Die Kammern beinahe ebenso lang als breit, auf der Spiralseite rasch an Grösse zunehmend, so dass der letzte, von 5, selten bis 7 Kammern gebildete Umgang gegen die übrigen bedeutend überwiegt; auf der Nabelseite dagegen blos erstere sichtbar, die Kammern gegen die tiefen, scharfen, radialen Näthe gerundet dachförmig abfallend, an dem meist deutlichen, tiefen Nabel am stärksten erhoben und zugerundet. Im Rande des Gehäuses werden diese an beiden Seiten desselben von einer breiten, flachen Verdickung der Aussenwand umfasst, die rasch, jedoch nicht hoch gegen die Kammerwände abfällt und sich besonders auf der Mündungsseite meist bis zu dem vorletzten Umgange fortsetzt. Die Mündung eine feine Spalte, durch die klaffenden Nathränder der letzten Kammer gebildet, auf der Nabelseite etwas vom Rande ent-

fernt gelegen, doch meist von Incrustationen verdickt, die sich nicht selten noch auf die Anfangskammern derselben Windung erstrecken. Die Schale mit Ausnahme der erwähnten Randumfassung
dicht und verhältnissmässig ziemlich grob, ganz globigerinenartig porös.

Abänderungen. Mit Ausnahme der bereits erwähnten Verschiedenheiten, von individuellen Abnormitäten, die nicht ganz selten vorkommen, und dem Vorkommen von feinen
porösen Individuen, wie sie sich auch als Ausnahmen bei den Globigerinen finden, ist die vorliegende Form sehr beständig und stets leicht wieder zu erkennen.

Vorkommen. Häufig in den Thonen beider Horizonte von Kar Nikobar.

Verwandtschaft. Die vorliegende Form zeigt eine ausnehmende Ähnlichkeit mit der
*Rotalina culthrata* d'Orbigny (Ramon de la Sagra Histoire physique etc. de l'île de Cuba:
Foraminifères Taf. V, Fig. 7—9) doch besitzt sie niemals einen schneidigen Rand, wie er bei
letzterer angegeben ist.

## PLANORBULINA VULGARIS d'Orbigny.
### (l. c. Foraminifères de l'île de Cuba Taf. V, Fig. 11—14.)

Die wenigen gefundenen Formen dieser Art stimmen ziemlich genau mit der angegebenen,
die sich von der *Pl. mediterranensis* durch kleinere, etwas gewölbtere Kammern, deren merklich
mehr auf einen Umgang kommen als bei letzterer der Fall ist, wohl zu unterscheiden scheint.

Vorkommen. Sehr selten in dem oberen Thone von Kar Nikobar.

## ANOMALINA WÜLLERSTORFI m.
### Taf. VII. Fig. 105 u. 107. Mittlerer Hauptdurchmesser 1 Millim.

*T. compressa, lineis circulispiralibus, extra exsectis, spira plana, paulum invo-
luta, media plus minusve rotundata, latere umbilici conice erecto, umbilico arto, non
profundo, supra valde dilatato. Loculi simplices fornicati vel media spira rotundati,
angulate fracti, valde retroversi, ab initio humiles et supra plani, separati lateribus
aeniaeforme erectis, latis: posteriores subcamerati, in spira intus dilatati, corrotundate
proni, a latere umbilicari magis camerati, ad umbilicum rotundate immissi. Apertura
parva, lunata, ubi ultima frons septalis marginem tangit, in latere umbilicari sutura
exsecta. Putamen tenue praeter latera loculos separantia et taeniam subcrassam cari-
nalem, foraminibus spissis, grandioribus, in media latere spirali et supra taenias
suturarum plus minusve aequaliter incrustata.*

Typische Form. Das Gehäuse gewöhnlich stark zusammengedrückt, mit kreisspiraligem,
von den Aussenseiten der Kammern etwas ausgeschnittenem Umrisse, flacher, wenig involuter
Spiralseite, in der Mitte mehr oder weniger gerundet konisch erhobener Nabelseite, engem, nicht
tiefem, nach oben rasch erweitertem Nabel. Die Kammern einfach bogenförmig, oder etwas in
der Mitte der Windung gerundet, winkelig gebrochen, stark nach rückwärts gezogen; anfangs
meist sehr niedrig und, wenigstens auf der Oberseite, flach, durch die etwas leistenartig erhobenen und breiten, manchmal bis zum vorletzten Umgange reichenden Kammerwände geschieden, später mässig gewölbt, auf der Spiralseite nach innen ziemlich verbreitert und zugerundet: rasch gegen die Innennath abfallend. Auf der Nabelseite meist etwas stärker gewölbt
als auf der entgegengesetzten; gegen die Nabelvertiefung gerundet eingesenkt. Die Mündung
klein, halbmondförmig, von dort, wo die letzte Septalfläche mit dem Rande des Gehäuses zu-
sammentrifft, an der Nabelseite herablaufend und in der Nath ausgeschnitten. Die Schale mit

Ausnahme der Kammerscheidewände und des ziemlich dicken Carinalbandes dünn, ziemlich dicht und verhältnissmässig grobporös, auf der Mitte der Spiralseite und besonders über den Nathbändern nicht selten mit mehr oder weniger unregelmässigen Incrustationen, seltener mit entsprechenden Vertiefungen.

Abänderungen. Die vorliegende Form ist ziemlich bedeutenden Veränderungen unterworfen, indem die Entwicklungsform mit schmalen Kammern und auf der Spiralseite erhobenen Kammerscheidewänden bei dem einzelnen Individuum, bald fast durchgehends vorkömmt, bald jedoch sehr zurücktritt und der zweiten, mit breiteren gewölbten Kammern Platz macht oder, was noch häufiger der Fall ist, plötzlich in dieselbe übergeht. Auch darin zeigt sich eine ziemlich bemerkbare Verschiedenheit, dass die inneren Windungen einmal mehr oder weniger eingesenkt sein können, die jüngeren deutlich erhoben sind und mit beinahe senkrechten, von den inneren Kammerwänden gerundet lappig ausgeschnittenen Innenrändern gegen erstere abfallen. Eine noch augenfälligere Variation ist Fig. 107 abgebildet. Es kommt nämlich bei einzelnen Formen, allerdings nur selten, vor, dass nicht blos die Mitte der Nabelseite hügelartig erhoben, der Rand flach und ausgezogen ist, wie es gewöhnlich der Fall ist, sondern der Abfall geht gleichmässig bis an den gerundet kantigen Rand. Werden nun in diesem Falle, wie es gewöhnlich vorkommt, die Kammern breiter, weniger gebogen, so sehen dann solche Formen der *Truncatulina Boueana* d'Orbigny aus dem Wiener Tertiärbecken auffallend ähnlich und sind beinahe blos durch den Vergleich mehrerer Formen zugleich unterscheidbar.

Vorkommen. Nicht selten sowohl in dem oberen als unteren Thon von Kar Nikobar.

Verwandtschaft. Auf den ersten Anblick und besonders von der Spiralseite zeigt unsere Form eine sehr bedeutende Ähnlichkeit mit der *Planulina Ariminensis* d'Orbigny (Anal. d. sc. natur. 1825 Taf. XIV, Fig. 1—3), doch hat letztere weniger deutlich gebrochene Kammern und vor allem niemals einen so engen Nabel wie unsere Art. Auch *Anomalina Suessi* Karrer (Über das Auftreten der Foraminiferen in dem marinen Tegel des Wiener Beckens, Bd. XLIV der Sitzungsber. d. Akad. d. Wissenschaften in Wien pag. 23, Taf. II, Fig. 2) zeigt bedeutende Analogien, doch ist sie offener gewunden, deren Kammern weniger gebogen.

## ANOMALINA BENGALENSIS m.

TAF. VII, FIG. 111. Mittlerer Hauptdurchmesser 1·1 Millim.

*T. lineis paene corrotundatis, saepius irregularibus, spira plane camerata, parva vel initio colliforme erecta, deinde plana vel incisa, latere umbilici subalto, conice rotundato, ad marginem tenuem, alaeforme dilatatum extracto, umbilico arto, paulum profundo vel vix perspicuo. Loculi XII—XV unius circuitus arli, a spira retrorsi — interdum marginibus angulate fractis — ab initio plani, deinde subcamerati, taeniis suturarum planis, rotundatis, continuis, a latere umbilici radiati, recti vel paulum retroversi, camerati, latis lateribus separantibus, non erectis — interdum contra lateribus loculorum impressis. Apertura fissura magna, a media sutura septali parallela cum fronte spirali, priusquam marginem septalem tangit, corrotundate exiens. Latera loculorum ultimi circuitus ab umbilico foraminibus grandibus non spissis — intus nisi in lateribus separantibus nulla foramina. Planum spirae et latera separantia crassa non perforata.*

33 *

Typische Form. Das Gehäuse von annähernd gerundetem, jedoch meist etwas unregel-mässigem Umrisse, auf der Spiralseite im Ganzen flach gewölbt, wenig umfassend, mit hügel-artig erhobenem Anfangstheile, der weitere flach oder selbst etwas eingesenkt; die Nabelseite ziemlich hoch, gerundet konisch, gegen den dünnen, flügelartig erweiterten Rand des Gehäuses allmälig ausgezogen. Die Nabelgrube eng, schwach vertieft oder beinahe vollständig verwischt. Die Kammern, deren 12—15 auf einen Umgang gehen, ziemlich enge, auf der Spiralseite zurück-gebogen, manchmal im Rande etwas winkelig gebrochen, anfangs flach, später etwas gewölbt, mit flachen, gerundeten, nicht abgesetzten Nathleisten. Auf der Nabelseite sind dieselben ent-weder beinahe rein radial, gerade oder nur wenig zurückgebogen, meist gewölbt, die Kammer-scheidewände breit, nicht erhoben; nicht selten findet jedoch das umgekehrte Verhältniss statt, so dass die Kammerwände eingedrückt erscheinen, die Scheidewände durch gerundete Leistchen markirt sind. Die Mündung eine ziemlich grosse Spalte, die von der Mitte der Septalnath beinahe parallel mit der Spiralfläche des Gehäuses verläuft und ehe sie noch den Septalrand erreicht hat, zugerundet endigt. Die Kammerwände des letzten Umganges auf der Nabelseite mit ziemlich groben und nicht sehr dichten Durchbohrungen, die, wie es scheint, später theilweise durch cal-löse Masse geschlossen werden, indem die inneren Windungen blos an den Scheidewänden Poren zeigen. Die Spiralfläche und die Scheidewände röhrig, doch wie es scheint dicht, undurchbohrt, blos bei sehr jungen Individuen erstere manchmal mit unregelmässig gestellten grossen Poren.

Abänderungen. Obwohl die vorliegende Form zur Entwicklung individueller Abnormi-täten sehr hinneigt, so dass kaum eine vollständig regelmässig gebildete Form zu finden ist, so ist sie doch in ihrem Gesammtcharakter sehr beständig und stets leicht kenntlich.

Vorkommen. Nicht selten in den Thonen beider Horizonte von Kar Nikobar und recent an der Küste der Nikobaren.

Verwandtschaft. Unter den bereits beschriebenen Formen ist mir keine bekannt, die sich mit der vorliegenden näher vergleichen liesse, doch kommt sie, wie erwähnt, in, mit den fossilen vollständig identischen Formen, noch recent vor.

## ANOMALINA CICATRICOSA m.

TAF. VII. FIG. 108 und FIG. 4. Mittlerer Hauptdurchmesser 0·75 Millim.

*T. lineis circulispiralibus, subcrassa, plano spirae planiore, latere umbilici rotundato: margine lato rotundato. Loculi simplices radiati, vel paulum retrorsi, — IX—XII unius circuitus — ab initio humiles, plani; posteriores camerati supra interdum globosi, parvi, a latere umbilici ultimus solus circuitus conspicuus, umbilico non lato, plerumque incrustationibus oblito — saepe latus spirae aeque incrustata —; loculi sparsis foraminum foviculis consiti, quae si coeunt superficies cicatricosa; rarius suturae incisuris irregularibus notatae. Putamen praeter latera separantia magnis foraminibus perforatum. Apertura fissura magna, finibus rotundatis, in ultima sutura septali supra marginem testae, ad umbilicum detracta.*

Typische Form. Das Gehäuse von kreisspiraligem Umrisse, ziemlich dick, mit etwas flacherer Spiralfläche, gerundeter Nabelseite, breit gerundetem Rande. Die einfach radial gestell-ten oder etwas nach rückwärts geneigten Kammern, deren 9—12 auf einen Umgang gehen, im Anfangstheile ziemlich niedrig und flach, später gewölbt, auf der Oberseite nicht selten beinahe kuglig, wenig umfassend. Auf der Nabelseite dagegen blos der letzte Umgang sichtbar, indem die Nabelvertiefung, die an sich nicht sehr breit ist, noch überdies meist durch Incrustation deckt erscheint. Ähnliche Incrustationen finden sich in einzelnen Partien nicht selten ebenfalls auf der Spiralseite, vorzüglich über den Kammerscheidewänden; im übrigen sind die Kammern mit unregelmässig zerstreuten Porengruben bedeckt, die nicht selten zusammenfliessen und der Oberfläche ein pockennarbiges Ansehen verleihen, seltener sind die Linien der Näthe durch etwas unregelmässige Einsenkungen bezeichnet. Die Schale mit Ausnahme der Scheidewände von grossen, unregelmässig zerstreuten Löchern durchbohrt. Die Mündung eine ziemlich grosse Spalte mit gerundeten Enden, an der letzten Septalnath über dem Rande des Gehäuses gelegen und nach der Nabelseite etwas stärker herabgezogen.

Abänderungen. Mit Ausnahme der bereits erwähnten Verschiedenheiten und der grösseren oder geringeren Entwickelung des Theiles mit gewölbten Kammern, so wie einer nicht unbedeutenden Variabilität in der mehr oder weniger dichten Lage der Durchbohrungen, ist die vorliegende Form sehr beständig und leicht zu erkennen.

Vorkommen. Nicht selten sowohl in dem oberen als unteren Thone von Kar Nikobar.

Verwandtschaft. Jugendformen, bei denen die stärkere Abflachung der Spiralseite noch nicht so ausgesprochen ist, deren Kammern enger, flacher sind, sehen besonders der von Williamson (On the recent foraminifera of Great Britain pag. 31, Taf. III, Fig. 68 und 69) als *Nonionina Boueana* angeführten Form sehr ähnlich und sind beinahe blos durch die, wenn auch in einzelnen Fällen wenig bemerkbare, so doch stets vorhandene Verschiedenheit in der Abflachung und Involubilität beider Seiten zu erkennen. Auch zeigen Formen dieser Art einen von den ausgebildeten so verschiedenen Habitus, dass man sich sehr leicht veranlasst finden könnte, sie davon specifisch zu trennen, wenn nicht meist, wenigstens ein Theil der sichtbaren Kammern, noch in ersterer Weise ausgebildet wäre.

## ROTALIDEA.

### CALCARINA NICOBARENSIS m.

Taf. VII. Fig. 114 und Fig. 3. Mittlerer Hauptdurchmesser 0·9 Millim.

*T. lineis paene sphaeralibus, fere in formam stellae exsectis per fines loculorum plus minusve prolongatos, obtusis cuspidibus eminentes; latera spirae et umbilici plane camerata, margine obtuso conjuncta. Loculi a spira et umbilico recti, radiati a spira parvi, multi juniores conspicui, cochleis vix conspicuis, ab initio plani; posteriores subcamerati; ab umbilico solus ultimus circitus, X—XII loculis formatus, conspicuus; umbilicus subgrandis, incrustatus, saepius orbi conspicuo, circumdato sulcu regulari; loculi hic magis camerati, interdum tectiforme proni, suturis profundis separati. Apertura fissura arta, in media ultima sutura septali, ex latere umbilicari exsecta. Putaminis superficies aspera, partim foraminibus cicatricosa partim gibberosa. Loculorum latera et frontes septales saepe fistulis aequabilibus, non spissis, subcrassis, ad suturas curvatis perforata. Inter latera separantia majores fistulae radiatae, quae adhuc non satis perspectae.*

Typische Form. Das Gehäuse im Ganzen von annähernd kreisförmigem Umrisse, der durch die meist als mehr oder weniger verlängerte, stumpfe Spitzen vorstehenden Kammerenden sternartig ausgezackt ist, in einzelnen Fällen jedoch einfach gerundet sein kann. Die Spiralseite flach gewölbt, ebenso die Nabelseite, beide durch den im Ganzen stumpfkantigen Rand verbunden.

Die Kammern auf der Spiral- und Nabelseite gerade, einfach radial, auf ersterer nicht sehr umfassend, ein ziemlich bedeutender Theil der jüngeren sichtbar, doch die Windungen meist schwer
oder gar nicht zu unterscheiden. Die einzelnen Kammern anfangs flach, später meist etwas gewölbt; auf der Nabelseite dagegen blos der letzte Umgang, der von 10—12 Kammern gebildet
wird, sichtbar. Der ziemlich grosse Nabel durch Incrustationen, oder häufiger noch durch eine
deutliche, meist von einer unregelmässigen Furche umgebenen Nabelscheibe verdeckt; die
einzelnen Kammern daselbst meist etwas stärker gewölbt als auf der Oberseite, manchmal selbst
stumpf dachförmig abschüssig, durch tiefe Näthe getrennt. Die Mündung eine schmale Spalte,
in der Mitte der letzten Septalnath auf der Nabelseite ausgeschnitten. Die Oberfläche rauh, theils
porengrubig, die einzelnen Gruben unter einander zusammenfliessend, theils mit kleinen Höckerchen bedeckt. Die Aussenwände der Kammern und theilweise auch die äusseren Theile der
Septalflächen von gleichmässig vertheilten, nicht sehr dicht stehenden, ziemlich dicken, nach
den Näthen bogenförmig zugewendeten Röhrchen durchbohrt. Zwischen den Scheidewänden
laufen überdies noch stärkere radiale Röhren, deren Verbindungs- und Ausmündungsweise ich
jedoch bis jetzt noch nicht mit Sicherheit zu erkennen vermochte, doch scheinen sie sich an den
Enden zu verengen oder zu theilen und mit den übrigen ähnlichen Poren zu enden.

Abänderungen. Die vorliegende Form ist zu abnormer Entwicklung sehr geneigt und
es kommt selten ein Individuum vor, das nicht eine oder die andere Unregelmässigkeit zeigen
würde, doch macht sie die eigenthümlich rauhe Oberfläche ziemlich kenntlich. Im Ganzen
variirt sie mit Ausnahme der bereits erwähnten Verschiedenheiten blos noch unbedeutend in der
Dicke und in dem Verhältnisse beider Wölbungen.

Vorkommen. Einzeln sowohl in dem oberen als unteren Thone von Kar Nikobar, ebenso
recent an der Küste der Nikobaren.

Verwandtschaft. Eine sehr nahe verwandte Form besitzt unsere Art in der *Rotalina
aculeata* d'Orbigny (Foraminifères de Vienne pag. 159, Taf. VII, Fig. 25—27), von der sie
sich jedoch durch ihre geringere und gleichmässigere Wölbung bereits äusserlich unterscheidet.


### ROTALIA FLOSCULIFORMIS m.

**Taf. VII. Fig. 109. Mittlerer Hauptdurchmesser 0·75 Millim.**

*T. plus minusve lenticularis, lineis circulispiralibus, in formam rosae exsectis
per fines loculorum. Latera spirae et umbilici aeque camerata — vel spira planior —
in excultis formis media pustulata, ad marginem planum aut concavum deplanata.
Cochleae lateris spiralis artae. seniores deplanatae, vix distinctae, in adverso sola
ultima VI—VII loculis formata, conspicua. Loculi supra ut in ultimo circuitu plani
vix camerati, a fronte exeuntes margine aequaliter fornicato, paulum erecto, sutura in
antecedentem circuitum immissa, acuta vel deplanata. Loculi ab umbilico simplices.
radiati vel paulum retrorsi, intra raro in media cochlea coeuntes, sed ad frontem
penduli medium tangentes. Suturae a media rosa tangente rectae. profundae, acutae,
supra raro tectae margine posteriore loculi, taeniaeforme rotundate erecto, in medio
dilatato. Apertura fissura arta, intra medium latus umbilici ultimi suturae septalis.
interdum labiata crepidine. Putamen splendidum, levigatum, praeter frontes septales
et taeniam marginalem, foraminibus tenuissimis. spissis. radiatis perforatum.*

**Typische Form.** Das Gehäuse mehr oder weniger deutlich linsenförmig; von im Ganzen rein kreisspiraligem Umrisse, der jedoch durch die bogenförmig vorstehenden Kammerenden rosettenartig ausgeschnitten erscheint. Spiral und Nabelseite entweder gleich hoch gewölbt oder erstere etwas weniger erhoben, bei ausgebildeten Formen stets blos in der Mitte blasenartig erhoben; gegen den im Ganzen flachen oder selbst etwas concaven Rand rasch verflacht. Die Windungen auf der Spiralseite schmal, doch die älteren verflacht, äusserlich nicht unterscheidbar, auf der entgegengesetzten dagegen blos die letzte, von 6 bis 7 Kammern gebildete, sichtbar. Die Kammern auf der Oberseite des Gehäuses und in der jüngsten Windung flach, oder sehr schwach gewölbt und mit gleichmässig bogenförmigem Rande nach vorne auslaufend, der Rand in der ganzen äusseren Ausdehnung nicht selten etwas erhoben, die Nath gegen den vorhergehenden Umgang vertieft, scharf, doch auch manchmal ganz verflacht. Die Kammern der Nabelseite entweder beinahe einfach radial gestellt oder etwas nach rückwärts gezogen, mit ihrem inneren Ende meist nicht in der Windungsmitte zusammentreffend, sondern etwas nach vorne über-greifend und zuletzt zurückgebogen, die Mitte tangirend. Die Näthe von der mittleren Tangential-rosette an gerade, tief, scharf, selten nach oben durch den leistenartig und gerundet erhobenen, nach der Mitte zu etwas verbreiterten, hinteren Kammerrand verdickt. Die Mündung eine schmale Spalte, etwas unter der Mitte der Nabelseite der letzten Septalnath, nicht selten von einem lippenartigen, schmalen Vorsprunge überragt. Die Schale glatt, glänzend, mit Ausnahme der Septalflächen und des Randbandes, von sehr feinen, dichten, radialen Porencanälen durchbohrt, die nur selten und blos bei Jugendformen auf der Spiralseite etwas stärker werden.

**Abänderungen.** Mit Ausnahme der bereits erwähnten Verschiedenheiten und der etwas grösseren oder geringeren Dicke ist die vorliegende Form sehr beständig und nicht leicht zu verkennen.

**Vorkommen.** Ziemlich vereinzelt sowohl in dem oberen als unteren Thone von Kar Nikobar.

**Verwandtschaft.** Die vorliegende Form steht der *Rotalina umbonata* Rss. (Zeitschrift d. deutsch. geol. Gesellschaft. Bd. III, pag. 75, Taf V, Fig. 35) aus dem Septarienthone der Umgebung von Hermsdorf ausnehmend nahe und es wäre gar nicht unmöglich, dass sie mit derselben identificirt werden müsste, doch scheint sie sich durch die engeren Windungen der Spiralseite, den weit weniger, meist sogar gar nicht abgesetzten Rand der Unterseite und dessen weit geringere Schärfe, so wie die tangentiale Lage der Kammern daselbst, constant zu unter-scheiden.

### ROTALIA NITIDULA m.
TAF. VII. FIG. 110. Mittlerer Hauptdurchmesser 0·9 Millim.

*T. lineis circumspiralibus, levibus vel undulate exsectis per latera camerata loculorum, lateribus spirae humili, umbilici concamerato vel rotundate conico. Loculi a latere spirali medii plus minusve rotundati, colliformes. extra vix distincti; ultimo — interdum et penultimo — circuitu artiores, plus minusve retroversi, raro radiati, supra marginibus plus minusve conspicuis, rotundatis, plerumque fornice ad dexteram sinistram, frontem prona; a latere umbilici loculi simplices radiati, plani, ad umbili-cum, non magnum, extra valde dilatatum praeceps et rotundate decidentes. Suturae ab umbilico acutae, profundae, extra deplanatae. Frons septalis loculi ultimi directe decisa, plana, vel impressa. Apertura artu fissura, infra dilatata, in media inferiore*

*sutura septali. Putamen splendidum, leve, subcrassum, tenuissimis, radiatis foramini-*
*bus perforatum.*

Typische Form. Das Gehäuse von kreisspiraligem, beinahe glattem, oder von den gewölbten Kammerseiten etwas wellenförmig ausgeschnittenem Umrisse; mit im Ganzen ziemlich
niedriger Spiral-, dagegen hoch gewölbter, zuletzt meist wieder etwas verengerter oder gerundet
konischer Nabelseite. Die Kammern auf der Spiralseite, in der mittleren Partie, mehr oder weniger
gerundet bügelartig erhoben, äusserlich nicht unterscheidbar; jene des letzten, seltener auch
noch eines Theiles des vorletzten Umganges ziemlich schmal, mehr oder weniger nach rückwärts gewendet, seltener beinahe radial gestellt; auf der Oberseite mit mehr oder weniger
deutlicher, gerundeter, gegen den Rand gerückter Kante, meist sowohl nach rechts und links,
als auch nach vorne abfallender Wölbung. Auf der Nabelseite die Kammern einfach radial, flach,
blos bei älteren Individuen schwach gewölbt, gegen die nicht sehr grosse, nach aussen zuletzt
rasch verbreiterte Nabelvertiefung, rasch und gerundet abfallend. Die Näthe auf dieser Seite vom
Nabel an meist scharf, tief, nach aussen verflacht. Die Septalfläche der letzten Kammer senkrecht abgeschnitten, ganz flach oder selbst etwas eingedrückt. Die Mündung eine schmale, nach.
unten meist etwas erweiterte Spalte in der Mitte der unteren Septalnath. Die glatte, glänzende
Schale mässig dick, von sehr feinen radialen Porencanälen durchbohrt.

Abänderungen. Mit Ausnahme der bereits erwähnten, haben sich bei den Formen
dieser Art keine auffallenden Verschiedenheiten vorgefunden.

Vorkommen. Nicht selten sowohl in dem oberen als unteren Thone von Kar Nikobar.

Verwandtschaft. Eine unserer Art jedenfalls sehr nahe stehende Form ist die *Rotalina*
*Girardana* Rss. (Zeitschrift d. deutsch. geol. Gesellschaft. Bd. III, pag. 73, Taf. V, Fig. 34.
doch ist sie auf der Spiralseite weniger involut, die Kammern sind daselbst breiter und vollständig radial, was in diesem Grade bei der unseren niemals der Fall ist. Auch die Exemplare
der *Rotalia nitida* Reuss (Böhmische Kreide. I. pag. 35, Taf. VIII, Fig. 32, Taf. XII, Fig. 20)
aus den Mecronatenschichten der Umgebung von Traunstein zeigen eine sehr bedeutende
Ähnlichkeit mit unserer Art und manche Individuen sind beinahe allein durch die etwas stärkere
Involubilität auf der Spiralseite von derselben verschieden. *Rotalia Soldanii* d'Orbigny
(Foraminifères de Vienne, Taf. VIII, Fig. 10—12), die in der Involubilität der Oberseite unserer
Art sehr nahe kommt, hat daselbst ebenfalls radiale Näthe, doch ist die Nabelfläche deutlicher
und breiter, als bei der Nikobarenform.

# Übersicht der gewonnenen Resultate.

Fasst man vor allem die in der eben beschriebenen Foraminiferen-Fauna repräsentirten Arten ins Auge, so sind es besonders die Rhabdoideen, die in dieser Richtung weitaus am stärksten vertreten sind (durch 53 Arten), welches Verhältniss übrigens in der Wirklichkeit noch markirter hervortreten dürfte, da gerade die Individuen dieser Familie meist sehr zerbrechlich sind, und vollständige Exemplare, die sich zur sicheren Bestimmung allein eignen, doch verhältnissmässig seltener gefunden werden. An diese Gruppe schliessen sich zunächst die Uvellideen mit 13 Arten, denen in absteigender Reihe die Polymorphinideen mit 10, die Cristellarideen und Globigerinideen mit 9, die Textilarideen mit 5, die Miliolideen mit 4, die Rotalideen mit 3 Arten, so wie die, jedoch blos durch eine zweifelhafte und sehr seltene Form repräsentirten Ovulitideen folgen. Ganz anders gestaltet sich dagegen das Verhältniss, wenn man die Individuenzahl zum Ausgangspunkte des Vergleiches nimmt. In diesem Falle sticht die Familie der Globigerinideen ganz besonders hervor, die wohl neun Zehntheile des, mit wenigen Ausnahmen blos aus Foraminiferenschalen bestehenden Schlämmrückstandes bildet; an diese schliessen sich zunächst die Rotalideen und Cristellarideen, so wie die Uvellideen und Rhabdoideen, an jene die Polymorphinideen und Textilarideen an.

Benützt man nun die vorliegenden Daten um einen Schluss auf die Verhältnisse zu ziehen, unter denen die bearbeitete Foraminiferen-Fauna gelebt hat, so ergibt sich aus dem vorwiegenden Vorkommen der Globigerinen, so wie dem häufigen Auftreten der Cristellarideen und Rhabdoideen, dass, den bekannten Erfahrungen gemäss, die man in Betreff des Auftretens der Foraminiferen-Arten in verschiedenen Meerestiefen gemacht hat, die untersuchten Thone sich wohl in einer Tiefe von mehr als 40 Faden abgelagert haben. Auch auf einen ziemlich bedeutenden Salzgehalt an derselben Stelle der damaligen See lässt sich aus der

durchschnittlich bedeutenden Grösse der vorkommenden Formen schliessen, so
wie auch die bei einem Theile derselben ziemlich bedeutende Schalendicke auf
eine, vielleicht von Strömungen herrührende Bewegung des Wassers hinweist.

Was nun die geologische Stellung der untersuchten Schichten betrifft, so
kommen bei deren Ermittlung vor allem die *Quinqueloculina asperula* Seguenza[1])
*Bulimina inflata* Seg., *Lagena appendiculata* Williamson, *Nodosaria consobrina*
d'Orbigny sp., *Cristellaria semilunaris* Stache, *Sphaeroidina austriaca* d'Orbigny,
*Globigerina bulloides* d'Orb. und *Orbulina universa* d'Orb. in Betracht, die mit
bereits von anderen Orten bekannten Formen identisch, oder nahezu identisch sind.
Unter diesen sind es wieder *Quinqueloculina asperula*, *Bulimina inflata* und *Cristellaria semilunaris*, welche die sicherste Identification zulassen und daher die besten
Anhaltspunkte zu einem Vergleiche liefern, wozu bei der ersteren Form noch
hinzukommt, dass sie durch eine bedeutende Anzahl von Individuen repräsentirt
wird. *Quinqueloculina asperula* und *Bulimina inflata* beschreibt Seguenza aus den
Pleistocänschichten der Umgebung von Catania, auch findet sich letztere bei Coroncina und an anderen Subappenin-Localitäten. Auch *Cristellaria semilunaris* Stache
stammt aus obertertiären Schichten des Whainagora-Hafens; es erscheint daher
schon von dieser Seite wahrscheinlich, dass die untersuchten Thone jungtertiären
Schichten angehören. Nimmt man noch dazu, dass *Rotalia Bengalensis* und *Calcarina
Nicobarensis* sich an der Küste von Kar Nikobar noch lebend finden, so gewinnt
diese Ansicht noch an Wahrscheinlichkeit. Beinahe zur Evidenz gelangt sie jedoch
dadurch, dass auch jene der bereits von anderen Orten bekannten Formen, die
mit denen aus den Thonen von Kar Nikobar nahezu identisch oder ihnen doch
nahe verwandt sind, beinahe durchwegs jung- oder wenigstens mitteltertiären
Schichten angehören, wovon blos *Urigerina proboscidea* m., *Textilaria globifera*
Reuss und *Rotalia nitida* Reuss eine Ausnahme zu machen scheinen, so wie sich
auch nicht leugnen lässt, dass die vorliegende Foraminiferen-Fauna eine nicht
ganz unbedeutende Ähnlichkeit mit jener der obersten Kreideschichten von Traunstein besitzt. Was den zweiten Umstand betrifft, so lässt sich dieser wohl aus
ähnlichen Faciesverhältnissen erklären und auch der erstere fällt bei näherer
Betrachtung weg. *Rotalia nitida* Rss. hat ebenso gut eine Anzahl nahe verwandter
Formen, die bis in die Jetztzeit hinaufgehen; *Textilaria globigera* m. scheint sich

<hr>

[1] In der Beschreibung ist diese Form pag. 203 als *Quinqueloculina rugosa* d'Orb. angeführt, da mir
Seguenza's Arbeit „Prime ricerche intorno Ai. Rizopodi fossili delle Argile pleistocceniche dei d'intorni di
Catania 1862" erst später zugänglich wurde; dessen *Quinqueloculina asperula*, die er pag. 36, Taf. II, Fig. 6
beschrieben und abgebildet hat, mit unserer Art vollkommen übereinstimmt. Möglicher Weise ist auch *Quin-
queloculina foeda* Costa mit derselben identisch, doch gebührt Seguenza die Priorität, da er zuerst diese
Form kenntlich abgebildet und beschrieben hat.

trotz der bedeutenden allgemeinen Ähnlichkeit durch die Oberflächenbeschaffenheit constant von der *Text. globifera* Reuss zu unterscheiden und es bliebe blos jene, der *Uvigerina proboscidea* m. so ähnliche Kreideform zurück, über deren Identität bei der Variabilität dieser Form blos der sehr genaue Vergleich einer grossen Individuenzahl entscheiden könnte. Überblickt man überdies die bearbeitete Foraminiferen-Fauna im Ganzen, so hat dieselbe einen entschieden tertiären Charakter, wofür besonders das nicht unbedeutende Vorkommen der Miliolideen, so wie jenes von *Dimorphina*, *Sphaeroidina* und *Orbulina* spricht. Das Auftreten des Genus *Pleurostomella*, das bisher blos aus Kreideschichten beschrieben wurde, verliert dadurch an gegentheiliger Bedeutung, dass eine demselben zugehörige Art von Herrn Bergrath Gümbel in alpinen Eocänschichten entdeckt wurde und daher der Möglichkeit Raum gegeben ist, dass es auch noch in jüngere Tertiärschichten hinaufreicht. Alles dieses zusammengenommen bleibt wohl kein Zweifel, dass die bearbeiteten Thone jüngeren Tertiärschichten angehören und es bliebe nur noch die Frage zu lösen, ob die beiden Horizonte, denen die Proben entnommen wurden, sich auch paläontologisch festhalten lassen. Im Ganzen sind die Faunen derselben beinahe identisch und es sind meist blos seltene Formen, die nicht in beiden Thonen gefunden wurden, doch unterscheidet sich der obere von dem unteren schon durch die relativ grössere Häufigkeit der Globigerinen, noch mehr aber durch das demselben ausschliesslich zukommende Vorkommen der *Textilaria quatrilatera* m., die sich überdies in demselben durchaus nicht selten findet. Es genügt nun dieses einzelne Vorkommniss an sich allerdings noch nicht zu einer scharfen Trennung; sollte sich jedoch diese Erscheinung nicht blos als eine locale erweisen, so würde sie wohl schon auf eine geognostische Verschiedenheit hindeuten.

---

Die in den bearbeiteten Proben gefundenen Arten sind folgende:

*Ataxophragmium magdalidiforme* m.
    *suborale* m.
  ,, *laceratum* m.
*Plecanium lythostrotum* m.
    *laxatum* m.
    *solitum* m.
*Bigenerina Nicobarensis* m.
*Clavulina variabilis* m.
*Gaudryina subrotundata* m.
    *pavicula* m.
    *solida* m.
    *baccata* m.
    *uva* m.

*Biloculina lucernula* m.
  ,, *murrhyna* m.
*Quinqueloculina asperula* Seg.
  ,, *eborea* m.
*Ovulites?* sp.
*Lagena caepulla* m.
  ,, *gracilis* Williamson.
    *formosa* m.
    *seminiformis* m.
  ,, *castrensis* m.
*Fissurina staphyllearia* m.
  ,, *capillosa* m.
*Nodosaria lepidula* m.
    *arundinea* m.

*Nodosaria perversa* m.
    *deceptoria* m.
    *inconstans* m.
    *maculata* m.
    *Hochstetteri* m.
    *tympaniplectriformis* m.
    *recta* m.
    *fistuca* m.
    *pyrula* d'Orb.
    *polystoma* m.
    *setosa* m.
    *tholigera* m.
    *tosta* m.
    *glandigena* m.

*Nodosaria koina* m.
  *gomphiformis* m.
  *holoserica* m.
  *subradicula* m.
  *tornata* m.
  *exilis* m.
  *insecta* m.
  *crassitesta* m.
  *skobina* m.
  *stimulea* m.
  *intertenuata* m.
  *protumida* m.
  *fustiformis* m.
  *tauricornis* m.
  *Costaï* m.
  *hircicornua* m.
  *hispida* m.
  *equisetiformis* m.
  *Neugeboreni* m.
  *elegans* d'Orb.
  *stiliformis* m.
  *gracilescens* m.

*Nodosaria brevicula* m.
  *Adolphina* d'Orb.
  „ *subtertenuata* m.
*Frondicularia foliacea* m.
*Glandulina labiata* m.
  „ *solita* m.
*Pleurostomella alternans* m.
  „ *brevis* m.
*Marginulina subcrassa* m.
  „ *subtrigona* m.
*Cristellaria perprocera* m.
  *insolita* m.
  *polita* m.
  *Nicobarensis* m.
  *caelata* m.
  „ *corona lunae* Stache.
  „ *peregrina* m.
*Polymorphina labiata* m.
*Bulimina inflata* Seguenza.
*Uvigerina gemmaeformis* m.
  *nitidula* m.
  *crassicostata* m.

*Uvigerina hispida* m.
  „ *proboscidea* m.
*Sphaeroidina austriaca* d'Orb.
  „ *murrhyna* m.
*Dimorphina striata* m.
*Textilaria globigera* m.
  *praelonga* m.
  „ *quatrilatera* m.
*Bolivina pusilla* m.
  „ *ligularia* m.
*Globigerina conglomerata* m.
  *seminulina* m.
  „ *bulloides* m.
*Orbulina universa* d'Orb.
*Discorbina sacharina* m.
*Planorbulina vulgaris* d'Orb.
*Anomalina Wüllerstorfi* m.
  *Bengalensis* m.
  „ *cicatricosa* m.
*Calcarina Nicobarensis* m.
*Rotalia flosculiformis* m.
  *nitidula* m.

# Erklärung der Abbildungen.

## Taf. I.

Fig. 1. *Stylocoenia depauperata* m. *a* Bruchstück in natürlicher Grösse; *b* ein Stück der Oberfläche vergrössert.

2. *Anisocoenia crassisepta* m. *a* Bruchstück in natürlicher Grösse; *b* ein Theil der Oberfläche vergrössert; *c* partieller Querschnitt; *d* partieller Verticalschnitt, beide vergrössert.

„ 3. *Prionastraea dubia* m.? *a* Ein Stück der Oberfläche in natürlicher Grösse; *b* ein Stück derselben vergrössert; *c* ein Stück des Längsschnittes vergrössert.

4. *Favoidea Junghuhni* m. *a* Ein Bruchstück in natürlicher Grösse; *b* ein Stück der Oberfläche vergrössert; *c* partieller Verticalschnitt vergrössert.

„ 5. *Cycloseris nicaeensis* Mich. sp.? *a* Ein Exemplar in natürlicher Grösse, von oben gesehen; *b* untere Ansicht eines Bruchstückes in natürlicher Grösse; *c* vergrösserte obere Ansicht eines Segmentes.

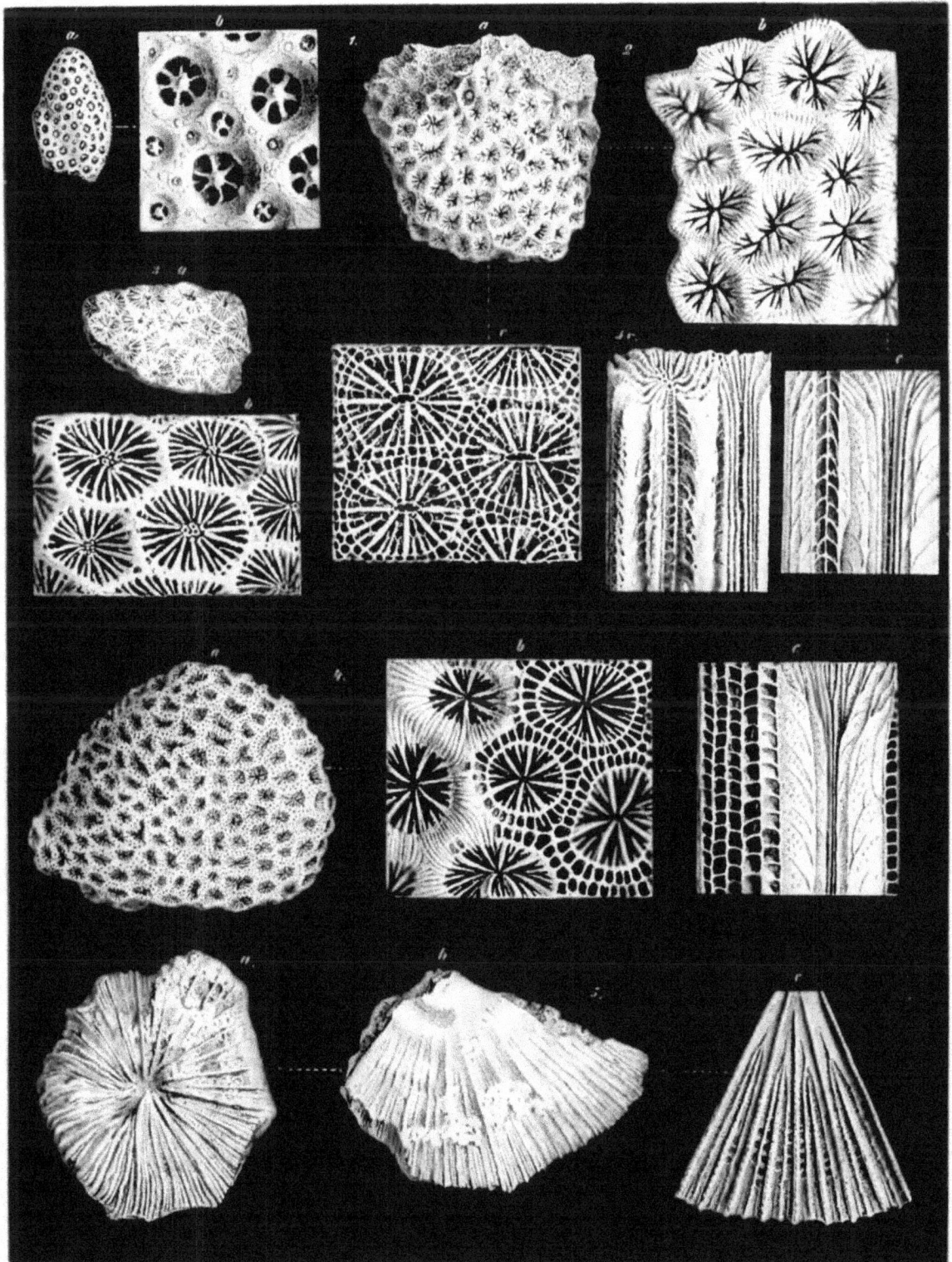

# Erklärung der Abbildungen.

## Taf. II.

Fig. 1. *Madrepora Herklotsi* m. *a* Ein Bruchstück in natürlicher Grösse, *b* vergrössert; *c* ein abgeriebenes Fragment vergrössert.

*Madrepora Duncani* m. *a* Ein Bruchstück in natürlicher Grösse, *b* vergrössert; *c* ein abgeriebenes Bruchstück vergrössert.

3. *Polysolenia Hochstetteri* m. *a* Ein Stück des Querschnittes in natürlicher Grösse; *b* ein Stück des Verticalschnittes in natürlicher Grösse; *c* eine Partie des Querschnittes, *d* eine Partie des Verticalschnittes, beide vergrössert.

4. *Porites incrassata* m. *a* Fragment in natürlicher Grösse; *b* ein Theil der Oberfläche vergrössert.

5. *Litharaea affinis* m. *a* Fragment in natürlicher Grösse; *b* ein Theil der Oberseite vergrössert; *c* ein Stück der abgeriebenen Oberfläche vergrössert.

6. *Dictyaraea micrantha* m. *a* Bruchstück in natürlicher Grösse; *b* ein Theil desselben vergrössert.

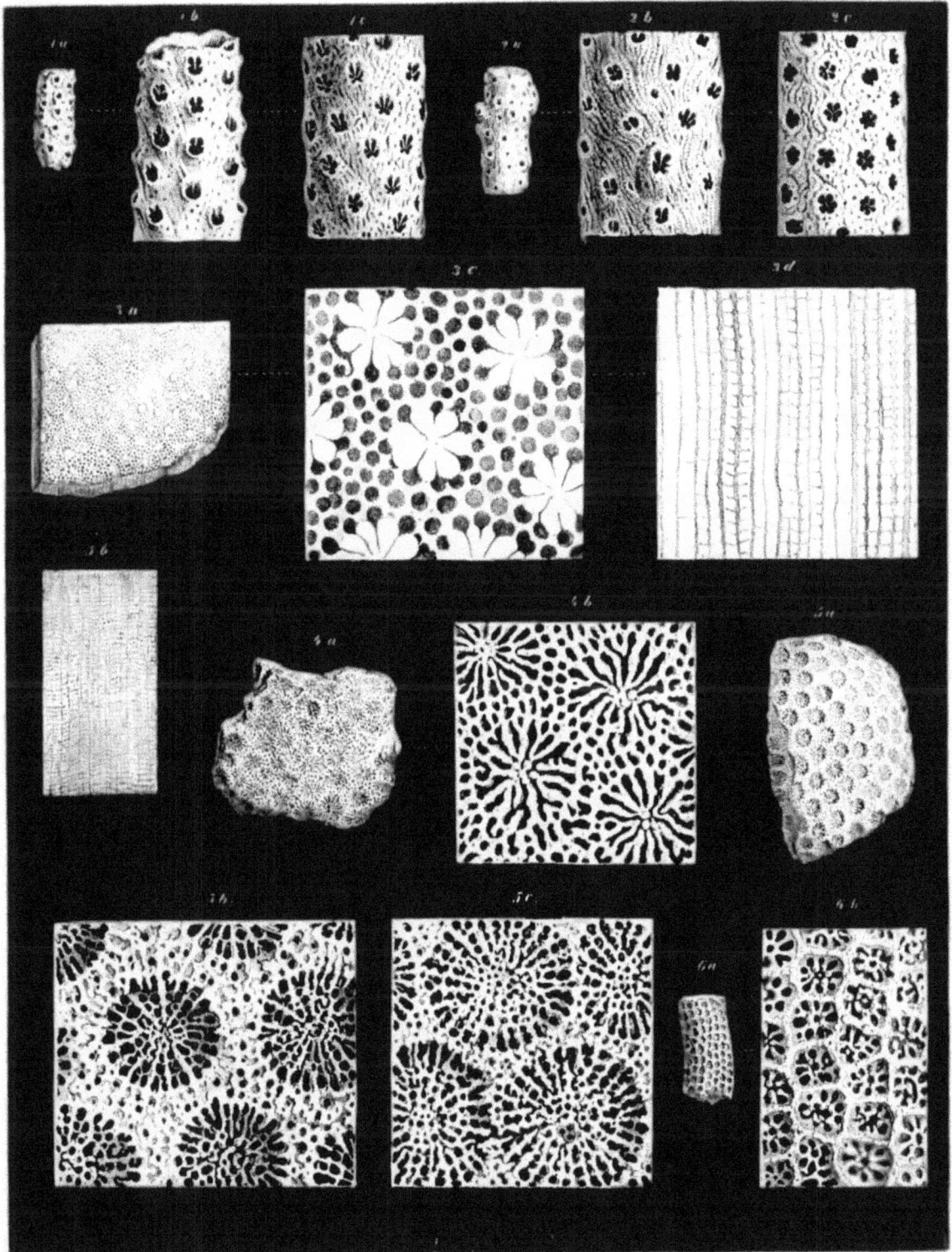

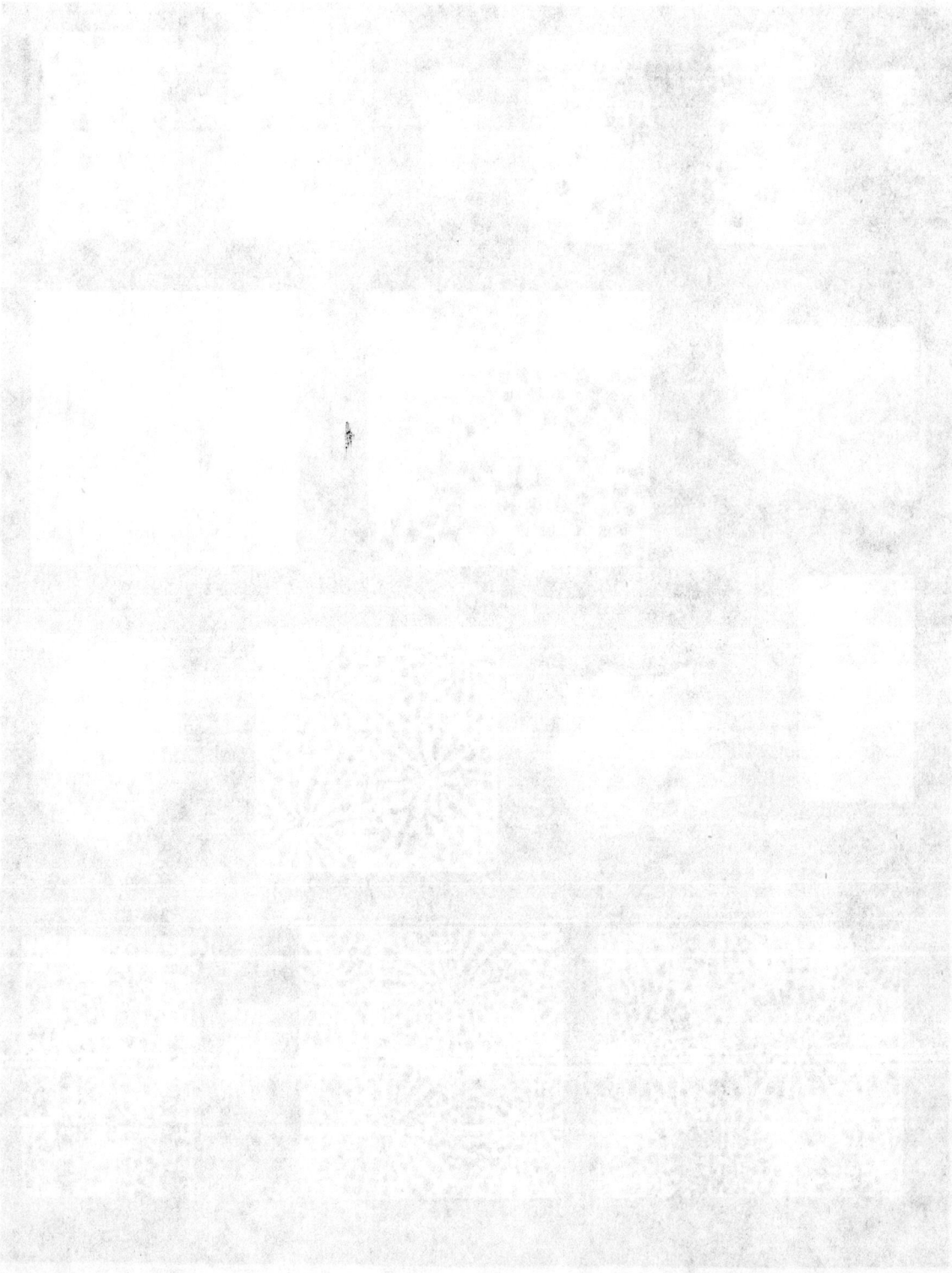

# Erklärung der Abbildungen.

## Taf. III.

Fig. 1, 2. *Dictyaraea micrantha* m. Älteste Stammstücke. Ein Theil der Oberfläche vergrössert.

„ 3, 4, 5. *Dictyaraea anomala* m. *a* Bruchstücke in natürlicher Grösse; *b* ein Stück der Oberfläche vergrössert.

„ 6. *Alveopora polyacantha* m. *a* Ein Bruchstück in natürlicher Grösse; *b* ein Theil seiner Oberfläche vergrössert; *c* Verticalschnitt einer Sternzelle vergrössert.

7. *Alveopora brevispina* m. *a* Ein Bruchstück in natürlicher Grösse; *b* ein Theil der Oberfläche vergrössert; *c* Verticalschnitt einer Sternzelle vergrössert.

8. *Alveopora hystrix* m. *a* Ein Bruchstück in natürlicher Grösse; *b* ein Theil der Oberfläche vergrössert; *c* Verticalschnitt einer Zelle vergrössert.

9. *Beaumontia inopinata* m. *a* Obere Ansicht des Fragmentes, *b* Seitenansicht desselben, beide in natürlicher Grösse; *c* vergrösserte obere Ansicht einiger Sternzellen; *d* vergrösserte Ansicht eines partiellen Verticalschnittes.

10. *Pocillopora Jenkinsi* m. *a* Ein Bruchstück in natürlicher Grösse; *b* ein Theil der Oberfläche vergrössert; *c* ein Stück des Verticalschnittes vergrössert.

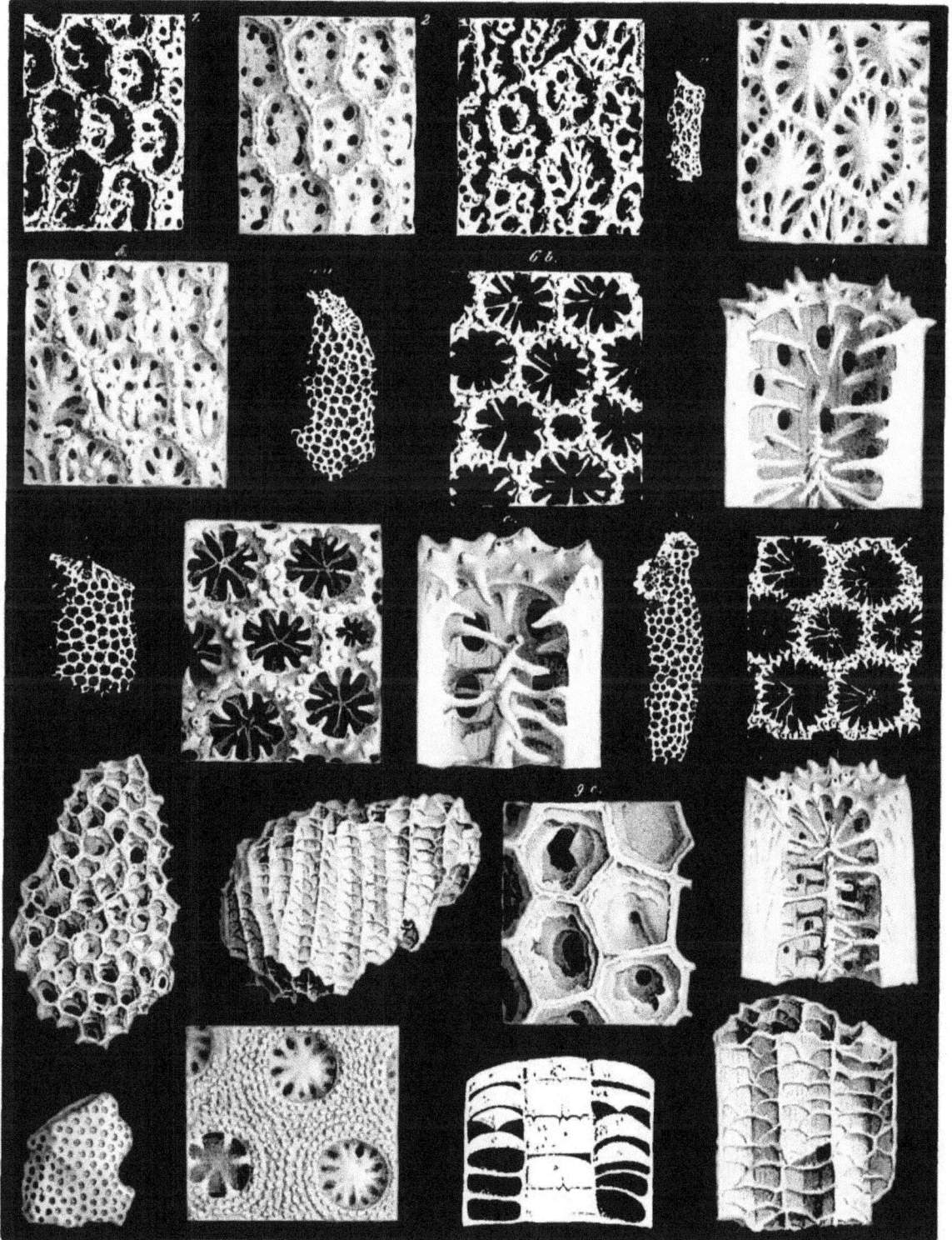

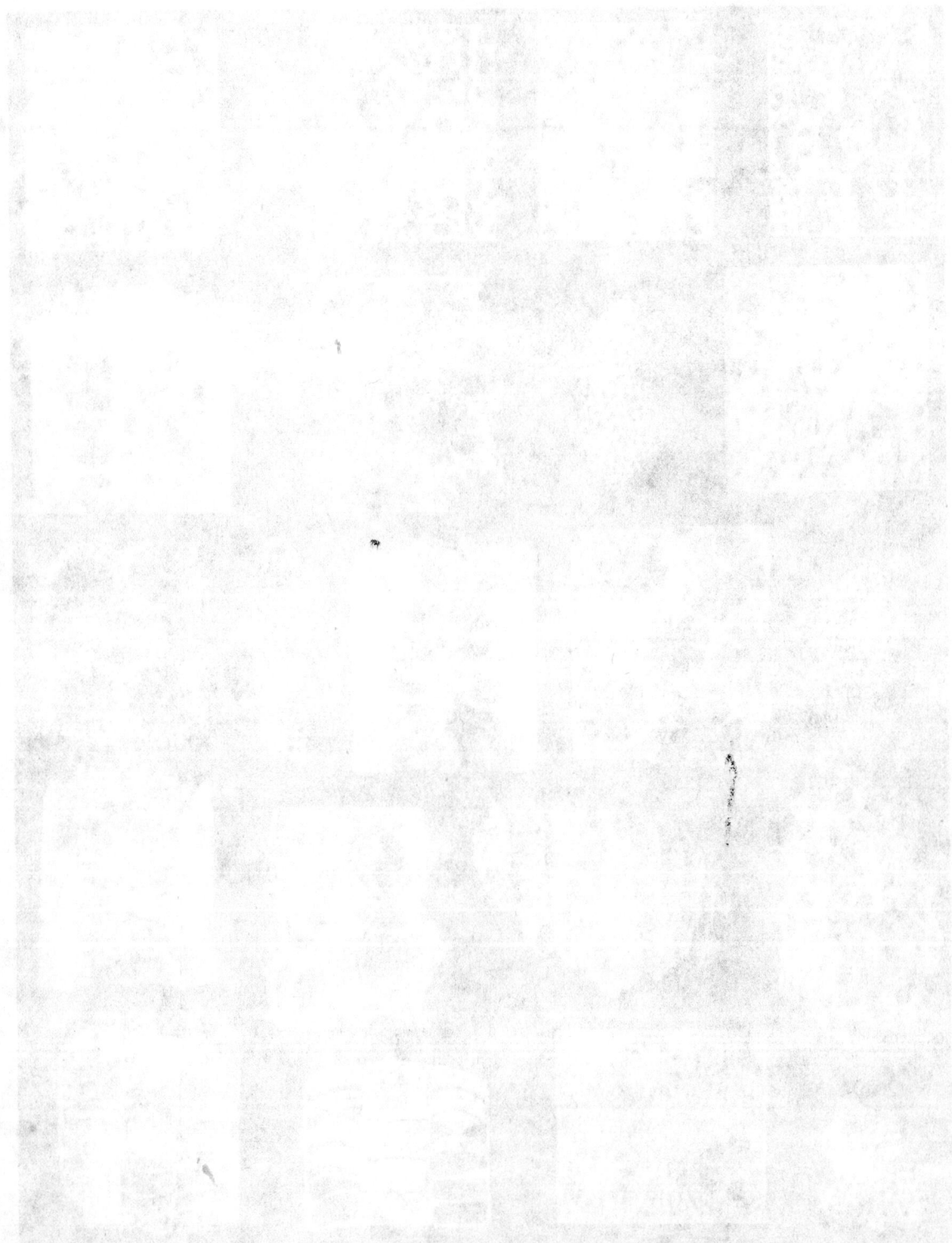

# Erklärung zu Tafel IV.

Autor del. Strohmayer lith.                                                                        Lith u. ged. i. d. k. k. Hof u. Staatsdruckerei.

# Erklärung zu Tafel V.

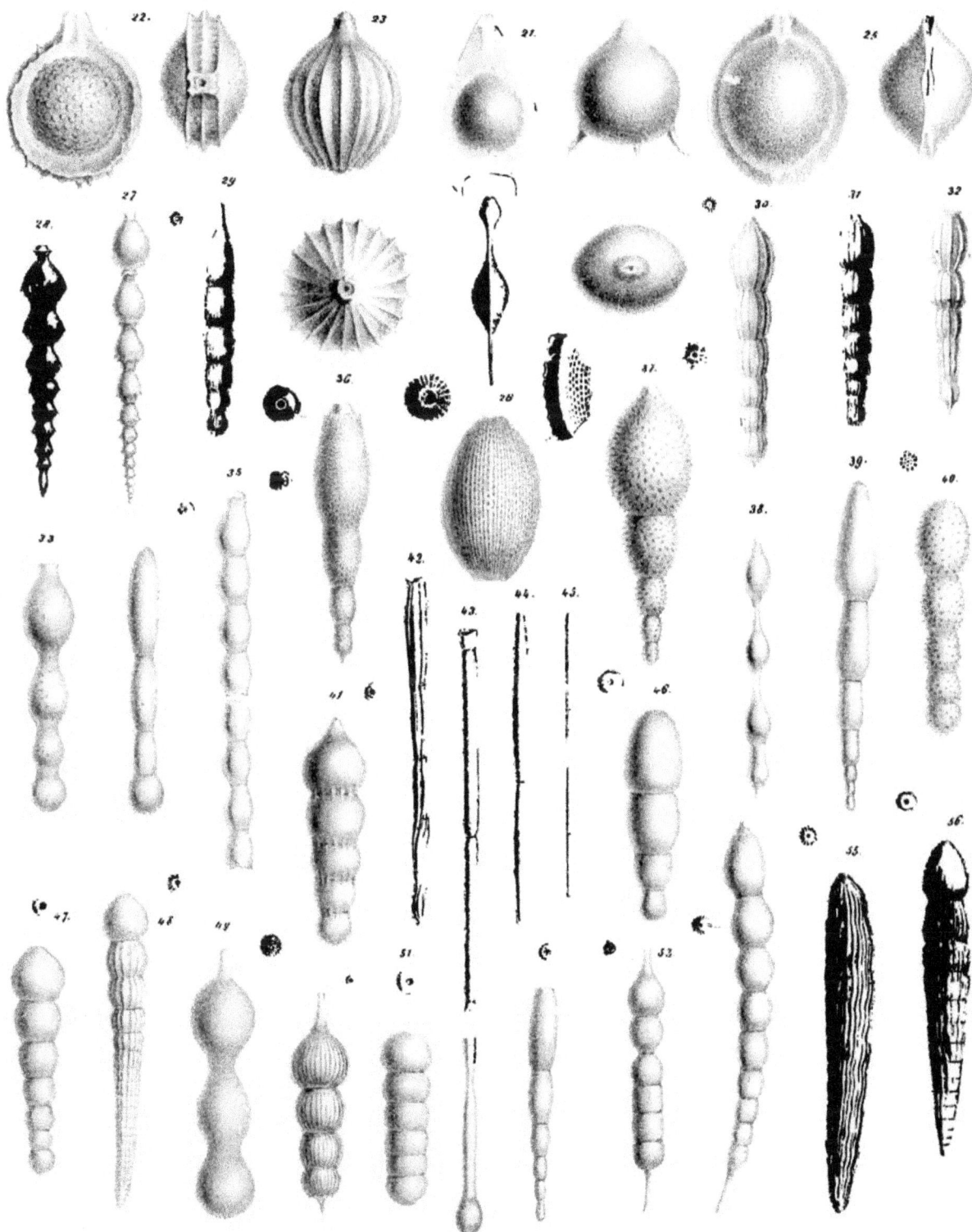

Autor del. Strohmayer lith.          Druck a.d.k.k.Hof u Staatsdruckerei

# Erklärung zu Tafel VI.

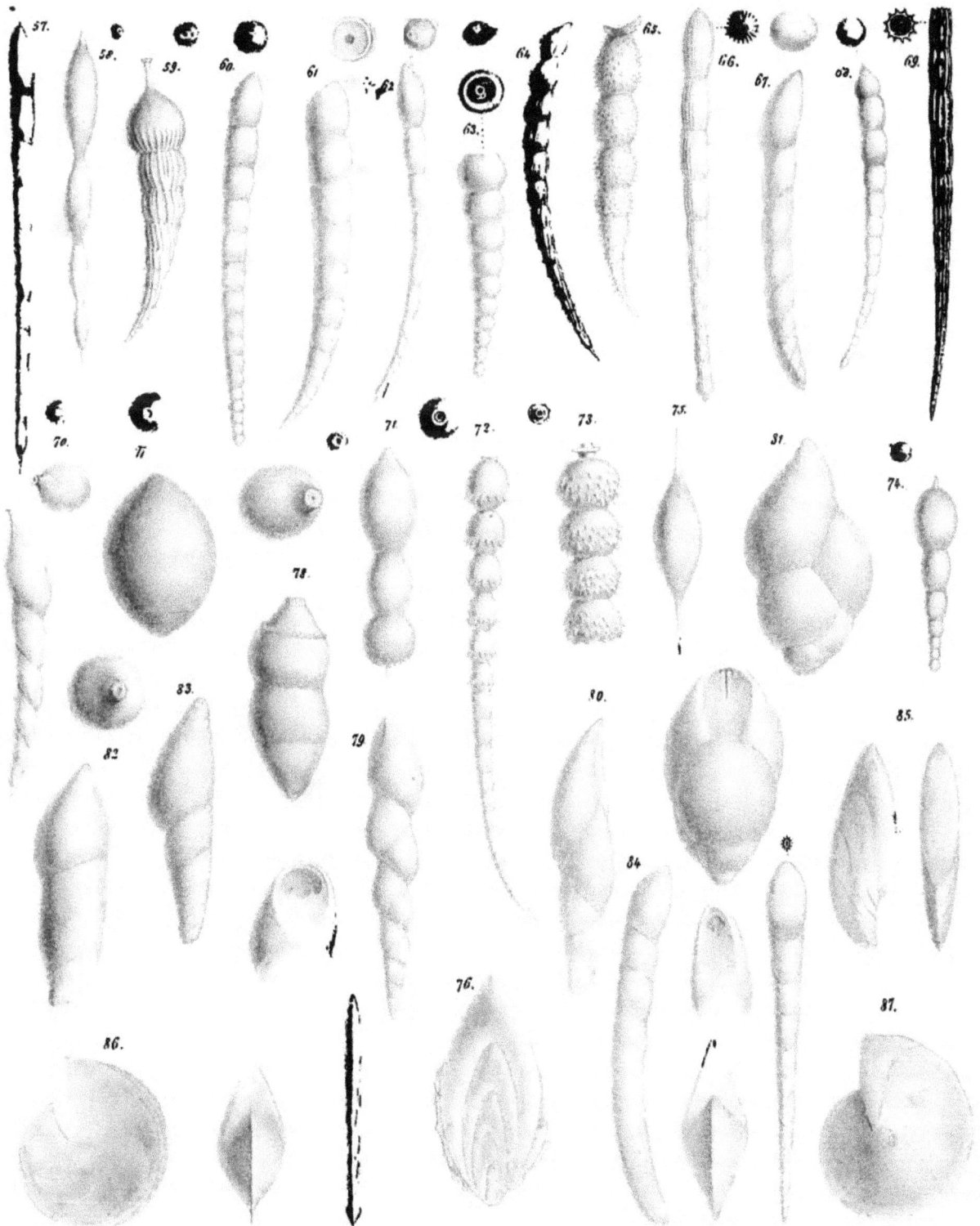

# Erklärung zu Tafel VII.

Fig. 1. Das unten gezeichnete Stück ist ein Schnitt durch das Oberende von *Lagena formosa* m., in der Richtung der Zusammendrückungs-Ebene. Der obere Schalentheil zeigt theilweise den siebartig durchlöcherten Rand des Gehäuses, oben ein Theil des Flügels, unten der Kammer. pag. 251. Vergrösserung $^{160}/_1$.

Längsschliff durch die Mitte einer. ziemlich tief unten gelegenen, Schalenpartie von *Dimorphina striata*. pag. 251. Vergrösserung $^{200}/_1$.

3. Schliff von *Calcarina Nicobarensis* m., in der Richtung der Einrollungsebene, etwas über der Mitte genommen; mit den Poren der Aussenwände und den Interseptalcanälen. pag. 261. Vergrösserung $^{250}/_1$.

4. Flächenschliff, unmittelbar unter der oberen Fläche von *Anomalina cicatricosa* m., zum Theil diese Fläche noch vorhanden; um die Durchbohrungen der Aussenwand zu zeigen. pag. 260. Vergrösserung $^{300}/_1$.

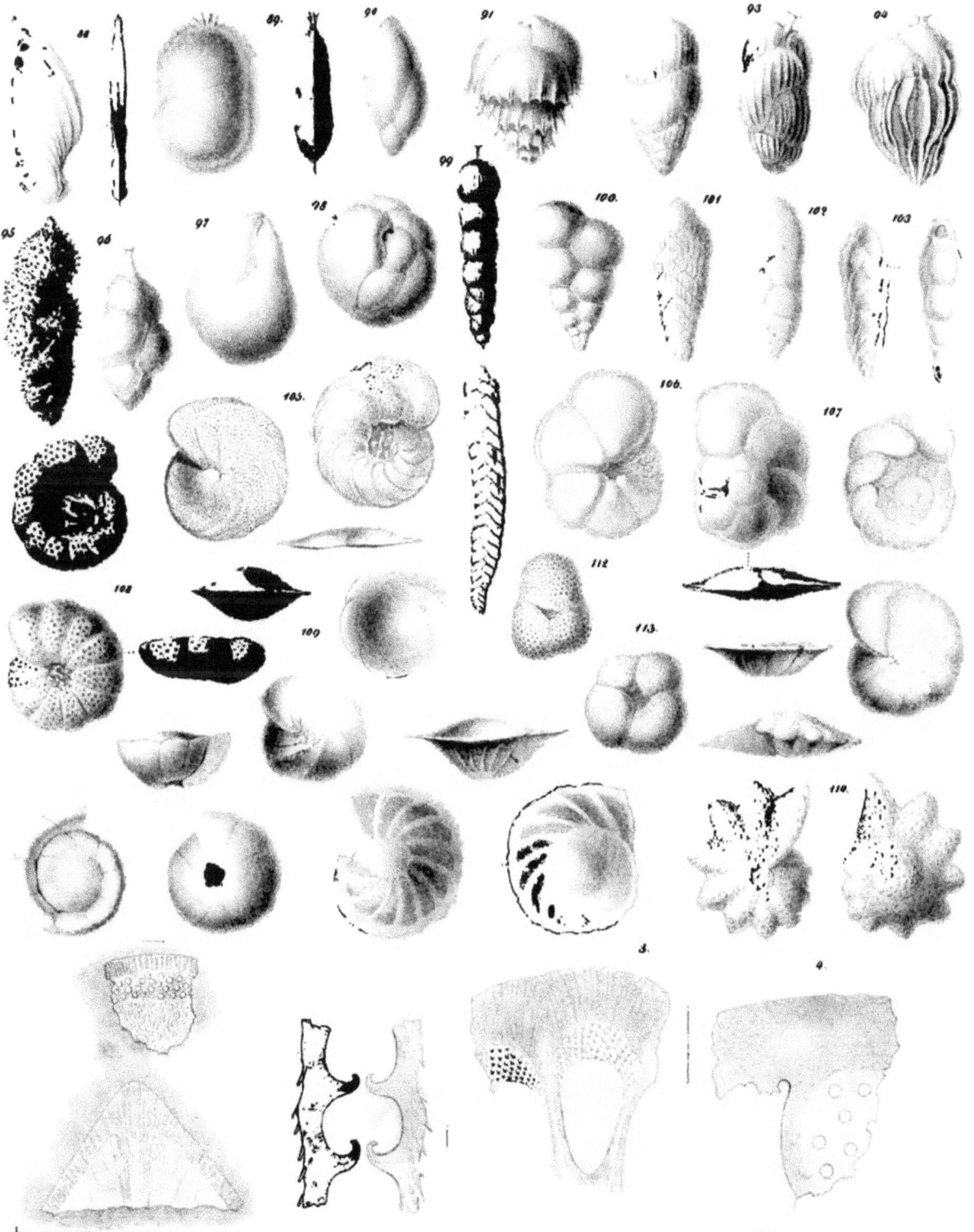

www.ingramcontent.com/pod-product-compliance
Lightning Source LLC
Chambersburg PA
CBHW081052220326
41598CB00038B/7066